“十二五”国家重点出版规划项目

/现代激光技术及应用丛书/

卫星光通信

马　晶　谭立英　于思源　编著

国防工業出版社

·北京·

内 容 简 介

卫星光通信是一个新兴的空间高速通信技术研究领域，涉及多个相关学科，具有广阔的应用前景。本书首先介绍了卫星光通信研究进展和应用背景，深入介绍了卫星光通信理论，包括卫星光通信终端光学系统设计的物理基础，卫星光通信终端光学系统的特点和光学系统设计，光束捕获、跟踪和通信技术物理基础，光束预瞄准和捕获扫描技术，光束跟踪和振动补偿技术，以及卫星激光通信技术。

本书可供卫星通信、光通信以及相关学科的科技工作者参考，也可作为大学高年级学生和研究生的教材或相关课程的参考书。

图书在版编目（CIP）数据

卫星光通信／马晶，谭立英，于思源编著．—北京：国防工业出版社，2015.12
（现代激光技术及应用丛书）
ISBN 978-7-118-10351-9

Ⅰ.①卫…　Ⅱ.①马…　②谭…　③于…　Ⅲ.①卫星通信—光通信　Ⅳ.①TN927　②TN929.1

中国版本图书馆 CIP 数据核字（2015）第 283897 号

※

国防工业出版社出版发行
（北京市海淀区紫竹院南路 23 号　邮政编码 100048）
北京嘉恒彩色印刷有限责任公司印刷
新华书店经售

*

开本 710×1000　1/16　**印张** 18½　**字数** 336 千字
2015 年 12 月第 1 版第 1 次印刷　**印数** 1—2500 册　**定价** 88.00 元

国防书店：（010）88540777　　发行邮购：（010）88540776
发行传真：（010）88540755　　发行业务：（010）88540717

序

世界上第一台激光器于1960年诞生在美国，紧接着我国也于1961年研制出第一台国产激光器。激光的重要特性(亮度高、方向性强、单色性好、相干性好)决定了它五十多年来在技术与应用方面迅猛发展，并与多个学科相结合形成多个应用技术领域，比如光电技术、激光医疗与光子生物学、激光制造技术、激光检测与计量技术、激光全息技术、激光光谱分析技术、非线性光学、超快激光学、激光化学、量子光学、激光雷达、激光制导、激光同位素分离、激光可控核聚变、激光武器等。这些交叉技术与新的学科的出现，大大推动了传统产业和新兴产业的发展。可以说，激光技术是20世纪最具革命性的科技成果之一。我国也非常重视激光技术的发展，在《国家中长期科学与技术发展规划纲要(2006—2020年)》中，激光技术被列为八大前沿技术之一。

近些年来，我国在激光技术理论创新和学科发展方面取得了很多进展，在激光技术相关前沿领域取得了丰硕的科研成果，在激光技术应用方面取得了长足的进步。为了更好地推动激光技术的进一步发展，促进激光技术的应用，国防工业出版社策划组织编写出版了这套丛书。策划伊始，定位即非常明确，要“凝聚原创成果，体现国家水平”。为此，专门组织成立了丛书的编辑委员会，为确保丛书的学术质量，又成立了丛书的学术委员会，这两个委员会的成员有所交叉，一部分人是几十年在激光技术领域从事研究与教学的老专家，一部分是长期在一线从事激光技术与应用研究的中年专家；编辑委员会成员主要以丛书各分册的第一作者为主。周寿桓院士为编辑委员会主任，我们两位被聘为学术委员会主任。为达到丛书的出版目的，2012年2月23日两个委员会一起在成都召开了工作会议，绝大部分委员都参加了会议。会上大家进行了充分讨论，确定丛书书目、丛书特色、丛书架构、内容选取、作者选定、写作与出版计划等等，丛书的编写工作从那时就正式地开展起来了。

历时四年至今日，丛书已大部分编写完成。其间两个委员会做了大量的工作，又召开了多次会议，对部分书目及作者进行了调整。组织两个委员会的委员对编写大纲和书稿进行了多次审查，聘请专家对每一本书稿进行了审稿。

总体来说，丛书达到了预期的目的。丛书先后被评为国家“十二五”重点出版规划项目和国家出版基金资助项目。丛书本身具有鲜明特色:一)丛书在内容上分三个部分,激光器、激光传输与控制、激光技术的应用,整体内容的选取侧重高功率高能激光技术及其应用;二)丛书的写法注重了系统性,为方便读者阅读,采用了理论—技术—应用的编写体系;三)丛书的成书基础好,是相关专家研究成果的总结和提炼,包括国家的各类基金项目,如973项目、863项目、国家自然科学基金项目、国防重点工程和预研项目等,书中介绍的很多理论成果、仪器设备、技术应用获得了国家发明奖和国家科技进步奖等众多奖项;四)丛书作者均来自于国内具有代表性的从事激光技术研究的科研院所和高等院校,包括国家、中科院、教育部的重点实验室以及创新团队等,这些单位承担了我国激光技术研究领域的绝大部分重大的科研项目,取得了丰硕的成果,有的成果创造了多项国际纪录,有的属国际首创,发表了大量高水平的具有国际影响力的学术论文,代表了国内激光技术研究的最高水平。特别是这些作者本身大都从事研究工作几十年,积累了丰富的研究经验,丛书中不仅有科研成果的凝练升华,还有着大量作者科研工作的方法、思路和心得体会。

综上所述,相信丛书的出版会对今后激光技术的研究和应用产生积极的重要作用。

感谢丛书两个委员会的各位委员、各位作者对丛书出版所做的奉献,同时也感谢多位院士在丛书策划、立项、审稿过程中给予的支持和帮助!

丛书起点高、内容新、覆盖面广、写作要求严,编写及组织工作难度大,作为丛书的学术委员会主任,很高兴看到丛书的出版,欣然写下这段文字,是为序,亦为总的前言。

2015年3月

前言

随着现代卫星技术的快速发展,卫星需要传输的数据量也在迅猛增长,传统的卫星通信手段已不能满足卫星高速数据传输的需要,而卫星光通信技术因其具有极高数据传输率的显著特点,因此成为高速卫星通信技术的首选。卫星光通信技术是空间光通信技术中最重要的一个应用领域,也是具有极为重要应用前景和迫切需求的空间高速通信技术。

在2012年7月20日国务院正式发布的《"十二五"国家战略性新兴产业发展规划》中,明确要求突破超高速无线通信,启动空间信息高速公路建设。卫星光通信技术作为超高速无线通信的有效手段,将在空间信息高速公路建设中起着举足轻重的作用。作为国家战略性新兴产业之一,卫星光通信技术将会得到越来越快的发展。

本书对卫星光通信技术进行了较全面的介绍,主要内容如下:

第1章首先介绍了国内外卫星光通信技术的发展状况,简要介绍了卫星光通信系统的基本组成,分别对瞄准捕获跟踪子系统、发射/接收子系统、调制/解调子系统进行了介绍,并介绍了卫星光通信技术可能应用的方面。

第2章针对卫星光通信终端所处的特殊空间环境,主要介绍了卫星光通信终端设计时必须考虑的空间环境,主要是空间光学环境、温度场环境和辐射场环境。

第3章针对卫星光通信终端中最主要的光学系统,介绍了跟瞄子系统、发射子系统、通信子系统在光学设计方面的特点和性能要求。

第4章介绍了卫星光通信终端光学系统的设计问题,分别讨论了光学天线系统设计、跟瞄子系统光学设计、光束发射子系统光学设计以及通信子系统光学设计等问题。

第5章主要介绍了卫星光通信中光束捕获、跟踪和通信方面的物理基础问题,包括卫星光通信系统设计中涉及的卫星轨道动力学、大气对光场传输的影响等问题。

第6章介绍了卫星光通信链路中的预瞄准和提前瞄准技术，主要包括预瞄准、提前瞄准角度的获取方法、实现方法，并分析了影响预瞄准和提前瞄准精度的主要因素以及修正方法。另外，介绍了卫星光通信链路中的捕获扫描技术、捕获理论、影响捕获的因素、捕获实现的方法以及地面模拟实验系统等。

第7章介绍了光束跟踪和振动补偿理论，分析了影响跟踪和振动补偿的因素，介绍了光束跟踪和振动补偿的实现方法和地面模拟方法。

第8章分析了星地、星间和深空激光通信链路性能需求，介绍了空间激光通信技术，包括直接探测技术和相干探测技术，讨论了光纤耦合问题。

本书是作者多年研究工作的一些总结，希望能够为从事卫星光通信研究工作的科技人员，以及对卫星光通信有兴趣的研究人员和大专院校的学生、研究生提供一些参考资料。

作 者
2015年1月

目录

第1章　卫星光通信研究进展及应用背景

第2章　卫星光通信终端光学系统设计物理基础

第3章　卫星光通信终端光学系统特点

第6章 光束预瞄准和捕获扫描技术

第7章 光束跟踪和振动补偿技术

第8章 激光通信技术

第1章 卫星光通信研究进展及应用背景

1.1 概述

利用卫星进行信息获取及传递是现代信息网的一个重要手段,尤其是通过中继卫星或利用卫星进行组网传递信息,将更有利于尽快地获取和传递尽可能多的信息。在现代的信息高速公路中以及现代军事信息网中,更需要利用卫星进行信息的传递。利用卫星可以建立起以卫星为主体的天基信息网,而在这种天基信息网中,建立起星间通信链路是至关重要的。它不仅可以使信息达到实时传递,而且可以免于建立大量地面站,这对于及时掌握战场状况、实时评估打击效果、争取主动有着非常重要的作用,对于全球卫星通信系统或局部卫星信息网也很重要。

星间链路所采用的通信波段有两种,即微波星间链路和激光星间链路。由于激光星间链路与微波星间链路相比不仅具有极高的潜在通信数据率(可达几十吉比特每秒或更高),且具有较小的终端体积、质量和功耗,当链路的数据率相对较高时,光学链路终端在体积和质量方面的优势会进一步显现。同时,激光星间链路的抗干扰性和保密性更好,并可减少地面站,最少可只有一个地面站,还能提高跟踪天线测角的精度。激光星间链路不仅适合于高数据率的星间链路,也适合于较低数据率的星间链路,所以星间链路以光波段为优选波段。

卫星光通信系统主要由两个构成光通信链路的光通信终端组成,光通信终端是卫星光通信系统中进行光信号收发的光端机。光终端的基本组成通常包括光源模块、光信号收发模块、瞄准捕获跟踪模块、调制解调模块、终端控制模块等,根据需要,还可能包括二次电源模块、热控模块等。

1.2 卫星光通信研究进展

1.2.1 美国卫星光通信研究进展情况

1.2.1.1 美国前期卫星光通信领域研究计划

20 世纪 70 年代初,美国的 NASA 资助进行了 CO_2 激光和光泵浦 Nd:YAG 激光空间通信系统的初步研究。当时的主要目的为将卫星间光通信应用于高数据率 GEO－GEO 星间激光链路和通信距离遥远的深空探测链路。此后又开展了低轨道小卫星星座激光链路技术的研究。美国空军部（Department of the Air Force）在 70 年代中期资助进行了选择最佳通信波长的研究工作，并在 ACTS 飞船上搭载使用半导体激光的发射机，进行了飞船与地面之间的外差接收链路的预研工作。

NASA 还在卫星光通信的一些新的应用领域进行了研究，以寻求星间激光链路的潜在应用前景。随着更小、更轻和更有效益的低轨道卫星的迅猛发展，通过中继星对用户星的数据信息进行中继的费用显得偏高。对价格更低、功耗更小的新型用户卫星终端的需求变得越来越迫切。NASA 的激光通信实验计划（LCDS）正是针对这一情况而建立的。该项计划建立了中心实验系统，包括光通信终端、主飞行器、发射装置、地面探测系统、数据采集及实验系统。LCDS 计划是在考虑实际需要的基础上进行研发和生产，目前该计划已成为驱动工业在空间应用领域发展的新动力。

NASA 的喷气推进实验室（JPL）一直在进行着卫星光通信及应用于外层空间探测器上的深空星间激光链路技术的基础研究。随着美国第一代跟踪数据卫星系统（TDRSS）投入运行，美国的卫星光通信研究进入了一个新阶段。针对第一代跟踪数据中继卫星的通信带宽不足、受卫星平台结构的限制而不能安装过多跟踪天线的缺点，第二代跟踪数据中继卫星方案设想中采用了激光星间链路，即利用激光进行卫星间的瞄准捕获跟踪（PAT）控制及通信。这将大大增加系统通信容量，提高跟踪天线测角的精度，减小发射天线体积，从而提高中继卫星应用能力。JPL 还大力进行深空探测光通信技术的研究工作，针对深空星间激光链路中的发射、接收、调制、编码等技术进行了详细分析，并曾进行过地面对伽利略探测器的光信号传递实验，制定过火星与地面之间的激光通信计划，也实施了月球与地面之间的激光通信实验。

从 1995 年起，美国的弹道导弹防御组织（BMDO）实施了 STRV－2 实验计划（Space Technology Research Vehicle 2）。该项计划的主要目的是演示 LEO 卫星 TSX－5 与地面站间的上行和下行激光链路，验证卫星光通信技术在星地激光链路应用方面的准备情况。STRV－2 终端采用了极化复用技术，数据率为 2×600Mb/s。TSX－5 于 2000 年 6 月 7 日发射入轨，而后进行的星地激光链路实验却一直没有实现上下行激光链路的双向捕获，在进行了多次尝试后，该实验宣布失败。

美国 TRW 公司研制的新技术演示验证实验卫星 GEOLITE 在 2001 年 5 月 18 日于肯尼迪航天中心，利用 Boeing Delta Ⅱ 型火箭成功发射，星上装有激光通信有效载荷，进行了高轨卫星光通信的空间实验，但实验结果未见报道。

1.2.1.2 月地激光通信演示验证计划

近几年美国重点进行的卫星光通信技术研究计划为月地激光通信演示验证

计划(LLCD)。该计划由MIT林肯实验室和NASA的Goddard空间飞行中心共同承担。该计划是NASA第一次尝试在绕月轨道与地面站间进行激光通信实验。

该项目的星上激光通信终端安装于月球大气与尘埃环境探测飞船(LADEE)上。该飞船于2013年9月发射。星上终端(Lunar Lasercom Space Terminal,LLST)与地面终端(Lunar Lasercom Ground Terminal,LLGT)成功地建立了激光通信链路,完成下行最高622Mb/s、上行最高20Mb/s的演示验证实验。该计划同时进行了DTN协议和飞行时间测量技术(Time - of - Tlight Measurement)的验证。

LLCD主要包括三个组成部分:LLST、LLGT、月地激光通信操作中心(Lunar Lasercom Operation Center,LLOC)。林肯实验室完成此三部分的全部测试、制造工作。而LLCD计划在轨运行将由NASA Goddard空间飞行中心进行管理。

LLST的承载平台LADEE由NASA的Ames研究中心设计研制,于2013年发射。该飞船带有三个科学载荷,在其飞行任务中进行约100天的科学实验,科学实验中该飞行器距月球表面几十千米高。在科学实验前有1个月的试运行阶段,其中16天飞船将进行星地激光通信实验。试运行阶段飞船距月球表面约250km,轨道周期约2h。由于受到能源限制,同时考虑热控,在每个轨道周期LLST仅工作15min。考虑地面终端的可见性,一天有3 ~5个轨道周期可进行月地激光通信。

LLCD项目的地面终端LLGT安装于NASA的白沙基地,位于美国新墨西哥州,靠近拉斯克鲁塞斯。LADEE飞船、LLST终端、LLGT终端的控制则由位于Goddard空间飞行中心的LLOC完成。

LLST主要包含三个模块:光学模块、调制解调模块、控制器电子学模块。

其中,光学模块安装于LADEE飞船载荷仓的外表面,调制解调模块、控制器电子学模块安装于飞船内部。LLST整体质量约为30kg,平均功耗50 ~ 140W。

光学模块的主要部分是口径为10cm的卡塞格伦望远镜,安装于两轴转台上,可实现大范围光学对准,如图1 - 1所示。

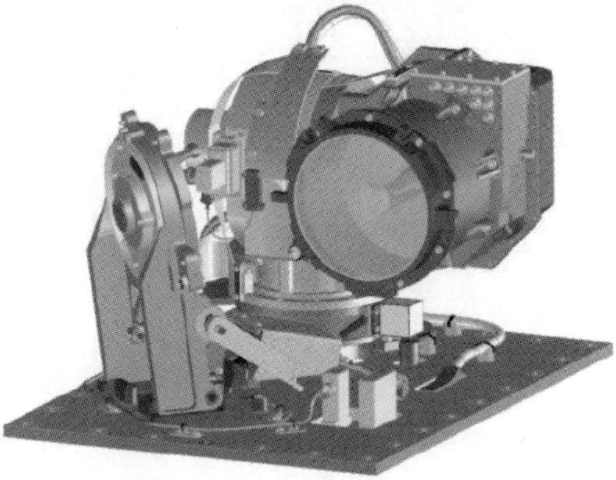

图1 - 1 LLST终端的光学模块

为实现目标的空间捕获与跟踪，LLST 使用了大视域的 InGaAs 四象限探测器。发射光通过光纤出射，经由望远镜发射，入射光经由望远镜耦合入光纤中。这些光纤固定在压电陶瓷上，以实现超前瞄准和对目标的精跟踪。

光发射与接收器安装在调制解调模块中，光纤将其与光学模块连接起来。调制解调模块如图 1－2 所示。

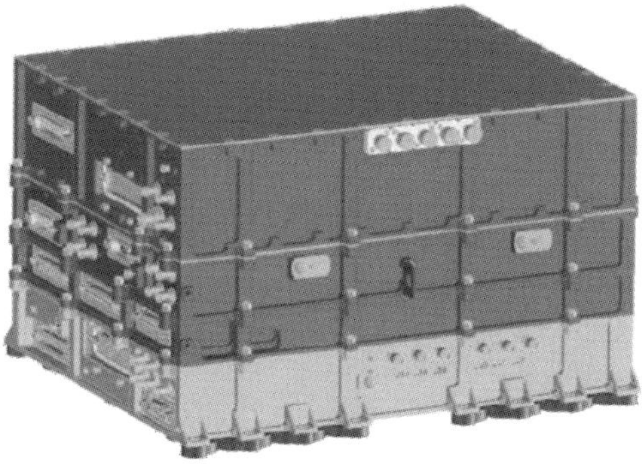

图 1－2　LLST 终端的调制解调模块

调制解调模块中的数字电路集成了下行链路不同的数据源（包括 LADEE 的科学实验数据、LLST 的高速遥测数据、光上行信号的回放数据）。调制解调模块利用高效半速码进行数据编码。编码后的数据通过高带宽脉冲位置调制加载到光信号上，之后通过 EDFA 放大到 0.5W 的平均功率。接收探测器为直接探测器，装有一个低噪 EDFA 前置放大器。基于双 PPM 解调器的硬判决脉冲位置解调器对上行链路信号进行解调，然后由 FPGA 进行解码。

控制电子学模块是单板机构成的航天电子学模块，实现对光学模块中所有执行机构的闭环控制，如图 1－3 所示。

图 1－3　LLST 终端的控制电子学模块

该模块同时还为 LLST 终端与 LADEE 飞船间提供命令与遥测接口，对调制解调进行设置与控制。

LLCD 项目的地面终端 LLGT 如图 1－4 所示。

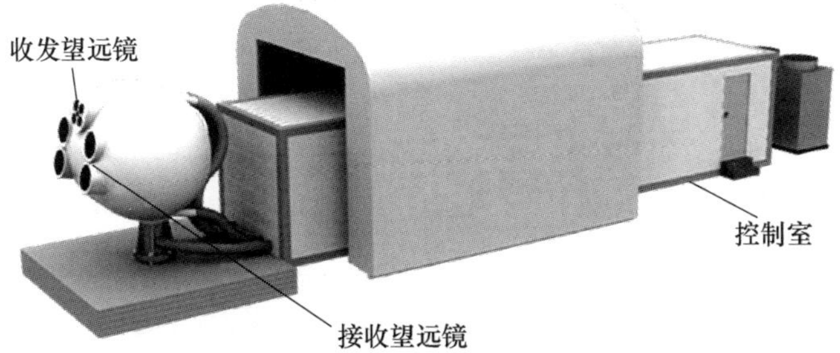

图 1－4　LLCD 项目地面终端 LLGT

该终端由发射天线阵列、接收天线阵列、控制室组成。采用天线阵列的方式不但增加了天线口径，同时通过空间分离的方式降低了大气湍流对光信号的影响。

LLGT 的发射天线由 4 个 15cm 口径的透射式望远镜组成，接收天线由 4 个 40cm 的反射式望远镜组成。每一个望远镜的光信号都通过光纤耦合至控制室中，与光发射器、接收器相连。这 8 个望远镜安装于同一个二维转台上。转台可在半球空间内实现光学天线的粗对准。每一个光学天线的后续光学系统都包括一个焦平面阵列和一个高速偏转镜，以实现对下行光束的跟踪，同时对每一个光学天线的光轴进行校准。望远镜阵列安装在玻璃纤维保护罩中，以保证它们的工作环境。

LLGT 的所有电子学设备安装在控制室中，实现对转台与天线的控制及对光信号的调制解调。光发射器通过 EDFA 放大输出功率为 10W 的光束，调制方式为脉冲位置调制。发射光束通过偏振保持单模光纤耦合至发射望远镜中。LLGT 的接收器为光子计数超导纳米线阵列（Photon – Counting Superconducting Nanowire Arrays），工作在低温环境中，具有极高的光子探测效率。在 LLGT 的接收光学系统中，为了提高大气湍流条件下的光耦合效率，保持下行光信号的偏振性，使用了特制的多模保偏光纤。

1.2.2　欧洲卫星光通信研究进展情况

1.2.2.1　欧洲前期卫星光通信领域研究计划

欧洲航天局（ESA）对卫星激光通信的研究始于 20 世纪 70 年代，在 20 余年的时间里，对卫星激光通信的相关技术进行了有步骤的、周密细致的研究，并制定了一系列的阶段性研究计划。早期进行的基础技术研究有技术研究计划（Technology Research Program，TRP）计划、远程通信准备计划（TPP）等，而后进行了有关卫星光通信系统及技术研究的先进系统计划（Advanced System Technology，

ASTP)。在1987—1992年期间,ESA实施了有效载荷模拟和实验的PSDE计划。此外,针对ESA欲在数据中继卫星(DRS)上安装卫星光通信系统的计划,ESA在1987—1995年间进行了数据中继准备计划(DRPP)。

在1986年之前,ESA的星间光通信项目首选方案为采用10.6μm CO_2激光器的零差通信系统,而后改用1.06μm Nd:YAG激光器,然而由于相干体制所必需的窄线宽高稳频激光器尚未成熟,最后选择了当时较成熟的830nm半导体激光器作为通信光源,体制采用强度调制/直接探测(IM/DD),这就是著名的半导体激光星间链路实验(SILEX)系统。

SILEX计划于1989年开始实施,法国、德国、英国、意大利、荷兰、奥地利、比利时、瑞士以及西班牙等许多欧洲国家都参与了该项计划。其目的是要通过法国地球观测卫星SPOT-4(低轨卫星)与数据中继卫星ARTEMIS(高轨卫星)之间的光学链接,证实星间激光通信的可行性,同时实现ARTEMIS卫星与欧洲光学地面站的激光通信,并借助激光通信链路将SPOT-4拍摄的图像真正实时地通过ARTEMIS卫星传送到法国的地面中心。SILEX计划研制了两个卫星激光通信终端,一个于1998年3月22日随低轨卫星SPOT-4发射进入近地轨道,另一个于2001年7月12日由高轨卫星ARTEMIS携带进入太空。图1-5为将光通信终端安装到ARTEMIS卫星和SPOT-4卫星上的情形。2001年11月,ESA在ARTEMIS与SPOT-4之间成功地进行了世界上首次星间激光链路实验,ARTEMIS卫星和SPOT-4卫星的激光链路如图1-6所示。

(a)

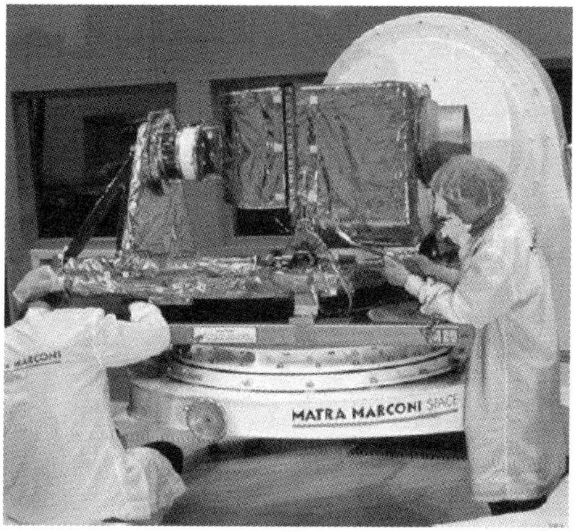

(b)

图1-5 分别将光通信终端安装到ARTEMIS(a)和SPOT-4卫星(b)

然而,SILEX计划中的光通信终端通信速率50Mb/s,质量157kg,功耗150W,与射频终端相比优势并不明显。为实现高速轻型激光通信终端,从1989年开始,ESA开始研究固体激光器相干光通信系统,重点是系统设计和相关器件的研究,

图1－6 ESASILEX 计划的 ARTEMIS 卫星和 SPOT－4 卫星的激光链路

完成了 Nd:YAG 固体激光器、光电相位调制器和相干接收机的测试，实现了基于 Nd:YAG 激光器的 BPSK/相干探测光通信演示系统。系统参数如下：通信速率为 140Mb/s，误码率为 1.0×10^{-9}，灵敏度为 28photons①/bit；采用外差相干接收的实验系统，通信速率为 565Mb/s，灵敏度为 50photons/bit。

1996 年，ESA 启动了星间相干光通信的短程激光星间链路商业项目（SROIL）。该项目是相干光通信系统的典型代表，目的是验证低轨道（LEO）星系的移动通信以及同步卫星（GEO）轨道间的通信。利用先进的激光器件实现了高码速率、小型化的星载相干光通信端机，应用于 Teledesic 系统的 LEO 星座。Teledesic为铱星系统的升级版本，由 840 颗 LEO 卫星组成，而后又简化为 288 颗卫星，每颗卫星上设计配置 8 个 SROIL 端机。SROIL 采用二进制相移键控（BPSK）/零差探测体制，通信波长为 1.06μm，设计指标如下：链路距离为 1200～4000km，码速率达到 1.5Gb/s，误码率达到 10^{-9}，发射光功率约 1W，天线尺寸仅为 35mm，链路余量 >6.2dBm，端机质量 <10kg，功耗 <40W。图1－7 为 SROIL 终端装配外形图。

图1－7 SROIL 终端装配外形图

2000 年，随着光纤激光器和放大器技术的发展，ESA 的 SROIL 项目组在瑞士 SPPO Ⅱ 项目组的协助下，开展了光纤激光器和放大器应用于相干卫星光通信的研究。在该项目前期，以 YAG 激光器和双包层光纤放大器为发射光源，单频输出的光纤激光器为本振激光器，重点

① photons 表示光子数，表征探测器每比特接收灵敏度。

研究了激光器和放大器的相位噪声特性，研制了基于光纤的相位调制器，其通信数据率最高达100Mb/s，为实现器件全光纤化和通信系统集成化打下了基础。

1.2.2.2 瑞士 OPTEL 高性能激光通信终端系列

在发展 SILEX 计划的同时，瑞士的 Contraves 空间中心在 ESA 卫星星座链路（The Cross Links for Satellite Constellations）、星间链路先进技术（Inter Satellite Link Front End，ISLFE）和通用技术（Optical Cross Links）等多个合作计划的先期研究基础上，以工业化应用为目标，设计和发展了 OPTEL 系列的激光通信终端，拟满足各种空间应用的需求，所发展和解决的主要关键技术是高码率零差相干光通信技术。系列包括：

OPTEL－02：短距离光通信终端，距离为2000km 时的通信速率为1.5Gb/s。

OPTEL－25：中等距离光通信终端，距离为25000km 时通信速率为1.5Gb/s。

OPTEL－80：长距离光通信终端，距离为80000km 时通信速率为2.5Gb/s。

OPTE－DS：深空光通信终端。

OPTEL－AP：空间站和飞行器应用终端。

OPTEL 系列属于高性能激光通信终端，已经达到高码率、小型化、轻量化和低能耗要求。终端系列采用1.064μm 相干接收零差探测技术，发射信号进行 BPSK 调制。如 OPTEL－25 通信激光器采用二极管泵浦单频单模可调谐 Nd：YAG 激光加光纤激光放大器的主振－放大结构（MOPA），发射波长为1.064μm，采用808nm 激光二极管泵浦；掺镱光纤放大器采用波长977nm 激光二极管泵浦，激光系统的输出功率为1.25W；变窗口 CCD 传感器用于捕获和粗跟踪，微机械光纤扫描位置探测器用于精跟踪和通信；信标激光为激光二极管，光波长为808nm，最大输出功率可达7W；望远镜口径为135mm。

1.2.2.3 LCTSX 计划

2002年11月，由德国航天中心（DLR）资助的 LCTSX 计划正式启动，德国的 TESAT 公司作为供应商，负责研制两个基于 BPSK/零差探测体制的激光通信终端，终端采用的是该公司生产的1064nmNd：YAG 激光器，线宽可达5kHz，绝对频率稳定度优于50MHz/天，即0.17×10^{-6}，并具有极低的强度噪声。其中一个终端搭载在德国地球观测卫星 TerraSAR－X 上，另一个搭载在由美国国防部开发的近场红外试验卫星 NFIRE 上。图1－8、图1－9是两个光通信终端分别安装在 TerraSAR－X 卫星侧板和 NFIRE 卫星顶部的照片。

2007年4月24日，NFIRE 卫星发射进入轨道倾角为48.23°的低轨卫星轨道；2007年6月15日，TerraSAR－X 卫星发射到太阳同步轨道，轨道高度510km，轨道倾角97.45°。2008年2月21日，TerraSAR－X 卫星与 NFIRE 卫星成功进行了世界上首次星间相干激光链路实验，链路距离最长达到4900km。链路持续时间为50～650s，累计链路时间16000s。由于具有极高的姿态控制精度，两星的不确定角较小，使得链路捕获时间降低到30s左右。链路通信数据率5.625Gb/s，是已有卫星激光通信中数据率最高的。

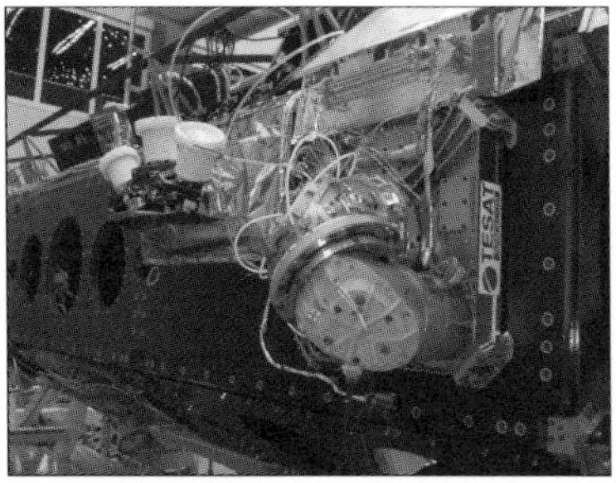

图1－8 TerraSAR－X激光通信终端

图1－9 NFIRE激光通信终端

1.2.2.4 Alphasat计划

随着合成孔径雷达、多光谱成像技术的应用，目前地球探测卫星产生的数据越来越巨大，为解决这一问题，欧洲计划发展激光数据中继卫星。德国空间局（DLR）在ESA远程通信卫星Alphasat上搭载信息中继技术演示验证载荷。该载荷包括一个用于星间激光链路的激光通信终端（LCT）和一个用于空间与地面进行通信的Ka波段终端。此LCT终端是TerraSAR－X与NFIRE激光通信终端的升级版，增加了天线口径与发射光功率。Alphasat卫星模拟图如图1－10所示。

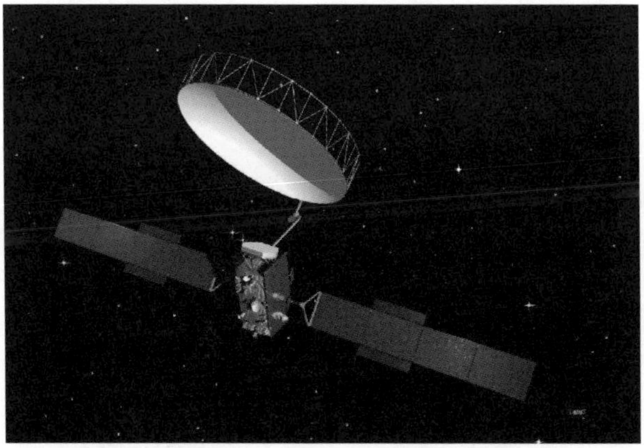

图1－10 Alphasat卫星模拟图

基于星间激光通信的Alphasat的通信距离可达45000km（LEO－GEO星间距离），通信数据率为1.8Gb/s。Ka波段终端将提供600Mb/s的星地下行链路。Alphasat卫星定位在东经25°，覆盖欧洲、中东、非洲和部分亚洲。2013年，Alphasat卫星发射入轨。

1.2.2.5 欧洲数据中继卫星(EDRS)系统

随着欧盟委员会/ESA 全球环境与安全(GMES)监控计划的实行,欧洲的远程通信基础设施将需要每天由空间向地面传输 6TB 的数据。为解决通信容量问题,欧洲提出 EDRS 系统。EDRS 将由 3 颗 GEO 卫星组成,每颗卫星都装载用于星间链路的激光通信终端与用于星地链路的 Ka 波段终端。该系统将首先为地球观察卫星 Sentinel 1、2 号提供服务。EDRS 系统中采用激光通信技术,所用终端与 Alphasat 卫星上的光通信终端相同。EDRS - A 和 EDRS - C 两颗中继卫星分别于 2014 年和 2015 年发射。

1.2.3 日本卫星光通信领域研究进展情况

1.2.3.1 日本前期卫星光通信领域研究计划

日本进行卫星光通信研究的主要机构是邮政省的通信研究室(CRL)、宇宙航空研究开发机构(JAXA)(原宇宙开发事业团(NASDA))及高级长途通信研究所(ATR)的光学及无线电通信研究室。在进行空间实验之前,ATR 对光调制和光束控制等激光星间链路的关键技术进行了长达十年的研究及论证,并且建立了一套自由空间模拟装置以进行相关的地面模拟实验。相对于美国和欧洲而言,日本虽然在卫星光通信研究方面起步较晚,但发展迅速,尤其是通信实验卫星 ETS - VI 和 OICETS 的发射,更显现出日本卫星光通信的实力,ESA 和美国都利用这两个卫星进行过星间或星地光通信实验。

宇宙开发事业团(NASDA)研制了低轨光学星间通信工程测试卫星(Optical Inter - Orbit Communications Engineering Test Satellite, OICETS),主要目的是与 ESA 的 ARTEMIS 卫星之间进行激光链接,OICETS 重 550kg,轨道高度 600km。NASDA研制了装载于 OICETS 卫星上、与 SILEX 激光通信终端兼容的 LUCE(Laser Utilizing Communications Equipment)激光通信终端,如图 1 - 11 所示。LUCE 终端的参数由表 1 - 1 给出。

图 1 - 11 激光通信终端 LUCE

表1－1　激光通信终端LUCE的参数

终端	LUCE
望远镜	Cassegrain
天线孔径	26cm
发射波长	847nm
发射功率	40mW
调制方式	NRZ
数据率	49.3724Mb/s
偏振态	左旋圆偏振

日本OICETS(LUCE)计划始于1985年,1987年开始激光跟瞄技术的研究。1993年1月,日本国家空间局与ESA建立了国际合作关系。在2003年9月8日至16日,将OICETS装载于ESA设立在西班牙Tenerife的光学地面站,成功完成了与距其38000km的ARTEMIS卫星之间的捕获和双向通信实验。随后,于2005年8月24日OICETS卫星成功发射,并于同年12月9日实现了LUCE终端与ARTEMIS卫星终端之间的激光通信。2006年3月,LUCE终端与日本国家信息通信技术研究所(NICT)的光学地面站成功进行了双向光学通信实验,这次实验的成功更加推动了星间激光通信技术的发展。2006年6月7日,LUCE终端与德国宇航中心移动光学地面站之间实现激光通信实验,这是国际上低轨卫星与移动光学地面站间的首次激光通信,这次成功意味着利用低轨卫星与移动光学地面站建立灵活的光学通信网络的可行性。

1.2.3.2　OCTL－OICETS激光通信实验(OTOOLE)

2009年5月至6月间,JPL与日本宇宙航空研究开发机构(JAXA)、日本国家信息通信技术研究所(NICT)合作,在OICETS与光通信望远镜实验室(OCTL)间进行了双向光通信实验。

OCTL为OTOOLE实验的光学地面站,位于美国加利福尼亚州Wrightwood,北纬34°,海拔2.2km。该地面站拥有一个口径1m、F数为75.8的接收望远镜,如图1－12所示。

OTOOLE从2009年5月21日起,6月11日结束,每周可进行两次实验。其实验目的如下:

(1) 对OCTL捕获与跟踪低轨卫星(高度为600km,倾角为98°)的能力进行验证。

(2) 测试各项宽带低轨卫星光通信中的操作问题:验证激光通信链路模型,验证下行链路的孔径平均效应。

(3) 测试不同大气条件与背景噪声条件下链路的性能。

图 1－12　OCTL 光学地面站

在进行 OTOOLE 实验前，OCTL 研究团队利用角反射卫星进行了一系列先导实验，以验证 OCTL 瞄准与跟踪 LEO 的能力。此实验利用 Nd：YAG 激光器倍频输出的 532nm 脉冲激光进行。激光器脉宽 10nm，频率 10Hz。

1.2.4　中国卫星光通信领域研究概况

在中国，卫星光通信也受到了极大的关注。很多大学和研究所积极开展了对卫星光通信技术的研究，从事卫星光通信研究的机构主要有哈尔滨工业大学、电子科技大学、北京大学以及长春理工大学等。与其他国家相比，中国的卫星光通信事业虽然起步较晚，但发展迅速，已经完成了大量的理论和实验工作，目前已进入工程化阶段。

2011 年 11 月，哈尔滨工业大学研制的激光通信终端成功进行了“海洋二号”卫星与地面间的星地激光通信实验，实现了中国首次星地高速直接探测激光通信，最高通信数据率为 504Mb/s，为中国卫星光通信系统实用化打下基础。

1.3　卫星光通信应用背景

卫星光通信（激光星间链路）具有重要的应用前景。可应用于低轨道卫星与高轨道卫星间（LEO－GEO）通信链路、高轨道卫星与高轨道卫星间（GEO－GEO）通信链路、低轨道卫星与低轨道卫星间（LEO－LEO）通信链路、空间与地面（GEO－Ground）通信链路，也可应用于深空探测、载人航天空间站的通信，尤其是近年来发展的低轨道小卫星星座更迫切需要用光实现链路。可以预见，在不远的将来，由于用光实现了卫星链路，将给卫星通信领域带来巨大的变化。

可以建立的激光星间链路有(图1-13):

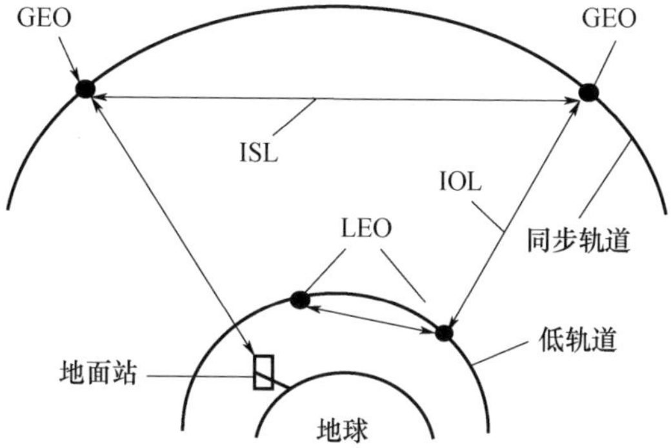

图1-13 可建立的激光星间链路

(1) 处于不同轨道高度卫星间的链路,如轨道高度小于1000km的低轨道卫星(LEO)与36000km高同步轨道上的卫星(GEO)间的链路,或轨道高度10000~20000km的中轨卫星(MEO)与GEO或LEO间的链路,一般称为轨道间链路(IOL)。

(2) GEO(LEO或MEO)与GEO(LEO或MEO)间的链路,称为星间链路(ISL)。

(3) GEO与地面站之间的链路。

参考文献

[1] Yu Si-Yuan, Ma Jing, Tan Li-Ying. Methods of Improving Acquisition Probability of Scanning in Intersatellite Optical Communications. Journal of Optoelectronics. Laser, 2005, 16(1): 57-62.

[2] Donald Russell, Homayoon Ansari, Chen Chien-C. Lasercom Pointing Acquisition and Tracking Control using a CCD-based Tracker. SPIE Proc., 1994, 2123: 294-303.

[3] Homayoon Ansari. Digital Control Design of a CCD-based Tracking Loop for Precision Beam Pointing. SPIE Proc., 1994, 2123: 328-333.

[4] LeeAnn Voisinet. Control Processing System Architecture for the Optical Communication Demonstrator. SPIE Proc., 1994, 2123: 393-398.

[5] Caroline Racho, Angel Portillo. Characterization and Design of Digital Pointing Subsystem for Optical Communication Demonstrator. SPIE Proc., 1999, 3165: 250-261.

[6] Shinhak Lee, James W Alexander, Muthu Jeganathan. Pointing and Tracking Subsystem Design for Optical Communications Link between the International Space Station and Ground. SPIE Proc., 2000, 3932: 150-157.

[7] Biswas V Vilnrotter, Fan W, Fort D, et al. Pulse position modulated (PPM) ground receiver design for optical communications from deep space. SPIE Proc., 2002, 4635: 234-235.

[8] Chen, Alexander J W, Hemmati H, et al. System Requirements for a Deep Space Optical Transceiver. SPIE Proc., 1999, 3615: 141-152.

[9] Hamid Hemmati, Malcolm Wright, Abi Biswas, et al. High – efficiency Pulsed Laser Transmitters For Deep – space Communication. SPIE Proc. ,2000,3932:188 – 195.

[10] Srinivasan M, Vilnrotter V. Symbol – Error Probabilities for Pulse – Position Modulation Signaling With an Avalanche Photodiode Receiver and Gaussian Thermal Noise. TMO Progress Report,1998,41(134):1 – 11 .

[11] Wright M W, Srinivasan M, Wilson K. Improved Optical Communications Performance Using Adaptive Optics with an Avalanche Photodiode Detector. IPN Progress Report,2005,41(161):1 – 13.

[12] Kovalik J M, Farr W H, Esproles C, et al. Optical Communication System with Range and Attitude Measurement Capability. IPN Progress Report,2005,41(161):1 – 7.

[13] Hamkins J, Klimesh M, McEliece R, et al. Capacity of the Generalized Pulse – Position Modulation Channel. IPN Progress Report,2006,41(164):1 – 6.

[14] Vilnrotter V A, Simon M K, Yan T – Y. The Power Spectrum of Pulse – Position Modulation with Dead Time and Pulse Jitter. SPIE Proc. ,1998,41 – 133:1 – 5 .

[15] Simon M K, Li L. A Cross – Correlated Trellis – Coded Quadrature Modulation Representation of MIL – STD Shaped Offset Quadrature Phase – Shift Keying. IPN Progress Report,2003,41 – 154:1 – 16.

[16] Kiasaleh K, Yan T – Y. T – PPM: A Novel Modulation Scheme for Optical Communication Systems Impaired by Pulse – Width Inaccuracies. TMO Progress Report,1998,41 – 135:1 – 16.

[17] Srinivasan M. Receiver Structure and Performance for Trellis – Coded Pulse – Position Modulation in Optical Communication Systems. TMO Progress Report,1998,41 – 135:1 – 11.

[18] Vilnrotter V, Biswas A, Farr W, et al. Design and Analysis of a First – Generation Optical Pulse – Position Modulation Receiver. IPN Progress Report,2002,41 – 148:1 – 20.

[19] Simon M K, Vilnrotter V A. Multi – Pulse Pulse – Position – Modulation Signaling for Optical Communication with Direct Detection. IPN Progress Report,2003,41 – 155:1 – 22.

[20] Mikhail A Khodasevich, George V Sinitsyn, Anatoly S Yasukevich. Maximum achievable efficiencies for pulse position modulation in optical communication systems. SPIE Proc. ,2002,4750:311 – 315.

第2章 卫星光通信终端光学系统设计物理基础

2.1 概述

与光纤通信链路不同,卫星激光链路的通信信道为宇宙空间。宇宙空间中存在着大量自然光源,随时都可能进入光通信终端视域。空间光学环境因素主要包括宇宙中各种自然光源。

1. 恒星

恒星是宇宙空间中分布最广的背景光源,数量众多,而且卫星光通信终端探测器灵敏度越高,对其产生影响的恒星也就越多。由于遥远的星间距离,入射卫星光通信终端的恒星背景光可看作平行光,在终端探测器上成点像。

恒星可以看作绝对黑体,其辐射谱符合黑体辐射特性。恒星的温度、大小、恒星与地球间的距离决定了恒星辐射能量的大小。其中,天狼星是全天最亮的恒星,可视星等为 -1.6 等。

2. 太阳

太阳是最重要的自然光源之一,其辐射规律基本符合黑体辐射定律。在大气层外测量的太阳辐照度曲线在 300 ~ 2500nm 区间相当于 5900K 的黑体。由于平均日地距离为 1.496×10^{11}m,太阳直径为 1.38×10^{9}m,太阳对卫星的张角约为 9.3mrad,大于卫星光通信系统接收视场角,因此在星间激光链路中,太阳应视为面光源,在接收机上将成面像,像点占满整个接收机光敏面。

3. 行星

行星辐射光主要来自于对太阳光的反射,平均反射率约为 0.15,因此其辐射也可看作 5900K 的黑体辐射。由于遥远的距离和较小的半径,行星反射光对于卫星光通信终端可以看作点光源。其中,金星、火星、木星、土星、水星辐射光较强,是主要的行星背景光源。

4. 月球

月球光辐射也主要来自太阳反射光,因此其辐射谱几乎与太阳相同,产生有效温度为 5900K 的辐射,但弱得多。由于平均月地距离为 3.8×10^{8}m,月球直径

约为 3.58×10^6m，因此对于卫星光通信终端，月球张角约为 9.4mrad，所以对于星间激光链路系统，月球为面光源。

5. 地球

地球背景光辐射由两部分组成：对太阳光的反射、地球自发辐射。地球的自发辐射基本为 27°的黑体辐射，并受到大气层的严重衰减。自发辐射频带约为 3～50μm。小于 3μm 的地球背景光主要来自对太阳光的反射。目前星间激光链路工作频段大多为 0.5～0.8μm 附近，并采用窄带滤光片滤除其他频段杂散光。因此仅地球对太阳的反射光会对链路造成影响。对于星间激光链路地球背景光应视为面光源。

前述自然光源的共同特点是具有较宽的辐射频带，即使卫星光通信终端中采用了滤光系统，仍有部分杂散光将引起终端探测器的响应。因此卫星光通信终端除了接收到所希望的信号光以外，还会接收到频率范围内不希望出现的背景噪声干扰。另一方面，由于遥远的通信距离，终端可接收到的信号光功率被极大地衰减，因此必须采用高灵敏的探测器对入射光进行探测，这无疑加重了背景噪声对光通信系统的影响。

卫星光通信系统是工作在光学衍射极限、通信距离极限、光电探测极限条件下的高灵敏度通信系统。若要在如此苛刻的工作条件下使通信链路具有良好的稳定性和较高的传输数据率，要求卫星光通信终端瞄准、捕获、跟踪（PAT）子系统必须准确地控制光束指向，误差在几到十几个微弧度之内。准确地判断瞄准偏差角是实现如此高精度光束指向控制的前提。

目前已有的光通信终端多采用面阵 CCD，通过探测信标光成像点中心位置，判断瞄准偏差角。这种探测机制容易受到背景噪声的影响，产生探测误差，使整个系统性能下降，甚至会导致链路的中断。另一方面，卫星光通信终端的通信接收子系统一般会采用 APD 作为信号光探测元件，背景光进入其光学系统后，将直接导致系统信噪比下降，对星间激光链路误码率造成影响。背景光对卫星光通信系统的稳定性、通信性能等影响很大。

星间激光链路建立在两颗高速运行的卫星间，与星地激光链路相比，其背景噪声情况变得更为复杂，具有极强的动态特性。在星间激光链路技术研究过程中必须对终端所处的光学环境进行详细分析，才能进行滤光系统参数设计，以及激光器、探测器参数优化等工作。

在对星间激光链路关键技术进行研究后，就进入了卫星光通信终端的工程研制阶段。对于星地激光链路的背景噪声已有实测研究，有关星间激光链路所处空间光学环境的理论分析，以及链路动态过程中背景噪声变化规律的研究也有进行。

对于卫星光通信系统所处光学环境的分析结果将对链路设计、终端器件选择等起指导作用，使研制的卫星光通信终端具有更好的适应性。

2.2 卫星光通信终端所处光学环境

由于遥远的通信距离，卫星激光链路中信号光的空间传输损耗巨大。为使终端能够接收到足够的信号光功率，卫星光通信系统压缩信号光与信标光束散角，以提供更高的发射天线增益，来抵消空间传输损耗的影响。尽管如此，终端可接收到的信号光与信标光功率仍然很低，通常仅为 $10^{-10} \sim 10^{-12}$W。所以卫星光通信系统是工作在光学衍射极限、通信距离极限、光电探测极限条件下的高灵敏度通信系统。目前已有的光通信终端多采用面阵 CCD 作为信标光的角度探测元件，采用 APD 作为信号光探测元件。两种探测器均为直接探测的方式，响应入射光强度。背景光进入光学系统后，将直接导致 CCD 探测器信杂比下降，APD 探测器信杂比下降，严重影响光通信终端跟踪子系统和通信接收子系统性能。

宇宙空间中存在着大量自然光源，包括恒星、行星、太阳、月亮、地球辐射等，随时都可能进入卫星光通信终端视域。此外，卫星光通信链路建立于高速运行的卫星间或星地间，背景噪声的分布情况、出现规律还与卫星的轨道运动有关，具有很强的动态特性。在卫星光通信链路技术研究过程中必须对终端所处的光学环境进行详细分析，才能进行滤光系统参数设计，以及激光器、探测器参数优化等工作。因此针对各种卫星激光链路中的背景噪声分布、强度及其动态特性进行分析是卫星光通信系统设计、优化系统参数的基础。

自然界任何温度大于热力学零度的物体都是辐射源。星间激光链路建立和保持过程中，卫星光通信终端视域内辐射源发出的辐射能，经终端光学系统聚焦后，将在探测器感光面上成像，并引起探测器响应，成为链路背景噪声。

辐射能在空间的传输由辐射度学原理描述。在辐射度学中描述辐射源的基本物理量包括以下几方面：

(1) 辐射能 Q。辐射能 Q 定义为以辐射的形式发射、传播或接收的能量，单位为 J。

(2) 辐射能通量 ϕ。辐射能通量 ϕ 定义为以辐射的形式发射、传播或接收的功率，单位为 W。

$$\phi = \frac{\mathrm{d}Q}{\mathrm{d}t} \tag{2-1}$$

(3) 辐亮度 L。辐亮度 L 为辐射源表面一点处的面源在给定方向上的辐射强度，除以该面源在给定方向上的投影面积，单位为 W/(m^2 · sr)。

$$L = \frac{\mathrm{d}I}{\mathrm{d}A \cdot \cos\theta} = \frac{\mathrm{d}^2\phi}{\mathrm{d}A \cdot \mathrm{d}\Omega \cdot \cos\theta} \tag{2-2}$$

式中：I 为辐射强度，是给定方向上立体角元内，离开辐射源的辐射功率，单位为 W/sr。

$$I = \frac{\mathrm{d}\phi}{\mathrm{d}\Omega} \tag{2-3}$$

(4) 辐出度 M。辐出度 M 为离开辐射源表面一点处面元的辐射能通量除以该面源的面积,单位为 $\mathrm{W/m^2}$。

$$M = \frac{\mathrm{d}\phi}{\mathrm{d}A} \tag{2-4}$$

(5) 辐照度 E。辐照度 E 为辐射到表面一点处面元的辐射能通量除以该面源的面积,单位为 $\mathrm{W/m^2}$。

$$E = \frac{\mathrm{d}\phi}{\mathrm{d}A} \tag{2-5}$$

这些辐射度量同时也是波长的函数。

由天文学原理可知,影响星间激光链路的背景光源如恒星、太阳等均可近似认为是黑体,即完全吸收入射其表面辐射的理想物体。而其他光源如地球、月球、行星等在短波范围可认为是对太阳光的反射,其辐射特性也可由黑体辐射和反射率等参数描述。

普朗克由热辐射量子统计理论导出了黑体辐出度与黑体温度波长的关系式,即

$$M(\lambda, T) = \frac{2\pi hc^2}{\lambda^5}\left[\frac{1}{\mathrm{e}^{hc/k\lambda T} - 1}\right] \tag{2-6}$$

式中:h 为普朗克常数;c 为真空中光速;k 为玻耳兹曼常数。

对于理想的漫射表面在任意方向上辐亮度不变,其辐亮度与辐出度间的关系为

$$L(\lambda, T) = \frac{M(\lambda, T)}{\pi} \tag{2-7}$$

则绝对黑体的辐亮度为

$$L(\lambda, T) = \frac{2hc^2}{\lambda^5}\left[\frac{1}{\mathrm{e}^{hc/k\lambda T} - 1}\right] \tag{2-8}$$

利用辐亮度的概念可以确定从背景噪声辐射源表面到终端接收天线表面的辐射能传输。设 $\mathrm{d}A_1$ 为辐射源表面的一个面元,与光轴的夹角为 θ_1,$\mathrm{d}A_2$ 为接收天线表面的一个面元,与光轴的夹角为 θ_2,如图 2-1 所示。

图 2-1　辐射能传输示意图

由此可知,辐射源传输到接收天线表面的总辐射功率为

$$\phi_{12} = \iint_{A_1 A_2} L \frac{\cos\theta_1 \cos\theta_2}{r_{12}^2} \mathrm{d}A_1 \mathrm{d}A_2 \tag{2-9}$$

式中:L 为辐射源的辐亮度;r_{12}为辐射源与终端接收天线间的距离。

则探测器可接收到的全谱背景辐射为

$$P = L \cdot \frac{A_1' \cdot A_2'}{r_{12}^2} \tag{2-10}$$

式中:A_1'为光源在垂直光轴方向的投影面积;A_2'为接收天线在垂直光轴方向的投影面积。为减小背景噪声的影响,卫星光通信终端光学系统中一般都具有窄带滤波系统,进入终端的背景辐射将受到光学系统带宽的限制,在传输过程中还会受到光学元件的衰减,则探测器可接收到的背景光功率 P_b 为

$$P_b = \frac{A_1' \cdot A_2'}{r_{12}^2} \cdot \eta \int_{\lambda_0-\Delta\lambda}^{\lambda_0+\Delta\lambda} L(\lambda)\mathrm{d}\lambda \tag{2-11}$$

由辐照度定义可知,终端所在位置背景噪声源的辐照度谱为

$$E(\lambda) = \frac{A_1'}{r_{12}^2} L(\lambda) \tag{2-12}$$

由于背景辐射源与终端距离遥远,且终端视域很小,仅为数微弧度到数毫弧度,则背景噪声模型可简化为

$$P_b = A \cdot \cos\theta \cdot \eta \int_{\lambda_0-\Delta\lambda}^{\lambda_0+\Delta\lambda} E(\lambda)\mathrm{d}\lambda \tag{2-13}$$

式中:A 为终端接收天线面积;η 为终端光学系统透过率;θ 为入射背景光与终端接收天线法线的夹角;λ_0 为光学系统中心波长;$\Delta\lambda$ 为光学系统半带宽。

大多数背景光源,如恒星的面积与距离无法准确地获得,因此不能由式(2-12)求得背景光源的辐照度谱函数。而背景光源数量众多,利用实测结果进行分析将需花费巨大的工作量,因此,分析中需要重新建立一种方便、易用的辐照度模型。

2.2.1 星光背景噪声分析

2.2.1.1 星光背景辐照度数学模型

恒星是宇宙空间中分布最广的背景光源,数量众多,而且卫星光通信终端探测器灵敏度越高,对其能够产生影响的恒星也就越多。利用恒星辐照度的实测结果进行背景噪声分析,工作量巨大,因此需要建立一种简单、准确的恒星辐照度函数,以方便地利用现有恒星数据库中的参数,进行背景光功率计算、噪声源分布等分析。这种方法建立的数学模型也可与卫星光通信仿真系统对接,进行终端在轨运行状态仿真分析。

由于遥远的距离,入射至卫星光通信终端的恒星辐射可以看作平行光,由

式(2-13)可得终端探测器接收到的恒星背景光功率 P_{ns},由系统参数和恒星辐照度决定,即

$$P_{ns} = A\eta\cos\theta\int_{\lambda_0-\Delta\lambda_1}^{\lambda 0+\Delta\lambda} \cdot E_s(\lambda)\cdot \mathrm{d}\lambda \tag{2-14}$$

由于终端视场角很小,如 SILEX 计划中卫星光通信终端最大视场角仅为 8mrad,即使星光由视域边缘入射,$\cos\theta$ 带来的功率衰减也仅为 8×10^{-6},可忽略不计,则恒星背景光功率可简化为

$$P_{ns} = A\eta\int_{\lambda_0-\Delta\lambda_1}^{\lambda 0+\Delta\lambda} \cdot E_s(\lambda)\cdot \mathrm{d}\lambda \tag{2-15}$$

由于恒星可看作较为标准的黑体,由式(2-8)、式(2-12)可知等效温度为 T 的恒星,其辐照度谱函数 $E_s(\lambda)$ 可以表示为

$$E_s(\lambda) = R\frac{2c^2h}{\lambda^5}\left[\frac{1}{\mathrm{e}^{hc/k\lambda T}-1}\right] \tag{2-16}$$

式中:c 为光速;h 为普朗克常数;k 为玻耳兹曼常数;$R=A_s/r^2$ 是恒星在视线方向上的投影面积与恒星卫星间距离的比值。

天文学中恒星目视星等是描述恒星亮度的参量。亮度是指观测者在单位面积上接收到的天体可见光范围内的照度,用符号 E_V 表示。目视星等分别为 m、n 的恒星,其亮度间具有如下关系:

$$\frac{E_V(n)}{E_V(m)} = 2.512^{n-m} \tag{2-17}$$

目视星等越大的恒星,在可见光范围内的亮度越低。由于恒星的亮度正比于观测点单位面积上接收到的恒星光功率,因此有

$$\frac{\int_{\lambda_1}^{\lambda_2} E_s^m(\lambda)\mathrm{d}\lambda}{\int_{\lambda_1}^{\lambda_2} E_s^n(\lambda)\mathrm{d}\lambda} = 2.512^{n-m} \tag{2-18}$$

式中:$E_s^m(\lambda)$、$E_s^n(\lambda)$ 分别为目视星等为 m、n 的恒星辐照度谱函数。由于目视星等是在可见光范围内定义的,所以积分限为 $\lambda_1=0.38\mu\mathrm{m}$,$\lambda_2=0.72\mu\mathrm{m}$。

太阳的目视星等为 -26.7,大气层外平均日地距离处太阳在可见光范围内总的辐射值为 573.1W/m^2,则等效温度为 T、目视星等为 M 的恒星,其辐照度谱与太阳辐照度谱有如下关系:

$$\frac{\int_{\lambda_1}^{\lambda_2} E_s^M(\lambda)\mathrm{d}\lambda}{573.1} = \frac{R\int_{\lambda_1}^{\lambda_2}\frac{2c^2h}{\lambda^5(\mathrm{e}^{hc/k\lambda T}-1)}\mathrm{d}\lambda}{573.1} = 2.512^{-26.7-M} \tag{2-19}$$

所以

$$R = \frac{573.1\cdot 2.512^{-26.7-M}}{\int_{\lambda_1}^{\lambda_2}\frac{2c^2h}{\lambda^5(\mathrm{e}^{hc/k\lambda T}-1)}\mathrm{d}\lambda} \tag{2-20}$$

由此可以得到恒星辐照度谱 $E_s(\lambda)$ 为 M、T 的函数：

$$E_s(\lambda, M, T) = 573.1 \times \frac{2.512^{-26.7-M}}{\int_{\lambda_1}^{\lambda_2} \frac{c^2 h}{\lambda^5 (e^{hc/k\lambda T} - 1)} d\lambda} \cdot \frac{c^2 h}{\lambda^5 (e^{hc/k\lambda T} - 1)} \quad (2-21)$$

为了说明该理论模型的正确性，以天狼星为例，将式(2-21)的计算结果与实测结果进行对比。天狼星目视星等为-1.6等，等效温度约为11200K，则由式(2-21)可以得到其辐照度函数，如图2-2(a)所示。

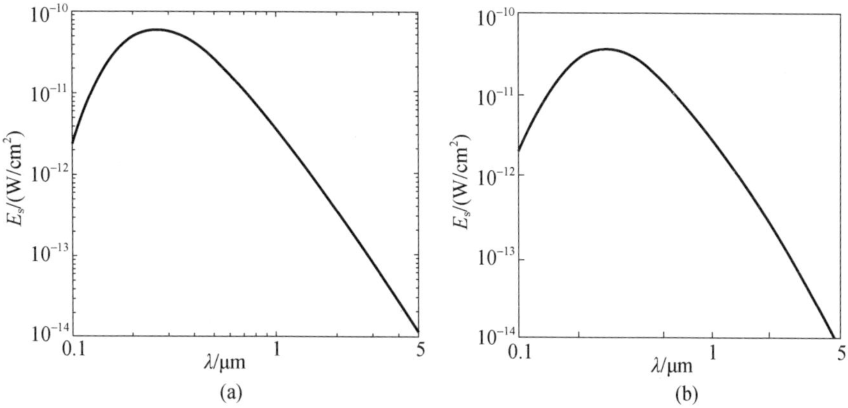

图2-2　天狼星辐照度仿真结果与实测结果

图2-2(b)为天狼星辐射谱实测结果，数学模型计算结果与实测结果相吻合。

由此，对于任何恒星只要给定其目视星等 M、等效温度 T，依据恒星辐射谱模型即可得到准确的辐照度函数。目前已有的恒星数据库(如SAO星表)大多具有恒星目视星等 M、等效温度 T 这两项重要参数。因此，利用此恒星辐照度模型可以方便地与恒星数据库对接，进行恒星背景分析。

对于星间激光链路，太阳系内除地球以外其他行星均可看作点光源。其中，金、木、水、火、土五大行星较亮，是星间激光链路设计中需要考虑的背景光源。行星辐射主要来自对太阳光的反射，与太阳具有相同的辐射谱，因此背景噪声分析中可以将行星看作5900K的黑体辐射。根据其目视星等，可利用式(2-21)计算其辐射谱函数。

2.2.1.2　星光背景噪声特点及统计规律

由上面分析可知，恒星目视星等、等效温度决定了恒星辐照度，本节将在此基础之上，分析不同恒星产生背景光功率的特点。

当一颗恒星进入卫星光通信终端视场后，探测器接收到的背景光功率 P_{ns} 为

$$P_{ns} = A_{ocs} \cdot \eta_{ocs} \cdot \int_{\lambda_0-\Delta\lambda}^{\lambda_0+\Delta\lambda} E_s(\lambda) \cdot d\lambda \tag{2-22}$$

式中：A_{ocs}为卫星光通信终端入瞳通光面积；η_{ocs}为终端接收光路传输效率；λ_0为接收光路中心波长；$\Delta\lambda$为系统半带宽；$E_s(\lambda)$为恒星辐照度函数。

由式(2－22)可知，当系统参数确定时，P_{ns}仅与恒星目视星等M、等效温度T有关。P_{ns}随M、T的变化仿真曲线如图2－3、图2－4所示。

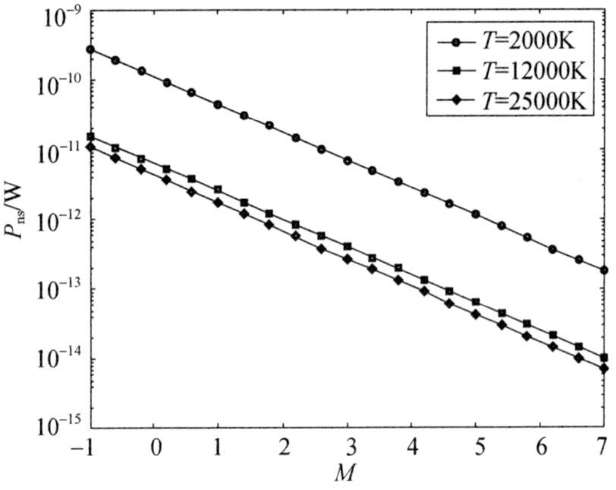

图2－3　P_{ns}随M的变化

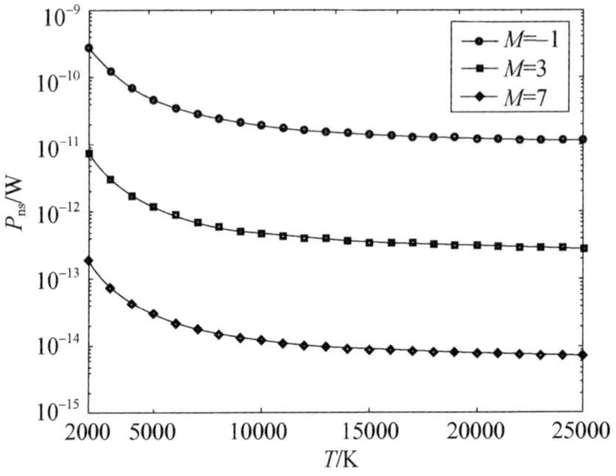

图2－4　P_{ns}随T的变化

仿真中所取系统参数为：$A_{ocs}=0.49\text{m}^2$，$\eta_{ocs}=0.6$，$\lambda_0=800\text{nm}$，$\Delta\lambda=10\text{nm}$。

由图2－3可知，等效温度相同的恒星，目视星等越高，入射卫星光通信终端的背景光功率越低。这是由于具有相同等效温度的恒星，目视星等越高，$E_s(\lambda)$越低。

由图2－4可知，目视星等相同的恒星，等效温度越高，入射卫星光通信终端的背景光功率越低，这与星间激光链路通信波段的选取有关。

设目视星等为 M，等效温度分别为 T_1、T_2 的两颗恒星，$T_1 > T_2$，辐照度谱函数分别为 $E_s(T_1,\lambda)$、$E_s(T_2,\lambda)$。由黑体辐射维恩位移定律可知，恒星辐照度谱中心波长 λ_m 与其等效温度 T 间的关系为

$$T\lambda_m = b \tag{2-23}$$

其中，常数 $b = 2.898 \times 10^{-3}\text{m}\cdot\text{K}$。因此，随等效温度的升高，恒星辐照度中心波长左移，即 $\lambda_m(T_1) < \lambda_m(T_2)$，辐射能由低频段向高频段转移，如图 2-5 所示。

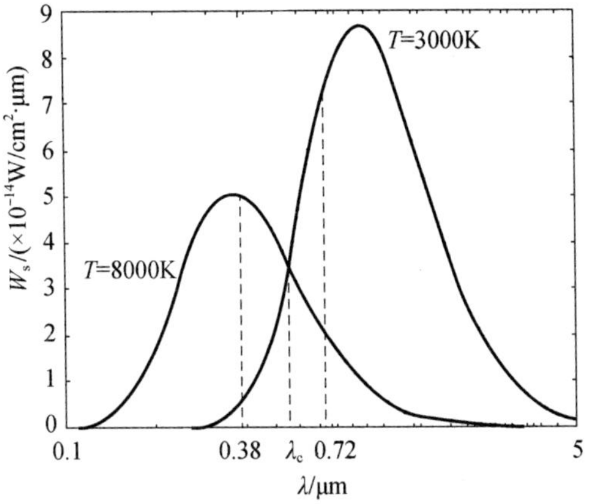

图 2-5 不同温度恒星辐射谱

由式(2-18)可知，由于目视星等相同，$E_s(T_1,\lambda)$、$E_s(T_2,\lambda)$ 在 0.38～0.72μm 的范围内面积相同，因此在 0.38～0.72μm 的范围内必然存在交点 λ_c。在 λ_c 的左侧，$E_s(T_1,\lambda) > E_s(T_2,\lambda)$，即温度越高，辐射越强；在 λ_c 的右侧，$E_s(T_1,\lambda) < E_s(T_2,\lambda)$，即温度越高，辐射越弱。

由此可知，如果终端光学系统频带下限 $\lambda_0 - \Delta\lambda > \lambda_c$，低温恒星在卫星光通信系统带宽范围内将辐射出更多的能量；如果频带上限 $\lambda_0 + \Delta\lambda < \lambda_c$，高温恒星在卫星光通信系统带宽范围内将辐射出更多的能量。仿真中，$\lambda_0 - \Delta\lambda > 0.72\mu\text{m} > \lambda_c$，因此有图 2-4 的仿真结果。

目前，已有的卫星光通信系统均工作于红外波段，终端光学系统频带下限 $\lambda_0 - \Delta\lambda > \lambda_c$。因此，目视星等相同的恒星，等效温度越低，辐射到卫星光通信终端探测器的背景光功率越强。

为分析星间激光链路星光背景噪声的统计规律，利用 SAO 星表(Smithsonian Astrophysical Observatory Star Catalog)提供的数据对全天 6 等以上的恒星及行星进行噪声功率计算。SAO 星表是史密森天体物理天文台提供的恒星数据库，共有 57 个变量，包含各恒星的赤经角(RA)、赤纬角(Dec)、赤经自行、赤纬

自行，以及各恒星的星等、波谱类型。计算中卫星光通信终端参数如表 2－1 所列。

表 2－1　卫星光通信终端参数选取

参　数	取　值
接收天线口径	25cm
接收系统中心波长	800nm
光学系统带宽	10nm
光学系统传输效率	0.6N · A

全天 6 等以上的恒星及行星共有 5108 颗，在天球中的分布如图 2－6 所示。由式（2－22）可以求得星光噪声源对卫星光通信终端产生的背景光功率，其统计结果见图 2－7 和表 2－2。

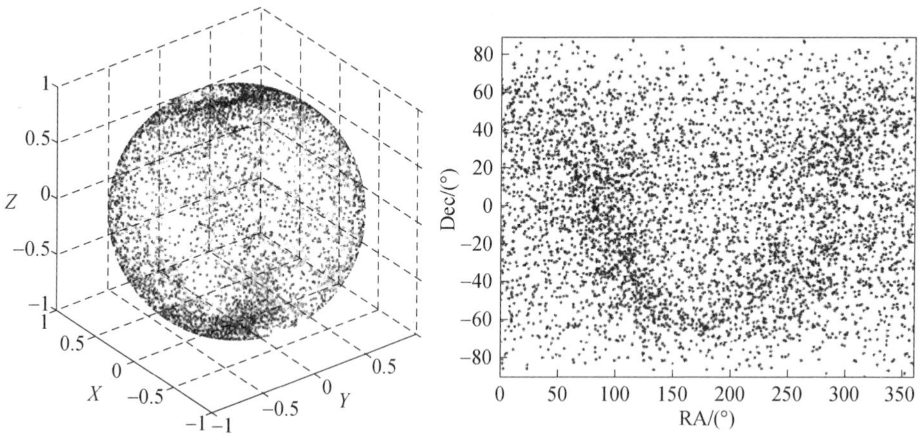

图 2－6　星光背景光源在天球的分布

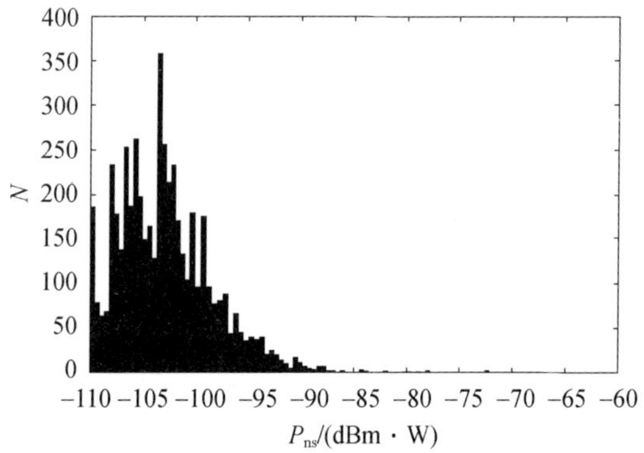

图 2－7　星光背景噪声统计直方图

表 2-2 星光背景光功率统计结果

最大值	3.6×10^{-10} W	
最小值	1.0×10^{-14} W	
平均值	2.3×10^{-13} W	
分布特点	99.3% 的星光背景光功率小于 10^{-12} W	
最亮的恒星	天狼星(Sirius)	2.6×10^{-11} W
最亮的行星	金星(Venus)	3.6×10^{-10} W

统计结果显示:99.3% 的星光背景光功率小于 10^{-12} W,其平均值为 2.3×10^{-13} W。

2.2.2 各链路星光背景仿真实验

2.2.2.1 仿真实验系统

由图 2-6 可知,星光背景在天球中分布并不均匀,对于不同的星间激光链路终端接收天线将扫过不同的天区,星光背景在终端视场中的出现规律也不同。某一颗恒星或行星能否成为影响星间激光链路的背景噪声源,取决于在链路的建立与保持过程中,它是否会进入终端的视场。因此恒星或行星所在位置和终端天线的指向运动决定了星间激光链路动态过程中星光背景噪声的分布规律。

在星间激光链路星光背景噪声动态分析中,将建立链路的两颗卫星记为卫星 A 与卫星 B,并设光信号由卫星 A 传输至卫星 B,忽略瞄准误差时,可近似认为卫星 B 与卫星 A 的连线矢量 $\boldsymbol{r}_{BA}$ 与卫星 B 的天线指向矢量 $\boldsymbol{n}_B$ 平行。设卫星 B 光通信终端跟瞄接收子系统视场角为 θ_{PAT},通信接收子系统视场角为 θ_{COM},卫星 B 与恒星 S 的连线矢量为 $\boldsymbol{r}_{BS}$,则恒星 S 对卫星 B 光通信终端跟瞄接收子系统造成影响的充要条件为 $\boldsymbol{r}_{BS}$ 与 $\boldsymbol{r}_{BA}$ 间的夹角 $\alpha_{ABS}<1/2\theta_{PAT}$;恒星 S 对终端通信接收子系统造成影响的充要条件为 $\boldsymbol{r}_{BS}$ 与 $\boldsymbol{r}_{BA}$ 间的夹角 $\alpha_{ABS}<1/2\theta_{COM}$,如图 2-8 所示。

图 2-8 恒星背景示意图

由矢量关系可知

$$\alpha_{ABS}=\arcsin\left(\frac{|\boldsymbol{r}_{BS}\times\boldsymbol{r}_{BA}|}{|\boldsymbol{r}_{BS}|\cdot|\boldsymbol{r}_{BA}|}\right) \tag{2-24}$$

设 O 为地心,地心与恒星 S 的连线矢量为 $\boldsymbol{r}_{OS}$,则 $\boldsymbol{r}_{BS}=\boldsymbol{r}_{OS}-\boldsymbol{r}_{OB}$,由于 $|\boldsymbol{r}_{OS}|>>|\boldsymbol{r}_{OB}|$,有 $\boldsymbol{r}_{BS}\approx\boldsymbol{r}_{OS}$。设 $\boldsymbol{n}_{OS}$ 为 $\boldsymbol{r}_{OS}$ 的单位矢量,则式(2-24)可简化为

$$\alpha_{ABS}\approx\arcsin\left(\frac{|\boldsymbol{r}_{OS}\times\boldsymbol{r}_{BA}|}{|\boldsymbol{r}_{OS}|\cdot|\boldsymbol{r}_{BA}|}\right)=\arcsin\left(\frac{|\boldsymbol{n}_{OS}\times\boldsymbol{r}_{BA}|}{|\boldsymbol{r}_{BA}|}\right) \tag{2-25}$$

天文学中恒星与行星在宇宙中的方位通常在地心赤道坐标系中由赤经角(RA)和赤纬角(Dec)表示。地心赤道坐标系 $O-XYZ$ 坐标原点为地心,X 轴沿地球赤道面和黄道面的交线指向春分点 γ,Z 轴指向北极,Y 轴在赤道面内与 X 轴垂直,矢量 $\boldsymbol{I}$、$\boldsymbol{J}$ 和 $\boldsymbol{K}$ 分别为 X、Y 和 Z 轴的单位矢量。$\boldsymbol{r}_{OS}$ 与 XY 平面的夹角即为恒星的赤纬角,$\boldsymbol{r}_{OS}$ 在 XY 平面的投影与 X 轴的夹角即为恒星的赤经角,如图 2-9 所示。

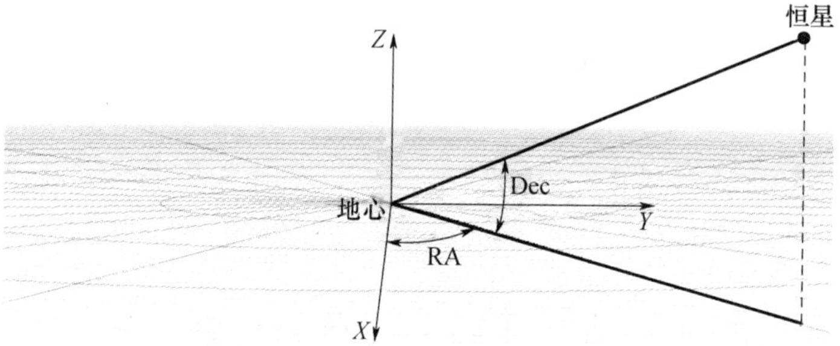

图 2-9　地心赤道坐标系

则 $\boldsymbol{n}_{OS}$ 在 $O-XYZ$ 中表示为

$$\boldsymbol{n}_{OS}=\begin{bmatrix}\cos\text{Dec}\cdot\cos\text{RA}\\ \cos\text{Dec}\cdot\sin\text{RA}\\ \sin\text{Dec}\end{bmatrix} \tag{2-26}$$

天线指向矢量 $\boldsymbol{n}_B$ 的运动由卫星 A 与卫星 B 的轨道运动决定。在 $O-XYZ$ 坐标系中描述卫星轨道运动如图 2-10 所示。图中,$\boldsymbol{r}$ 为卫星的位置矢量;$\boldsymbol{h}$ 为角动量矢量,垂直于卫星轨道平面;$\boldsymbol{p}$ 为近拱点(卫星轨道长轴的两个端点称为拱点,离主焦点近的称为近拱点)方向矢量;$\boldsymbol{n}$ 为升交点(卫星朝北穿过基准平面点)方向矢量。通过 5 个独立的轨道参数可以确定卫星轨道的大小、形状和方位。如要精确地确定卫星沿着轨道在某特定时刻的位置,则需要第 6 个轨道参数。

经典的 6 要素称为轨道 6 根数,定义如下:①半长轴 a,确定轨道大小的常数;②偏心率 e,确定圆锥曲线形状的常数;③轨道倾角 i,单位矢量 $\boldsymbol{K}$ 和卫星角动量矢量 $\boldsymbol{h}$ 间的夹角;④升交点黄经 Ω,单位矢量 $\boldsymbol{I}$ 和升交点方向矢量 $\boldsymbol{n}$ 间的夹角;⑤近拱点角距 ω,升交点方向矢量 $\boldsymbol{n}$ 和近拱点方向矢量 $\boldsymbol{p}$ 间的夹角;⑥过近

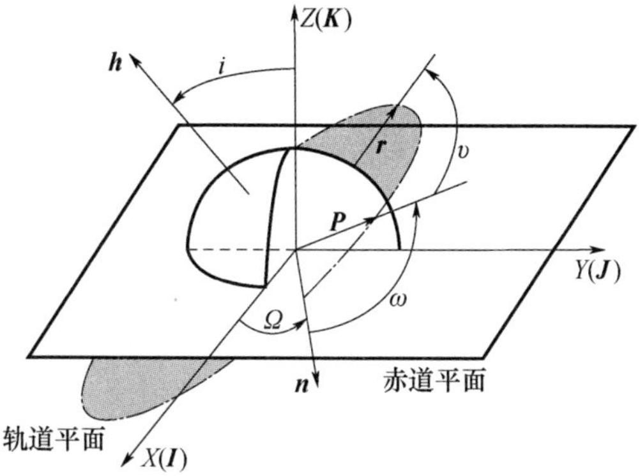

图2－10 卫星轨道参数

拱点时刻 t_0,即卫星在近拱点的时刻。为了推导方便,有时用卫星位置矢量 $\boldsymbol{r}$ 和近拱点方向矢量 $\boldsymbol{p}$ 在某一时刻的夹角 $\boldsymbol{v}$ 来代替 t_0,称 $\boldsymbol{v}$ 为真近点角。

为分析卫星在地心赤道坐标系中的运动,需要引用一个中间坐标系——地心轨道坐标系 $O-X_0Y_0Z_0$。该坐标系坐标原点为地心,X 轴指向升交点,Z 轴沿轨道法线方向,Y 轴由右手法则决定。在地心轨道坐标系中,卫星位置矢量 $\boldsymbol{r}$ 可表示为

$$\boldsymbol{r}_{O-X_0Y_0Z_0}=\begin{bmatrix}\dfrac{a(1-e^2)}{1-e\cos\boldsymbol{v}}\cdot\cos(\boldsymbol{\omega}+\boldsymbol{v})\\ \dfrac{a(1-e^2)}{1-e\cos\boldsymbol{v}}\cdot\sin(\boldsymbol{\omega}+\boldsymbol{v})\\ 0\end{bmatrix} \tag{2-27}$$

由图2－10可知,将地心轨道坐标系沿 X 轴旋转 $-i$ 角,再绕 Z 轴旋转 $-\Omega$ 角即可与地心赤道坐标系重合,所以两个坐标系间的变换矩阵 $\boldsymbol{R}_{\mathrm{OE}}$ 为

$$\begin{aligned}\boldsymbol{R}_{\mathrm{OE}}(\Omega,i)&=\begin{bmatrix}\cos\Omega & -\sin\Omega & 0\\ \sin\Omega & \cos\Omega & 0\\ 0 & 0 & 1\end{bmatrix}\begin{bmatrix}1 & 0 & 0\\ 0 & \cos i & -\sin i\\ 0 & \sin i & \cos i\end{bmatrix}\\ &=\begin{bmatrix}\cos\Omega & -\sin\Omega\cos i & \sin\Omega\sin i\\ \sin\Omega & \cos\Omega\cos i & -\cos\Omega\sin i\\ 0 & \sin i & \cos i\end{bmatrix}\end{aligned} \tag{2-28}$$

所以在地心赤道坐标系中,卫星位置矢量 $\boldsymbol{r}$ 为

$$\boldsymbol{r}=R_{\mathrm{OE}}(\Omega,i)\begin{bmatrix}r\cdot\cos(\boldsymbol{\omega}+\boldsymbol{v})\\ r\cdot\sin(\boldsymbol{\omega}+\boldsymbol{v})\\ 0\end{bmatrix} \tag{2-29}$$

其中

$$r=\frac{a(1-e^2)}{1-e\cos\boldsymbol{v}} \tag{2-30}$$

对于给定的卫星轨道,6 个轨道参数中只有 υ 是时间的函数。因此只要求解 t 时刻的 υ 值,由式(2-29)即可求得该时刻卫星的位置。

真近点角 υ 作为时间函数的直接表达式很难写出,需要引入偏近点角 E 来建立两点间的关系。偏近点角与真近点角关系如图 2-11 所示。

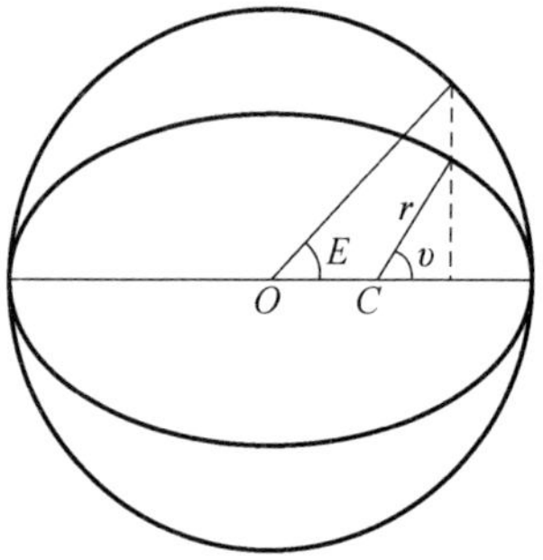

图 2-11　偏近点角与真近点角关系

则 υ 与 E 间的关系为

$$\begin{cases} r\cos\upsilon = a(\cos E - e) \\ r\sin\upsilon = a\sqrt{1-e^2}\sin E \end{cases} \tag{2-31}$$

由开普勒方程知:

$$E - e\sin E = \sqrt{\frac{\mu}{a^3}}(t - t_0) \tag{2-32}$$

记

$$n = \sqrt{\frac{\mu}{a^3}} \tag{2-33}$$

为平均角速度。定义 M 为平近点角,即

$$M = n(t - t_0) \tag{2-34}$$

则开普勒方程可写为如下标准形式:

$$E - e\sin E = M \tag{2-35}$$

采用迭代法可由 $M(t)$ 求得 $E(t)$ 的近似解,进而由式(2-31)求得 $\upsilon(t)$,最后由式(2-29)、式(2-30)求得 t 时刻卫星的空间位置。

则卫星 B 天线指向矢量 $\boldsymbol{n}_{\mathrm{B}}$ 为

$$\boldsymbol{n}_{\mathrm{B}} = R(\Omega_{\mathrm{A}}, i_{\mathrm{A}})\begin{bmatrix} r_{\mathrm{A}} \cdot \cos(\omega_{\mathrm{A}} + \upsilon_{\mathrm{A}}) \\ r_{\mathrm{A}} \cdot \sin(\omega_{\mathrm{A}} + \upsilon_{\mathrm{A}}) \\ 0 \end{bmatrix} - R(\Omega_{\mathrm{B}}, i_{\mathrm{B}})\begin{bmatrix} r_{\mathrm{B}} \cdot \cos(\omega_{\mathrm{B}} + \upsilon_{\mathrm{B}}) \\ r_{\mathrm{B}} \cdot \sin(\omega_{\mathrm{B}} + \upsilon_{\mathrm{B}}) \\ 0 \end{bmatrix} \tag{2-36}$$

其中

$$r_{\mathrm{A}} = \frac{a_{\mathrm{A}}(1 - e_{\mathrm{A}}^2)}{1 - e_{\mathrm{A}}\cos\upsilon_{\mathrm{A}}}, r_{\mathrm{B}} = \frac{a_{\mathrm{B}}(1 - e_{\mathrm{B}}^2)}{1 - e_{\mathrm{B}}\cos\upsilon_{\mathrm{B}}} \tag{2-37}$$

由卫星 A、B 的近拱点时刻 $t_{0\mathrm{A}}$、$t_{0\mathrm{B}}$,运用上述的迭代法即可求得任意时刻卫星 B 天线的指向运动。

星间激光链路主要分为 GEO-LEO、GEO-GEO、LEO-LEO 三类,为分析不同星间激光链路恒星背景噪声出现规律,根据上述理论分析,建立了恒星背景噪声仿真实验系统,系统框图如图 2-12 所示。

仿真系统由三个基本部分组成:①由建立链路的两颗卫星的轨道基本参数,

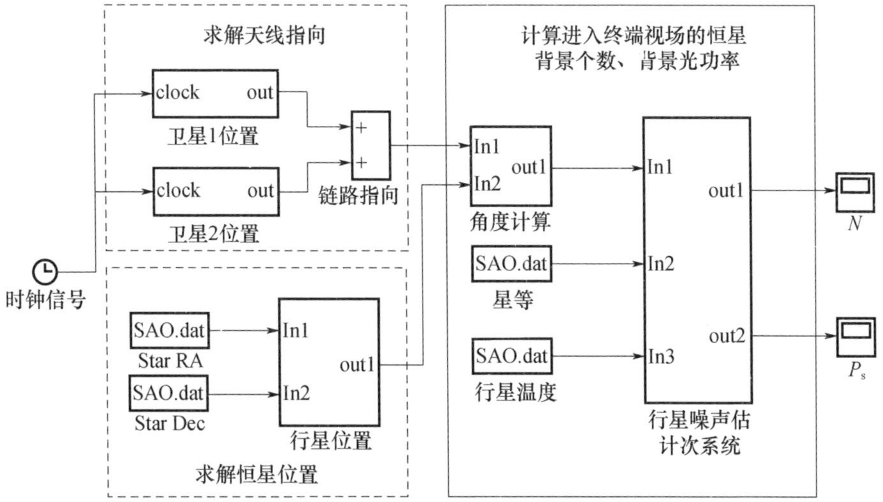

图2-12 背景噪声仿真实验系统框图

求解开普勒方程,对光通信终端接收天线的指向运动进行仿真;②引入SAO星表数据库中恒星及行星的赤经角RA、赤纬角Dec数据,分析每一仿真时刻星光背景位置;③由天线指向运动和恒星及行星位置,计算每一时刻进入终端跟瞄接收子系统和通信接收子系统视场的星光背景个数,并由SAO星表数据库中的目视星等M、有效温度T等数据,结合恒星背景辐照度谱函数计算得到星光背景光功率。在进行星间激光链路设计时,可利用此仿真实验系统对各链路星光背景噪声情况做出评价,为优化终端系统参数提供帮助。

2.2.2.2 GEO-LEO链路星光背景仿真

SILEX计划中ESA数据中继卫星ARTEMIS与法国地球观测卫星SPOT-4间的通信链路是典型的GEO-LEO星间激光链路,用于将用户星SPOT-4的数据传输给中继卫星ARTEMIS,再由中继卫星转发至地面,完成地球探测等科学任务数据的实时传输。链路基本结构如图2-13所示。

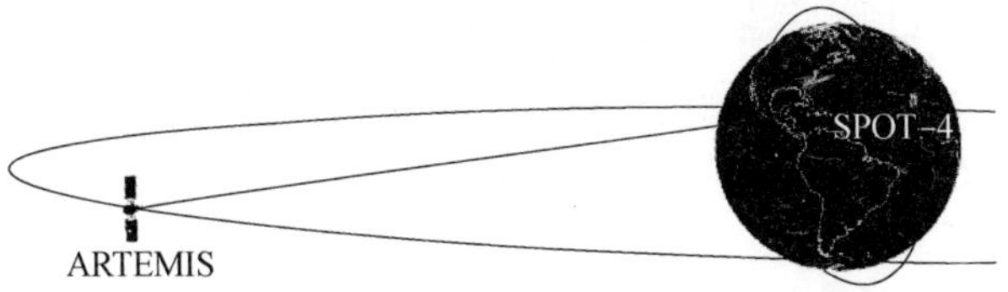

图2-13 GEO-LEO星间激光链路基本结构

ARTEMIS为地球同步轨道卫星,轨道高度为35786km,静止位置为东经21.5°。SPOT-4为太阳同步轨道卫星,轨道高度830km,轨道倾角98.7°。

SPOT－4 轨道周期约为 1h41min，ARTEMIS 轨道周期为 24h，则 SPOT－4 与 ARTEMIS 间的相对运动呈周期性变化，周期为 5 天。5 天中 SPOT－4 绕地球旋转 72 圈，ARTEMIS 绕地球旋转 5 圈。因此 GEO－LEO 星间激光链路仿真时间取为 5 天。由于地球遮挡，5 天中 GEO－LEO 链路可建立链路 60 次，持续时间如图 2－14 所示。其中，最长链路时间为 3.94h，最短时间为 1.02h，总时间为 87.5h，可建立链路时间约占总时间的 72.9%。

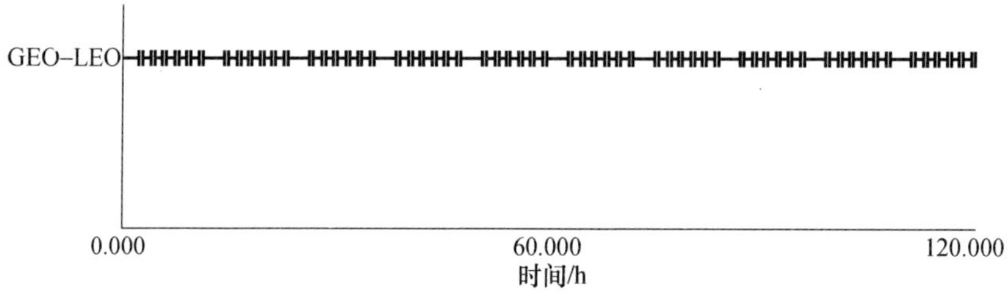

图 2－14　GEO－LEO 链路建立时间

定义 LEO 发射光信号 GEO 接收光信号的链路为前向链路，GEO 发射光信号 LEO 接收光信号的链路为返向链路。由链路与地球的几何关系可知，在前向链路中，大部分时间出现在 GEO 视场中的背景为地球背景；返向链路中，星光背景为 LEO 视场中的主要背景。因此本节仿真将主要针对 GEO－LEO 返向链路进行。仿真中所取参数如表 2－3 所列。

表 2－3　GEO－LEO 星光背景仿真参数表

SPOT－4 参数	取值
天线口径	25cm
接收系统中心波长	819nm
光学系统带宽	10nm
光学系统传输效率	0.6
跟瞄接收子系统视场角	8.64mrad
通信接收子系统视场角	0.238mrad

仿真中每隔 1s 对此时刻进入终端跟瞄接收子系统和通信接收子系统视场的星光背景噪声个数 N 及背景光功率 P_s 计算一次，仿真结果如图 2－15～图 2－18所示。

仿真结果表明：

（1）星光背景进入 LEO 终端跟瞄接收子系统视场较为频繁，在 5 天的仿真时间中，GEO－LEO 链路共建立 314516s，星光背景进入跟瞄接收子系统视场共计 25981s，概率约为 8.26%。

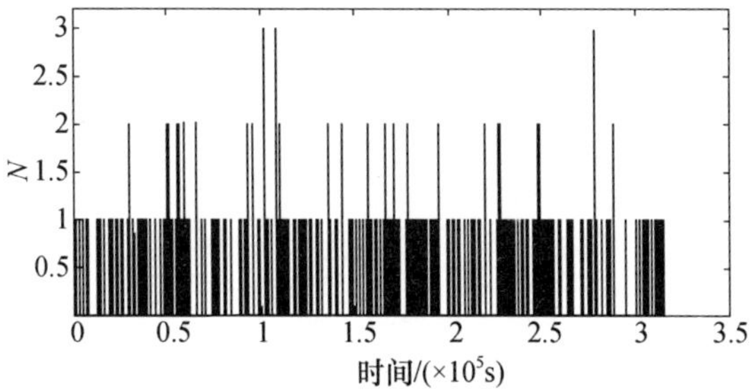

图 2－15　GEO－LEO 链路终端跟瞄接收子系统星光背景噪声分布情况

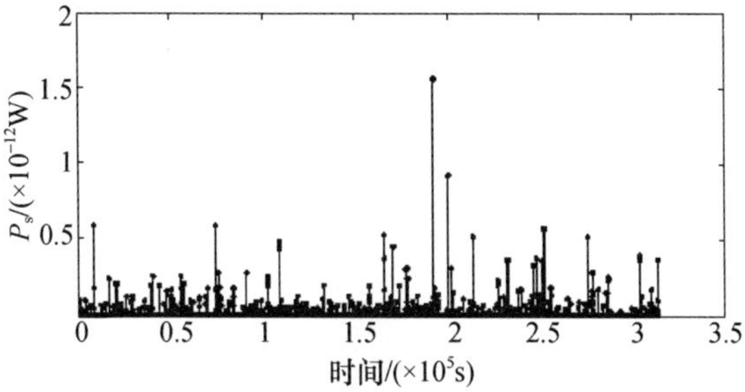

图 2－16　GEO－LEO 链路跟瞄接收子系统星光背景噪声功率

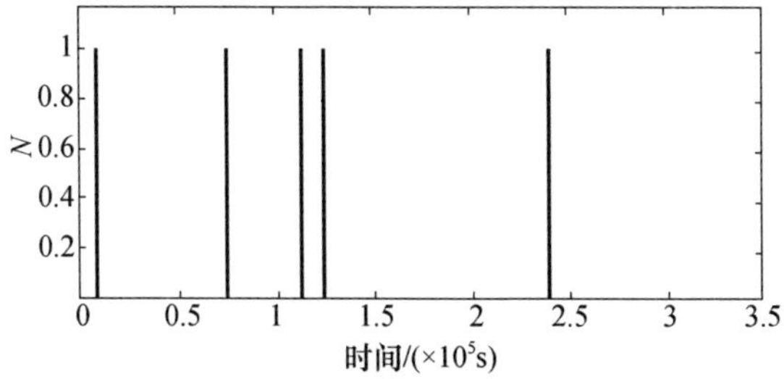

图 2－17　GEO－LEO 链路终端通信接收子系统星光背景噪声分布情况

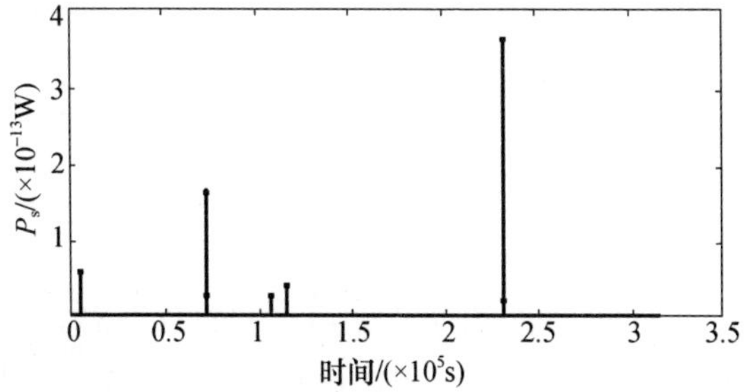

图 2－18　GEO－LEO 链路通信接收子系统星光背景噪声功率

（2）同一时刻最多有3颗星光背景进入跟瞄接收子系统视场中，共计25s；同时出现2颗星光背景的时间共为974s；大部分时间仅有1颗星光背景进入跟瞄接收子系统视场，共24982s；跟瞄系统中最大星光背景噪声光功率为1.57×10^{-12}W。

（3）由于通信接收子系统视场很小，星光进入的概率较小，仅为4×10^{-5}，最强的背景光功率仅为3.61×10^{-13}W。因此，对于终端通信接收子系统星光背景的影响可忽略不计。

2.2.2.3 GEO－GEO 链路星光背景仿真

在同步轨道卫星GEO间建立激光通信链路，可进行高数据率信号中继，有效地减小通信链路对地面站的依赖性，具有重要的经济与战略意义。根据GEO卫星的特点，理论上3颗GEO卫星组网就可以覆盖地球上除两极以外的所有地区。3颗GEO卫星均布，卫星间的相位间距为120°，链路基本结构如图2－19所示。

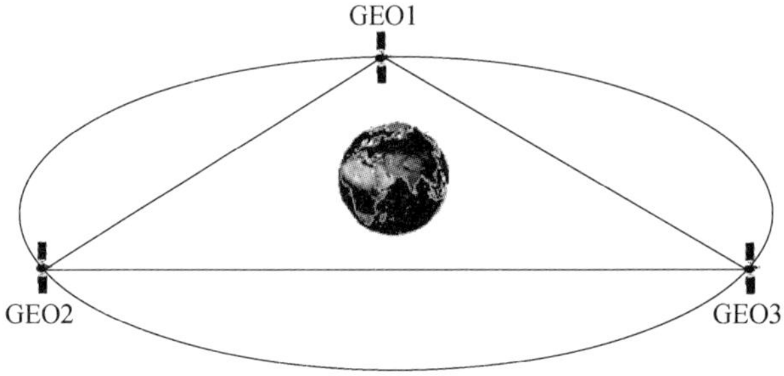

图2－19 GEO－GEO星间激光链路

本节以两颗相位间距为120°的GEO卫星为仿真对象，对GEO－GEO星间激光链路星光背景噪声情况进行仿真研究，并仿照ARTEMIS星上终端选取GEO卫星光通信终端参数，如表2－4所列。

表2－4 GEO－GEO星光背景仿真参数表

ARTEMIS参数	取值
天线口径	25cm
接收系统中心波长	847nm
光学系统带宽	10nm
光学系统传输效率	0.6
跟瞄接收子系统视场角	1.05mrad
通信接收子系统视场角	0.238mrad

GEO卫星轨道周期为24h，由链路几何关系可知，GEO链路指向矢量在地心赤道坐标系中的变化周期为1天，因此仿真时间取为1天。仿真中每隔1s对此时刻进入终端跟瞄子系统和通信接收子系统视场的星光背景噪声个数N及

背景光功率 P_s 计算一次。

仿真结果如图2－20、图2－21所示。由于GEO终端通信接收子系统视场角仅为238μrad，仿真数据显示，在GEO－GEO链路中没有星光背景出现在终端通信接收子系统视场中。

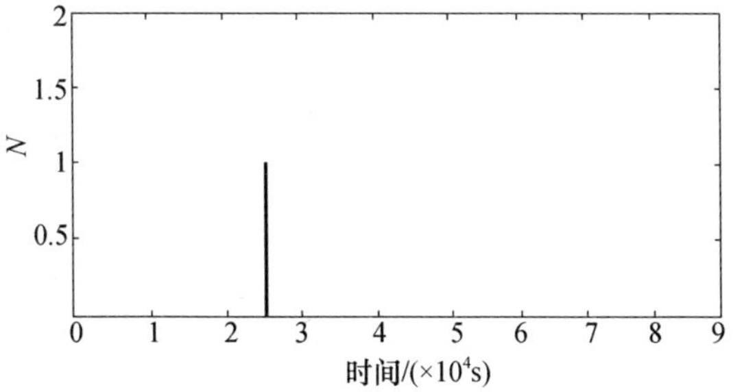

图2－20 GEO－GEO链路终端跟瞄接收子系统星光背景噪声分布情况

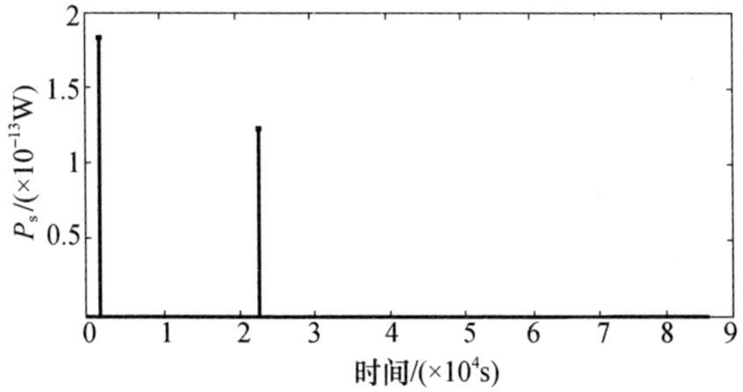

图2－21 GEO－GEO链路跟瞄接收子系统星光背景噪声功率

仿真结果表明：

（1）由于GEO终端跟瞄视场远小于LEO终端跟瞄视场，星光背景进入的概率也大大减小：在一天的仿真时间中，仅有47s星光背景将进入终端跟瞄视场中，概率仅为 5×10^{-4}。

（2）同一时刻最多仅有两颗星光背景进入GEO终端跟瞄视场，最大背景光功率约为 1.84×10^{-13}W。

（3）仿真中星光背景没有进入终端APD视场，不会对终端通信接收子系统造成影响。

2.2.2.4 LEO－LEO链路星光背景仿真

随着信息传输实时性和移动性需求的增长，在低轨卫星间（LEO－LEO）建立通信链路已成为卫星通信系统的发展趋势。低轨卫星移动通信系统具有通信延迟小和可实现全球无缝覆盖的优点，是支持全球通信网的有力保障。目前比较有影响的低轨卫星系统有铱（Iridium）系统、全球星（Globalstar）系统和全球电信网（Teledisc）系统。

由摩托罗拉公司提出的铱系统包括 66 颗 LEO 卫星和 10～15 个地面站。为了实现完全的全球覆盖，LEO 卫星分别配置在 6 个轨道上，每个轨道 11 颗卫星，轨道平面倾角为 86.4°，轨道平均高度约为 780km。通信中每一颗卫星可与相邻的 4 颗卫星建立通信链路。因此铱系统中的卫星间链路分为两种情况：同轨道平面星间链路和异轨道平面星间链路，链路结构如图 2－22 所示。

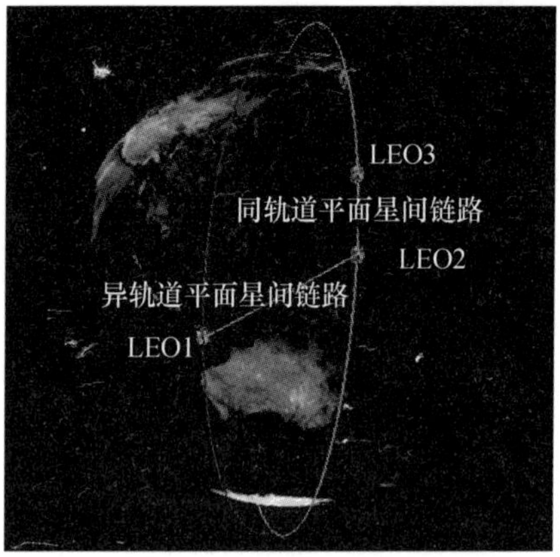

图 2－22　LEO－LEO 链路示意图

铱系统网络结构可为未来在低轨卫星间建立激光通信网提供借鉴。本节假设在铱系统卫星间链路中采用激光代替微波进行信号传输，对星光背景影响进行仿真研究，并仿照SPOT－4星上终端选取 LEO 卫星光通信终端参数。

铱系统卫星轨道周期为 1h40min，由链路几何关系可知，LEO－LEO 链路指向矢量在地心赤道坐标系中的变化周期与卫星轨道周期相同，因此仿真时间取为 1h40min。仿真中每隔 1s 对此时刻进入 LEO 终端跟瞄和通信视场中的恒星背景噪声个数 N 及背景光功率 P_s 计算一次。仿真结果如图 2－23～图 2－28 所示。

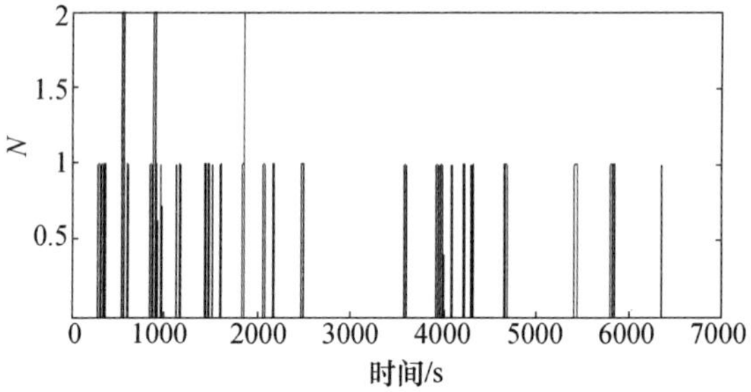

图 2－23　LEO－LEO 链路终端跟瞄接收子系统星光背景噪声分布情况(异轨)

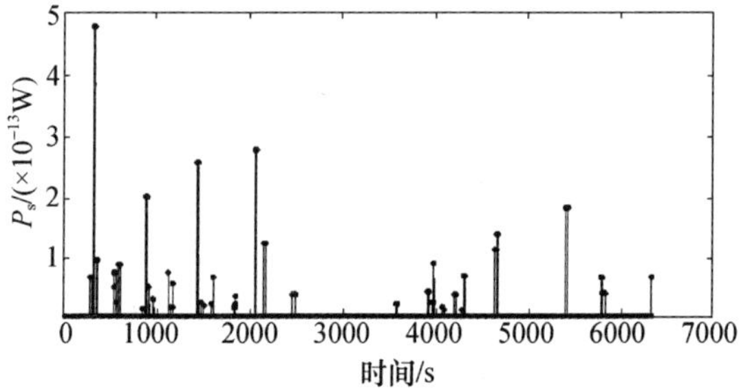

图 2－24　LEO－LEO 链路终端跟瞄接收子系统星光背景噪声功率(异轨)

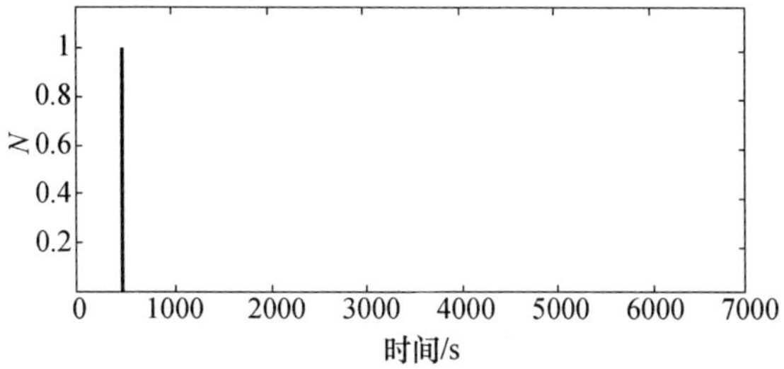

图 2-25 LEO-LEO 链路终端通信接收子系统星光背景噪声分布情况(异轨)

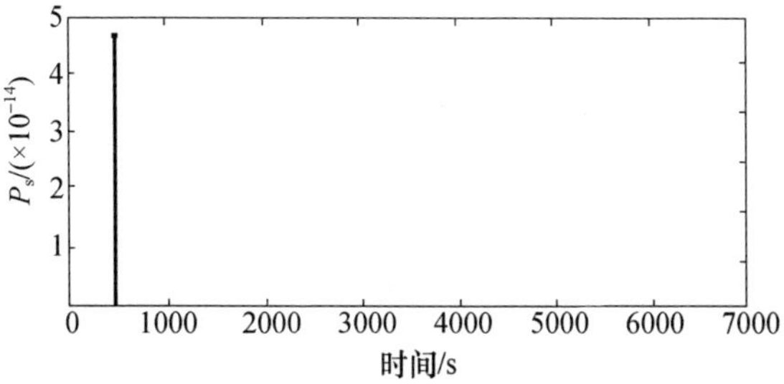

图 2-26 LEO-LEO 链路终端通信接收子系统星光背景噪声功率(异轨)

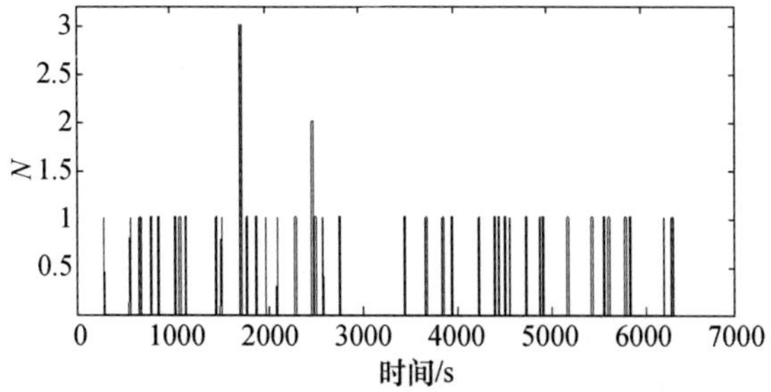

图 2-27 LEO-LEO 链路终端跟瞄接收子系统星光背景噪声分布情况(同轨)

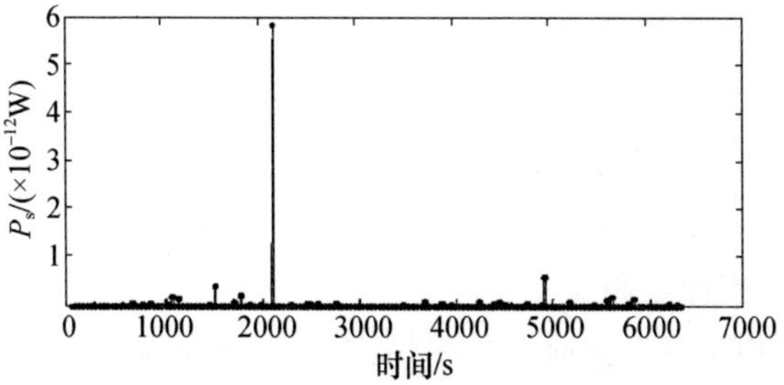

图 2-28 LEO-LEO 链路终端跟瞄接收子系统星光背景噪声功率(同轨)

同轨道 LEO – LEO 星间激光链路在仿真时间内没有星光背景进入终端通信接收子系统视场。

仿真结果表明：

（1）异轨道 LEO – LEO 星间激光链路，在 1h40min 的仿真时间中，共有 44s 星光背景进入终端跟瞄视场中，概率约为 7.4%。

（2）同一时刻最多仅有 2 颗星光背景进入终端跟瞄视场，共计 31s；仅有 1 颗星光背景进入跟瞄视场的时间共为 414s；最大星光背景光功率约为 4.75×10^{-13}W。

（3）同轨道 LEO – LEO 星间激光链路，共有 545s 星光背景进入终端跟瞄视场中，概率约为 9.1%。

（4）同一时刻最多有 3 颗星光背景进入终端跟瞄视场，共计 5s；同一时刻有 2 颗星光背景进入跟瞄视场的时间共计 18s；仅有 1 颗星光背景进入跟瞄视场的时间共为 522s；最大星光背景光功率约为 5.87×10^{-12}W。

（5）由于 LEO 光通信终端通信接收子系统视场角很小，星光背景进入的机会很少，在仿真时间内，只有在异轨道链路中有星光背景进入，持续时间仅为 3s。

2.2.3 太阳背景噪声分析

2.2.3.1 太阳背景计算

太阳是星间激光链路中最强烈的背景光源，可以看作 5900K 的黑体辐射，由恒星辐照度谱模型可得太阳辐照度谱 $E_{\text{sun}}(\lambda)$ 为

$$\begin{aligned}E_{\text{sun}}(\lambda) &= \frac{573.1}{\displaystyle\int_{\lambda_1}^{\lambda_2}\frac{c^2h}{\lambda^5\left(\mathrm{e}^{hc/(k\lambda\times5900)}-1\right)}\mathrm{d}\lambda}\cdot\frac{c^2h}{\lambda^5\left(\mathrm{e}^{hc/(k\lambda\times5900)}-1\right)}\\ &= 1.25\times10^{-10}\frac{c^2h}{\lambda^5\left(\mathrm{e}^{hc/(k\lambda\times5900)}-1\right)}\end{aligned} \tag{2-38}$$

如果卫星光通信终端视场足够大，太阳可完全进入终端视域，则太阳形成的背景光功率 P_{sun} 为

$$P_{\text{sun}} = A_{\text{ocs}}\cdot\eta_{\text{ocs}}\int_{\lambda_1}^{\lambda_2}\cdot E_{\text{sun}}(\lambda)\cdot\mathrm{d}\lambda \tag{2-39}$$

由于平均日地距离为 1.496×10^{11}m，太阳直径为 1.38×10^{9}m，则太阳对卫星的视角约为 9.3mrad。目前已有的卫星光通信终端中，跟瞄视场角和通信视场角均小于此值，因此太阳应视为面光源，即终端跟瞄及通信探测器仅能接收到部分太阳辐射。相对卫星光通信终端，太阳可近似为均匀圆形发光面，终端接收到的背景光功率与其可观测到的太阳面积成正比，当终端视场角为 θ_{r} 时接收到的太阳背景光功率为

$$P_{\text{sun}} = \frac{A \cdot \theta_{\text{r}}^{2}}{(9.3 \times 10-3)^{2}} \int_{\lambda_1}^{\lambda_2} \eta(\lambda) \cdot E_{\text{sun}}(\lambda) \cdot \mathrm{d}\lambda \qquad (2-40)$$

根据卫星光通信终端系统参数，由式(2-40)可以对太阳背景光功率进行计算。表2-5为以SILEX计划为例，太阳背景光功率的计算结果。

表2-5 SILEX计划中太阳背景光功率计算

ARTEMIS终端	终端参数	天线口径	25cm
		接收系统中心波长	847nm
		光学系统带宽	10nm
		光学系统传输效率	0.6
		跟瞄视场角	1.05mrad
		CCD像素个数	70×70
		通信视场角	0.238mrad
	太阳背景光功率	CCD每像素太阳背景光功率	8.69×10^{-7}W
		APD太阳背景光功率	2.19×10^{-4}W
SPOT-4终端	终端参数	天线口径	25cm
		接收系统中心波长	819nm
		光学系统带宽	10nm
		光学系统传输效率	0.6
		跟瞄视场角	8.64mrad
		CCD像素个数	288×288
		通信视场角	0.238mrad
	太阳背景光功率	CCD每像素太阳背景光功率	3.47×10^{-6}W
		APD太阳背景光功率	2.19×10^{-4}W

由于遥远的星间距离，终端接收到的信标光与信号光功率量级为10^{-8}~10^{-10}W。表2-5中的计算结果显示信标光和信号光将淹没在太阳背景噪声中，因此太阳背景将导致通信链路中断。所以在星间激光链路中同样也会出现微波链路中存在的凌日中断现象。

2.2.3.2 各链路凌日中断仿真分析

在星间激光链路凌日中断分析中，设光信号由卫星A传输至卫星B，B与太阳中心的连线矢量为$\boldsymbol{r}_{\text{Bsun}}$，卫星B终端天线指向矢量$\boldsymbol{n}_{\text{B}}$与$\boldsymbol{r}_{\text{BA}}$平行。由几何关系可知，太阳进入终端跟瞄视场的充要条件为$\boldsymbol{r}_{\text{Bsun}}$与$\boldsymbol{r}_{\text{BA}}$间的夹角$\alpha_{\text{ABsun}} < 1/2(\theta_{\text{sun}} + \theta_{\text{PAT}})$；太阳进入终端通信视场的充要条件为$\boldsymbol{r}_{\text{Bsun}}$与$\boldsymbol{r}_{\text{BA}}$间的夹角$\alpha_{\text{ABsun}} < 1/2(\theta_{\text{sun}} + \theta_{\text{COM}})$。其中，$\theta_{\text{sun}} \approx 9.3$mrad是太阳相对于卫星光通信终端的视角。

由式(2-25)可得

$$\alpha_{\mathrm{ABsun}} \approx \arcsin\left(\frac{|\boldsymbol{n}_{\mathrm{Osun}} \times \boldsymbol{r}_{\mathrm{BA}}|}{|\boldsymbol{r}_{\mathrm{BA}}|}\right) \tag{2-41}$$

式中：$\boldsymbol{n}_{\mathrm{Osun}}$为地心－日心连线矢量的单位矢量，可由太阳的赤经 $\mathrm{RA}_{\mathrm{sun}}$、赤纬角 $\mathrm{Dec}_{\mathrm{sun}}$计算得到

$$\boldsymbol{n}_{\mathrm{Osun}} = \begin{bmatrix} \cos\mathrm{Dec}_{\mathrm{sun}} \cdot \cos\mathrm{RA}_{\mathrm{sun}} \\ \cos\mathrm{Dec}_{\mathrm{sun}} \cdot \sin\mathrm{RA}_{\mathrm{sun}} \\ \sin\mathrm{Dec}_{\mathrm{sun}} \end{bmatrix} \tag{2-42}$$

在卫星轨道设计中通常将黄道近似为圆形，由球面几何关系可得

$$\mathrm{Dec}_{\mathrm{sun}} = \arcsin(\sin\varepsilon \sin u_{\mathrm{s}}(t)) \tag{2-43}$$

式中：$\varepsilon = 23.5°$是黄道面与赤道面的夹角；$u_{\mathrm{s}}(t)$是 t 时刻太阳距升交点的角距，可根据距离春分点的时间算出。太阳的赤经角可由下式得到：

$$\mathrm{RA}_{\mathrm{sun}} = u_{\mathrm{s}} + \arctan\left(\frac{(\cos\varepsilon - 1)\sin u_{\mathrm{s}} \cos u_{\mathrm{s}}}{\cos^2 u_{\mathrm{s}} + \cos\varepsilon \sin^2 u_{\mathrm{s}}}\right) \tag{2-44}$$

由此建立星间激光链路卫星的轨道运动与太阳相对地球的运动，即可计算得到星间激光链路的凌日中断现象的出现情况。

为详细分析三种典型星间激光链路中凌日中断现象出现的情况，在上述理论分析的基础上，建立仿真实验系统，分别针对 GEO－LEO 链路、GEO－GEO 链路、LEO－LEO 链路进行了仿真实验。仿真实验系统框图如图 2－29 所示。

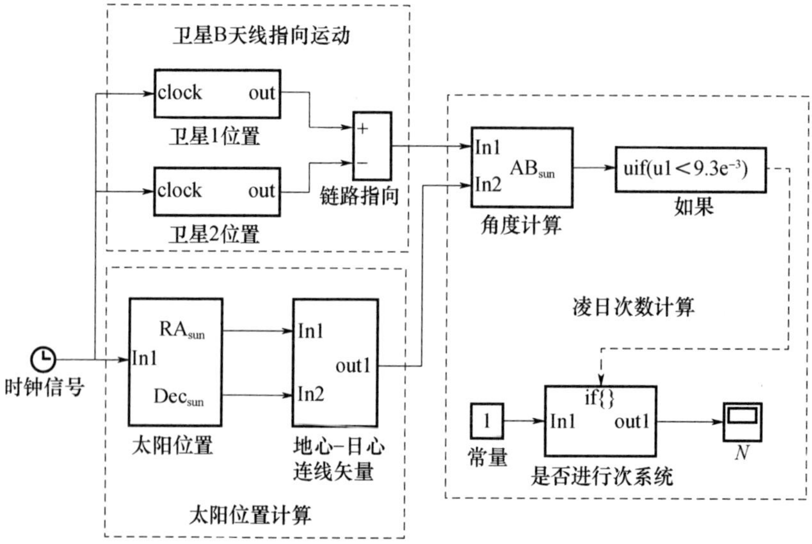

图 2－29　凌日仿真实验框图

仿真中轨道参数选取与星光背景仿真实验相同。仿真时间为 1 年，仿真结果如表 2－6 所列。

表2-6 星间激光链路情况仿真结果

星间激光链路		凌日次数	最长凌日时间/s	平均凌日时间/s	总凌日时间/s
GEO-LEO	前向链路	0	0	0	0
	返向链路	4	49	39	154
GEO-GEO		3	126	99	259
LEO-LEO	同轨间	17	6	4	67
	异轨间	17	9	7	120

仿真结果表明:三种典型星间激光链路中,GEO-LEO前向链路不会出现凌日中断;GEO-GEO链路凌日次数最少,但每次的持续时间较长,总的凌日时间最长;LEO-LEO链路凌日次数最多,但每次持续时间很短,总凌日时间最短。统计结果显示,一年中凌日引起星间激光链路被阻塞的时间仅为数分钟,与总链路时间相比可忽略不计。

由于发生凌日时,终端探测器可能遭到破坏,因此需要准确预测凌日发生情况,以采取手段保护光通信终端。在星间激光链路设计中,可利用此仿真系统,对凌日中断进行准确预测。

2.2.3.3 月球背景噪声分析

月球的辐射谱一部分来自于本身的辐射发光,相当于400K的黑体辐射,中心波长为7.2μm;另一部分来自于对太阳光的反射,中心波长为0.64μm。因此对于目前已有的卫星光通信系统,月球同样可以看作5900K的黑体辐射。满月时月球对太阳光的反射最强,其目视星等可达到-12.2,其辐射谱可以表示为

$$E_{\text{moon}}(\lambda) = \frac{573.1\times 2.512^{-26.7+12.2}}{\int_{\lambda_1}^{\lambda_2}\frac{c^2h}{\lambda^5(e^{hc/(k\lambda\times 5900)}-1)}d\lambda}\cdot\frac{c^2h}{\lambda^5(e^{hc/(k\lambda\times 5900)}-1)} \tag{2-45}$$
$$= 1.86\times 10^{-16}\frac{c^2h}{\lambda^5(e^{hc/(k\lambda\times 5900)}-1)}$$

平均月地距离为3.8×10^8m,月球直径约为3.58×10^6m,则对于卫星光通信终端,月球的视角约为9.4mrad,与太阳相近,类比式(2-40)可得满月时终端接收到的月球背景光功率为

$$P_{\text{moon}} = \frac{A_{\text{ocs}}\cdot\theta_{\text{r}}^2\eta_{\text{ocs}}}{(9.4\times10^{-3})^2}\int_{\lambda_1}^{\lambda_2}\cdot W_{\text{moon}}(\lambda)\cdot d\lambda \tag{2-46}$$

式中:θ_{r}为终端探测器视场角。同样以SILEX计划为例,由ARTEMIS和SPOT-4卫星光通信终端系统参数计算可得,月球背景光功率如表2-7所列。

表 2-7 SILEX 计划中月球背景光功率计算

终端	CCD 像素个数	CCD 每像素月球背景光功率	APD 月球背景光功率
ARTEMIS 终端	70×70	1.31×10^{-12}W	3.31×10^{-10}W
SPOT-4 终端	288×288	5.26×10^{-12}W	3.31×10^{-10}W

对月球背景的计算结果表明,终端可接收到的月球背景光功率与其可接收到的信标光功率和信号光功率相近,将引起链路信噪比下降,误码率增高,严重影响链路性能,但不会导致链路中断。以月球的轨道运动代替太阳的运动,即可得到月球进入终端视域的情况,仿真时间为 1 年,仿真结果如表 2-8 所列。

表 2-8 星间激光链路受月球影响情况仿真结果

星间激光链路		次数	最长时间/s	平均时间/s	总时间/s
GEO-LEO	前向链路	6	60	35	208
	返向链路	8	154	70	566
GEO-GEO		4	145	109	437
LEO-LEO	同轨间	65	9	5	357
	异轨间	19	9	7	126

仿真结果表明:星间激光链路中月球进入终端视场的时间很少,各链路总时间均少于 10min,与总链路时间相比可忽略不计。因此虽然月球背景光较强,但对星间激光链路总通信性能影响很小。

2.2.3.4 地球背景噪声分析

由三种星间激光链路与地球的几何关系可知,只有 GEO-LEO 前向链路,GEO 光通信终端的天线才需要对准地球。此时,GEO 终端接收 LEO 发出的信号光与信标光,在大部分 GEO-LEO 前向链路时间内,其终端天线将朝向地面,地球辐射将成为此链路的主要背景光源。

如图 2-30 所示,地球辐射主要来自于地球对太阳辐射的反射和自发辐射。地球对太阳辐射的反射主要集中于 0.29~5μm 的波长范围内,并受到受到水蒸气、二氧化碳、氧和臭氧的吸收,存在 4 个强吸收谱区,吸收带位于 1.38μm、1.87μm、2.7μm、4.3μm。

一部分入射地球大气的太阳辐射被地球和大气层以热的形式吸收后,产生地球自发辐射。地球的自发辐射基本为 27°的黑体辐射,为长波辐射,频带约为 3~50μm,并受到大气层的严重衰减。

目前卫星光通信系统普遍采用 0.5~0.8μm 附近波段,作为通信和信标波段,因此对于星间激光链路系统,地球自发辐射产生的背景光对其并不产生影响,大气对太阳辐射的强吸收效果也可忽略,背景噪声主要来自于地球-大气系

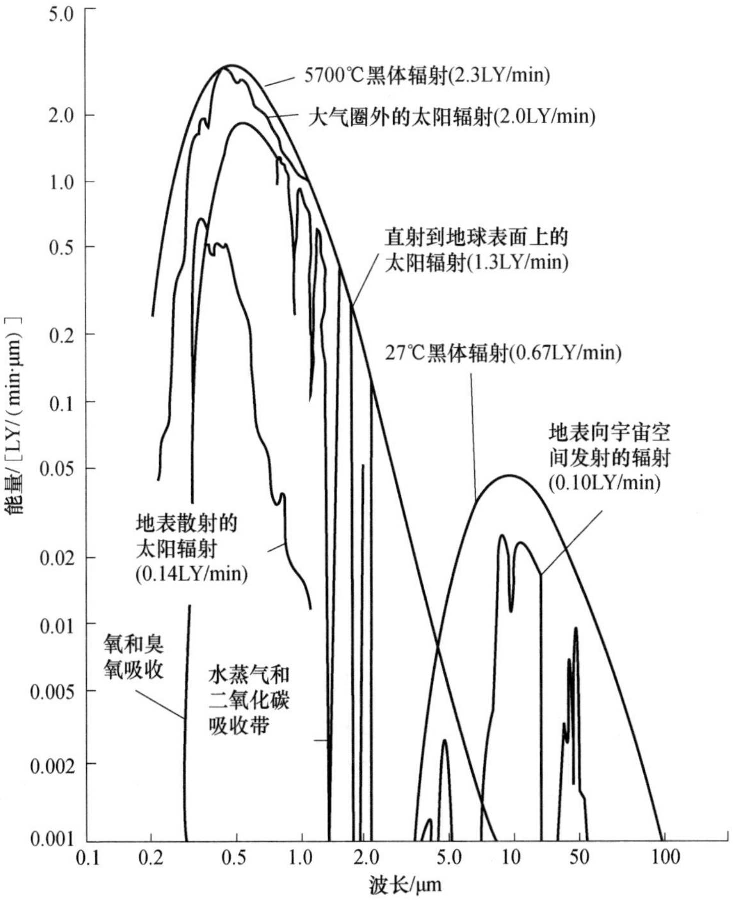

图2-30 地球背景光能量分布

注:LY—兰,表征单位面积辐射能。

统对太阳辐射的反射。

设M_{earth}为地球辐射的辐出度,由辐射的辐出度、辐照度定义可知

$$M_{earth}=\rho_{earth}E_{sun} \tag{2-47}$$

式中:ρ_{earth}为地球对太阳辐射的反照率,是指由于大气的散射和地面以及云层的反射而进入空间的太阳辐射能占总太阳辐射能的比率。则地球的辐亮度L_{earth}为

$$L_{earth}=\frac{M_{earth}}{\pi}=\frac{\rho_{earth}E_{sun}}{\pi} \tag{2-48}$$

由式(2-12)可得卫星光通信终端接收到的地球辐射辐照度E_{earth}为

$$E_{earth}=L_{earth}\frac{A_e}{r_{se}^2}=\frac{\rho_{earth}E_{sun}A_e}{\pi r_{se}^2} \tag{2-49}$$

式中:A_e为地球在垂直光轴方向的投影面积;r_{se}为地心卫星间距离。由于光通

信终端视场角很小,仅有部分地球背景噪声将进入终端光学系统。设终端视场角为 θ_r 时,可进入终端视场的地球面积为 A_{re},则

$$A_{re}=\frac{\pi r_{se}^2\theta_r^2}{4} \tag{2-50}$$

分析中假设地球为理想朗伯体,其对太阳辐射的反射在空间中均匀分布,则由式(2-13)可得进入终端光学系统的地球背景光功率 P_{earth} 为

$$\begin{aligned}P_{earth}&=\frac{A_{ocs}A_{re}\eta_{ocs}\int_{\lambda_0-\Delta\lambda}^{\lambda_0+\Delta\lambda}E_{earth}(\lambda)\cdot d\lambda}{A_e}\\&=\frac{A_{ocs}\theta_r^2\rho_{earth}\eta_{ocs}}{4}\int_{\lambda_0-\Delta\lambda}^{\lambda_0+\Delta\lambda}E_{sun}(\lambda)\cdot d\lambda\end{aligned} \tag{2-51}$$

由式(2-51)可知,太阳辐射反照率 ρ_{earth} 是决定地球背景光功率的重要参数。

对 ρ_{earth} 起决定性影响的因素为地质条件和气候条件。地质条件因素主要包括地球表面特性,如土壤、水、冰、植被的分布,不同区域的反射特性具有较大差别。气候条件因素包括大气成分、密度以及云层的结构。其中云层的因素还取决于覆盖区域的大小、云层厚度、高度及其成分组成。这些因素都使得地球对太阳辐射的反照率 ρ_{earth} 呈现很强的非均匀性,随地域、季节、气候等因素不同而变化,且变化范围较大。表2-9为主要地球表面特征和云层的反照率数据。

表2-9 主要地球表面特征和云层的反照率数据

反射表面	反照率随波长的变化	反照率数据
土壤和岩石	小于1μm时随波长的增加而增加,2μm以上随波长的增加而减少	5%~45%
植被	低于0.5μm时为小值;0.5~0.55μm存在一个峰值;0.68μm处由于叶绿素的吸收,出现极小值;0.7μm处急剧增大;2μm以上开始下降;随植物生长季节的改变而改变	5%~25%
水区	最大值出现在0.5~0.7μm处;取决于海水的混浊度和浪起伏的大小	5%~20%
冰雪	随波长的增大略有减小;有很大的变动性,取决于纯度、湿度和物理条件	25%~80%
云层	0.2~0.8μm时基本恒定,大于0.8μm时随波长增加而减小	10%~80%

由表2-9可知,反照率特性的变化范围很宽,统计来看呈以下趋势:

(1) 反射率随太阳仰角减小而增大。

(2) 一般说大陆地区比海洋地区的反射率高。

(3) 反射率随纬度增大而增大。

(4) 浓云密布的地区反射率较高。

(5) 任何地区的反射率都随季节变化,主要原因为随季节的变化,云量、植被和冰雪覆盖情况发生变化。

在平均情况下,晴天时大约有6%的太阳入射光被反射,这时大气引起的后向散射约为9%,两者共计15%左右;完全由云层覆盖的阴天平均入射光反照率约为55%。气象观测给出全世界全年中晴天约占48%,阴天约占52%,则反照率年平均值为0.35。有文献表明用反照率的年平均值代替一年中任何时间的平均值所引起的误差很小。

为说明地球背景辐射对星间激光链路的影响,仍然以SILEX计划为例,利用SPOT-4卫星光通信终端系统参数,对地球背景情况进行计算,可得地球背景光功率,如图2-31、图2-32所示。

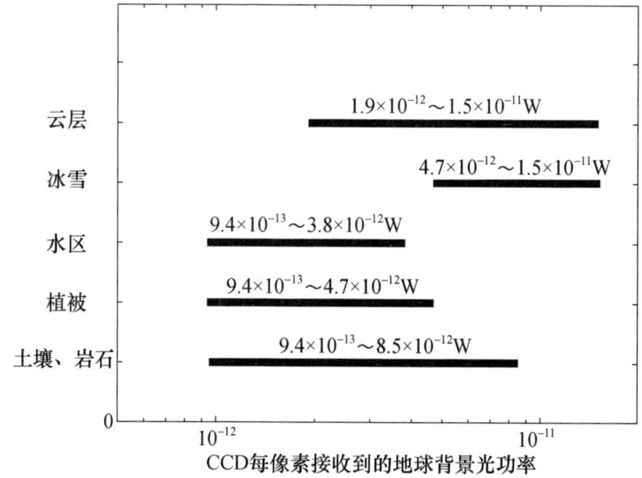

图2-31 终端CCD每像素接收到的地球背景光功率

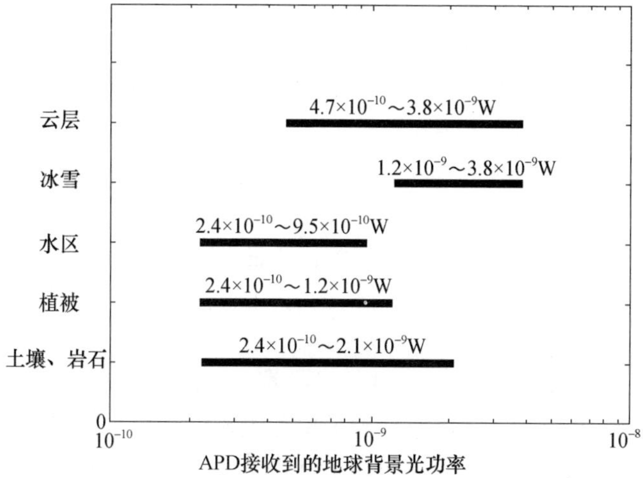

图2-32 终端通信接收到的地球背景光功率

不同地表特征下地球背景光的计算结果表明：

（1）卫星光通信终端跟瞄接收子系统CCD探测器每个像素可接收到的地球背景光功率约为10^{-12}~10^{-11}W，与系统可接收到的信标光功率相当，因此地球背景光将使CCD探测器信杂比显著下降。

（2）卫星光通信终端通信接收子系统APD探测器可接收到的地球背景光功率约为10^{10}~10^{-9}W，与系统可接收到的信号光功率相当，因此地球背景光将使APD探测器信噪比显著下降，通信误码率增高。

2.3 卫星光通信终端所处温度场环境

2.3.1 在轨温度场环境特点

一般的光学系统中，光学元件的面型对系统的性能来说是一项很重要的指标，如果光学元件存在温度场变化，就会导致光学元件发生热形变，无论是反射型还是透射型光学元件，产生热形变后的光学元件的面型都会发生变化，当光束通过带有热形变的光学元件时，光束的波前就会产生畸变。

目前温度场变化对光学元件面型的影响越来越受到研究人员的重视。中科院上海光学精密机械研究所（简称上海光机所）的徐荣伟等人，提出星间激光通信中对大口径衍射极限激光的波前进行检测这一需求，为保证测量精度，需要严格控制波面干涉仪镜子的自重和温度变形。文中采用有限元方法分析了大型干涉仪镜子在不同支撑结构下的表面变形，设计了固定支承点与浮动支承点相结合的超静定钢带支承结构，分析了镜子轴向、径向、周向的温度梯度对面型的影响，得出了镜子热形变远大于自重形变的结论。而且在该固定结构下，分析了采用平均效应的方法降低热效应的影响的可行性。

中科院长春光学精密机械与物理研究所（简称长春光机所）的冯树龙等人，从理论上论述了温度梯度对主镜面型变型的影响，采用有限元方法研究了温度梯度对各种材料制成的望远镜主镜面型 $P-V$ 值的影响，发现不同的材料抵抗热形变的能力不同，甚至差别很大。镜面变形不仅与主镜的线胀系数和其他材料、结构特性参数有关，与温度梯度的大小和方向均有密切的关系。另外，支撑方式在对变形的影响因素中还是占很大比重的，不同的支撑方式引起的变形差别也很大。研究还发现，在一定温度范围内，主镜面型 $P-V$ 值与温度梯度呈线性关系。

哈尔滨工业大学（简称哈工大）的杨怿等人，在集成分析基础上，并且结合设计需求，利用热光学分析方法，分析了望远镜光学系统中的主镜上的径向、轴向等温度梯度对光学系统成像性能的影响。主要得出以下几个结论：①望远镜主镜上的温度梯度越大，主镜的热形变值越大，系统光学性能下降越明显；②望远镜主镜的温度梯度引起的热形变不仅与材料的热膨胀系数和固定方式有关，还与温度梯度的方向有关；③轴向温度梯度比较容易控制，产生的形变也更容易矫正；④需要对光学系统的温度进行严格控制。

以上研究内容只是研究了温度梯度对镜子面型的影响，并没有研究温度场中的均匀温差对光学镜子面型的影响，而且没有针对潜望式激光通信系统的结构进行温度场对镜子面型的影响的分析。

如果光学元件的面型不好就会导致光束产生波前畸变，波前畸变对激光通信链路的影响已经受到了国内外研究人员的重视。由于 Zernike 多项式的各项与光学检测中通常观测到的各级像差一一对应，而且在单位圆中，Zernike 多项式具有正交性，在非单位圆孔径上可以使用修正后的 Zernike 多项式，因此，研究人员为了研究波前畸变，把不同孔径上的光束波前展开为 Zernike 多项式形式。

Toyoshima 等人根据卫星终端天线采用的透射式望远系统的特点，使用圆形区域上的 Zernike 多项式来描述波前畸变。文中将发射光学系统的光轴与接收光学系统的光轴间的角度偏差定义为相互对准误差，分析了波前畸变引起的各级像差对相互对准误差及接收平面上接收到的光功率的影响。对于高斯发射光束来说，得到了 3 阶彗差项对相互对准误差影响最大的结论。而且文中将 OICETS 卫星上的 LUCE 激光通信终端的热真空试验中所测得的望远镜天线的面型测试结果与理论分析结果进行了对比，说明了必须对透射式光学望远镜波前畸变中的 3 阶彗差项进行严格的控制，这对于开环跟踪精度的提高是很有意义的。此文对于控制透射式望远镜天线表面的面型质量及自由空间光通信技术的发展具有一定的意义。

上海光机所的孙剑锋等人，分析了反射式望远系统的波前畸变误差对相互对准误差和接收平面上光强分布的影响。为了解决卫星光通信终端天线采用反射式望远系统的中心遮挡问题，文中利用 Gram – Schmidt 正交化方法，由圆域上的 Zernike 多项式求解出环形区域上的 Zernike 多项式，并用其来描述波前畸变，研究了接收端高斯信号光低阶波前畸变对相互对准误差的影响。文中通过研究发现，不同的波前畸变项对相互对准误差的影响不同，有些波前畸变项只是影响相互对准误差，而另一些波前畸变项不仅影响相互对准误差，还影响接收平面上的光强分布。

哈工大的杨玉强等人，提出了采用切断高斯函数来表达局部波前畸变的理论，将这种切断高斯函数与传统的 Zernike 多项式进行对比，发现在分析局部波前畸变的问题上，在相同的精度条件下，采用切断高斯函数来表达局部波前畸变误差会使计算量小得多。文中将相互对准误差分解为瞄准偏差和跟踪偏差，研究了局部波前畸变对瞄准偏差和捕获偏差的影响。分析了当望远镜天线存在高斯型局部波前畸变的情况下，瞄准误差和跟踪误差随发射望远镜直径、望远镜遮挡比和通信距离的变化规律。研究发现，局部波前畸变对瞄准误差的影响要远大于对跟踪误差的影响，当局部波前畸变存在时，光束切断比对瞄准和跟踪误差的影响要远大于光束遮挡比。为了减小局部波前畸变对瞄准误差和跟踪误差的影响，文中还给出了大口径的光学望远镜天线选择和装调的一些建议。此文为研究局部波前畸变对激光通信系统光学望远镜天线的瞄准误差和跟踪误差的研究工作具有一定意义。

电子科技大学物理电子学院的李晓峰等人，针对潜望式光学天线反射镜热形变对空地激光通信链路瞄准性能产生的影响进行了理论和仿真分析。文中采用有限元分析软件(ANSYS)进行温度分布引起的热形变的仿真分析，分析了反射镜镜面热形变导致的反射镜反射面法线方向的变化，从而分析反射面法线方向变化对激光通信链路指向精度的影响。文中指出，空间热环境是影响星地激光通信链路传输的光束产生指向精度的主要原因之一，必须进行严格的控制。通过研究发现，反射镜镜面变形受到固定方式的影响非常大，在一定的参数条件下，和压板法固定方式相比较，采用压圈固定方式的反射镜受到热形变影响时形成的反射面法向角度的偏转较小。

分析发射光束或接收光束经过带有热形变的反射镜后在接收平面上的光场分布情况，对于激光通信系统的跟瞄误差和通信误码率的分析是十分重要的。

2.3.2 在轨温度场分布特性研究

本节将以潜望式卫星激光通信终端为例，研究其温度场动态特性。

当潜望式卫星激光通信终端45°反射镜上存在温度变化时，反射镜会产生热形变，经过反射镜反射的光束会产生波前畸变，从而产生瞄准误差和跟踪误差，并且影响远场光强分布和系统的通信性能。

卫星光通信终端在轨工作过程中，空间热环境会使反射镜产生温度场变化，从而对系统跟瞄性能和通信性能产生影响，因此必须采用适当的温控措施将反射镜的温度控制在允许的范围内，以减少反射镜温度场变化对激光通信系统性能的影响。航天器上所使用的温控措施主要是在设备表面粘贴加热片和包覆多层隔热材料，由于卫星的质量和功耗都要受到严格限制，所以加热功率的大小和多层隔热材料的厚度就要受到限制。因此需要了解潜望式卫星光通信终端45°反射镜，在不采取温控条件下的在轨温度场变化范围，然后再根据温控指标来确定加热功率和多层隔热材料的厚度，因此有必要研究45°反射镜在轨温度场变化规律。而且，为研究潜望式卫星光通信终端45°反射镜在轨温度场分布对系统性能的影响，必须首先分析45°反射镜在轨温度场分布和变化规律。但是潜望式卫星光通信终端在轨温度场变化范围的仿真或实测结果始终未见报道，为此，本节将对潜望式卫星光通信终端45°反射镜的在轨温度场分布规律进行研究。

现阶段制作反射镜的材料有很多种，例如K9玻璃、熔石英、微晶、SiC等，但是在这些材料中,哪种材料更适合用于制作潜望式卫星光通信终端的45°反射镜、哪种材料反射镜在轨运行过程中的温度稳定性会更好,这些都是值得研究和探讨的。对这四种材料制作的45°反射镜的在轨温度场分布进行分析和对比,从热稳定性方面选择更合适的反射镜材料,具有比较重要的意义。

卫星激光终端可以安装在低地球轨道卫星上,也可以安装在高地球轨道卫星上。终端在不同的轨道上运行时,45°反射镜上的温度场变化规律是不同的。本节将分析潜望式卫星光通信终端,在典型的低轨和高轨上运行过程中45°反射镜的温度场变化情况,并将对采用适当温控措施后的45°反射镜的在轨温度场分布进行分析。

本节研究内容对潜望式卫星光通信终端45°反射镜材料选择具有重要指导意义,为45°反射镜温控指标设计提供依据。

2.3.2.1 潜望式卫星光通信终端45°反射镜在轨温度场建模分析

为分析空间热环境对潜望式卫星光通信终端跟瞄性能和通信性能的影响,必须首先分析45°反射镜在轨温度场分布及其变化规律。为此必须对反射镜在轨温度场分布的影响因素进行分析,本章首先建立反射镜在轨热传递过程的理论模型,模型的基本结构如图2-33所示。

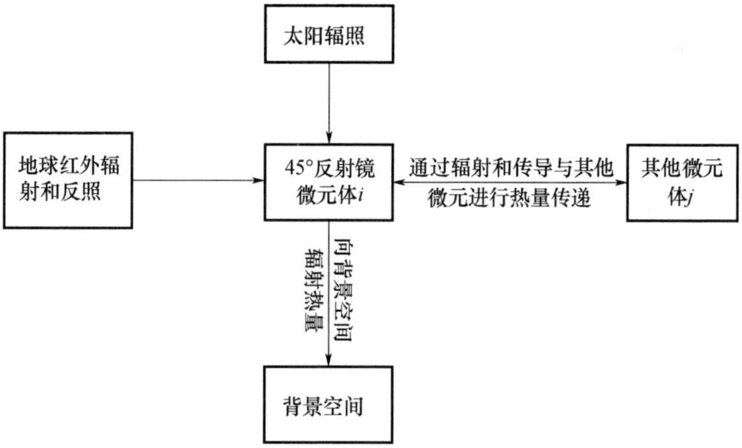

图2-33 反射镜在轨温度场分析的理论模型的基本结构

如图2-33所示,45°反射镜在轨温度场的主要影响因素包括太阳辐照、地球红外辐射和反照、45°反射镜向背景空间的辐射,以及与卫星和其他零件间的接触导热和辐射传热。由于模型很复杂,因此必须使用有限元分析的方法进行反射镜温度场的计算。

由传热学理论可知物体间的热量传递有三种方式:导热、对流、热辐射。按照能量守恒定律,在任一时间间隔内有以下热平衡关系:

$$\varphi_{in}+\varphi_g=\varphi_{out}+\Delta\varphi \tag{2-52}$$

式中：φ_{in}为流入物体的总热流量；φ_g 为物体内热源的生成热；φ_{out}为流出物体的总热流量；$\Delta\varphi$ 为物体热能(内能)增量。

处于空间环境中的激光通信终端的热量传递方式主要是导热和热辐射，由此，对于在轨运行的终端45°反射镜上的任意一个微元体 i，流入微元体 i 的热量主要包括太阳辐照的热量、地球红外辐射和反照的热量、其他微元体通过热辐射和导热传递给微元体 i 的热量，流出微元体 i 的热量主要包括微元体 i 通过辐射传递给其他节点的热量、微元体 i 向背景空间辐射的热量，为说明问题和简化计算过程，这里不考虑终端的内热源。

在任一时间间隔内流入微元体 i 的总热流量表达式为

$$\varphi_{in}=\varphi_{cj-i}+\varphi_{rj-i}+\varphi_{rse} \tag{2-53}$$

式中：φ_{cj-i}为卫星和终端上的其他微元体 j 通过接触导热向微元体 i 传递的热量；φ_{rj-i}为其他微元体 j 通过热辐射向微元体 i 传递的热量，可以用黑体辐射公式来表示；φ_{rse}为微元体 i 接收到的轨道外热流，包括太阳照射、地球辐射和反照，其表达式为

$$\varphi_{cj-i}=\sum_{j=1}^{N}C_{ji}\cdot(t_j-t_i) \tag{2-54}$$

$$\varphi_{rj-i}=\sum_{j=1}^{N}\sigma_{ji}\cdot\varepsilon\cdot\sigma\cdot t_j^4 \tag{2-55}$$

$$\varphi_{rse}=\sigma_{si}\cdot q_s\cdot A_i+\sigma_{ei}\cdot\sigma\cdot T_e^4 \tag{2-56}$$

式中：C_{ji}为任一微元体 j 到微元体 i 的热传导因子，是由材料属性和接触系数决定的；t_i、t_j 分别为微元体 i 和微元体 j 的温度；σ_{ji}为微元体 j 到微元体 i 的辐射角系数；ε 为微元体 j 的黑体发射率；σ 为玻耳兹曼常量；σ_{si}为太阳辐照角系数；q_s 为太阳常数；A_i 为微元体 i 的太阳照射有效接收面积；σ_{ei}为地球辐照角系数；T_e 为地球辐照的等效黑体辐射温度。

流出微元体 i 的总热流量可以表示为

$$\varphi_{out}=\varphi_{ri-j}+\varphi_{ri-a} \tag{2-57}$$

式中：φ_{ri-j}表示微元体 i 通过热辐射向其他任一微元体 j 传递的热量；φ_{ri-a}表示微元体 i 通过热辐射向背景空间传递的热量，其表达式为

$$\varphi_{ri-j}=\sum_{j=1}^{N}\sigma_{ij}\cdot\varepsilon\cdot\sigma\cdot t_i^4 \tag{2-58}$$

$$\varphi_{ri-a}=\sigma_{ia}\cdot\varepsilon\cdot\sigma\cdot(t_i^4-T_a^4) \tag{2-59}$$

式中：σ_{ij}为微元体 i 到微元体 j 的辐射角系数；σ_{ia}为微元体 i 到背景空间的辐射角系数；T_a 为背景空间等效节点的黑体辐射温度。

微元体 i 的内能变化可以表示为

$$\Delta\varphi_i=m_i\cdot c\cdot\frac{\partial t_i}{\partial\tau} \tag{2-60}$$

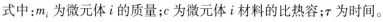

式中：m_i 为微元体 i 的质量；c 为微元体 i 材料的比热容；τ 为时间。

将式(2-53)、式(2-57)、式(2-60)代入式(2-52)，得

$$\varphi_{cj-i}+\varphi_{rj-i}+\varphi_{rse}=\varphi_{ri-j}+\varphi_{ri-a}+m_i\cdot c\cdot\frac{\partial t_i}{\partial\tau} \tag{2-61}$$

再将式(2-54)~式(2-59)代入式(2-61)，得到潜望式卫星光通信终端45°反射镜在轨温度场计算的基本传热控制模型，即

$$\begin{aligned}&\sum_{j=1}^{N}C_{ji}\cdot(t_j-t_i)+\sum_{j=1}^{N}\sigma_{ji}\cdot\varepsilon\cdot\sigma\cdot(t_j^4-t_i^4)+\sigma_{si}\cdot q_s\cdot A_i+\\&\sigma_{ei}\cdot\sigma\cdot T_e^4-\sigma_{ia}\cdot\varepsilon\cdot\sigma\cdot(t_i^4-T_a^4)=m_i\cdot c\cdot\frac{\partial t_i}{\partial\tau}\end{aligned} \tag{2-62}$$

这样就建立了潜望式卫星光通信终端45°反射镜在轨温度场的理论模型，利用式(2-62)即可求解出反射镜上任一微元体 i 的温度值，本章后续章节计算的反射镜空间温度场分布也是建立在此理论模型基础上的。

2.3.2.2 潜望式卫星光通信终端45°反射镜在轨温度场仿真分析

由前面的理论分析可知，这里所研究的潜望式卫星光通信终端45°反射镜在轨温度场计算理论模型很复杂，只能通过有限元分析方法进行反射镜在轨温度场的计算，本节采用有限元分析软件进行反射镜在轨温度场的仿真分析。本节所使用的有限元分析软件都是工程上很成熟的软件，其中包括：①Pro/E软件，主要进行CAD模型设计；②Patran软件，在国内外航天航空领域有着广泛应用，提供从建模到图像化结果后处理的完整的分析流程支持，主要进行有限元分析过程前后处理；③Sinda/G软件，主要进行温度场的计算；④Thermica软件，主要进行轨道外热流和辐射角系数的计算。具体计算流程如图2-34所示。

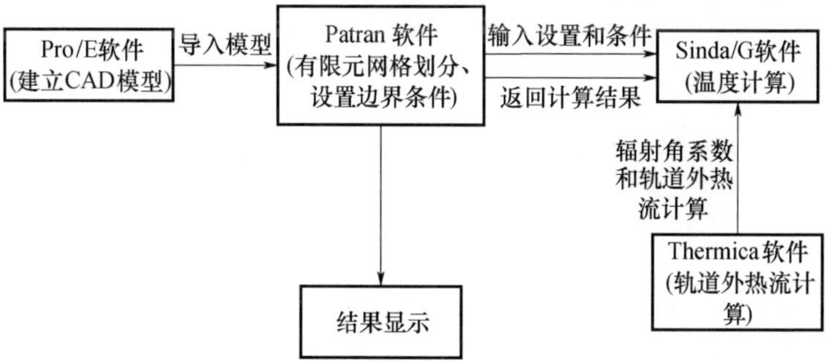

图2-34 反射镜在轨温度场计算流程图

首先使用Pro/E软件建立粗瞄机构及45°反射镜的CAD模型，将模型导入Patran软件进行有限元网格划分和边界条件设置，调用Sinda/G软件进行温度

场计算,其中轨道外热流和辐射角系数是由 Thermica 软件给出的,最后将计算结果返回到 Patran 软件进行结果显示。

2.3.3 在轨温度场对系统性能影响的研究

卫星激光通信终端在轨运行过程中,恶劣的空间热环境会使光学元件产生温度分布变化,从而影响系统的跟瞄性能和通信性能。了解卫星激光通信终端在轨跟瞄误差和通信误码率的变化规律,有助于系统指标的设计和在轨温控指标的制定。

潜望式卫星光通信终端的粗瞄机构及其45°反射镜是安装在卫星舱外的,空间热环境会导致45°反射镜上产生在轨温度场分布,由第2章和第3章的研究内容可知,45°反射镜上的温度分布会影响系统的跟瞄性能和通信性能,因此45°反射镜上的在轨温度场分布也将对系统的跟瞄性能和通信性能产生影响。而且由第4章的分析结果还可以看出,45°反射镜的在轨温度场分布中温度梯度和均匀温差是同时存在的,此时45°反射镜在轨温度场对系统性能的影响更为复杂,因此有必要对其进行研究,然而迄今为止未见有相关方面的文献和报道。为此,本节将研究45°反射镜在轨温度场变化所导致的系统跟瞄性能和通信性能随时间的变化规律。

本节主要针对 GEO 轨道上运行的潜望式卫星光通信终端,分析45°反射镜的在轨温度场分布对激光通信系统跟瞄和通信性能的影响,主要结构及内容如图2-35所示。

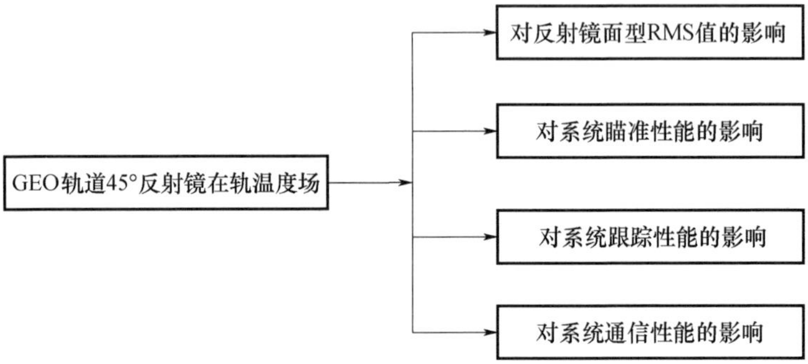

图2-35 本节的主要结构及内容

本节的研究内容主要分为四部分:① 45°反射镜在轨温度场分布对反射镜面型的 RMS 值的影响,利用文献[35]给出的温度分布对反射镜热形变影响的理论模型,给出反射镜面型 RMS 值随时间的变化规律;② 45°反射镜在轨温度场分布对发射端系统瞄准性能的影响,利用文献[35]第2章建立的反射镜温度分布对系统瞄准性能影响的理论模型,给出瞄准误差和远场光强分布随时间的变化规律;③ 45°反射镜在轨温度场分布对接收端跟踪性能的影响,利用文献[35]建立的反射镜温度分布对系统跟踪性能影响的理论模型，给出跟踪误差和探测器焦平面上光强分布随时间的变化规律；④ 45°反射镜在轨温度场分布对系统通信性能的影响，利用第3章建立的反射镜温度分布对通信误码率影响的理论模型，给出系统通信误码率随时间的变化规律。

下面首先给出45°反射镜在轨温度场对系统性能影响的理论分析，这些理论分析结果在前面章节已经给出，这里再次简要论述一下。

2.3.3.1　45°反射镜在轨温度场对反射镜RMS值影响的理论分析

这里仍然使用有限元方法进行分析，利用应变与应力间的热弹性力学广义胡克定律、应变与位移间的平衡微分方程及应变协调方程，即可得出45°反射镜温度场与反射镜热形变的关系。得出反射镜的热形变后，再利用公式即可得出反射镜面型RMS，这样就建立了45°反射镜在轨温度场与反射镜面型RMS值之间的理论关系。

2.3.3.2　45°反射镜在轨温度场对系统瞄准性能影响的理论分析

首先根据45°反射镜在轨温度场分布，使用有限元分析方法利用热弹性形变理论得出反射镜的热形变，然后使用Zernike椭圆多项式对热形变进行拟合，从而得到波前畸变误差，再利用波前畸变误差与远场光强分布间的关系得到远场光强分布，由瞄准误差的定义即可得到瞄准误差。这样就得到了潜望式卫星光通信终端45°反射镜在轨温度场与远场光强分布和系统瞄准误差间的理论关系。

2.3.3.3　45°反射镜在轨温度场对系统跟踪性能影响的理论分析

首先根据45°反射镜在轨温度场分布，使用有限元分析方法利用热弹性形变理论得出反射镜的热形变，然后使用Zernike椭圆多项式对热形变进行拟合，从而得到波前畸变误差，再利用波前畸变误差与探测器焦平面上光强分布间的关系得到探测器焦平面上的光强分布，由跟踪误差的定义即可得到跟踪误差误差。这样就得到了潜望式卫星光通信终端45°反射镜在轨温度场与探测器焦平面上的光强分布和系统跟踪误差间的理论关系。

2.3.3.4　45°反射镜在轨温度场对系统通信性影响的理论分析

首先根据45°反射镜在轨温度场分布，使用有限元分析方法利用热弹性形变理论得出反射镜的热形变，然后使用Zernike椭圆多项式对热形变进行拟合，从而得到波前畸变误差，再利用波前畸变误差与远场光强分布间的关系得到远场光强分布。考虑卫星平台振动和噪声同时存在条件下系统通信性能随反射镜在轨温度场的变化关系，得到远场光强分布后，计算出满足阈值条件的积分区域,进而利用平均误码率公式得到系统平均误码率。这样就建立了平台振动和噪声同时存在情况下潜望式卫星光通信终端45°反射镜在轨温度场分布与系统平均通信误码率间的理论关系。

2.3.4 45°反射镜在轨温度场分布对系统性能影响的仿真分析

本节首先使用Pro/E软件建立45°反射镜及其固定连接结构的CAD模型,将CAD模型导入Patran软件进行有限元网格划分、材料属性设置、接触及边界条件设置、加载45°反射镜在轨温度场分布载荷,然后调用Nastran软件进行反射镜的热形变计算,再利用Patran软件将形变计算结果以图形的形式显示出来,并将数据结果输入Matlab软件进行瞄准误差、跟踪误差和误码率计算。计算流程如图2-36所示。

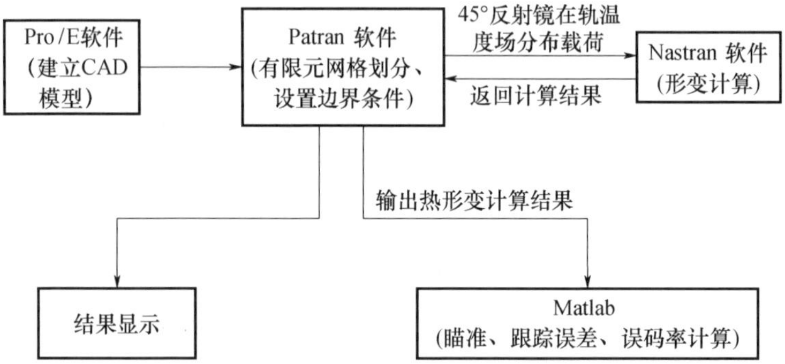

图2-36 计算流程图

2.3.4.1 仿真分析过程中的参数设置

为使问题简化,而且便于与分析结果进行对比,本章建立了45°反射镜及其固定结构的CAD模型,反射镜采用背部框架固定方式。45°反射镜的半长轴长70mm,半短轴长50mm,反射镜厚度为10mm。反射镜及其固定结构的有限元节点划分过程采用四面体网格划分方法,共划分了14210个有限元节点和54667个单元,图2-37给出了有限元模型。

由前面分析可知,GEO轨道上的潜望式卫星光通信终端45°反射镜在轨温度变化范围比LEO轨道要大,而且俯仰轴反射镜比方位轴反射镜的温度变化范围要大,为了减少计算量和说明问题,本章选择GEO轨道上的俯仰轴45°反射镜经过二级温控措施后的在轨温度场分布作为反射镜的温度载荷,加载到反射镜上进行热形变计算。

基于前面分析,潜望式卫星光通信终端的45°反射镜仍然采用SiC材料,45°反射镜的支撑和固定结构的材料都采用Ti合金材料。45°反射镜的固定仍然选择背部固定方式,仿真过程中的其他参数如表2-10所列。

图 2-37　反射镜及其固定结构的有限元模型

表 2-10　系统性能在轨变化规律的仿真参数

仿真参数		取值
45°反射镜材料		SiC
反射镜固定结构材料		Ti 合金
45°反射镜固定方式		背部框架固定
45°反射镜温度分布		GEO 轨道上俯仰轴反射镜在轨温度场
反射镜尺寸	半长轴	70mm
	半短轴	50mm
	厚度	10mm
参考温度		23℃
通信光波长 λ		800nm
平台振动角偏差 σ		1.0μrad
切断比		2
光学系统焦距 f		1m
望远镜直径 D		100mm
通信距离 z_f		4.5×10^7m

2.3.4.2　45°反射镜在轨温度场导致面型 RMS 值随时间变化规律

图 2-38 给出了 GEO 轨道一个轨道周期内，潜望式卫星光通信终端俯仰轴 45°反射镜面型 RMS 值随时间的变化规律。我们需要对照俯仰轴反射镜在轨温

度分布随时间的变化规律来对图 2－38 的结果进行分析。从前几节的分析可知，45°反射镜面型 RMS 值随反射镜上的温度梯度和均匀温差都是呈线性关系的。由前面的分析可知，潜望式卫星光通信终端在轨运行过程中 45°反射镜上的温度梯度和均匀温差是同时存在的，但是由于 SiC 反射镜的导热性能很好，使得温度梯度并不是很大，所以均匀温差在反射镜热形变过程中起到了主要作用，因此反射镜的 RMS 值随时间的变化关系应该与均匀温差随时间的变化关系大致相同。

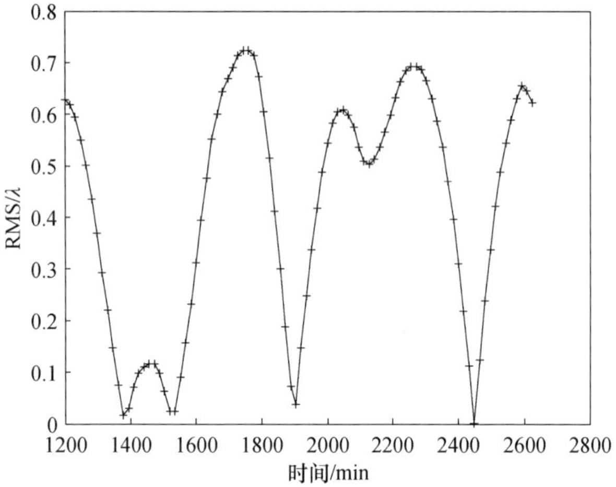

图 2－38　反射镜面型 RMS 值随时间的变化规律

下面对图 2－38 给出的 RMS 值变化规律进行详细解释。从图 2－38 可以看出，从第 1200min 到第 1376min，RMS 值随着反射镜均匀温差减小（反射镜上均匀温度向参考温度靠近）而减小，当均匀温度等于参考温度时，RMS 值达到最小。从第 1376min 到第 1472min，随着均匀温差增大，RMS 开始增大，并在第 1472min 达到最大值 0.1λ。从第 1472min 到第 1520min 均匀温差开始减小，RMS 值也开始减小，均匀温度在 1520min 左右达到参考温度，RMS 值也在此时达到最小值。从第 1520min 到第 1744min，均匀温度继续减小，均匀温差开始增大，并在第 1744min 达到最大值 3.5℃，此时 RMS 值达到最大值 0.7λ，这与前面的分析结果是吻合的，而且也说明了潜望式卫星光通信终端在轨运行过程中，45°反射镜上的均匀温差对反射镜面型 RMS 值影响比温度梯度大得多。从第 1744min 到周期结束，RMS 值变化都是和反射镜均匀温差变化相对应的。

2.3.4.3　45°反射镜在轨温度场对发射端瞄准性能影响分析

潜望式卫星光通信终端在轨运行过程中，当发射端 45°反射镜存在温度分布变化时会影响发射端的瞄准性能。本节我们使用瞄准误差和远场峰值光强衰减来描述瞄准性能，即将给出 GEO 轨道上俯仰轴 45°反射镜在轨温度场分布对系统瞄准性能的影响。

1. 系统瞄准误差随时间的变化规律

图 2－39 给出了 GEO 轨道上潜望式卫星光通信终端 45°反射镜在轨温度场所引起的系统瞄准误差的变化规律。为方便对比 45°反射镜在轨温度场和瞄准误差间的关系，将之前俯仰轴 45°反射镜经过二级温控后从第 1200min 到 2640min（一个轨道周期）时间内的温度数据重新列出，如图 2－40 所示。

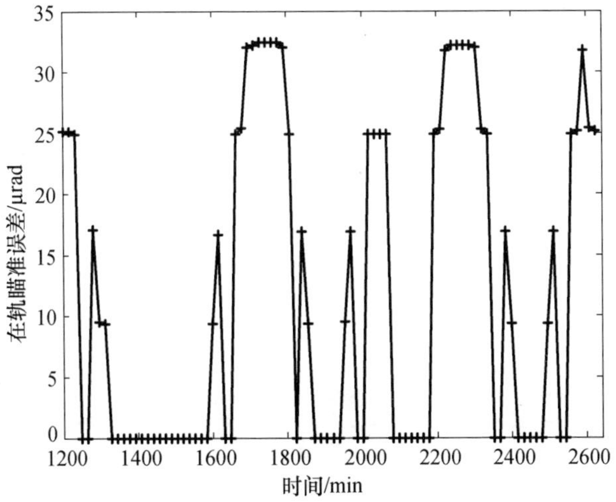

图 2－39　系统在轨瞄准误差随时间变化规律

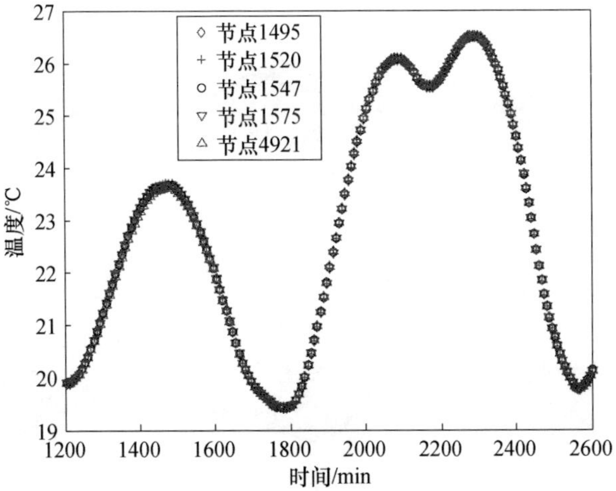

图 2－40　GEO 轨道上俯仰轴反射镜采用二级温控措施后温度场随时间的变化

对图 2-39 给以简要的解释,从第 1328min 到第 1584min 瞄准误差一直很小,对比图 2-40 可知,这段时间内 45°反射镜上的均匀温度值处在(23±1)℃。从前面的分析可知,对于背部固定方式,如果反射镜均匀温度处在(23±1)℃,那么反射镜上的温度分布所导致的瞄准误差可以忽略,只是远场峰值光强有所下降,这就对结果给出了合理的解释,而且再一次证明了 45°反射镜上的均匀温差对潜望式卫星光通信终端在轨瞄准误差的影响要大于温度梯度。

从第 1650min 到第 1800min 时间内的瞄准误差很大,此时 Zernike 多项式中离焦项占主要作用,造成远场接收平面上原点处光强较圆周的光强要弱,而瞄准误差定义为光强最大值点偏离中心点的角度,所以此时瞄准误差很大,这点可以从图 2-41 给出的特征点的远场光强分布得以验证。此段时间内均匀温差在 2.5~3.5℃,指向偏差此时在 30μrad 左右。从前面分析可知,对于采用背部固定方式的 45°反射镜,如此均匀的温差值应该带来瞄准误差的一个峰值,而且由于终端在轨运行过程中 45°反射镜上均匀温差与温度梯度是同时存在的,导致此时瞄准误差进一步增大。

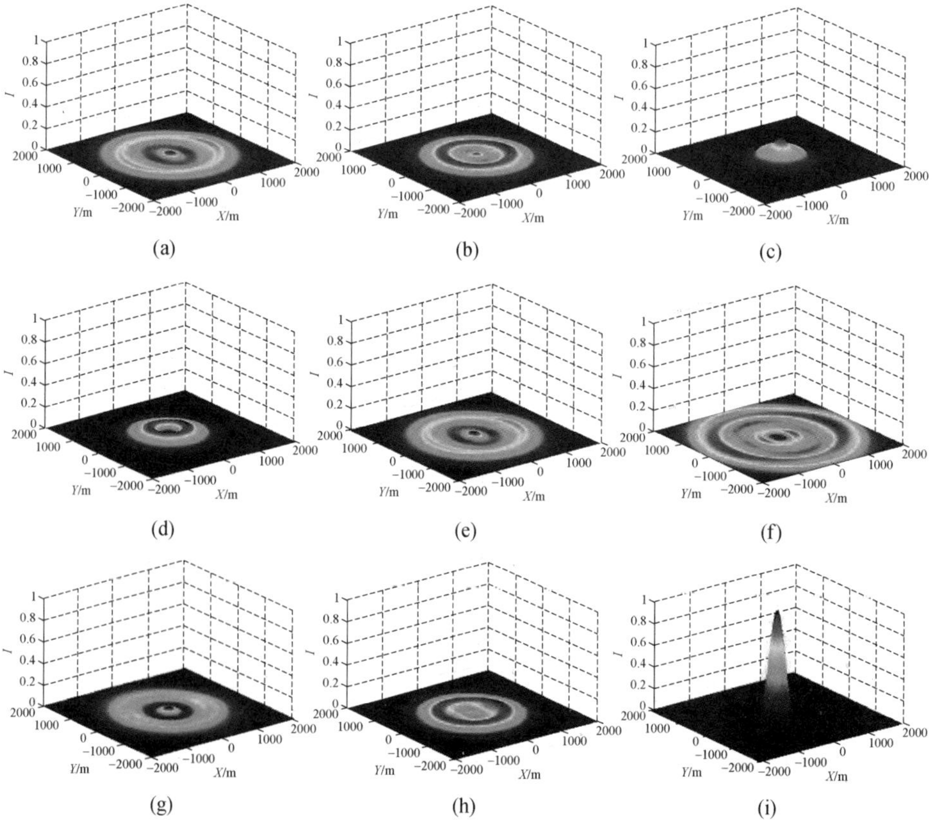

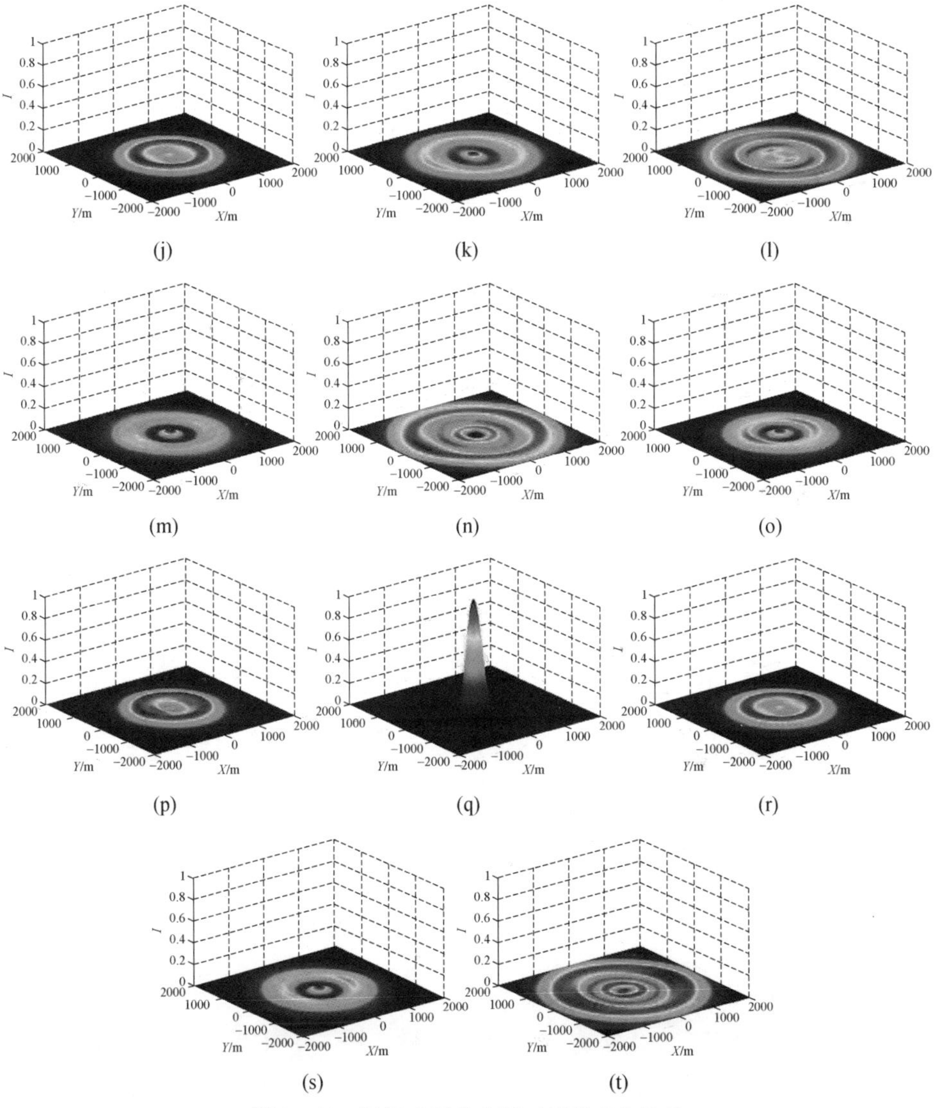

图 2-41　远场光强分布随时间的变化关系

(a) 1248min;(b) 1280min;(c) 1328min;(d) 1600min;(e) 1648min;(f) 1744min;(g) 1824min;(h) 1840min;(i)1904min;(j) 1968min;(k) 2000min;(l) 2048min;(m) 2100min;(n) 2272min;(o) 2368min;(p) 2384min;(q) 2448min;(r) 2512min;(s) 2528min;(t) 2592min。

由此可见,图 2-39 给出的瞄准误差数值在峰值和最小值之间变化是由于 45°反射镜均匀温差的变化所决定的。

2. 远场光强分布随时间的变化规律

为了说明由于 45°反射镜在轨温度场分布所导致的远场光强分布随时间的变化规律,图 2-41 分别给出了一个轨道周期时间内系统瞄准误差随时间的变化曲线(图2－39)中峰值点和最小值点所对应时间点的远场光强分布,这些时间点分别为第1248min、1280min、1328min、1600min、1648min、1744min、1824min、1840min、1904min、1968min、2000min、2048min、2100min、2272min、2368min、2384min、2448min、2512min、2528min和2592min。从图2－41可以看出,在远场光强分布随时间呈现强弱交替的变化规律,这主要是由于45°反射镜采用背部框架固定方式所决定的,使得Zernike多项式中离焦项成为影响光强分布的主要因素,与前2.3.4.1节、2.3.4.2节分析结果是一致的。

3. 远场峰值光强衰减随时间的变化规律

图2－42给出了潜望式卫星光通信终端在GEO轨道运行一周过程中,45°反射镜温度场导致的远场峰值光强衰减随时间的变化规律。

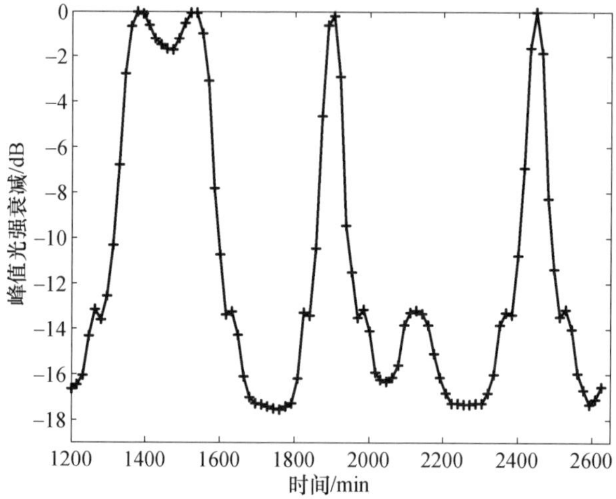

图2－42　远场峰值光强衰减随时间的变化关系

从图2－42可见,远场峰值光强衰减随时间是呈现周期性变化的,其周期与45°反射镜上的温度场变化密切相关,下面参照图2－40对远场峰值光强衰减的变化规律进行解释。当时间从第1370min变化到第1530min,45°反射镜上的均匀温差是先增大后减小的,而此时间段内接收平面上的峰值光强衰减也是先增大后减小的,当均匀温度等于参考温度时,峰值光强衰减为0。当时间继续增加,反射镜的均匀温度值下降,均匀温差值逐渐增大,峰值光强衰减也逐渐增大,均匀温差在第1750min达到最大,此时峰值光强衰减最为严重,光强最大衰减量在－17.5dB左右。当时间超过1800min后,反射镜均匀温度逐渐升高,均匀温差逐渐减小,峰值光强衰减逐渐减小,当时间达到1920min时,反射镜均匀温度接近参考温度值,此时峰值光强衰减很小。随着反射镜均匀温度进一步升高,峰值光强衰减再一次增大,并且峰值光强衰减随着反射镜均匀温差的起伏而起伏变化。

从图2－42可以看出,潜望式卫星光通信终端在GEO轨道上运行过程中,

45°反射镜温度场导致的远场接收平面上的峰值光强衰减在0～－17.5dB之间变化，而反射镜均匀温差最大值在3.5℃左右，这与前面章节的反射镜上均匀温差对远场峰值光强衰减的影响曲线基本吻合。由此可见，潜望式卫星光通信终端45°反射镜在轨温度场的均匀温差变化是影响接收平面上峰值光强衰减的主要因素，而温度梯度的影响要相对小很多，这也都是因为SiC材料具有很好的导热性所决定的。

2.3.4.4　45°反射镜在轨温度场对接收端跟踪性能影响分析

潜望式卫星光通信终端在轨运行过程中，当接收端45°反射镜存在温度分布变化时会影响接收端的跟踪性能。由于激光通信距离很远，终端接收到的光斑可以看成平面波，跟踪误差定义为接收端反射镜存在波前畸变时接收光束光轴与不存在畸变时光轴的夹角，前面章节进行了45°反射镜上温度梯度和均匀温差对跟踪性能影响的理论分析，和前面章节类似，这里使用跟踪误差和探测器焦平面上的峰值光强衰减来描述跟踪性能，本节即将给出GEO轨道上俯仰轴45°反射镜在轨温度场分布对系统跟踪性能的影响。

1. 系统跟踪误差随时间的变化规律

图2－43给出了GEO轨道上潜望式卫星光通信终端45°反射镜在轨温度场所引起的系统跟踪误差随时间的变化规律。

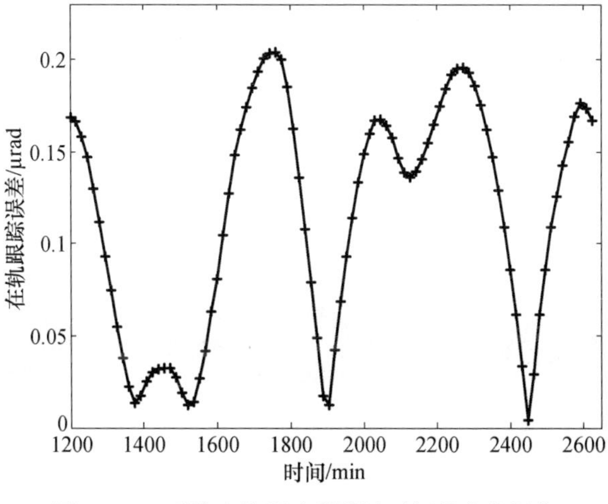

图2－43　系统在轨跟踪误差随时间的变化规律

从图2－43可以看出，跟踪误差也是随时间从最大值到最小值间起伏变化的，但与瞄准误差有明显不同，跟踪误差的最大值只有0.2μrad，而瞄准误差最大值超过30μrad，这主要是因为瞄准误差定义为远场光强最大值点偏离中心的角度。而跟踪误差定义为探测器焦平面上光斑质心偏离中心的角度，反射镜采用背部框架固定方式使得焦平面上的光强分布基本上是中心对称的。因此，光斑质心基本上是在中心附近，所以跟踪误差很小。

下面通过对照45°反射镜在轨温度场变化(图2-40)对跟踪误差的变化规律进行解释。从第1200min开始反射镜上的均匀温度值逐渐接近参考温度值,跟踪误差逐渐减小,在第1370min左右达到最小值,而后均匀温度继续升高并超过了参考温度,均匀温差开始增大,跟踪误差也随即开始增大,并在第1450min左右达到了第一个峰值,随着时间增长均匀温度值又开始回落,均匀温差开始减小,跟踪误差同时开始减小并在第1520min达到最小值,跟踪误差就是这样随着反射镜在轨温度场的变化而变化的。而且进一步证明了45°反射镜在轨温度场中的均匀温差对系统跟踪误差的影响要比温度梯度大得多。

2. 探测器焦平面上光强分布随时间的变化规律

为了说明由于45°反射镜在轨温度场分布所导致的探测器焦平面上的光强分布随时间的变化规律,图2-44分别给出了一个轨道周期时间内系统跟踪误差随时间变化曲线(图2-43)中峰值点和最小值点所对应时间点焦平面上的光强分布,这些时间点分别为第1370min、1450min、1770min、2050min、2130min、2280min和第2600min。

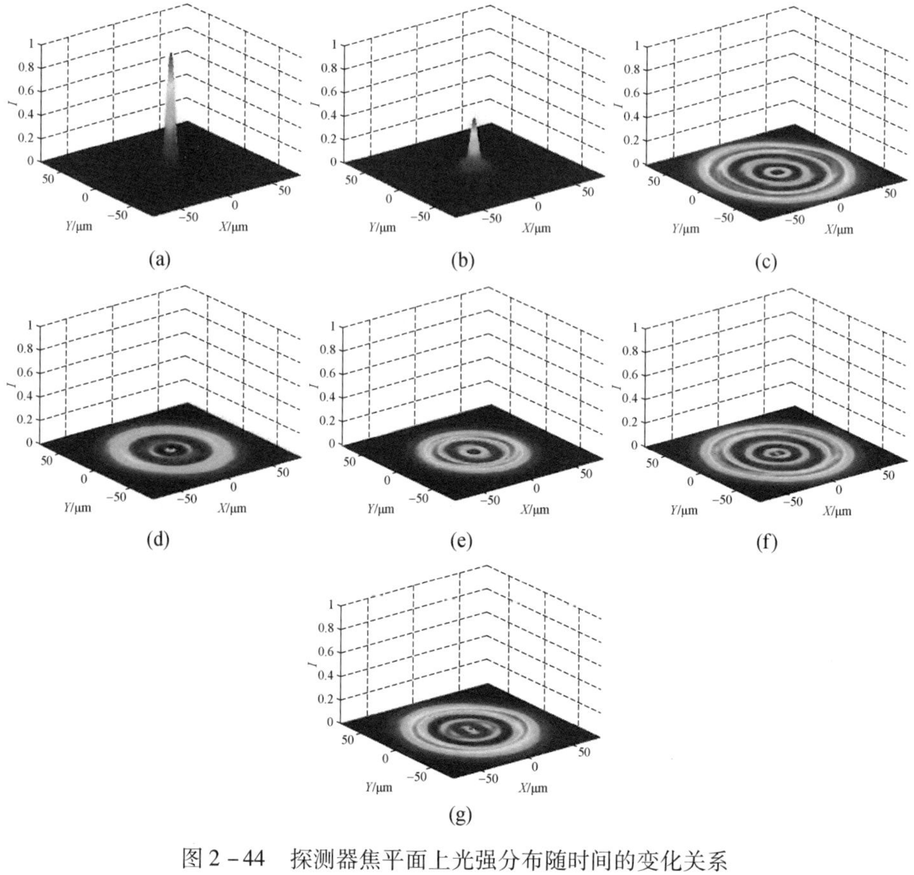

图2-44 探测器焦平面上光强分布随时间的变化关系

(a) 1370min;(b) 1450min;(c) 1770min;(d) 2050min;(e) 2130min;(f) 2280min;(g) 2600min。

从图2-44可以看出,探测器焦平面中心点上的光强分布也是随时间强弱变化的,这一点与瞄准误差的变化情况基本相同,这主要是由于背部框架固定这种固定方式所决定的。从图2-44也可以看出,45°反射镜在轨温度场分布使得探测器焦平面上的光强面积很大,这样影响探测器的响应速度,从而影响系统的跟踪性能。

3. 探测器焦平面上峰值光强衰减随时间的变化规律

图2-45给出了潜望式卫星光通信终端在GEO轨道运行一周过程中,45°反射镜温度场导致的探测器焦平面上的峰值光强衰减随时间的变化规律。

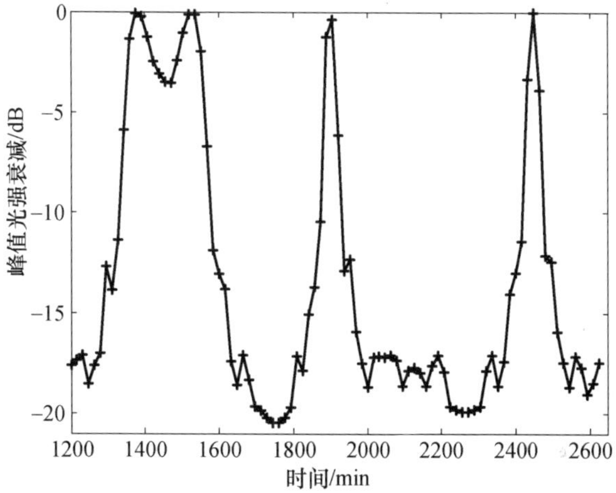

图2-45 探测器焦平面上的峰值光强衰减随时间的变化规律

从图2-45可以看出,探测器焦平面上的峰值光强衰减随时间的变化规律与45°反射镜上的温度分布变化情况(图2-40)密切相关,与远场峰值光强衰减曲线(图2-42)很相似,这里不再进行解释。从图2-45可见,潜望式卫星光通信终端在GEO轨道上运行一周的时间内,45°反射镜上温度场导致的探测器焦平面上的峰值光强衰减在第1750min时达到最大值,光强最大衰减量在-20.5dB左右。

2.3.4.5 45°反射镜在轨温度场对链路通信性能影响的研究

卫星激光通信系统的最终目的是在卫星与地面及卫星和卫星间建立激光链路,从而实现通信的目的。潜望式卫星光通信终端在轨运行过程中,恶劣的空间热环境会使45°反射镜产生温度场分布,导致通信误码率(BER)增大,因此有必要分析45°反射镜温度场导致的通信误码率随时间的变化规律。本节的分析结果可以作为对温控系统提出进一步控温要求的依据,同时也为卫星激光通信系统在轨运行过程中通信误码率测试结果的分析提供理论依据。

本节利用前面给出的经过二级温控后的俯仰轴45°反射镜在轨温度场数据作为温度载荷,由于反射镜温度变化范围为(23±4)℃,由2.3.4.3节和

2.3.4.4 节分析可知，在这样的均匀温差下远场光强会有很大衰减，此时如果不考虑噪声，计算误码率时阈值没有办法选择，所以本章只分析存在背景光噪声和暗电流噪声的情况下，潜望式卫星光通信终端 45°反射镜温度场引起的平均误码率随时间的变化规律。

主要仿真参数如表 2-10 所列，其他参数选择如下：$R_L = 50\Omega$，$T^{\circ} = 296\text{K}$，$F = 10$，$\bar{g} = 100$，$I_{dc} = 1 \times 10^{-9}\text{A}$，$T^{S} = 6000\text{K}$，$\eta = 0.75$，$f_i = 1 \times 10^{8}$，$\Omega_{fv} = 2\text{mrad}$，$\Delta\lambda = 10\text{nm}$。

图 2-46 给出了不同发射光功率情况下，潜望式卫星光通信终端在 GEO 轨道运行一周过程中，45°反射镜温度场导致的平均通信误码率随时间的变化规律。参考前面章节的分析内容，发射光功率分别取 1W、5W 和 10W，为了方便绘图，误码率低于 1×10^{-10} 的所有的点都当作 1×10^{-10} 来处理。

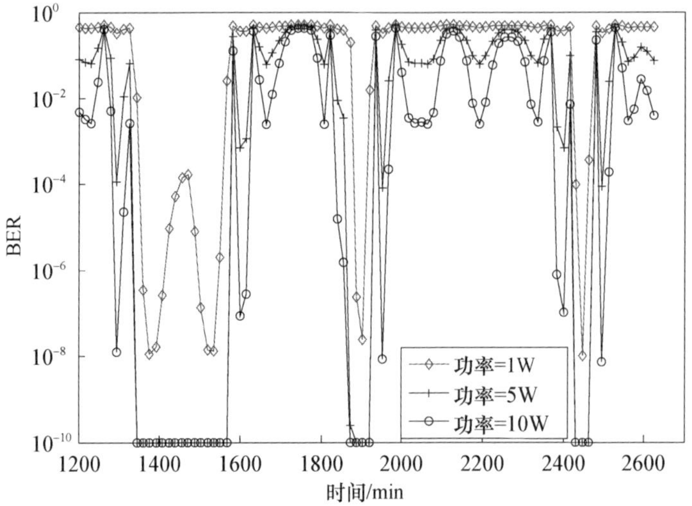

图 2-46　不同信号光功率平均通信误码率随时间的变化关系

从图 2-46 可见，在卫星平台振动和噪声同时存在的条件下，45°反射镜在轨温度场分布导致了平均误码率呈现周期性变化，这主要是由于远场光强分布的周期性变化所导致的。平均误码率是随着发射信号光功率的增加而降低的，而且当信号光功率由 5W 增加到 10W 时误码率减小得并不明显。当信号光功率为 5W 时，在一个轨道周期时间内系统误码率低于 1×10^{-6} 的时间只占 25%，而且我们知道对于功耗有限的卫星，5W 的信号光功率是不现实的，因此必须通过提高 45°反射镜的二级温控指标来降低信号光功率。

2.4　卫星光通信终端所处辐射场环境

卫星激光通信终端工作在地外空间轨道上，而空间环境中存在着质子、中子、电子、伽玛射线以及核爆射线等多种辐射源,这些辐射粒子所构成的空间辐射环境能够与器件相互作用产生各种辐射损伤效应,从而造成卫星光通信器件性能的严重下降,进而影响卫星激光通信系统的性能稳定性。为分析与预测空间辐射环境下器件的性能变化,为器件的辐射防护及加固设计提供理论及实验依据,有必要从理论和实验上对卫星光通信终端所采用的典型光电器件的空间辐射损伤进行深入研究。

2.4.1 在轨辐射场环境特点

2.4.1.1 空间辐射环境

为研究辐射损伤下光电器件的性能变化,首先应了解空间辐射环境。空间存在着多种带电粒子,它们所构成的空间辐射环境能够产生各种效应,其中人们最熟悉的就是北极光,它是沿着磁场线加速的高能带电粒子(主要是电子)与高层大气中的气体原子相互碰撞发射光子所产生的,为人们最早观察到的辐射效应现象。它们严重地影响卫星中各个器件的正常工作,导致器件性能的退化甚至失效,因此有必要分析空间辐射环境的特点,为卫星等航天器的正常工作提供参考。

空间辐射环境中的射线主要包括银河宇宙射线(简称 GCR,主要为高能离子和质子)、太阳宇宙射线(简称 SPE,主要为质子、电子和离子)和地球辐射带(简称 ERBs,也称为范阿伦捕获带粒子,主要为电子和质子)。地球附近的空间辐射环境如图 2-47 所示。

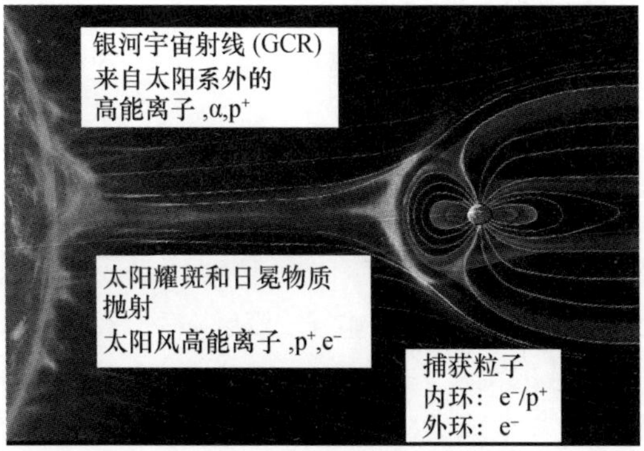

图 2-47 空间辐射环境示意图

1. 范阿伦辐射带

地球附近的辐射带由范阿伦的名字所命名,其指的是被地磁场所捕获的带电粒子区域。带中捕获的高能带电粒子主要是质子和电子,其对飞行器上的电子器件和宇航员构成了严重的威胁。

捕获质子的能量范围为几万电子伏到数百兆电子伏。捕获质子与卫星电子器件相互作用所产生的辐射效应主要为：总剂量效应（Total Ionizing Dose，TID）、位移损伤效应（Displacement Damage，DD）和单粒子效应（Single Event Effect，SEE）。质子的线性能量传递值（Linear Energy Transfer，LET）很低，不能直接产生单粒子效应。但其可将能量通过碰撞传递给靶原子，并由具有较大线性能量传递值的靶原子间接产生单粒子效应。

辐射带中有较高密度的低能等离子体电子，由于其能量较低并不能穿透飞行器表面，因此只能够造成飞船表面材料的充电效应。而高能电子则能够穿透表面材料进入飞船，被绝缘体所收集起来，并由于深层绝缘体放电效应造成系统异常。电子同样可造成总剂量效应，而屏蔽能够有效地减轻总剂量效应的影响。图2－48所示辐射总剂量与铝屏蔽厚度之间的关系，在5mm厚的铝屏蔽下，电子所造成的累积剂量下降了近四个数量级。电子相对于质子和重离子而言LET非常低，目前未发现其能产生单粒子效应。

为预测空间辐射环境，美国宇航局基于40余个卫星任务所收集的数据，建立了AP－8、AE－8模型，对捕获辐射环境中的质子和电子通量分布进行了描述。尽管这些模型并未考虑太阳活动周期及地磁场漂移对粒子通量的影响，但由于这些模型对空间环境预测有着极高的参考价值，目前仍是大多数预测软件的基本内核。

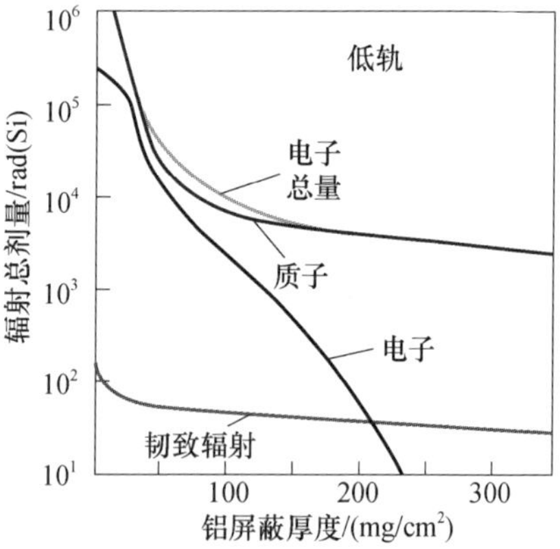

图2－48　辐射总剂量与铝屏蔽厚度之间的关系

在地球附近，南大西洋反常区（SAA）是唯一一处捕获辐射带与地球表面距离小于300km的区域（图2－49）。SAA位于巴西、阿根廷和南太平洋的上空，通常认为位于西北太平洋500km的地磁场的消失导致了SAA的产生。任何低地球轨道卫星均会面临四种辐射威胁：范阿伦辐射带捕获粒子（质子和电子）、极角处的电子（该区域磁场线指向地球，电子（而不是质子）能够穿越到较低的高度）、太阳粒子（质子、电子和离子）以及银河宇宙射线（高能离子和质子）。地球的极地区域不被地磁场所保护，因此任何穿过这些区域的卫星均会遭到太阳和银河粒子的轰击。与低轨道不同，高地球轨道的卫星仍会面临密集的捕获电子的威胁。而在范阿伦辐射带以上的飞行器则不会受到捕获粒子的影响，但仍受到太阳粒子和银河宇宙射线的威胁。太阳系的其他星球也有捕获辐射带。以木星为例，由于该星球的磁场要比地球大得多，木星周围的辐射环境比地球严酷得多。

2. 银河宇宙射线粒子

银河宇宙射线（GCR）是高能带电粒子，通常认为其为超新星爆发的残留

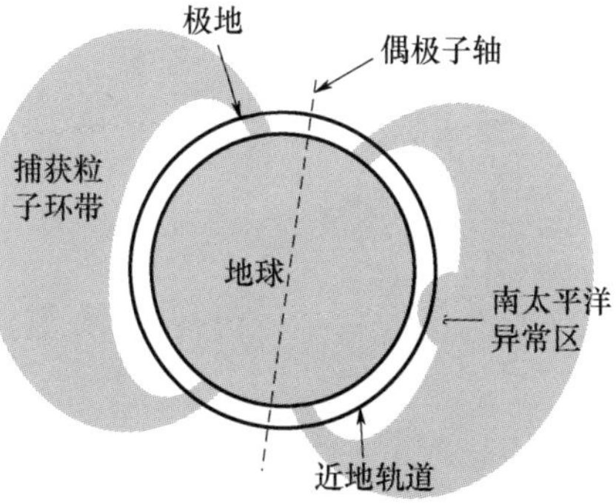

图 2-49　南太平洋异常区(SAA)示意图

物。银河宇宙射线的组成包括87%的质子、12%的α粒子和1%的重粒子。元素周期表上直到铀元素的粒子($Z=92$)均曾在宇宙射线中发现,不过铁($Z=36$)以后的元素不常见,在地磁衰减较小且不受太阳周期影响的轨道上,其通量约为$1\sim10/(cm^2\cdot s)$。宇宙射线的能量极高,可达几太电子伏,其能谱峰值约为0.3~1GeV/amu①。对于银河宇宙射线,地磁场提供了有效的保护,然而低地球极地轨道(倾角55°~100°)卫星在穿过极地地区和地磁衰减较小的地区时仍将受到银河宇宙射线的影响。由于通量很低,银河宇宙射线对卫星电子器件累积的总剂量和位移效应的贡献可忽略,但可产生单粒子效应。

3. 太阳粒子事件

有两种太阳事件会产生高能粒子:太阳耀斑和日冕物质喷发(CME)。太阳耀斑是能量的局部暴发,可持续几小时并富含电子。日冕物质喷发是等离子体的大量暴发,它富含质子并可持续几天。日冕物质喷发包含96.4%的质子、3.5%的α粒子和0.1%的重离子,这些重离子包括了直到铀的天然元素。太阳粒子可引起总剂量效应、位移损伤效应和单粒子效应。太阳活动周期通常持续约11年,其中太阳活动最大时间约7年,最小时间约4年。由于太阳事件具有随机性,因此需使用概率模型来计算累积通量。

2.4.1.2　辐射损伤效应机理分析

卫星激光通信终端工作在恶劣的空间辐射环境中,辐射效应将对终端中的电子及光电子器件的性能造成极大的影响甚至损坏,并最终影响到系统性能。辐射粒子和半导体材料相互作用主要有两种方式:一种是电子过程,即辐射与靶材料的电子相互作用,引起电荷的激发,称为电离损伤效应;另一种作用方式是原子过程,即入射粒子将部分能量传递给靶原子,如果这个能量大于损伤阈值能量,则获得能量的原子将克服周围原子的束缚,离开其正常位置而形成缺陷,称

① amu 为原子质量单位,$1\,amu=1.66\times10^{-24}g$。

为位移损伤效应。

1. 电离损伤效应

一般而言，只要辐射粒子传递给电子的能量足够大，即可将电子从半导体的价带激发到导带中，从而产生非平衡载流子。半导体禁带中存在着缺陷能级，能量较小的入射粒子亦可能将电子激发到禁带的缺陷能级中，或将缺陷能级中的电子激发到导带。由于半导体中载流子可以移动，大部分非平衡载流子最终将会复合。

对于硅 MOS 器件，电离辐射可在场氧化层或者栅氧化层中产生电子－空穴对，由于电子迁移率相对较高，其将很快消失；而空穴则被陷阱俘获而导致正电荷的储存，这将造成 MOS 器件的阈值电压偏移。电离效应的另一重要作用是在绝缘体/半导体界面引入缺陷，这些缺陷将使界面复合速率增加、漏电流增大，从而导致双极性器件的增益下降。上述损伤过程与吸收剂量的累积有关，剂量累积越大则参数变化程度越大，通常称为总剂量效应。

对于 GaAs 器件而言，由于绝缘体/半导体界面态密度较大，界面俘获的电荷不会引起表面费米能级的明显偏移，因而 GaAs 器件总剂量抗性很好。通常的 GaAs 器件，特别是半导体激光器中均不包含氧化层，也不采用绝缘界面，且先进的生长工艺保证了器件的晶体生长质量，界面态的密度很少，表面复合的影响被降到最低。这些性质导致半导体激光器对电离总剂量效应极不敏感。

对于器件的电离效应，要区别开总剂量效应（TID）与单粒子事件（SEE），如单粒子翻转（SEU）。SEU 指当辐射带或者宇宙射线中的高能带电粒子穿过器件时在其中产生了大量的电子－空穴对，从而造成微电路中产生错误，其是一种瞬时效应而不是累积效应。单粒子翻转所产生的是软错误，是非破坏性的，对器件进行重启能使其重新正常工作。而半导体激光器并不存在翻转的问题，这种载流子的瞬时注入只会导致激光器功率的瞬时波动，J・Baggio 等人的研究表明，在 10^{11}rad/s 剂量率的辐射注入下才能观察到激光器输出能量的明显扰动，而只有在核爆环境下才有如此大的瞬时剂量率，空间环境中极少出现。

基于上述原因，本书将不再讨论总剂量效应及瞬时电离效应对量子点激光器性能的影响。

2. 位移损伤效应

辐射与材料的另一种作用方式是原子过程，即入射粒子通过某种方式（库仑作用、核碰撞）将部分能量传递给被辐照材料的原子，如果该能量大于材料的损伤阈值能量，则该原子将克服晶格中周围原子的束缚，离开其原有位置而形成缺陷，称为位移损伤效应。这个过程中可能形成空位或填隙原子这种简单缺陷，也可能形成复杂缺陷，甚至形成缺陷簇。这与入射粒子的能量、种类以及靶材料密切相关。一般而言，能量 $E<5$MeV 的电子、能量较低的质子、γ 射线等均产生简单的缺陷，如肖特基缺陷和弗伦克尔缺陷，如图 2－50 所示。而当初级碰撞粒

子的能量很大，特别是重离子或者中子辐照的情况下，能够产生缺陷簇，如图2－51所示，其产生的缺陷密度要远远大于电子或者质子辐照。如此高的缺陷密度会造成被辐照半导体的非晶化，而进一步的缺陷络合过程将使损伤情况更加复杂。

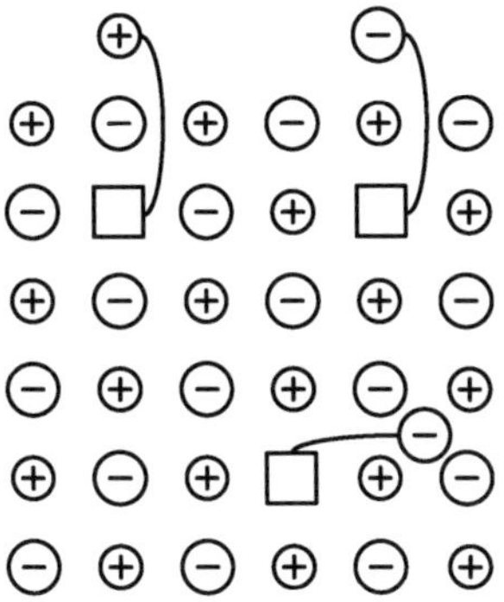

图2－50　肖特基缺陷和弗伦克尔缺陷

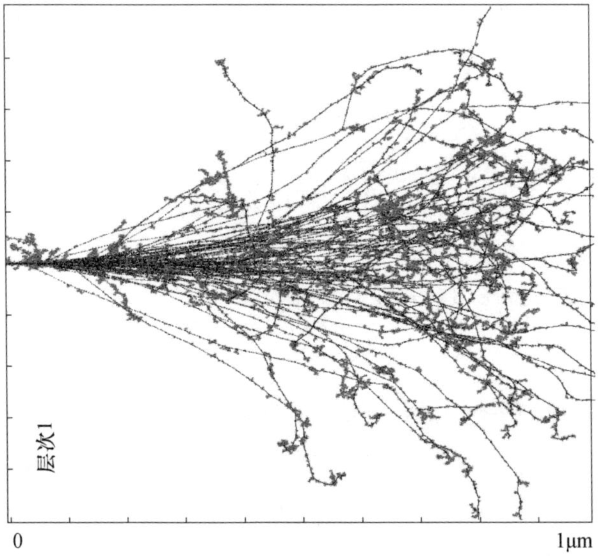

图2－51　1MeV Si 入射 GaAs 所造成的损伤

固体中辐射致缺陷的产生能够由以下理论来简要描述。靶材料受到弹性碰撞将可能导致原子离开其晶格位置，该情况下所造成位移损伤的截面可表示为

$$\sigma(E) = \int_{T_d}^{T_m} d\sigma(E,T) \tag{2-63}$$

式中：E 为入射粒子的动能；T 为入射粒子传输给晶格原子的动能；$d\sigma(E,T)$ 为与相应作用过程有关的差分截面。

式(2-63)中的积分下限为晶格原子产生位移效应所需的最小能量 T_d，上限为入射粒子所能传递给晶格原子的最大动能 T_m，能量 T_d 被称为阈值能量。差分截面与作用势有关：在带电粒子(电子、质子、重离子)入射的情况下，作用势为库仑势；而中子辐照情况下其更近似于硬壳体的碰撞。由于未在实验中观察到 T_d 与方向的相关性，通常认为阈值能量 T_d 是各向同性的，实验中测得一些材料的 T_d 值如表 2-11 所列。

表 2-11　不同材料位移损伤阈值能量

材料	T_d/eV	材料	T_d/eV
Diamond	35±5	InSb	6.4~9.9
Si	21	InAs	6.7~8.3
Ge	27.5	GaAb	6.2~8.5
GaAs	7~11	InP	3~4(In)8(P)

可通过求解式(2-1)中的积分来计算获得入射粒子在靶材料中产生的缺陷数目。对于重带电粒子，$d\sigma(E,T)$ 的值由 Rutherford 公式给出，则式(2-63)可转化为

$$\sigma(E)=a\left(\frac{1}{T_d}-\frac{1}{T_m}\right) \tag{2-64}$$

$$a=\frac{\pi Z_1^2Z_2^2e^4}{E}\cdot\frac{M_1}{M_2} \tag{2-65}$$

式中：M 为相对原子质量，下角标 1 代表入射粒子，下角标 2 代表靶原子。

对于中子辐照，可使用硬壳体的碰撞模型，因此可得

$$d\sigma=\pi(R_1+R_2)^2\frac{dT}{T_m} \tag{2-66}$$

式中：R_1 为入射粒子的半径；R_2 为靶原子的半径。

考虑到 $M_1 \ll M_2$，则有

$$\sigma(E)=\pi(R_1+R_2)^2\left(1-\frac{T_d}{T_m}\right) \tag{2-67}$$

对于兆电子伏能量的电子而言，需要考虑相对论修正项，即使对其近似求解，结果也相当复杂，在此不做讨论。

图 2-52 给出了入射粒子传递给靶原子的能量随着入射质子、电子、中子能量的变化。与质子相比，具有相同等效能量的中子能够传递给靶原子更多的能量。对于电子来说，其能量需要达到几十万电子伏才能传递给靶原子足够的能量(大于 T_d)而在材料中造成位移损伤，产生缺陷。而对重离子而言，由于入射粒子和靶原子的质量相近，能量的传递很有效，其能够在靶材料中产生大量的缺陷。

SRIM(Stopping and Range of Ions in Matter)蒙特卡罗模拟程序通常用来计算入射离子在靶材料中射程、分布以及产生缺陷的密度。质子和磷离子在 GaAs 材料中的停止位置分布,以及其在靶材料中产生的缺陷的深度分布 SRIM 计算结果如图 2-53、图 2-54 所示。需要注意的是,质子所造成的损伤剖面在材料中的分布不均匀,其在最大射程处附近缺陷密度最大。随着入射质子能量的增加,通过弹性碰撞所能传递的总能量增大,由于能量更高的粒子与材料作用的时间短,传递的总能量反而减少,因此其在厚度小于最大射程的材料中产生的缺陷密度将会下降。在研究量子点激光器的辐射效应时应注意,在通常情况下,量子点层只位于表面下几百纳米至几微米处,小于高能质子的最大射程。

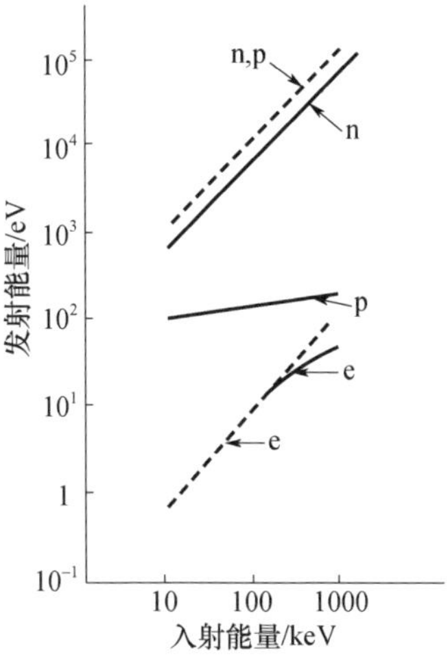

图 2-52 入射电子、质子及中子传递给 Si 原子的最大(虚线)和平均(实线)能量

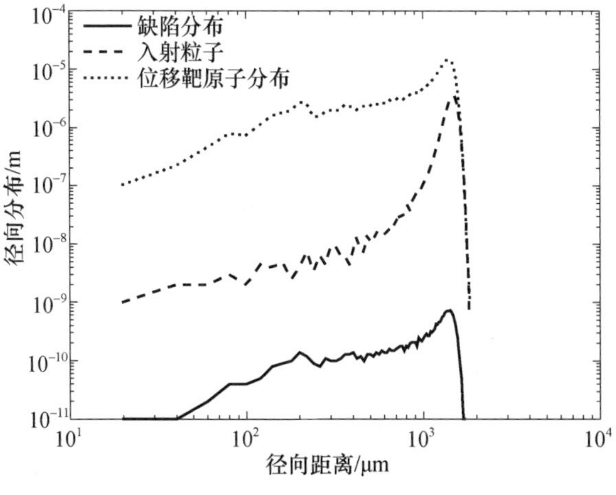

图 2-53 500keV 质子辐照在 GaAs 中产生的缺陷、入射粒子及位移靶原子的径向分布

损伤系数(Damage Coefficient,DC)常用于预测器件在空间环境中的工作寿命,其是器件的某个参数随着给定能量粒子的通量变化的量。例如,一束通量为 φ、能量为 E 的粒子照射到材料中,产生的缺陷密度为 n_T,则其可表示为

$$n_T(\varphi) = k\varphi \tag{2-68}$$

式中:k 为单位粒子入射所产生的缺陷数目。

在此情况下,k 可认为是损伤系数,其代表缺陷的引入速率。可通过下式从实验数据中获得归一化损伤系数 $DC_{exp}(E)$ 的值,即

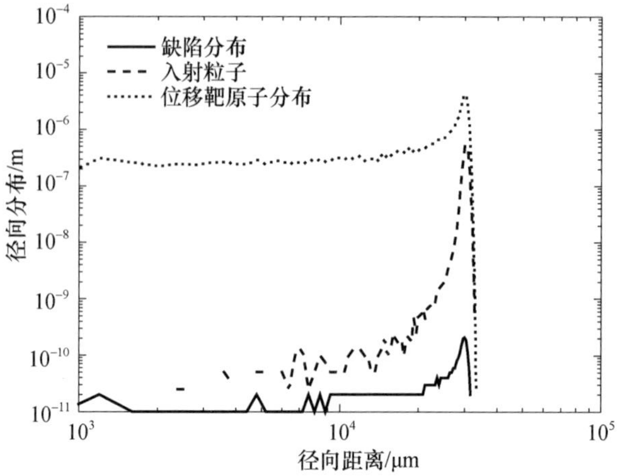

图 2－54　2MeV 质子在 GaAs 中产生的缺陷、入射粒子及位移靶原子的径向分布

$$DC_{exp}(E)=k(E)/k(E_s) \qquad (2-69)$$

式中：$k(E_s)$ 为标准粒子能量 E_s 下缺陷的引入率。

式(2－69)中的 k 既可以是缺陷的引入速率，还可为感兴趣器件的任意参数随着粒子通量的变化率，如载流子寿命、扩散长度、阈值电流、LED 输出功率等。如果损伤系数的能量相关性已知，即可通过飞行器工作辐射环境的粒子能量谱来预测器件的性能变化。

目前，由于需要器件在不同的粒子种类、能量、通量下进行实验，测试获得损伤系数的能量相关性将会耗费大量的人力物力。因此建立非电离能量损失(NIEL)与粒子损伤系数的能量相关性的关系(图 2－55)十分重要，这将大大减少所需要的实验次数，甚至只需要进行单一能量的粒子辐照实验即可。

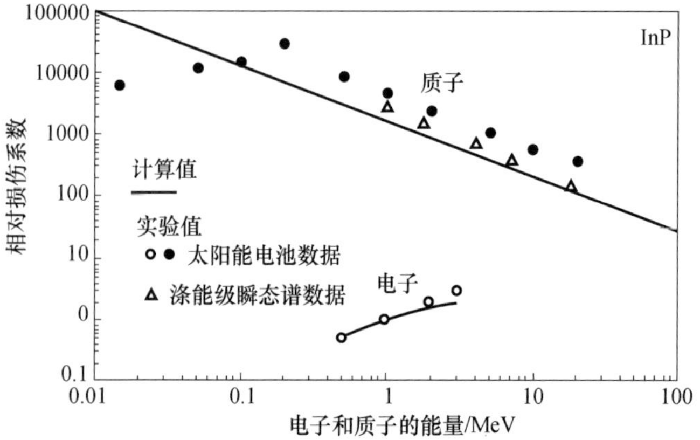

图 2－55　InP 太阳能电池质子和电子的相对损伤系数与粒子能量的关系

当高能粒子穿过材料时，入射粒子将能量传递给原子核及其周围的电子。这将激发电子进入导带，并导致缺陷态也被电离。入射粒子的剩余能量则传递给原子核，导致原子位移。因入射粒子而移位的原子通常称为初级碰撞原子（Primary Knock - on Atoms）。如这些原子具有很大的动能，则能产生次级位移原子，甚至产生缺陷簇。而对于能量较低的反冲原子，其一般将产生简单缺陷，例如 Frenkel 对。这些缺陷可能在半导体的禁带中产生分立的缺陷能级，影响半导体的中载流子的俘获、产生以及复合。影响程度的大小取决于缺陷的密度、种类以及靶材料的相关参数。由于缺陷存在着复合过程，NIEL 不能够准确地估计出辐射后的缺陷密度，但其可作为研究缺陷相对密度的有效手段。

实验已经证明，使用 NIEL 来关联位移损伤效应对一些材料是有效的，这些材料包括 Si、Ge、InP、GaAs、InAs、高温超导体、碳纳米管以及有机半导体等。

2.4.2 器件抗辐射要求

空间辐射环境主要会引起星上终端所用材料和电子器件产生总剂量效应和单粒子效应。

1. 总剂量效应

带电粒子入射到物体（吸收体）时，将部分或全部能量转移给吸收体，带电粒子所损失的能量也就是吸收体所吸收的辐射总剂量。当吸收体是卫星所用的电子元器件和材料时，它们将受到总剂量辐射损伤，这就是所谓的总剂量效应。

空间带电粒子通过两种作用方式对卫星电子元器件及材料产生总剂量损伤：一是电离作用，即吸收体通过原子电离而吸收入射粒子能量；另一种是位移作用，即入射高能粒子轰击吸收体原子并使之在晶格中原有的位置发生移动，造成晶格缺陷。

通常以辐射剂量来描述电子元器件和材料的电离辐射剂量损伤程度，其国际单位是 Gy（戈瑞），1kg 物质在被辐射时吸收 1J 的能量称为 1Gy。常用的辐射剂量单位是 rad（拉德），1g 物质在被辐射时吸收 100erg① 能量称为 1rad，Gy 与 rad 之间的换算关系为 1Gy = 100rad。

对辐射总剂量贡献较大的主要是能量不太高、通量不太低、作用时间较长的空间带电粒子成分。辐射带捕获电子在吸收材料中引起的韧致辐射对总剂量效应也具有不容忽视的贡献，并在屏蔽厚度较大时成为电离辐射剂量的主要贡献者之一。

2. 单粒子效应

单粒子效应是单个高能质子或重离子入射到航天器所使用的电子器件上时

① $1\text{erg} = 10^{-7}\text{J}$。

所引发的辐射效应(图 2 - 56),根据效应机理的不同,可分为单粒子翻转(SEU)、单粒子锁定(SEL)、单粒子烧毁(SEB)、单粒子栅击穿(SEGR)等多种类型。

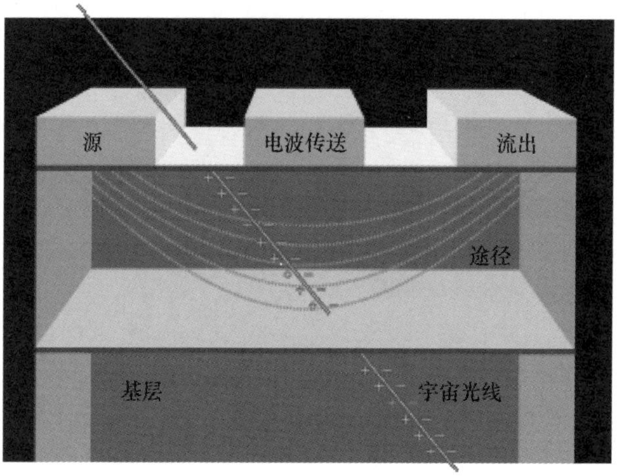

图 2 - 56 单粒子效应示意图

1) 单粒子翻转

单粒子翻转是发生在具有单稳态或双稳态的逻辑器件和逻辑电路的一种带电粒子辐射效应。电荷聚集效应(漏斗效应,参见图 2 - 57)是解释单粒子翻转的重要理论模型之一。当单个空间高能带电粒子轰击到大规模、超大规模的逻辑型微电子器件的芯片时,沿着粒子的入射轨迹,在芯片内部的 PN 结附近区域发生电离效应,生成一定数量的电子 - 空穴对(载流子)。如果这时芯片处于加电工作状态,这些由于辐射产生的载流子将在芯片内部的电场作用下发生漂移和重新分布,从而改变了芯片内部正常载流子的分布及运动状态,当这种改变足够大时,将引起器件电性能状态的改变,造成逻辑器件或电路的逻辑错误,比如存储器单元中存储的数据发生翻转("1"翻到"0"或"0"翻到"1"),进而引起数据处理错误、电路逻辑功能混乱、计算机指令流发生混乱导致程序"跑飞",其危害轻则引起卫星各种监测数据的错误,重则导致卫星执行错误指令,使卫星发生异常和故障,甚至使卫星处于灾难性局面之中。

2) 单粒子锁定

单粒子锁定是发生于体硅(Bulk)CMOS 工艺器件的一种危害性极大的空间辐射效应。

由于体硅 CMOS 制造工艺自身不可避免的特点,体硅 CMOS 器件存在一个固有的 pnpn 四层结构,形成了一个寄生可控硅(Silicon Controlled Rectifier, SCR),图 2 - 58 是 P 阱 CMOS 反相器剖面及 pnpn 四层结构等效电路示意图。

在适当的触发条件下,P 阱电阻 R_W 或衬底电阻 R_S 上的电压降可能会使得

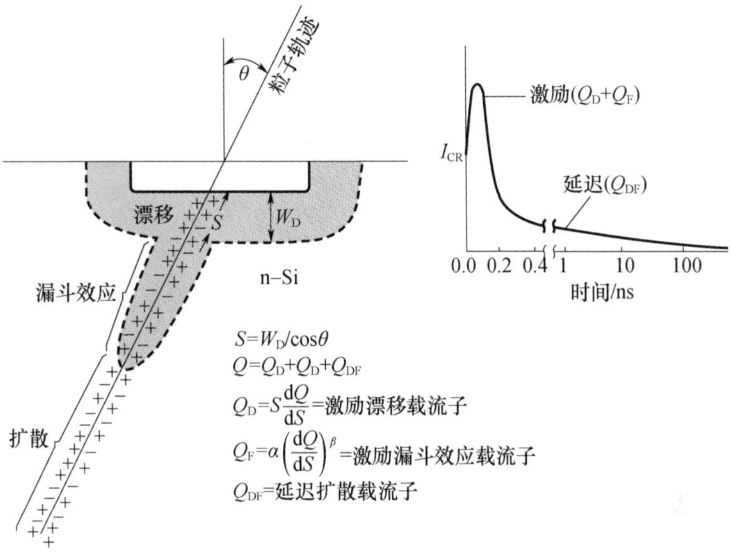

图 2－57 单粒子效应产生机理

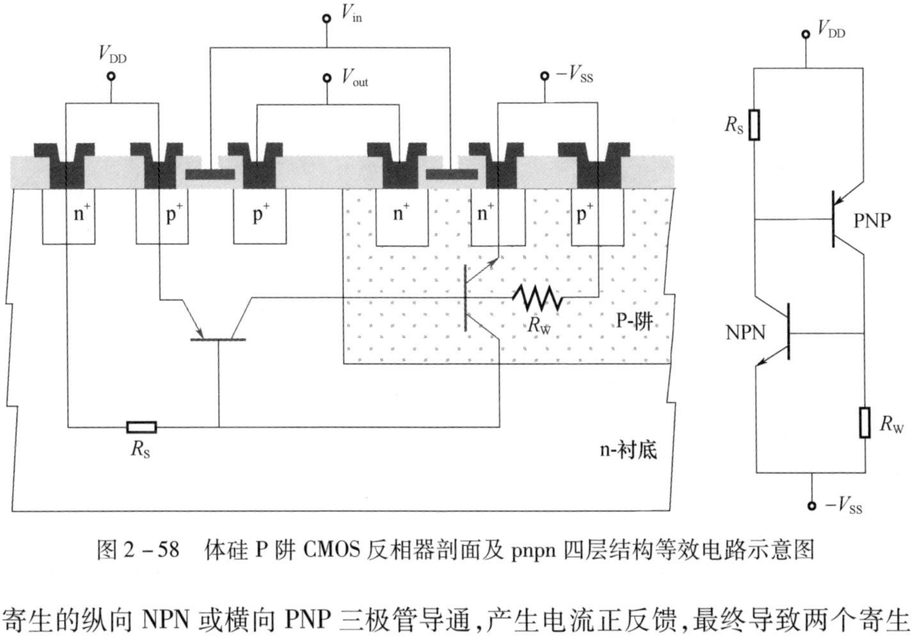

图 2－58 体硅 P 阱 CMOS 反相器剖面及 pnpn 四层结构等效电路示意图

寄生的纵向 NPN 或横向 PNP 三极管导通，产生电流正反馈，最终导致两个寄生三极管达到饱和，并维持饱和状态（即寄生 SCR 导通），在 CMOS 反相器中造成从 V_{DD}到 $-V_{SS}$的异常大电流通路，这就是 CMOS 器件的闩锁效应。显然，要使 CMOS 器件产生闩锁，必须具备以下条件：

（1）要存在一定的触发信号。

（2）寄生三极管正向偏置，且二者电流放大倍数乘积大于 1，即 $\beta_{PNP}\times\beta_{NPN}>1$。

（3）电源 V_{DD}应能提供足以维持闩锁状态的电流。

空间高能带电粒子引起 CMOS 器件闩锁的机理目前仍在研究之中，电流聚集模型也是解释单粒子锁定效应的重要理论模型之一。普遍的观点认为，带电粒子轰击 CMOS 器件，沿粒子轨迹电离出大量电子 - 空穴对，当这些载流子通过漂移和扩散被芯片中的灵敏 PN 结大量收集时，可能会形成闩锁触发信号。如果上述另外两个使 CMOS 器件产生锁定的条件也同时存在，则将引起 CMOS 器件的闩锁。

CMOS 器件的单粒子锁定，可能会对航天器造成三方面的危害：

（1）发生单粒子锁定的器件及仪器可能被单粒子锁定产生的大电流（几百毫安甚至几安）烧毁。

（2）该器件所使用的星上二次电源可能被此突然骤增的负载电流所损坏。

（3）当该器件所用二次电源受单粒子锁定影响导致输出电压变化后，使用相同二次电源的其他星上仪器的工作可能将受到影响。

3. 抗辐射要求

空间辐射环境极其复杂，星上终端所用材料和电子器件处于该环境中时，性能会有所变化，恶劣的性能变化会引起整个终端的性能下降，严重时可能导致功能丧失。因此，需要对星上终端所用材料和电子器件的性能提出要求，以保证终端在任务周期内的正常运行。

在对星上终端所用材料和电子器件的性能提出要求前，首先必须确定系统应该承担的任务、状态和目标。系统的任务确定后，必须确定系统的空间运行轨道，轨道位置和一些其他因素决定了系统在空间工作将要面对的空间天然环境；然后定义系统的性能（如尺寸、电源水平、寿命和要进行的空间操作的复杂性等），系统特性导致各个子系统和整个系统在每个设计阶段（如初样阶段、鉴定阶段和正样阶段）概念设计的逐步细化。最终细化的结果就是星上终端材料和电子器件的性能要求。

参考文献

[1] Bruzzi J R, Millard W P. Development of Laser Transceiver System for Deep - space Optical Communication [C]. Proceedings of SPIE - The International Society for Optical Engineering, 2002, 4821: 202 - 213.

[2] Arono S. Bandwidth Maxization for Satellite Laser Communication [J]. IEEE Tansaction on Aerospace and Electronic Systems, 1999, 25(2): 675 - 682.

[3] Mounir Bouzoubaa, Vladimir V Nikulin, Victor A Skormin, et al. Model Reference Control of a Laser Beam Steering System for Laser Communication Applications [C]. SPIE Proc., 2001, 4272: 93 - 103.

[4] Isaac I Kim, Eric J K, Harel H, et al. Horizontal - link Performance of the STRV - 2 Lasercom Experiment Ground Terminals [C]. SPIE Proc., 1999, 3615: 11 - 22.

[5] Arnon S. Optimum Transmitter Optics Aperture for Free Space Satellite Optical Communication as a Function

of Tracking System Performance[C]. SPIE Proc. ,1996,2811: 252 - 263.

[6] Jeganathan Muthu, Erickson D. Overview of the Atmospheric Visibility Monitoring (AVM) Program[C]. Proceedings of SPIE - The International Society for Optical Engineering,1997,2990: 114 - 120.

[7] David M Erickson. Donald H Tsiang, Jeganathan Muthu. Upgrade of the Atmospheric Visibility Monitoring System[C]. Proceedings of SPIE - The International Society for Optical Engineering, 1999, 3615: 310 - 315.

[8] Jeganathan Muthu, Jalali Neema. Analysis of Data from the Atmospheric Visibility Monitoring (AVM) Program[C]. Proceedings of SPIE - The International Society for Optical Engineering,1998,3266:200 - 208.

[9] Wittig M, et al. Performance of Optical Intersatellite Links, International Journal of Satellite Communications [C]. SPIE,1988,6: 153 - 162.

[10] 韩琦琦. 空间光学及力学环境对星间激光链路影响研究[D]. 哈尔滨:哈尔滨工业大学,2004.

[11] 韩心志,焦世举. 航天光学遥感辐射度学[M]. 哈尔滨:哈尔滨工业大学出版社,1994.

[12] 车念曾,阎达远. 辐射度学与光度学[M]. 北京:北京理工大学出版社,1990.

[13] 屠善澄. 卫星轨道姿态动力学与控制[M]. 北京:宇航出版社,1999.

[14] Del Re A, Pierucci L. Next - generation mobile satellite networks[J]. IEEE Communications Magazine, 2002,40(9): 150 - 159.

[15] Jamalipour A, Tung T. The role of satellites in global IT: trends and implications [J]. IEEE Personal Communications,2001,(6): 5 - 15.

[16] Zahariadis T, Vaxevanakis K G, Tsantilas C P, et al. Global romancing in next - generation networks[J]. IEEE Communications Magazine,2002,(2): 145 - 191.

[17] 褚桂柏,马世俊. 宇航技术概论[M]. 北京:航空工业出版社,2001.

[18] 王之江. 光学技术手册[M]. 北京:机械工业出版社,1987.

[19] Walter G Driscoll. Handbook of Optics[M]. NewYork:Mcgraw - hill Book Company. 1978.

[20] 骆清铭,曾绍群,刘贤德. 地球大气系统红外辐射仿真[J]. 光电工程,1996,23(1): 1 - 6.

[21] 赵立新. 空间光学遥感器外遮光罩的地球反照辐射的随机模拟计算[J]. 光学精密工程,1996, 4(4): 16 - 22.

[22] 徐荣伟,刘立人,刘宏展,等. 大型干涉仪镜子的支承设计与温度变形分析[J]. 光学学报. 2005,25 (6): 809 - 815.

[23] 冯树龙,张新,翁志成,等. 温度对大口径主镜面形变形的影响分析[J]. 光学技术. 2005,31(1): 41 - 43.

[24] 杨怿,张伟,陈时锦. 空间望远镜主镜的热光学特性分析[J]. 光学技术. 2006,32(1): 144 - 147.

[25] Mahajan V N, Dai G. Orthonormal polynomials in wavefront analysis: analytical solution [J]. J. Opt. Soc. Am. A. ,2007,24(9): 2994 - 3016.

[26] Dai G, Mahajan V N. Orthonormal polynomials in wavefront analysis: error analysis[J]. Appl. Opt. ,2008, 47(19),3433 - 3445.

[27] Hou X, Wu F, Yang L, et al. Comparison of annular wavefront interpretation with Zernike circle polynomials and annular polynomials[J]. Appl. Opt. 2006,45(35): 8893 - 8901.

[28] Toyoshima M, Takahashi N, Jono T, et al. Mutual alignment errors due to the variation of wave - front aberrations in a free - space laser communication link[J]. Opt. Exp. ,2001,9(11): 592 - 602.

[29] Sun J, Liu L, Yun M, et al. Mutual alignment errors due to wave - frant aberrations in intersatellite laser communications[J]. Appl. Opt. ,2005,44(23): 4953 - 4958.

[30] Yang Y, Tan L, Ma J. Pointing and tracking errors due to localized deformation induced by transmission - type antenna in intersatellite laser communication links[J]. Appl. Opt. ,2009,48(4): 786 - 791.

[31] 李晓峰,汪波,胡渝. 在轨运行热环境下的天线镜面热变形对空地激光通信链路的影响[J]. 宇航学报. 2005,26(5): 581 - 585.

[32] 李晓峰. 空地激光通信星载光学天线在太阳阴影区的镜面热变形有限元分析[J]. 光电子·激光, 2006,17(2): 183 - 186.

[33] 李晓峰. 镜面热形变对空地激光通信链路性能的影响[J]. 强激光与粒子束. 2005,17(3): 369 - 372.

[34] 宋义伟. 潜望式卫星光通信终端45°镜空间温变特性及影响研究 [D]. 哈尔滨:哈尔滨工业大学,2011.

[35] 杨世铭,陶文铨. 传热学[M]. 北京:高等教育出版社,2006.

[36] 车驰. InAs/GaAs 量子点激光器空间位移损伤效应研究[D]. 哈尔滨:哈尔滨工业大学,2012.

[37] Fredrickson A R. Upsets Related to Spacecraft Charging[J]. IEEE Trans. on Nucl. Science,1996,43 (2): 426 - 441.

[38] Mikkola E. Hierrarchical Simulation Method for Total Ionizing Dose Radiation Effects on CMOS Mixed - Signal Circuits[D]. Tucson: University of Arizona,2008.

[39] Vette J I. The NASA/National Space Science Data Center Trapped Radiation Environment Model Program (1964—1991)[R]. Greenbelt: National Space Science Data Center,1991: 15 - 27.

[40] Daly E J. Problems with Models of the Radiation Belts[J]. IEEE Trans. on Nuclear Science,1996,43 (2): 403 - 415.

[41] Evans B D, Hager H E, Hughlock B W. 5. 5 - MeV Proton Irradiation Impact on Carrier Lifetime in a Quantum Well Laser Diode[J]. IEEE Transactions on Nuclear Science,2009,56 (6): 2155 - 2559.

[42] Ustinov V M, Zhukov A E, Egorov A Y, et al. Quantum Dot Lasers[M]. New York: Oxford,2003.

[43] Baggio J, Brisset C, Sommer J L, et al. Electrical and Optical Response of a Laser Diode to TransientIonizing Radiation[J]. IEEE Transactions on Nuclear Science,1996,43 (3): 1038 - 1043.

[44] Bourgoin J, Lannoo M. Point Defects in Semiconductors. Ⅱ, Experimental Aspects[M]. Berlin: Springer, 1983: 54 - 89.

[45] Massarani B, Bourgoin J C. Threshold Energy for Atomic Displacement in InP[J]. Phys. Rev. B,1986,34 (4): 2470 - 2474.

[46] Ziegler J F, Biersack J P, Littmark U. The Stopping and Range of Ions in Solids[M]. New York: Pergamon, 1985: 4 - 23.

[47] Warner J H. Displacement Damage - Induced Electrical and Structural Effects in Gallium Arsenide Solar Cells Following Ion Irradiation[D]. Baltimore: University of Maryland,2008.

[48] Messenger S R, Edward A, Burke E A, et al. NIEL for Heavy Ions: An Analytical Approach[J]. IEEE Trans. Nucl. Sci.,2003,50 (6): 1919 - 1923.

[49] Jun I, Xapsos M A, Messenger S R, et al. Proton Nonionizing Energy Loss (NIEL) for Device Applications [J]. IEEE Trans. Nucl. Sci.,2003,50 (3): 1924 - 1928.

[50] Decuir E A, Manasreh M O, Weaver B D. Intersubband Transitions in Proton Irradiated InGaAs/GaAs Multiple Quantum Dots[J]. Appl. Phys. Lett.,2005,87 (9): 091905 - 1 - 091905 - 3.

[51] Kim G, Huang J, Hammig M D. An Investigation of Nanocrystalline Semiconductor Assemblies as a Material Basis for Ionizing - Radiation Detectors [J]. IEEE Trans. Nucl. Sci.,2009,56 (3): 841 - 848.

[52] Messenger S R, Burke E A, Summers G P, et al. Application of Displacement Damage Dose Analysis to Low - Energy Protons on Silicon Devices[J]. IEEE Trans. Nucl. Sci.,2002,49 (6): 2690 - 2694.

[53] Weaver B D, McMorrow D, Cohn L M. Radiation Effects in Ⅲ - Ⅴ Semiconductor Electronics in Compound Semiconductor Integrated Circuits[M]. World Scientific: Singapore,2003: 293 - 297.

[54] Khanna S M, Estan D, Erhardt L S, et al. Proton Energy Dependence of the Light Output in Gallium Nitride Light – Emitting Diodes[J]. IEEE Trans. Nucl. Sci. ,2004,51 (5): 2729 – 2735.

[55] Weaver B D, Summers G P. Displacement Damage Effects in High Temperature Superconductors in Studies of High Temperature Superconductors[M]. New York: Nova Science,2003.

[56] Neupane P P, Manasreh M O, Weaver B D, et al. Proton Irradiaton Effects on Single – Wall Carbon Nanotubes in a Poly(3 – Octylthiophene) Matrix[J]. Appl. Phys. Lett. ,2005,86 (22): 221908 – 1 – 221908 – 9.

[57] Yamaguchi M. Correlations for Damage in Diffused – juction InP Solar Cells Induced by Electron and Proton irradiation[J]. J. Appl. Phys. ,1997,81 (9) 6013 – 1 – 6013 – 6.

第3章

卫星光通信终端光学系统特点

3.1 概述

卫星光通信系统是相隔极远距离的光发射机和光接收机之间的高速数据传输系统，其技术难点来自于超远的距离、链路的动态变化和复杂的空间环境。光学系统是卫星光通信终端的主体，它的主要作用是由光发射机将需要传输的光信号有效地发向光接收机，由光接收机接收光发射机传来的信号光。卫星光通信光学系统的基本结构如图3-1所示，主要分为发射光路和接收光路。发射光学系统主要由发射激光器、整形透镜组、精瞄镜及发射光学天线组成；接收光学系统主要由接收光学天线、聚焦透镜组、接收探测器及分光镜和滤光元件组成。在收/发共用的卫星光通信终端中，光学天线同时用于发射光学子系统和接收光学子系统，发射光学天线的主要作用是压缩发射光束束散角和缩短发射光路筒长，而接收光学天线的主要作用是扩大接收口径，以使光接收机能够接收到更多的光发射机光场功率。为使光发射机和光接收机之间能建立通信链路并始终保持链路稳定，发射光学子系统通常又需分为信标发射子系统和信号发射子系统，而接收光学子系统则进一步分为跟瞄接收子系统和通信接收子系统。

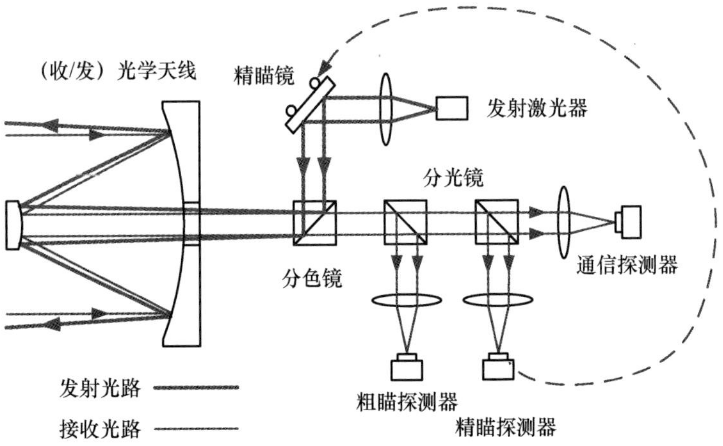

图3-1 卫星光通信光学系统基本结构示意图

3.2 卫星光通信终端系统

3.2.1 跟瞄子系统

以深空光通信系统为例，对卫星光通信光束瞄准机制进行理论分析。首先需要选定一个惯性参考坐标系。当前的深空探测任务主要面对太阳系内的天体，因此J2000日心黄道坐标系 $O_s-X_sY_sZ_s$ 是一种合适的惯性坐标系。该坐标系原点位于日心 O_s，其基准面为黄道平面，其 X_s 方向为J2000年春分点日心到地心的连线方向，Z_s 轴方向与地球公转角速度矢量一致。X_s，Y_s，Z_s 成右手螺旋。日心黄道坐标系如图3－2所示。

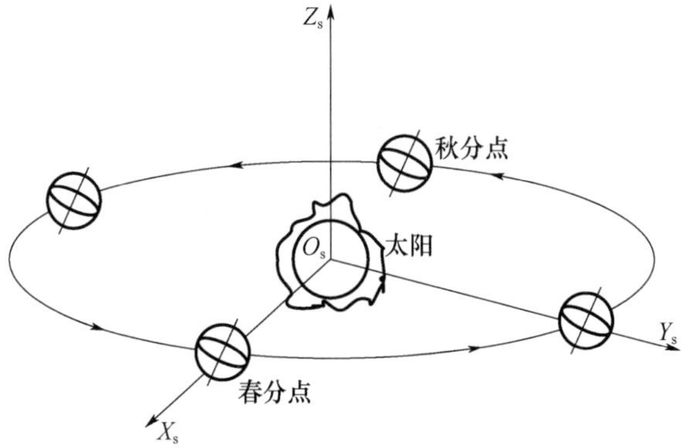

图3－2 日心黄道坐标系

航天器在惯性坐标系中的位置可由其星历表确定，设某时刻其位置矢量为 $\boldsymbol{r}_1$，地面接收端在惯性坐标系中的位置可由地球星历表及其在地心赤道坐标系中的位置来确定，该时刻地面站在惯性坐标系中的位置矢量表示为 $\boldsymbol{r}_2$，则光束瞄准矢量可表示为

$$\boldsymbol{r}=\boldsymbol{r}_2-\boldsymbol{r}_1 \tag{3-1}$$

瞄准过程主要考虑光束的方向，对光束方向的控制通常都在航天器的星上坐标系中进行。为了简化分析，设航天器的轨道平面与日心在同一平面内，采用星上俯仰坐标系 $O-SEZ$ 作为光束控制的基准坐标系，该坐标系原点位于航天器的质心，其坐标平面为其轨道平面，S 轴指向日心的反方向，Z 轴与其角速度矢量一致，SEZ 成右手螺旋，如图3－3所示。

图3－3中，θ_h 是方位角，θ_v 是俯仰角。因此深空光通信跟瞄子系统需要在方位角和俯仰角两个方向对光束进行控制来实现光束的瞄准。

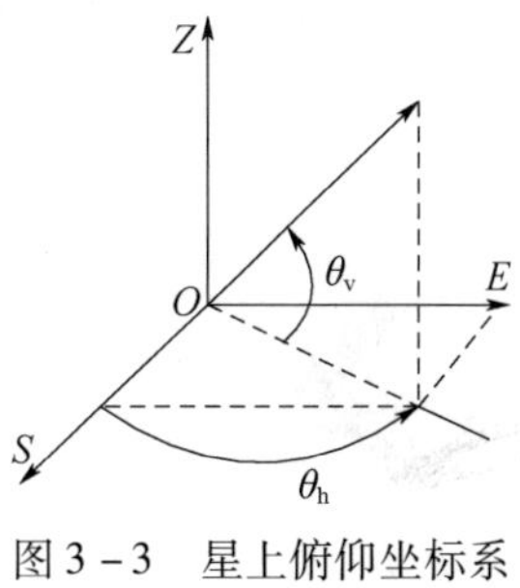

图3－3 星上俯仰坐标系

航天器星上俯仰坐标系与惯性坐标系的位置关系如图3－4所示。

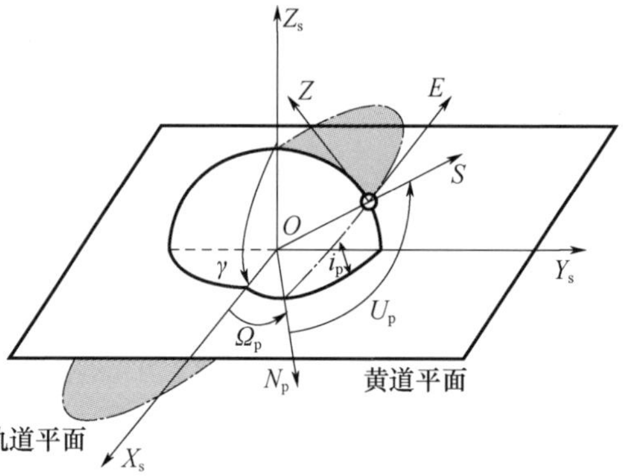

图3－4 惯性坐标系和星上俯仰坐标系的位置关系

图3－4中，Ω_p是航天器的升交点，U_p是其初始角，i_p是轨道平面相对于黄道平面的倾角，ω_p是其角速度。把瞄准矢量变换到星上俯仰坐标系中，可表示为

$$\boldsymbol{r}_p = \boldsymbol{T}_p \boldsymbol{r} \tag{3-2}$$

式中：T_p为把惯性坐标系中矢量变换到星上俯仰坐标系中的变换矩阵，其表达式为

$$\begin{aligned}\boldsymbol{T}_p &= \bar{\boldsymbol{K}}(\omega_p t+\varphi_p)\times\bar{\boldsymbol{I}}(i_p)\times\bar{\boldsymbol{K}}(\Omega_p)\\ &=\begin{bmatrix}\cos(\omega_p t+\varphi_p) & \sin(\omega_p t+\varphi_p) & 0\\ -\sin(\omega_p t+\varphi_p) & \cos(\omega_p t+\varphi_p) & 0\\ 0 & 0 & 1\end{bmatrix}\times\\ &\quad\begin{bmatrix}1 & 0 & 0\\ 0 & \cos i_p & \sin i_p\\ 0 & -\sin i_p & \cos i_p\end{bmatrix}\times\begin{bmatrix}\cos\Omega_p & \sin\Omega_p & 0\\ -\sin\Omega_p & \cos\Omega_p & 0\\ 0 & 0 & 1\end{bmatrix}\end{aligned} \tag{3-3}$$

对瞄准矢量求导，可得两终端相对运动的速度矢量为

$$\bar{\boldsymbol{v}}_p(t) = \frac{\mathrm{d}\bar{\boldsymbol{r}}_p(t)}{\mathrm{d}t} \tag{3-4}$$

设$\boldsymbol{i},\boldsymbol{j},\boldsymbol{k}$表示星上俯仰坐标系中$S,E,Z$三个方向的单位矢量，则瞄准矢量和两终端相对运动的速度矢量在$O-SEZ$中可表示为

$$\bar{\boldsymbol{r}}_p = r_x\cdot\boldsymbol{i}+r_y\cdot\boldsymbol{j}+r_z\cdot\boldsymbol{k} \tag{3-5}$$

$$\bar{\boldsymbol{v}}_p = v_x\cdot\boldsymbol{i}+v_y\cdot\boldsymbol{j}+v_z\cdot\boldsymbol{k} \tag{3-6}$$

由式(3－5)，航天器上天线的指向为

$$\theta_v = \arctan\left(\frac{r_z}{\sqrt{r_x^2+r_y^2}}\right) \tag{3-7}$$

$$\theta_h = \arctan\left(\frac{r_y}{r_x}\right) \tag{3-8}$$

由式(3－7)、式(3－8),航天器上天线指向更新的角速度为

$$\omega_v = \frac{d\theta_v}{dt} \tag{3-9}$$

$$\omega_h = \frac{d\theta_h}{dt} \tag{3-10}$$

航天器上天线的指向更新的角加速度为

$$\beta_v = \frac{d\omega_v}{dt} \tag{3-11}$$

$$\beta_h = \frac{d\omega_h}{dt} \tag{3-12}$$

由于星上终端和地面接收终端的相对运动,将引起下行链路接收信号光波长的漂移,即多普勒频移,接收信号光频率可表示为

$$f = f_0\left(1 + \frac{v\cos\theta}{c}\right) \tag{3-13}$$

式中:v 为两者相对运动速度大小;θ 为相对运动的速度矢量和瞄准矢量的夹角;f_0 为信号光频率。则链路的多普勒频移可表示为

$$\Delta\lambda = \frac{c}{f_0} - \frac{c}{f} = \lambda_0 \frac{v\cos\theta}{v\cos\theta + c} \tag{3-14}$$

导出链路建立过程中瞄准矢量在航天器星上俯仰坐标系中角度、角速度、角加速度的变化,根据航天器星历表和地球星历表及地面接收站在地球上的位置,就可以精确控制光学天线的指向,实现光束的精确瞄准。

在深空光通信链路中,典型的出射光束束散角(束宽)被限制在微弧度量级,如果接收机要对这个光束进行探测,那么该光束必须瞄准到这一束散角的一小部分之内。或者说,如果光束只能以 $\pm \Psi_e$ 的精度瞄准一个所期望的接收机(看成一个点),那么束宽至少为 $2\Psi_e$,以确保接收机对光场的接收,如图3－5所示。

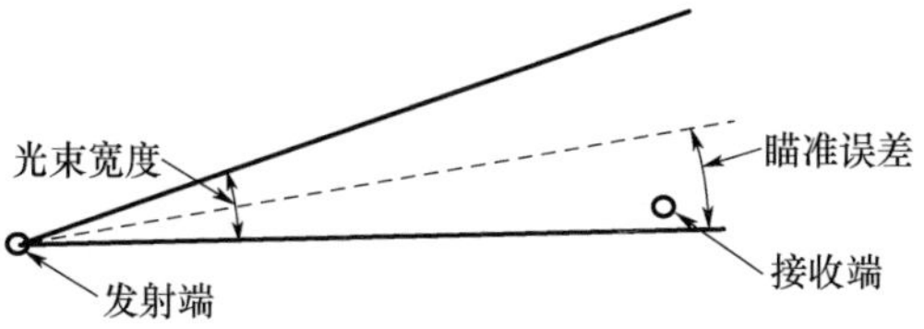

图3－5 光束宽度与瞄准误差

由瞄准误差而引起的损耗依赖于光束截面的实际形状。设出射光束为高斯光束,其 $1/e$ 束宽为 Ψ_b,那么由于发射机瞄准误差 Ψ_e 而导致的接收机功率为

$$P_r = \frac{C}{\psi_b^2}\exp\left[-\left(\frac{2\psi_e}{\psi_b}\right)^2\right] \tag{3-15}$$

式中:C 为一依赖于发射机光功率、接收天线面积和传输距离的参数,显然,当瞄准误差超过发射机束宽时将导致很大的功率损耗。采用增大束宽的办法可以降低指数损耗项,但是同时由于束宽的增加将导致发射天线增益下降,使得接收光功率降低。

在设计深空光通信系统时,下行光束通常非常窄,因此要求光束实现高精度的瞄准。光束的瞄准过程可分为以下几步完成:首先,根据航天器姿态控制系统测量的航天器姿态数据,确定航天器上光通信终端天线初始瞄准方向。然后采用信标探测器捕获信标,在深空光通信中,信标可能是恒星、地球、月球或者上行信标光。根据信标的绝对位置信息(基于星历表)和信标探测器的测量确定天线光轴在 J2000 惯性坐标系中的坐标,在信标探测器的采样时间内,航天器的姿态控制系统提供的航天器的姿态信息用来更新天线的指向。根据航天器的星历表、光的单程传输时间和地球接收站的位置确定惯性坐标系中下行光束的瞄准方向。通过坐标变换,把惯性坐标系中下行光束的瞄准方向变换到星上终端坐标系中,控制精瞄镜使下行光束瞄准地面站方向,实现光束的初始瞄准。根据光束瞄准原理,下面对光束瞄准机制进行理论分析。

图 3-6 为比较典型的瞄准捕获跟踪系统原理框示意图,其主要包括接收光路和发射光路,接收光路主要包括望远系统和信标探测器,通常的信标探测器选用 CCD 探测器或四象限探测器(QD),信标信号通过望远系统成像在信标探测器上,信标探测器输出信号经过星载计算机确定其信标位置信息。

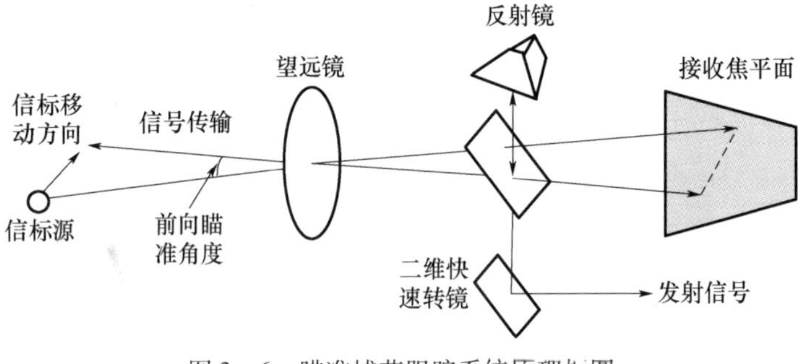

图 3-6　瞄准捕获跟踪系统原理框图

发射光路主要包括偏轴镜、分束镜、发射激光器和信号探测器。星载计算机输出信标的位置信息反馈给偏轴镜控制系统,激光器发出的光信号经过偏轴镜的作用对光束的发射方向进行调节,出射光束经过分束镜作用分为两束,其中一束经过反射镜的作用返回信号探测器,通常信号探测器和信标探测器选为同一探测器,信号探测器计算光斑的位置信息,根据信标的位置信息和信号光斑的位置关系来控制偏轴镜,使得另一束出射光束通过望远系统精确地瞄准接收端位置。在此过程中需要考虑光信号的传输延迟时间，因此在瞄准和跟踪过程中需要动态计算提前瞄准角，并折算到信号光束的出射方向上。

跟瞄子系统是空间光通信系统中的一个相当重要的子系统，它关系到空间光通信的成败。该系统的光学装置可分为望远镜和光学头两部分。光学头包括所需的各种探测器、执行机构、发射机等，这些装置均衡地装于精确控温的具有高稳定性的光学基座上。远焦望远镜孔径为25cm，放大率为31.25。图3－7是光学头的功能框图。

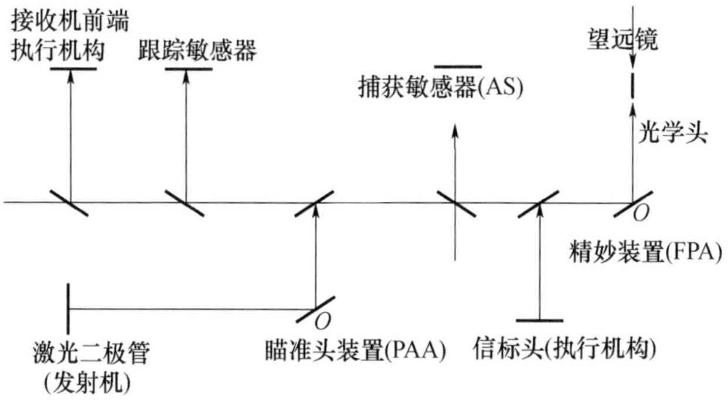

图3－7 光学头功能框图

1）粗瞄装置（Coarse Pointing Assembly，CPA）

粗瞄过程是由具有两个旋转轴的万向节的转动完成的，由于它的转动使得望远镜的方向发生改变，从而达到粗瞄的目的。粗瞄装置的一些参数如表3－1所列。表中的CPM为粗瞄装置的机械部分（Coarse Pointing Mechanism）的缩写，CPDE为粗瞄装置的驱动电子学部分（Coarse Pointing Drive Electronics）的缩写。

表3－1 粗瞄装置参数

覆盖角度	200°	稳定超过1s(1轴)	0.003°
角速度	0.2°/s	稳定超过70ms(1轴)	0.001°
角加速度	0.02°/s^2	CPM质量	20.8kg
偏角	0.02°	CPDE质量	12.4kg
随机	0.02°(3σ)	功率	48W
稳定超过60s(1轴)	0.008°		

2）精瞄装置（Fine Pointing Assembly，FPA）

精瞄装置位于望远镜后面，它由两个可精密控制并能分别独立地绕两个正交轴旋转的反射镜组成。控制它们的转动，可使光线方向得到精密调节。精瞄装置的有关参数如表3－2所列，其中，FPM即精瞄机械部分（Fine Pointing Mechanism），FPDE即精瞄装置的驱动电子学部分（Fine Pointing Drive Electronics）。

表 3-2　精瞄装置有关参数

偏转范围	±160mrad（int.）	FPM 质量	459g
阶跃响应时间	15ms	FPDE 质量	825g
相对精度	<5% 步长	FPM 尺寸	90mm×59mm×66mm
指示噪声	5μrad（1σ int.）	FPDE 尺寸	159mm×125mm×50mm
频率响应	第二阶,450Hz	功率	1.56W
标准误差	1%		

3）前向瞄准装置(Point Ahead Assembly,PAA)

由于光的有限速度及卫星的在轨运动,光发射机回送的通信信号方向与接收机的在轨位置相比应有一个超前的前向角,这个任务由前向瞄准装置完成。该装置是置于发射光路中的两个可精密控制并能分别独立地绕两个正交轴旋转的反射镜。表 3-3 给出了前向瞄准装置的有关参数,表中 PAM 即前向瞄准装置的机械部分(Point Ahead Mechanism),PADE 即前向瞄准装置的驱动电子学部分(Point Ahead Drive Electronics)。

表 3-3　前向瞄准装置有关参数

角范围	±6.5 mrad(int.)	PAM 质量	390g
动态误差	0.5μrad(1σ,int.)	PADE 质量	1070g
偏差	5μrad(int.)	PAM 尺寸	90mm×60mm×60mm
标准稳定性	0.07%	PADE 尺寸	159mm×125mm×90mm
角速度	0.2 mrad/s(int.)	功率	1.3 W

4）捕获传感器探测单元(Acquisition Sensor Detection Unit,ASDU)

捕获传感器探测单元(ASDU)由捕获传感器部分(Acquisition sensor Detection Module,ADM)和捕获传感器电子学部分(Acquisition Detector Proximity Electronics Module,ADPEM)组成。捕获传感器采用 THOMSON 公司的 TH7863 型 CCD 传感器,该传感器有 384×288 个像素,每个像素大小为 23μm,由望远镜接收到的光束被聚焦到 CCD 上。ASDU 中 CCD 像素的读出速率为 3MHz,相应地有两种工作模式:对应于 288×288 像素帧频为 32Hz;而对应于 70×70 像素帧频为 130Hz,每个 ASDU 都可以工作在任一模式下,但在每个星上只采用其中一种方式。

在捕获过程中,CCD 传感器测出入射光束的每个点位置,并找出具有最大值(最亮)点的位置,其探测精度可达到 ±0.5 个像素。若波长范围在 795~855nm,背景噪声为 0.6pW/像素,则在帧频为 32Hz 时所需输入功率为 9~55pW;在帧频为 130Hz 时所需输入功率为 16~240pW,这相当于至少每像素的输入信号要达到 $3\times10^4\sim2\times10^6$ 个电子。ASDU 的主要参数如表 3-4 所列。

表3－4 捕获传感器探测单元主要参数

参数	LEO	GEO
有用像素续出频率	3MHz	3MHz
视场	8640μrad×8640μrad(ext.)	1050μrad×1050μrad(ext.)
像素	23μm	23μm
有用像素	288×288	70×70
图像频率	32Hz	130Hz
功率	1.2W	
ADM 质量	270g	
ADPEM 质量	440g	
ADM 尺寸	96mm×55mm×55mm	
ADPEM 尺寸	114mm×80mm×60mm	
振动稳定性	x9μm,y6μm,z4μm	
热稳定性	x1μm,y2μm,z3μm	

5）跟踪传感器探测单元(Tracking Sensor Detection Unit,TSDU)

跟踪传感器采用THOMSON公司的THX31160型14MHz14像素CCD阵列传感器。TSDU中CCD像素的读出速率为3MHz或1MHz。表3－5给出了跟踪传感器探测单元的主要参数。

表3－5 跟踪传感器探测单元主要参数

参数	采集	跟踪
有用像素续出频率	3MHz	1MHz
视场	238μrad×238μrad(ext.)	17μrad×17μrad(ext.)
像素	23μm	23μm
有用像素	14×14	2×4
图像频率	1kHz,4kHz,8kHz	4kHz,8kHz
热稳定性	3μrad/°C	
功率	1.8W	
质量	470 g	
尺寸	84mm×65mm×125mm	

6）精瞄及传感器控制电子学部分(FPSCE)

此部分的任务是给前述各部分提供所需的控制信号和处理接收到的信号。整个FPSCE部分使用数字信号处理器(DSP)ADSP2100。为了达到8kHz的对传感器信号以及精瞄命令的处理速率，数字信号处理器采用32MHz的运行频率。此部分的质量为7kg，尺寸为290mm×198mm×176mm，功耗为35W。

3.2.2 通信子系统

通信子系统的基本构成框图如图 3-8 所示。

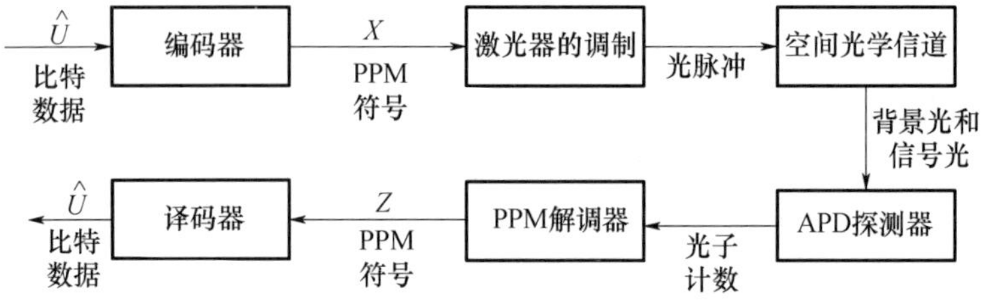

图 3-8 通信子系统基本构成框图

由于深空光通信距离远，因此必须选用大功率的激光器，在系统设计的初期，深空光通信系统大多考虑采用 1064nm 的 Nd:YAG 调 Q 激光器，其峰值功率通常在 1000W。随着元器件的发展，目前光纤器件已经成熟且商品化，国外开始考虑大量采用光纤器件来设计深空光通信系统，以满足深空光通信终端小型化、轻量化和低功耗等要求。在 MLCD 系统设计中，考虑采用商用基于掺镱光纤的低功率分布反馈式（DFB）光纤激光器作主光源，其波长为 1064nm，采用 $LiNbO_3$ Mach - Zehnder 外调制器进行光信号的调制，并通过一前一后的排列获得低占空比信号所要求的高消光比。5 ~ 20W 的掺镱功率放大器已经商品化，并且峰值功率还在提高。目前光学放大器平均功率可以达到 5W，峰值功率可以达到 300 ~ 500W。因此该系统可以支持 64 位 PPM 调制，甚至可以达到 256 位。在深空光通信中，要求输出光束为近高斯分布，而经过压缩后的输出光束宽通常为微弧度量级。激光光源的功率和发射天线增益的选择在很大程度上取决于链路自由空间传输损耗的大小。

在深空光通信系统中，发射系统将使用脉冲格式，最常采用的调制方式是脉冲位置调制（PPM）方式，其占空比很低。通信子系统探测器采用 APD 作为光电接收器，当前 APD 的量子效率已经可以达到很高，对于波长为 1.06μm 的光信号，其量子效率高达 0.5 ~ 0.8，可以满足深空光通信系统的设计要求。

用于空间的每一项元件需要满足上天质量要求并且认真固定，但是可以很清楚地看出，基于光纤的系统由于它对振动的不敏感性，所以是质量合格的。此外，它的高灵活性、模块性，对固定、集成和测试都是有利的，该系统具有很高的可行性。

3.2.3 其他子系统

3.2.3.1 光源子系统

在卫星光通信系统中，光源是一个关键部件，而且采用的光源要容易调制，

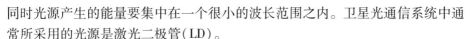

同时光源产生的能量要集中在一个很小的波长范围之内。卫星光通信系统中通常所采用的光源是激光二极管(LD)。

对于卫星光通信使用的光源,其调制带宽(即光源可以承受多高码率的调制)也是一个非常重要的参数。如果是一个具有非常窄的谐振腔的光源,其调制带宽可以达到1~40GHz,与射频通信相比,具有巨大的带宽潜力。射频通信的调制带宽通常只有几百兆赫。

很多研究机构都对光源系统进行了各方面的研究,如电磁波在自由空间的传播损耗情况,给定发射距离和发射孔径时接收能量密度与光源波长的关系,光在大气中的传播、吸收和散射,大气模型、大气起伏,探测器性能,激光光源性能、寿命和技术,滤波、瞄准,信道噪声等因素。下面给出了一些考虑到上述各种因素之后的光源选择情况,这种选择也随着器件的发展和技术的进步在变化着,表3-6~表3-10所给出的仅是在卫星光通信某一发展阶段的一种选择。美国不同链路的光源波长选择如表3-6所列,该表中光源波长是在考虑了各种探测器的参数情况下选择的,各探测器参数如表3-7、表3-8所列。

表3-6 美国各激光链路光源波长

LEO-GEO	LEO-LEO	LEO-地
850nm	850nm	534nm

表3-7 光电二极管(PD)参数

探测器	波长范围/nm	探测灵敏度	量子效率	增益
Si PIN	350~1130 峰值850	0.1(1064nm) 100(850nm)	0.5(1064nm) 0.9(850nm)	1
InAs	1000~3800	0.04	0.85	1
HgCaTe	1000~5500	0.025	0.85	1

表3-8 雪崩光电二极管(APD)参数

探测器	波长范围/nm	探测灵敏度	量子效率	增益
Si APD	400~1100 峰值850	0.1(1064nm) 50(532nm) 100(850nm)	0.4(1064nm) 0.8(532nm) 0.9(850nm)	300
Geiger-Mode Si APD			0.22(1064nm)	10^4 $\sim 10^6$
AlGaAs Staircase APD			0.8(830nm)	300
InGaAs APD	800~2200 峰值1600	0.4(1600nm)	0.13(830nm) 0.14(1064nm)	50
Ge APD	800~1800		0.78(1064nm)	200

日本不同链路光源波长范围如表3－9所列，欧洲不同链路光源波长如表3－10所列。

表3－9 日本不同链路空间光通信系统所采用的光源波长

LEO－LEO	LEO－GEO	LEO－地
800nm附近	808nm（探测信标） 825nm（上行链路） 853nm（下行链路）	514nm

表3－10 欧洲不同链路空间光通信系统所采用的光源波长

LEO－LEO	LEO－GEO	LEO－地
800nm附近	801nm（探测信标） 819nm（前向链路） 847nm（后向链路）	534nm

从表3－6、表3－9、表3－10中可以看出，美国、欧洲、日本在LEO－LEO和LEO－GEO链路中，波长都采用800～850nm范围的AlGaAs激光器，因为该范围的APD探测器件工作在峰值，量子效率高、增益高。而在星地链路中采用倍频Nd:YAG激光器或氩离子激光器作为光源，波长在514～532nm。该波段具有较强的抗干扰能力，能穿过大气而不使通信中断。半导体激光器泵浦Nd:YAG激光器由于不仅具有良好的相干性，而且可以做得体积很小，因而也是将来星上激光器的一个良好选择。

3.2.3.2 天线

卫星光通信系统的发射、接收天线实际上就是一个光学望远镜，天线的形式根据具体情况可采用反射式的卡塞格伦型反射式天线或透射式天线。一般说来，在现在选用的空间光通信波段范围，对于孔径较大的天线，如SILEX系统的25cm天线，可采用反射式天线，这有助于降低天线的制造难度，提高天线的可靠性，减轻重量；而在天线孔径较小时，则选用透射式天线，如小光学用户终端SOUT的天线系统。

由于天线的孔径直接影响着天线的增益，孔径越大，增益越大，因此从提高天线增益的角度来说，空间光通信系统的天线孔径应当选取大一些。但是，孔径增大，天线的体积、重量也要增加，故星上天线孔径也不能过大。一般空间光通信系统的星上天线孔径在30cm左右，如SILEX系统装于GEO卫星上的天线孔径为25cm（GEO），装于LEO上的天线孔径为18cm；JPL研制的空间光通信模拟系统接收天线孔径为32cm；日本进行空－地光通信实验的空间光通信系统星上天线孔径为30cm。

美国 JPL 的空间光通信模拟系统中的收发天线不共用，且用两个 600Mb/s 的通道实现 1.2Gb/s 的通信数据率，而欧洲、日本是收发天线共用，单通道通信。收发不共用的优点是可降低损耗，缺点是可使终端体积增大，而收发共用的优点是光终端体积小，但由于增加分光镜等分光器件，使光能的损耗增加。

对于点对点的卫星光通信系统而言，光学天线是影响卫星光通信系统信号发射和接收的关键部件，它主导着几大主要功能。首先，它必须可以进行优质传输和对准光束，并保证成像质量。其次，光学天线负责从通信终端接收信号，把信号传给探测器以进行捕获、跟踪和通信。

在较大口径卫星光通信系统中，考虑到体积、重量、工艺、装调以及多波长复用等因素，光学天线通常采用的是收发共用的同轴卡塞格伦型光学天线。此种结构光学天线能以较小的体积实现较长的焦距，从而有效压缩光束发散角。但是就卫星光通信系统而言，卡塞格伦结构有其不可消除的缺点：①次镜会遮挡部分发射和接收光束，且光束为高斯分布的，造成光能损失比较大，影响接收光功率和发射效率；②要获得良好的像质，必须以牺牲视场为代价。卡塞格伦系统为回转对称的同轴双反射镜系统，自由变量只有四个，轴外像差没有校正，像差矫正与轮廓尺寸之间的矛盾限制了设计。虽然，改进的卡塞格伦天线（R－C 光学天线）能够校正球差和彗差，但仍然未能从根本上解决大视场和优像质的矛盾。离轴光学系统没有色差，使用波段范围宽；无中心遮挡，有利于提高光学系统的成像质量和提高接收光功率与发射效率；光学零件少且可以轻量化；光路可以多次折转，系统结构相对紧凑；光学设计灵活，可以根据需要设计成长焦距，或大视场，或两者兼顾的光学系统。虽然离轴光学系统的优势很显著，但也有其固有的缺点：含有离轴非球面，增加了零件加工和检测的难度；光学系统装调相对困难；价格比传统的同轴光学系统贵。

同轴光学系统和离轴光学系统有其各自的优点也有其各自缺点，针对不同的卫星光通信设计指标和要求，应该选择不同的光学系统。针对卫星光通信的离轴反射式光学系统的研究还较少，且该系统还没有应用于卫星光通信系统的先例，仅国外瑞士 Contraves Space AG 公司以工业化应用为目标，开展了相关技术的研究，将离轴系统应用到星间激光通信链路中。

对于收发一体的卫星光通信光学天线，相比于对地观测领域有它自己的要求与独特的地方：一般情况下，空间光通信光学天线不仅需要接收信号，还需要发射信号。设计中要同时考虑接收和发射两方面，激光通过光学天线进行缩束，之后通过一组透镜聚焦在探测器上，因此光学天线主要考虑收集和发射光能量的效率问题。卫星光通信光学系统如图 3－1 所示。

卫星光通信光学天线属于非成像系统，不同于对地观测的成像系统，其对像差有严格的要求。当选择 CCD 的像元尺寸为 10μm，对于卫星光通信传递函数一般要求在 50 线对/mm 时，大于 0.3，而航天遥感光学系统的传递函数至少在 0.5,因此可以看出卫星光通信光学系统允许有一定像差的存在。

卫星光通信是点对点的通信,需要极高精度的瞄准捕获跟踪。通常情况下,卫星通过对信标光焦斑质心的计算来实时对准,当光斑的尺寸为 2 ~3 个 CCD 像元尺寸时最好。同时为了实时精确地获得质心的位置,要求焦斑的形状在全视场的改变小,具有一致性和对称性。

反射系统的主要优点是:无色差、大视场、轻量化、无热化。反射式光学系统的设计可以借助折转反射镜折叠光路来缩短镜筒的长度,减小光学终端的体积,以使结构紧凑。也可以采用非球面获得大视场、大孔径、长焦距等多种性能的光学系统,因此反射式光学系统的设计灵活多变。主要缺点是:存在中心遮拦、视场小、杂散光易感。反射系统多应用在大型天文望远镜、紫外和红外仪器、聚光照明、利用反射镜折叠光路等的研究中。常用反射系统的类型有两反射镜系统和三反射镜系统。

3.2.3.3 滤波器、探测器

滤波器、探测器是接收系统中的重要部分,目前美国、欧洲、日本研制的空间光通信系统中的滤波基本上都采用干涉滤光片,半带宽≤7nm,这有助于简化整个接收系统,有利于提高系统的可靠性。同时,对于 GEO - LEO 链路,由于两星间的相对运动速度很高,也会造成较大的多普勒频移,因此滤波器的带宽也不能选得过窄。从此方面考虑,干涉滤光片也是一个良好的选择。接收通信信号的探测器一般都选用雪崩光电二极管(APD),因为其有很高的增益,且峰值灵敏度在 800nm 附近。

在现有的卫星光通信系统中,多数采用半导体激光器作为光源、直接探测方式。随着半导体激光器泵浦 Nd:YAG 激光器(DPL)的发展,相干探测系统也得到不断的改进。由于理论上相干探测有着比直接探测高得多的灵敏度,当 DPL 等窄线宽光源发展到成熟阶段时,相干探测的空间光通信系统将会得到发展。

3.2.3.4 发射子系统

由于卫星光通信系统的通信信号光束发散角非常小,因此如果利用信号光束进行瞄准、捕获将会是非常困难的过程。所以在空间光通信系统中一般都要单独设立一个激光信标子系统,此系统原则上应归到瞄准、跟瞄子系统中,但由于其结构与发射子系统很相似,故将其纳入此部分。下面以 SILEX 系统的信标子系统为例进行介绍。

信标光束主要是给瞄准、捕获过程提供一个较宽的光束,以便在扫描过程中易于探测到信标光束,进而进行后面的调整过程。在 SILEX 系统中,信号光束的发散半角宽是 8μrad,在接收天线处的光斑直径只有 320m,而信标光束的发散半角宽为 350μrad,在接收天线处的光斑直径扩展到 28km。信标光源波长为

800nm 附近,系统要求信标激光器在接近寿命时仍然有不小于 8kW/sr 的光强,空间寿命为 10 年,在 1500h 的运转时间内可靠度高于 99%。信标光束在探测、捕获过程中的作用见“3.2.1 跟瞄子系统”。

3.3 光束发射子系统光学特点

3.3.1 光束发射子系统任务特点

卫星光通信系统是光通信技术在空间领域的延伸,但卫星光通信系统并不等价于将地面光通信系统直接向卫星平台的迁移。卫星光通信系统是工作在空间环境条件下的高精度光机电一体化系统,其光学系统的设计需充分考虑空间应用背景,并且在硬件的实现上要求具有重量轻、体积小、结构简单、传输效率高及可靠性高等特点,并需要考虑空间环境下的性能改变。

总结世界各国发展的卫星光通信终端可知,现有的卫星光通信发射光学系统具有如下特点:

(1) 技术指标很高。卫星光通信系统的光束发散角极小,通信距离极远,所处工作环境极为恶劣,这些因素要求卫星光通信的光学系统具有远高于微波卫星通信和地面光纤通信系统的技术指标。其代表性技术指标为:通信光学系统达到衍射极限,发散角为微弧度量级,通信距离至数万千米,光束跟瞄精度达到亚角秒量级,发射波面误差 $<\lambda/20$。

(2) 光学系统设计受多方面限制。卫星光通信终端工作在外层空间,其光学系统的设计必须充分考虑经济成本及空间环境等因素,因此卫星光通信光学系统的体积、质量、功耗等都将受到严格控制。

(3) 光学系统采用多光路复合轴设计。卫星光通信系统的光学系统通常包括信号发射/接收光路、信标发射/接收光路、粗瞄准光路、精瞄准光路、提前量控制光路等,为减小终端体积,降低系统制造成本,现有的卫星光通信系统多采用光路复合设计,采用收发共用的光学天线将发射光路和接收光路进行光路复合设计。多光路复合轴设计的缺点是对光学系统的装配和调试提出了更高的要求。

(4) 发射能量利用率较低。为减小光学系统体积,降低天线制造难度,许多卫星光通信终端均采用收发共用的卡塞格伦反射式光学天线结构。由于该形式的光学天线由同轴放置的主镜和次镜构成,因此不可避免地产生由于次镜遮挡而造成的光能损失,并且由于光源的光强是高斯分布,使得这种损失更加明显,因此发射能量利用率较低。

(5) 光学系统质量和体积较大。现有的卫星光通信终端中,虽然采用了收发共用的光学天线进行收发复合轴设计,但是由于所采用的折反射光学元件只能实现单一功能,当光学功能要求较多时,会导致大量子光路的产生,致使光学系统体积和质量变大。

(6) 评测和检验要求很高。卫星光通信光学系统的设计指标接近衍射极限,因此系统对光学系统的检测和装调要求也都很高,例如,某终端要求透镜组的加工和装配过程中,厚度公差为 ±0.05mm,空气间隙公差为 ±1μm,侧边位移为 ±1μm,倾角公差为 ±1″。如此高的技术要求需要很高精度的测量和调整手段,通常只能由经验丰富的专业人员通过机械精密加工技术和复杂的对心手段才可能达到。

3.3.2 光束发射子系统结构特点

光束发射子系统一般包括信号发射光学子系统和信标发射光学子系统,每种发射子系统通常由激光器、激光器整形透镜组、精瞄镜和发射光学天线组成。除此之外,为了实时监测发射光束的状态,发射子系统还可能包括光束发射监测子系统。根据发射任务的不同需求,具体的光束发射子系统结构略有差别。下面以国际上发展的几种实际激光通信终端光学系统为例,介绍光束发射子系统的结构特点。

1. 美国 STRV－2 激光通信终端

美国的 STRV－2 计划开始于 1994 年,其目的是利用 STRV－2 低轨卫星上的 LCT(Lasercom Terminal)激光通信终端实现与光学地面站之间的激光通信。美国的 STRV－2 低轨卫星上的 LCT 终端的光学结构如图 3－9 所示,为减小发射光束和接收光束的相互干扰,该终端采用发射和接收相分离的设计方法。

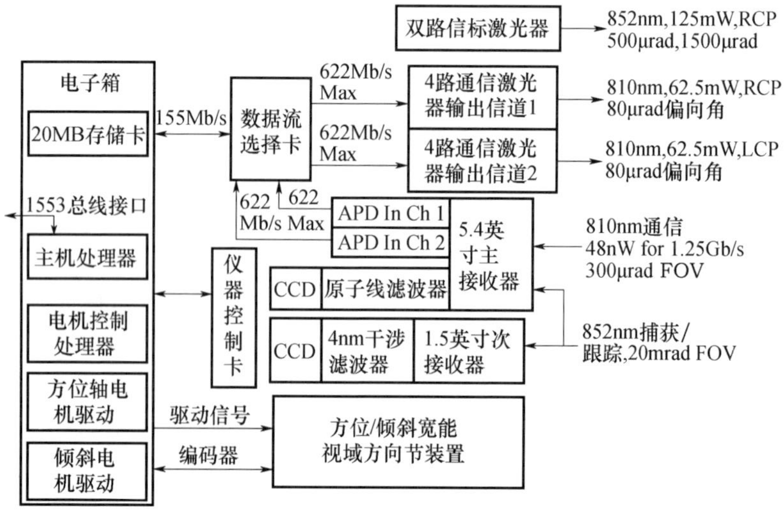

图 3－9　STRV－2 计划的激光通信终端功能图

由图3－9可知，LCT终端的发射系统包括信号发射系统和信标发射系统。信号发射系统由两个发射信道组成，每信道包含4个半导体激光器，能提供622Mb/s×2的数据率；波长为810nm，输出功率为62.5mW×4；发散角为80μrad，输出光束口径为1英寸①。信号激光发射光路如图3－10所示，首先激光器发出的椭圆光束需要使用微柱面镜进行整形使其成为圆光束，然后用非球面镜准直光束，再用1/4波片使其变成圆偏振光，最后利用精加工的聚焦元件使发散角满足要求，并用光束转向元件调整光束出射口径。信标发射系统包含2个半导体激光器，中心波长为852nm，输出功率为65mW×2，对应的发散角为500μrad(1LD)和1500μrad(2LD)，信标光的光束口径同样为1英寸。

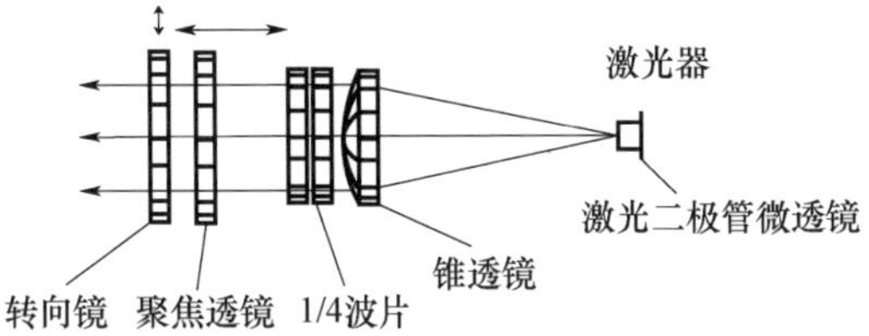

图3－10　LCT终端的信号发射光路示意图

2. 美国OCD激光通信终端

美国宇航局(NASA)研制的OCD激光通信终端是用于低轨卫星与地面站链接的激光通信终端，其目的是在实验室条件下证实降低结构复杂性的自由空间激光通信技术的可行性。

OCD终端的光学系统如图3－11所示，整个光学系统由三个光学信道组成，即激光发射信道、激光接收信道和光轴校准通道。在激光发射信道中，光束依次通过两轴精瞄反射镜和光学天线后射向对方激光通信终端。为监测发射光束的方向，在精瞄镜和光学天线之间设置有分光镜，发射光束经过分光镜时会有一部分被反射，反射后的光束经平面镜再次反射后将聚焦至光电位置探测器阵列上，这样位置探测器上的聚焦光斑位置即代表发射光束的方向。在激光接收信道中，由对方终端发射的光束在通过本终端光学天线和分光镜后也将聚焦到该探测器，因此利用该探测器上的光斑中心位置差异，可以计算出发射光轴和接收光轴的角度差异。将该角度差异反馈至光轴校准通道，通过精瞄镜精确控制发射光束的偏转，便能使发射光轴和接收光轴重合，从而建立和维持激光通信链路。

3. 欧洲航天局SILEX计划激光通信终端

1989年起，欧洲航天局正式实施著名的SILEX(Semiconductor Laser Intersatellite Link Experiment)计划，全面开展卫星间光通信中各项技术特别是星间激光链路技术的研究及地面模拟实验。2001年11月，SILEX计划成功地进行了世

① 1英寸＝25.4mm。

界上首次星间激光链路实验。SILEX 计划包含两个激光通信终端，分别是安装在 SPOT－4 卫星（低轨卫星）上的 PASTEL 终端和 ARTEMIS 卫星（高轨卫星）上的 OPALE 终端，两者结构基本相同，唯一的不同是 PASTEL 终端上没有装备用于捕获指示的信标激光器，SILEX 激光通信终端的结构如图 3－12 所示。

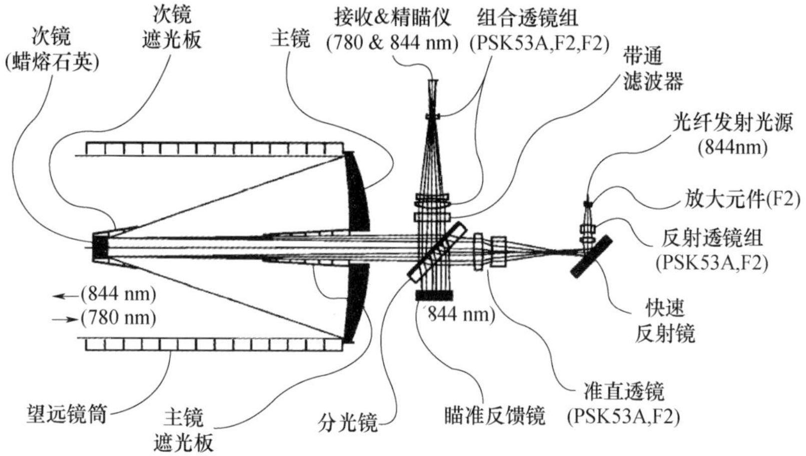

图 3－11　OCD 激光通信终端的光学系统示意图

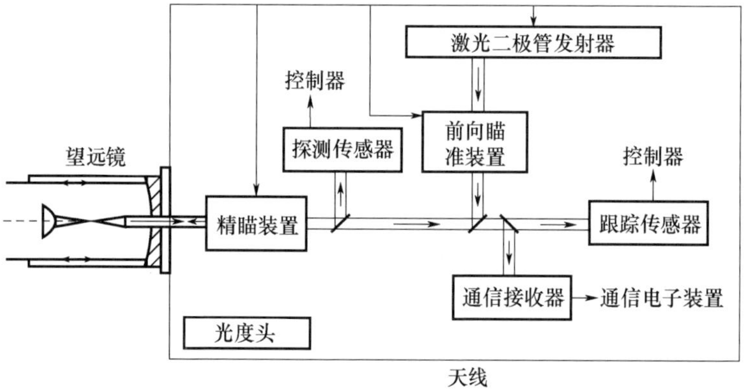

图 3－12　SILEX 激光通信终端光学系统示意图

SILEX 激光通信终端的光学子系统主要由光学天线、激光器、光束整形器及通信、捕获和跟踪探测器等组成，其发射光学子系统光学特性参数如表 3－11 所列。

表 3－11　SILEX 激光通信终端发射光学子系统参数

	终端名称	PASTEL 终端（低轨）	OPALE 终端（高轨）
光学天线	天线形式	卡塞格伦反射式，收发共用	
	接收天线口径	250mm	
	发射天线口径	250mm	125mm
	接收视场角	8500μrad	

（续）

	终端名称	PASTEL 终端（低轨）	OPALE 终端（高轨）
信号光	激光器	GaAlAs LD,847nm	GaAlAs LD,819nm
	输出功率（平均）	60mW	37mW
	光束宽度（$1/e^2$）	250mm（高斯光束）	125mm（高斯光束）
	光束发散角	10μrad	16μrad
	波前误差要求	λ/14（830nm）	
信标光	激光器	—	19 支 GaAlAs LD（801nm）
	输出功率	—	900mW/LD，总功率 3.8W
	发散角	—	750μrad（平顶光束）

SILEX 激光通信终端的光学天线采用卡塞格伦反射式结构，如图 3－13 所示。

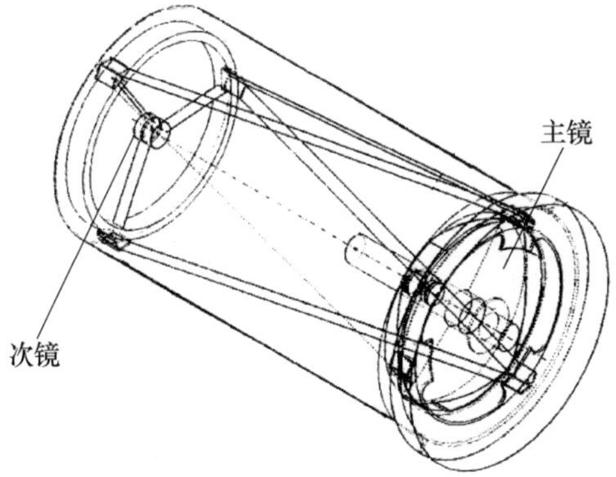

图 3－13　SILEX 激光通信终端的光学天线

此种结构有助于降低天线的制造难度，提高天线的可靠性并减轻重量。同时反射面的引入有助于色差的校正，两次反射结构使终端体积大幅减小。该天线结构的缺点是次镜的遮挡将造成光能的损失。

4. 瑞士 OPTEL 系列激光通信终端

为满足空间应用的需求，瑞士的 Contraves 空间中心以工业化应用为目标，设计和发展了 OPTEL 系列激光通信终端，如图 3－14 所示。

在 OPTEL 系统激光通信终端中，OPTEL－25GEO 属于高性能激光通信终端，已基本达到高码率、小型化、轻量化和低能耗要求，它的设计参数对卫星光通信的系统设计具有重大参考价值，其具体光学特性参数如表 3－12 所列。

与 SILEX 激光通信终端不同的是，OPTEL－25GEO 的光学天线为无目镜的离焦－离轴四镜反射结构，如图 3－15 所示。

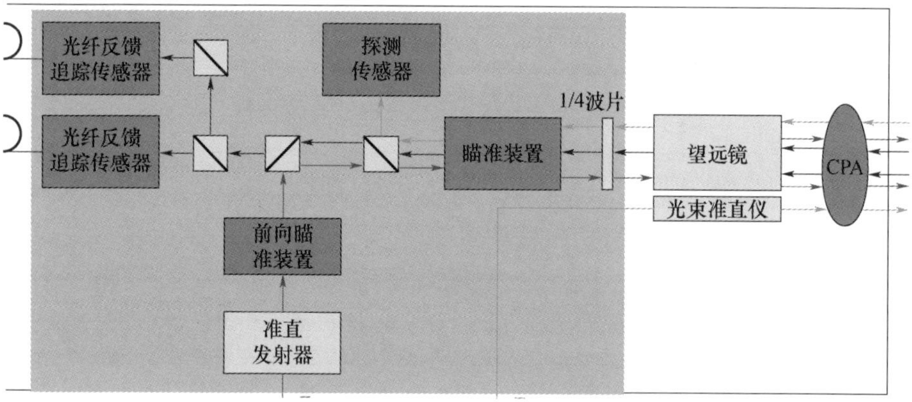

图 3-14　OPTEL-25GEO 的光学系统示意图

表 3-12　OPTEL-25GEO 终端发射光学特性参数

光学天线	天线形式	Schiefspiegler 离轴-离焦四镜反射结构,收发共用
	天线口径	135mm
	放大倍率	10
	视场角	±1°
	同轴误差	<100μrad
信号光	激光器	LD 泵浦的 Nd:YAG 激光器
	波长	1.064μm
	波前误差	<λ/25(RMS)
	输出功率	1.25W
	信号光发散角	9μrad
	误码率	$<10^{-9}$
信标光	激光器	LD
	波长	808nm
	输出功率	最大 7W
	信标光发散角	700μrad
	扫描范围	AZ: ±180°; EL: ±10°
	瞄准精度	0.5mrad

5. 德国 TerraSAR-X 激光通信终端

TerraSAR-X 卫星项目是德国用于科学和商业应用的国家级项目,其主要目的是:①验证空间光通信的性能,尤其是星地激光通信的性能;②研究大气对二进制相移键控调制模式激光通信的影响;③进行星间链路(LEO-LEO)的演示验证。TerraSAR-X 卫星上搭载了一个相干激光通信终端,该终端的通信波长为 1.064μm,发射功率为 0.7W,采用相干光通信方案,二进制相移键控调制,零差相

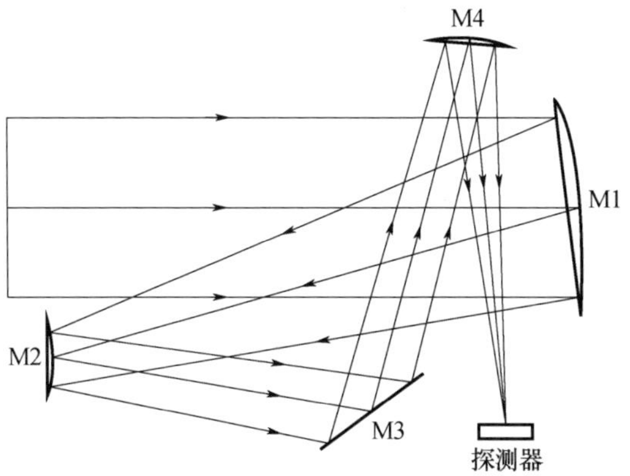

图 3－15 OPTEL－25GEO 的离轴－离焦四镜反射式光学天线

干检测。该终端的天线口径为 125mm,其星间链路的通信数据率为 5.5Gb/s。

TerraSAR－X 激光通信终端采用所谓的“One－Piece”设计,该设计的优点是无需在卫星内部设置光学加固装置,且不需要光学链接器,这些设计使激光通信终端的安装和装调大为简化。同时,该设计没有信标光装置,激光链路建立和保持过程均由信号光完成。TerraSAR－X 激光通信终端的光学系统如图 3－16 所示。

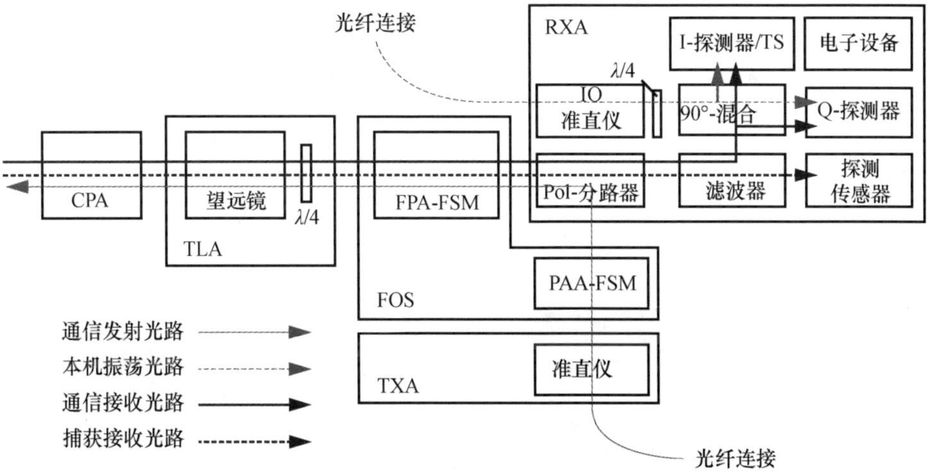

图 3－16 TerraSAR－X 激光通信终端的光学系统示意图

6. 日本 LCE 激光通信终端

日本的 ETS－VI 计划开始于 1986 年,旨在进行星地之间的空间光通信实验,并以此建立卫星激光通信所需的基本技术,分析空间环境下的光学设备性能。其搭载的光通信终端为 CRL 研制的激光通信终端 LCE(Laser Communication Equipment)。LCE 终端的结构和光学系统分别如图 3－17 和图 3－18 所示,其光学天线为收发共用的透射形式,其放大倍率为 15 倍。

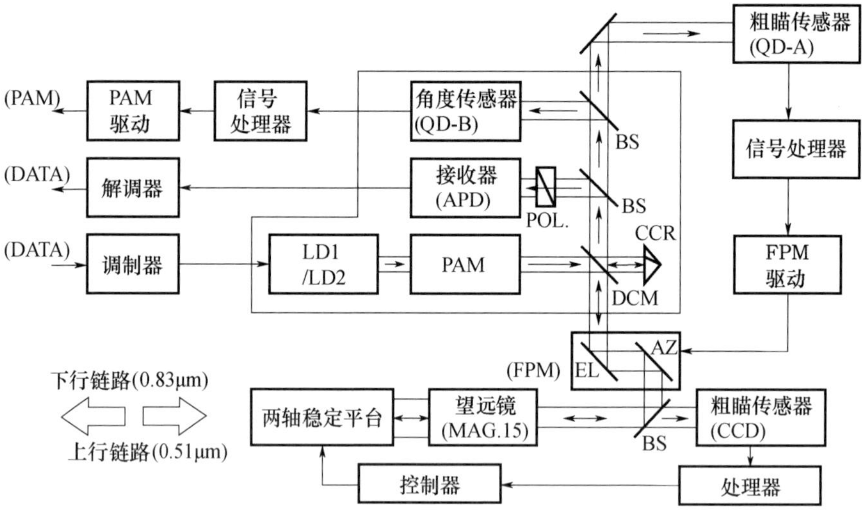

图 3－17　LCE 激光通信终端的结构图

FPM—Fine Pointing Mechanism，精瞄装置；PAM—Point－Ahead Mechanism，前向瞄准装置；
BS—eam Splitter，分束仪；POL—Polarizer，偏光镜；DCM—Dichroic Mirror，分光镜；
CCR—Corner Cube Reflector，三面直角棱镜反射器。

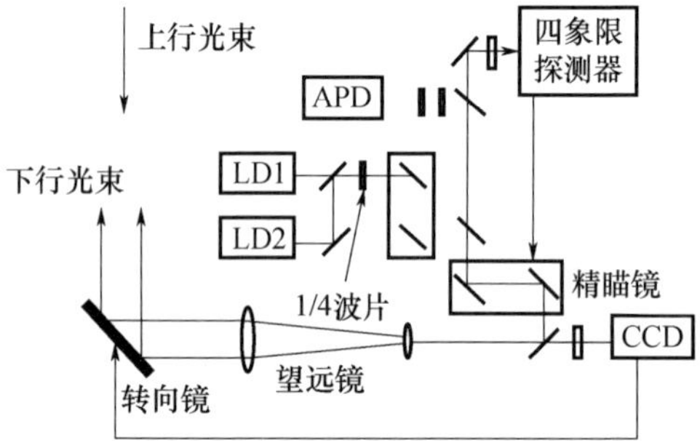

图 3－18　LCE 激光通信终端光学系统示意图

LCE 激光通信终端光学系统的具体技术参数如表 3－13 所列。

表 3－13　LCE 激光通信终端光学发射子系统参数

光学天线	天线形式	收发共用，透射式天线
	有效口径	75mm
	放大倍率	15
信号发射	激光器	GaAlAs LD(2LD)
	波长	833nm(LD1)/836nm(LD2)
	平均输出功率	13.8mW
	出射光发散角($1/e^2$)	30μrad(LD1)/60μrad(LD2)
	调制模式	强度调制
	传输数据率	1.024Mb/s

7. 日本 LUCE 激光通信终端

该计划开始于 1989 年，其目的是验证空间轨道激光通信和星地激光通信，评价及改进激光通信技术及装置，搭载终端为 LUCE(Laser Utilizing Communications Equipment)激光通信终端。LUCE 终端的内部光学系统如图 3 - 19 所示，主要由激光发射机、通信接收机、粗瞄机构、精瞄机构、预瞄准机构及中继光学系统组成。

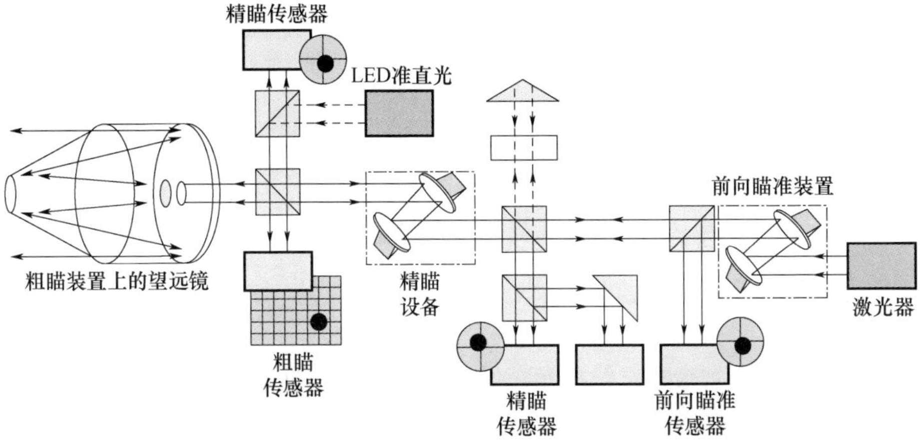

图 3 - 19　LUCE 激光通信终端的光学系统示意图

由于 LUCE 终端的一个重要目的是实现与 SILEX 激光通信终端的激光对接，因此 LUCE 终端的光学系统与 SILEX 激光通信终端的光学系统非常相似。LUCE 终端的光学天线采用收发共用的卡塞格伦形式，如图 3 - 20 所示，天线口径为 260mm，主次镜口径比为 5。LUCE 终端的具体光学特性参数如表 3 - 14 所列。

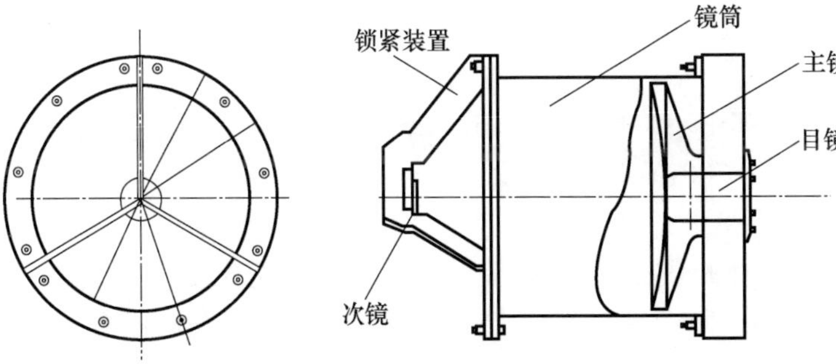

图 3 - 20　LUCE 激光通信终端的光学天线

表 3 - 14　LUCE 终端发射光学特性参数

光学天线	天线形式	卡塞格伦反射式，收发共用
	有效口径	260mm
	放大倍率	20
	主次镜口径比	5

（续）

发射信号	激光器	GaAlAs LD(SDL,847nm)
	平均输出功率	100mW
	光束宽度($1/e^2$)	120mm
	出射光发散角($1/e^2$)	9.4μrad
	发射平均光强	280～780mW/sr
	波前误差要求	$<\lambda/20$(1mrad 视场内,$\lambda=847$mm)
	调制模式	NRZ
	传输数据率	50Mb/s

3.3.3 光束发射子系统光学性能要求

光束发射子系统的光学性能主要包括光束发散角、出瞳光功率和光束波前误差等。

光束发散角是指光发射机光束发射子系统出瞳处的光束发散程度，其确定与卫星光通信任务要求有关，即与通信距离、光发射机激光器的发射功率，以及光接收机光电探测器的接收灵敏度等性能有关。光束发散角应根据具体链路和收发光电器件性能参数，经过严格计算后确定。光束发散角不能大也不能小，发散角过大时会造成到达光接收机探测器时的光场功率降低，导致接收信噪比降低甚至通信中断，发散角过小时则会增加跟瞄光学子系统和通信光学子系统的难度。由于卫星光通信系统的链路距离一般在几千千米以上，发射光学子系统的光束发散角一般在微弧度量级。例如，在欧洲航天局 SILEX 计划中，低轨卫星搭载的 PASTEL 终端的信号光发散角为 10μrad，高轨卫星搭载的 OPTEL 终端的信号光发散角为 16μrad，信标光发散角为 750μrad；瑞士 Contraves 空间中心发展的 OPTEL－25GEO 终端的信号光发散角为 9μrad，信标光发散角为 700μrad。

出瞳光功率是指光发射机光束发射子系统出瞳处的光场功率，出瞳光功率越大，表明光发射机可以有更多的光场能量输送给光接收机。出瞳光功率与通信距离、激光器的发射功率以及发射光学子系统的系统透过率有关。假设仅考虑一个系统因素，则通信距离越远，要求的相对出瞳光功率越高；激光器发射功率越大，发射光学子系统透过率越高，相对出瞳光功率越大。

光束波前误差是指发射光学系统出射光束波前偏离理想平面波前的程度。由于光发射机和光接收机相隔距离极远，且光接收机接收口径与光发射机发出光束到达光接收机平面时的光斑尺寸相比，口径很小，因此光发射机出射波前的任何偏差都将对到达光接收机平面的光场产生很大影响。卫星光通信终端光发射子系统对出射光束波前误差的要求非常高，例如表 3－11、表 3－12 和表 3－14

所列,SILEX终端、OPTEL－25GEO终端和LUCE终端的信号发射子系统RMS波前误差分别要求为$\lambda/14$、$\lambda/25$和$\lambda/20$。

3.4 跟瞄接收子系统光学特点

3.4.1 跟瞄接收子系统任务特点

在卫星光通信系统的光发射机和光接收机之间进行任何形式的实时数据传送之前,首先必须使光发射机发射的光场功率确实到达光接收机的探测器上。这意味着除了需要克服传输通道上的各种效应之外,还必须使被发送的光场正确地对准光接收机。同样地,光接收机探测器也必须按照被发送光场的到达角度进行调节。使光发射机瞄准一个恰当方向的光发射机操作叫做瞄准(或叫对准)。确定入射光束到达方向的光接收机操作称为空间捕获。而接着在整个通信期间保持对准和捕获的光发送机和光接收机操作称作空间跟踪。

在光场光束小、传输距离长的情况下,瞄准、捕获和跟踪(Pionting,Acqusiting,Tracking,PAT)的问题变得特别突出。由于卫星光通信系统的光发射机和光接收机始终处于不断的相对高速运动中,PAT系统是长距离卫星光通信系统的关键技术。

顾名思义,跟瞄接收子系统原先的意思是跟踪和瞄准,而广义的意思是指通信链路建立之后的整个通信期间内光接收机和光发射机的相互瞄准、捕获和跟踪,即跟瞄就是瞄准、捕获和跟踪,因此跟瞄接收子系统的任务特点即指PAT系统的特点,主要是动态过程中的远距离、高精度极窄光束双向相互对准、捕获和跟踪。本节将讨论空间光学链路中的瞄准、捕获和跟踪,并给出几种实用的实现方法。

3.4.2 跟瞄接收子系统结构特点

根据任务需求不同,卫星光通信系统的跟瞄接收子系统结构也有很大差别,下面结合国际上已发展的典型卫星光通信终端介绍跟瞄光学子系统的结构特点。

1. 美国STRV－2激光通信终端

美国STRV－2计划的LCT终端在跟瞄体制上有所缺陷,并最终导致了该计划的失败,尽管如此,该系统的跟瞄接收子系统仍然值得借鉴。LCT终端的接收系统分为主接收系统和次接收系统,分别如图3－21和图3－22所示。

在主接收系统中,光束从图3－21的左侧入射至5.4英寸口径的施密特－卡塞格伦望远镜,经次镜反射后至分色镜。光束经分色镜后将分离出信标光和信号光,其中用于捕获和跟踪作用的信标光能依次通过分色镜和原子线滤波器,

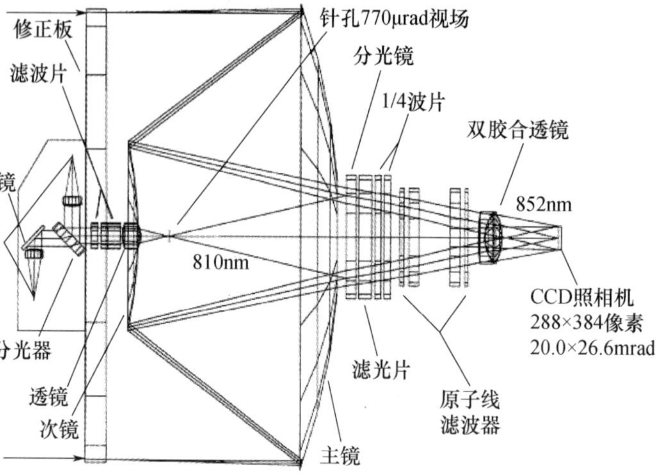

图 3-21　LCT 终端的主接收光路

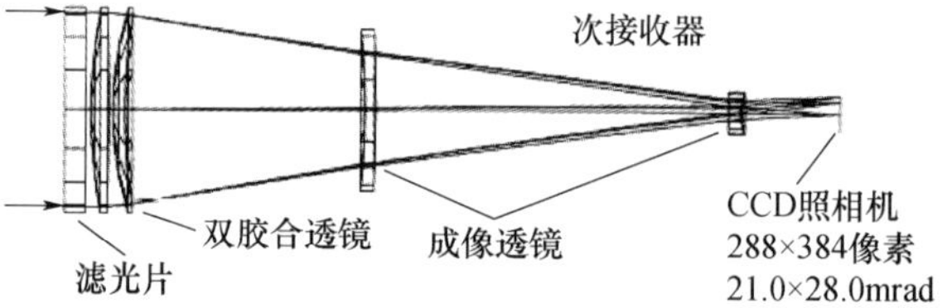

图 3-22　LCT 终端的次接收光路

最终聚焦在位置探测器 CCD 上,而信号光则经分色镜反射后将依次经过针孔、光束整形器,最后被聚焦至光纤接收的信号探测器上。

次接收系统的结构相对简单,光束进入 1.5 英寸口径的次接收系统望远镜后,经干涉滤波器进行滤波处理,就由成像透镜聚焦至 CCD 上,次接收系统光路的主要作用是信标光束跟瞄。

2. 美国 OCD 激光通信终端

OCD 终端的结构与其他卫星激光通信终端有较大不同,它具有如下特点:①采用一个两轴精瞄镜和一个光电位置探测器阵列来实现捕获、跟踪、超前瞄准和发射/接收光轴的对准等功能;②采用光纤耦合的激光器提供热隔离,可以方便地改变激光器的应用。

美国发展了两个 OCD 激光通信终端,即原型的 OCD Ⅰ激光通信终端和改进型 OCD Ⅱ激光通信终端,如图 3-23 所示。OCD Ⅰ采用了图 3-23(a)所示的结构,只有光学头,其天线口径为 10cm,发射激光波长为 844nm,输出平均功率为 60mW,光束发散角为 22μrad,跟踪视场角为 1mrad,发射码速率为 622Mb/s。OCD Ⅱ终端的结构如图 3-23(b)所示,与 OCD Ⅰ终端相比,该终端的发射激光波长改用1550nm，而信标接收波长改用810nm。并且为了能够进行大范围的角度跟踪，并适应激光通信终端的机载要求，OCD Ⅱ终端又做了如下改进：①增加了粗瞄准万向架；②发射光束发散角扩展为200μrad；③跟踪视场角由原先的1mrad×1mrad扩展为3.25mrad×2.45mrad；④发射码速率为2.48Gb/s，视场为10mrad，并增加了光通信接收设备。

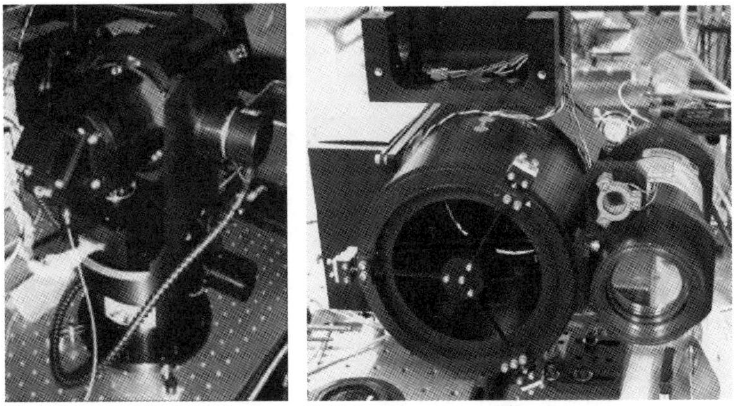

(a)　　(b)

图3-23　OCD激光通信终端照片

(a) OCD Ⅰ终端；(b) OCD Ⅱ终端。

3. 欧洲航天局SILEX激光通信终端

SILEX激光通信终端包括高轨和低轨卫星上的两个激光通信终端，且两个终端的结构类似，如图3-24所示。

图3-24　SILEX激光通信终端

SILEX 终端的跟瞄系统由提前瞄准机构、用于粗瞄的 U 形万向节结构、精瞄机构等组成，如图 3－6 所示，该终端跟瞄系统的具体参数如表 3－15 所列。

表 3－15　SILEX 激光通信终端跟瞄特性参数

	终端名称	PASTEL 终端（低轨）	OPALE 终端（高轨）
光学天线	天线形式	卡塞格伦反射式，收发共用	
	接收天线口径	250mm	
	发射天线口径	250mm	125mm
	接收视场角	8500μrad	
捕获探测器	探测器类型	CCD（384×288，23μm）	CCD（70×70，23μm）
	像素尺寸	23μm	23μm
	视场角	8.64mrad×8.64mrad	1.05mrad×1.05mrad
	捕获精度	±0.5 像素	
跟踪探测器	探测器类型	CCD（14×14，23μm）	
	视场角	0.238mrad×0.238mrad	
	跟踪精度	<0.07μrad	

4. 瑞士 OPTEL 系统激光通信终端

瑞士的 OPTEL 系统激光通信终端包含多种类型的跟瞄结构，由图 3－25 可知其多样性。

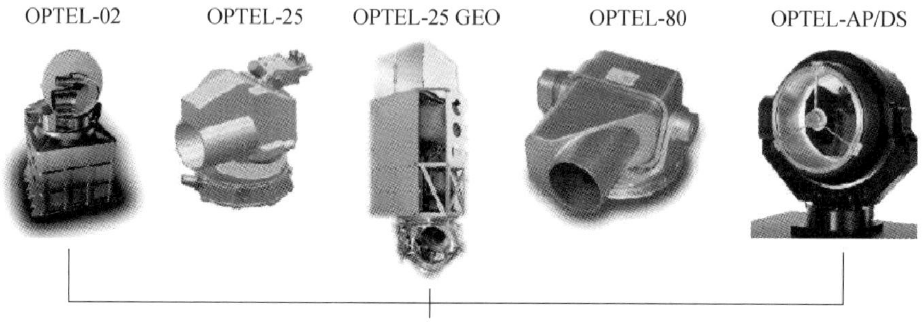

图 3－25　OPTEL 系列激光通信终端

OPTEL－25 GEO 是该系统激光通信终端的典型代表，其跟瞄系统的参数如表 3－16 所列。

表 3－16　OPTEL－25 GEO 终端跟瞄特性参数

光学天线	天线型式	Schiefspiegler 离轴－离焦四镜反射结构，收发共用
	天线口径	135mm
	放大倍率	10
	视场角	±1°
	同轴误差	<100μrad

（续）

捕获和粗跟踪探测器	探测器类型	CCD
	像素尺寸	22μm,512×512
	扫描范围	±7mrad
	角度噪声	<1μrad
	摆动半径	±1.5μm
	分辨率	20nm

5. TerraSAR－X 激光通信终端

德国 TerraSAR－X 卫星的跟瞄结构可参考图 3－25 和图 3－26。由图 3－26可知，该终端的粗瞄结构为潜望镜式，利用分别安装在方位轴和俯仰轴上的两个反射镜实现对立体空间的覆盖扫描。

6. 日本 LCE 激光通信终端

日本 LCE 激光通信终端如图 3－27 所示，其内部跟瞄系统结构则可参考图 3－17。

图 3－26　TerraSAR－X 卫星上的激光通信终端

图 3－27　LCE 激光通信终端

LCE 终端的跟瞄接收子系统由捕获和粗跟踪系统以及精跟踪系统组成，如表 3－17 所列。该终端的光学系统与其余激光通信终端有较大差别。虽然同样为收发一体式激光通信终端，该终端却采用了透射式光学天线（图 3－17）。此外，虽然粗跟踪系统与其余终端一样采用了 CCD 作为探测器，然而在精跟踪系统中它是采用了四象限探测器作为探测器。

表 3－17　LCE 激光通信终端跟瞄特性参数

光学天线	天线形式	收发共用，透射式天线
	有效口径	75mm
	放大倍率	15
捕获和粗跟踪	探测器类型	CCD
	探测阈值	－63.7dBm
	扫描视场	±1.5°

（续）

捕获和粗跟踪	捕获视场	8mrad
	精度	32μrad
精跟踪	探测器类型	Si - QD
	探测阈值	-53.8dBm
	跟踪范围	±0.4mrad
	视场角	0.4mrad
	跟踪精度	<2μrad

7. 日本 LUCE 激光通信终端

日本的 LUCE 激光通信终端完成了许多卫星激光通信实验，有许多成功的经验值得借鉴。LUCE 激光通信终端与 SILEX 激光通信终端有实验任务上的密切合作，其光学系统结构与 SILEX 系统非常相似。

图 3-28　LUCE 激光通信终端

该终端如图 3-28 所示，它的光学系统包括安装在 U 形万向架上的光学天线和终端内部的光学系统，其跟瞄执行结构包括提前瞄准机构、粗瞄机构和精瞄结构等，具体特性参数如表 3-18 所列。

表 3-18　LUCE 终端光学特性参数

光学天线	天线形式	卡塞格伦反射式，收发共用
	有效口径	260mm
	放大倍率	20
	主次镜口径比	5
预瞄准探测器	探测器类型	四象限探测器
	扫描范围	> ±75μrad
	瞄准精度	±1.58rad（捕获），±2.85rad（通信）
粗瞄探测器	探测器类型	CCD
	像素尺寸	430×350，NEC
	扫描范围	AZ：-10°~370°；EL：0°~120°
	视场角	±0.2°
	跟踪精度	±0.01°
精瞄探测器	探测器类型	四象限探测器
	扫描范围	±500μrad
	视场角	±200μrad
	跟踪精度	±0.92rad（捕获），±0.64rad（通信）

3.4.3 跟瞄接收子系统光学性能要求

如前所述,卫星激光通信终端的跟瞄接收子系统主要实现光发射机和光接收机之间的瞄准、捕获和跟踪问题。

卫星光通信中需要解决的最基本问题为:使发射机发出的光束经信道传输后可以准确地覆盖接收机,并入射接收机探测器,工作原理如图3-29所示。

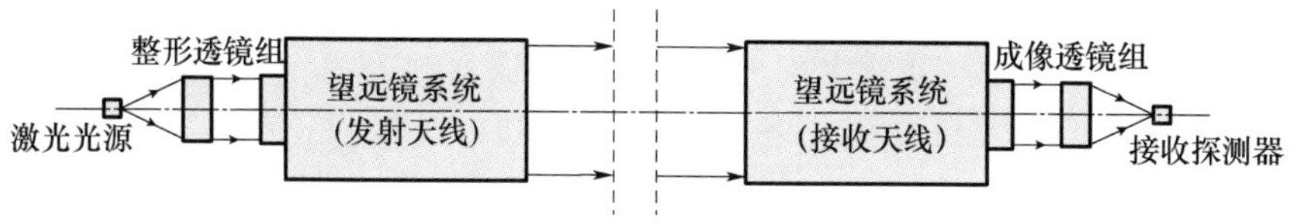

图3-29 卫星激光通信系统工作原理

然而,在卫星光通信系统的实际工作中,光发射机和光接收机之间在工作开始之前总是会存在对准偏差,如图3-30所示。

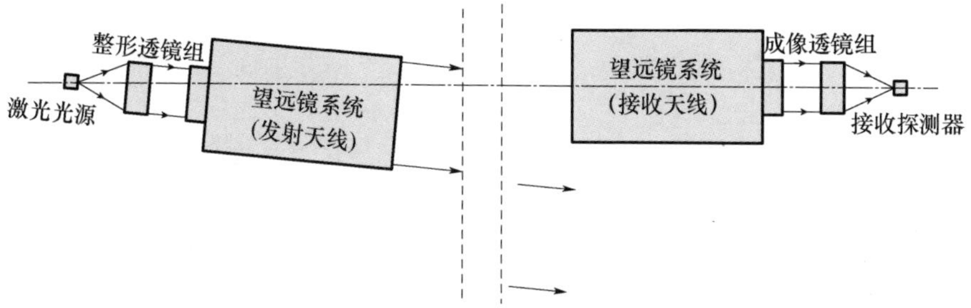

图3-30 光发射机和光接收机的理想对准偏差

同时,由于光发射机发出的光束很窄,为使发射光束覆盖光接收机,发射光束需要有一定的发散角,这样,在通信链路未建立时,光发射机和光接收机之间的关系如图3-31所示,既存在对准偏差,且发射光束具有一定的发散性质。

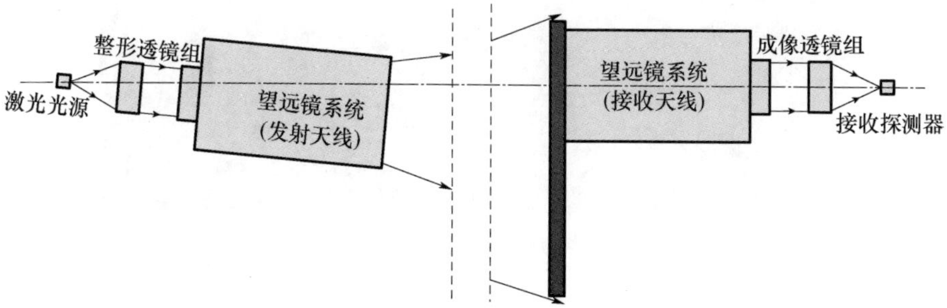

图3-31 光发射机和光接收机之间的关系

由于相互运动,为解决卫星光通信中的光学对中问题,光通信系统需要进行3个过程:瞄准、捕获、跟踪。

瞄准过程是卫星光通信中光束对准的初始化过程,在此过程中卫星光通信终端需要根据建立链路的两颗卫星的相对位置(相对角度),来使发射光轴与接收光轴进行粗对准。

瞄准过程完成后,链路建立进入空间捕获过程。光束的空间捕获要求接收透镜瞄准在光场到达方向上,即终端根据光束的到达角来调节终端光阑平面的法向量。通常调节到一定精度内即认为是可以接受的。

通常,由于二维转台以卫星平台为支撑面,其转动在卫星本体坐标系$O-x_by_bz_b$中描述。$O-x_by_bz_b$坐标系坐标原点为卫星质心,坐标轴与卫星平台固联。通过6个独立的轨道参数可以确定卫星轨道的大小、形状和方位,同时可以确定某一时刻卫星的精确位置。

经典的轨道6要素包括:①半长轴a;②偏心率e;③轨道倾角I;④升交点赤经Ω;⑤近拱点角距ω;⑥近拱点时刻t_0。

如果三轴稳定卫星不存在姿态误差,则卫星本体坐标系将与卫星轨道坐标系重合。卫星轨道坐标系$O-x_oy_oz_o$以卫星轨道平面为坐标平面,坐标原点为卫星质心,z_o轴指向地心(又称当地地平线),x_o轴在轨道平面内与z_o轴垂直并指向卫星速度方向,y_o轴与x_o轴、z_o轴右手正交且与轨道平面的法线平行。此坐标系在空间中是旋转的。

如果初始时刻,终端指向其他位置,则控制质量需要加入相应的角度初值。图3-32和图3-33分别表示了单向捕获和双向捕获过程。

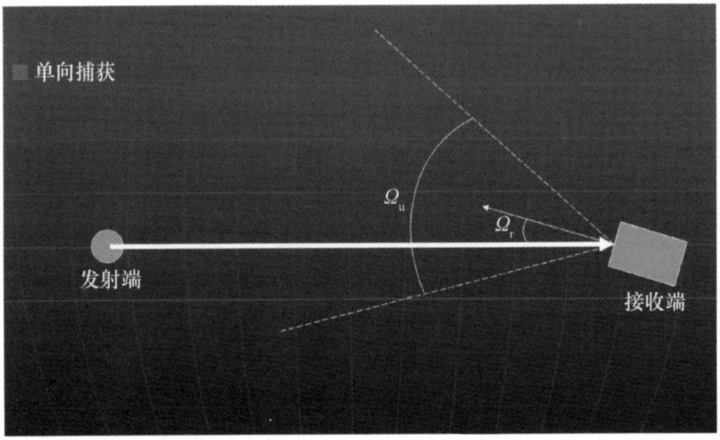

图3-32 光发射机和光接收机的实际对准偏差

显然,不论是单向还是双向空间捕获,关键是在不确定的视场上进行搜索以找出到达方向。通常包括4种搜索过程:

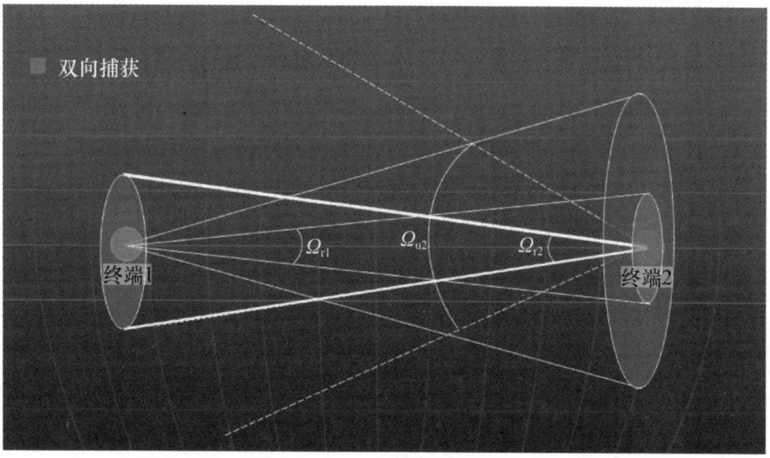

图3-33 光发射机和光接收机的实际对准偏差

(1) 天线扫描:在不确定的视场上旋转接收系统(天线透镜加上探测器)来寻找被发送的光束。

(2) 焦平面扫描:天线和接收机是固定的,具有很宽的视场,通过扫描焦平面来定位光束。

(3) 焦平面阵列:用固定的探测器阵列将焦平面覆盖。

(4) 顺序搜索:使用固定的探测器阵列,在相继的步骤中重新调节视场,从而捕获发射终端。

在双向捕获之后,通信链路建立,此后系统由捕获模式转换到汇集模式,再由汇集模式转换到跟踪模式。在捕获过程中,入射到光接收机探测器上的光斑位于捕获探测器的大视窗内,此时接收系统将计算光斑质心与接收光学系统光轴标志点的脱靶量,驱动接收光学系统的粗瞄机构作偏转运动,使入射光斑质心向光轴标志点方向运动。当光斑逐步接近标志点时,汇集模式切换为跟踪模式,利用更小的窗口不断快速计算脱靶量,并实时反馈给跟瞄执行机构,以使入射光斑质心始终保持在光轴标志点附近。

综合现有的技术发展水平,跟瞄光学子系统的光学性能要求一般如下:

(1) 粗跟踪水平范围:≥180 °(半角)。

(2) 粗跟踪俯仰范围:≥90 °(半角)。

(3) 粗瞄模块回扫描速度:≥3°/s。

(4) 粗瞄模块程控指向误差:≤100μrad。

(5) 跟踪精度(包括精跟踪及超前瞄准两部分):≤3μrad(1σ,在给定卫星平台姿态稳定度和卫星平台振动谱条件下)。

(6) 超前瞄准角范围:≥80μrad(半角)(不含望远镜及二维转台)。

(7) 超前瞄准执行精度:≤2.2μrad(1σ)(不含望远镜及二维转台)。

(8) 频率响应:≥50Hz。
(9) 捕获视场角:≥8000μrad(不含二维转台)。
(10) 通信视场角:≥300μrad(不含二维转台)。

3.5 通信接收子系统光学特点

3.5.1 通信接收子系统任务特点

人们构建卫星光通信系统的主要目的是利用激光传递信息,即完成信息通信任务。如前面章节所介绍的那样,为了将信息从发射端传递到接收端,需要在光发射机上对激光束进行调制和编码,当激光束通过信道传输到光接收机时,利用光学系统将激光束聚焦至光电探测器上,并对其进行解调和解码操作。

由于通信距离极远,传输损耗极大,因此卫星光通信系统的通信接收子系统是极远距离和极弱信号的信息传输。为保证通信质量,通信接收子系统对发射机的发射功率、发射束散角、发射光束波前质量以及通信编码类型具有严格要求,而对光接收机来说,通信接收子系统对接收光学天线口径、背景杂光控制、光电探测器灵敏度等各方面具有严格要求。

3.5.2 通信接收子系统结构特点

卫星激光通信系统的通信接收子系统包括光发射机部分和光接收机部分。

光发射机通信部分的主要作用是将原始信息编码的电信号转换为空间传输的光信号,它主要包括光源、调制器和控制电路,如图 3-34 所示,通过调制后的光束将由发射光路发射给光接收机。

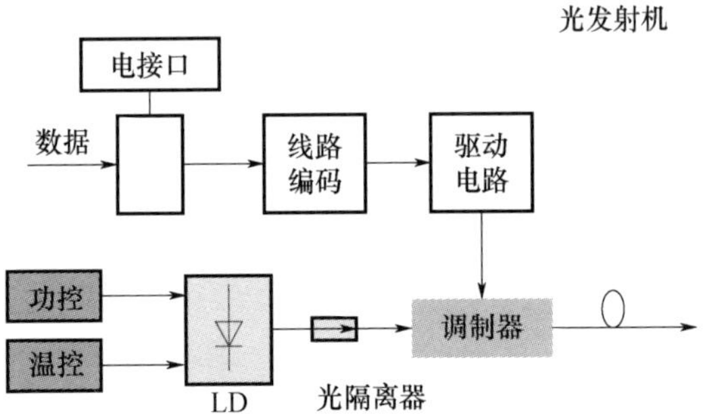

图 3-34　光发射机结构框图

而光接收机(图 3-35)通信部分的作用是将光信号转换回电信号,恢复光载波携带的原始信息。光学子系统一般由接收光学天线、成像透镜组和光电探测器组成,当入射激光束由光电探测器接收后,需要进行光电转换,以及信号放大、判决和滤波等处理,才能准确还原原始信息。

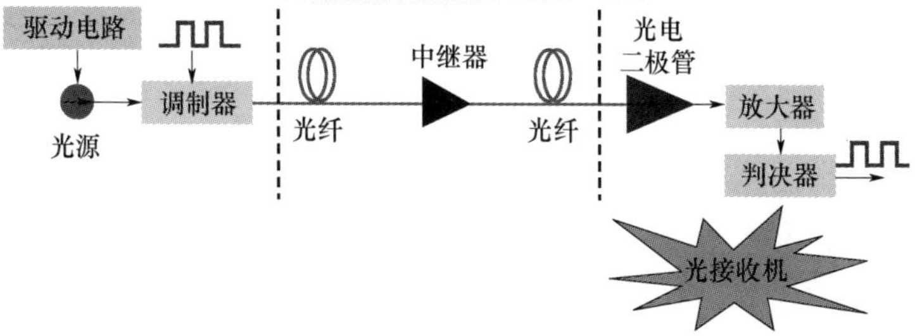

图3-35 光接收机结构框图

3.5.3 通信接收子系统光学性能要求

对光发射机而言,通信接收子系统的光学性能要求主要与光源和调制器有关。

卫星光通信系统对激光器的光学性能要求通常包括以下几方面:

(1) 工作波长适合。要求波长满足空间传输的低损耗窗口,如大气通信的800nm左右、1310nm左右以及1550nm左右。

(2) 输出功率高。由于卫星光通信的通信距离一般都在几千千米以上,传输过程存在严重损耗,光发射机和光接收机的发射和接收信号能量差一般在9个数量级以上。因此,为建立可靠通信线路,足够大的功率是必不可少的条件。

(3) 电光转换效率高。要求激光器具备良好的量子效率,这样可以降低激光器驱动电路的功率,减小能耗。

(4) 输出光束质量好。由于通信距离极远,要求光束的发散角在微弧度量级,所以高功率的光源必须以衍射极限光束输出。同时,输出光束的质量必须很好,这要求激光器具有优良的横模和纵模特性。除以上光学特性之外,激光器还应具有良好的调制带宽和散热特性,且结构简单,体积小,成本低、重量轻,寿命长等。

光发射机的调制器一般分为内调制和外调制两种。内调制的特点包括:①将激光器的驱动电流用叠加在偏置电流上的电信号进行调制;②在激光器内部实现,激光器输出光信号中已包含原始电信号信息。③方式简便、经济、容易实现;④随着驱动电流的变化,在光信号的上升沿和下降沿,半导体的折射率变化较大,容易产生波长变动。外调制器则是将调制控制信号接在激光器输出端,利用调制器的电光、声光等物理效应使其输出光的强度等参数随信号而变,具有以下特点:①调制信号啁啾小;②主要利用电光效应和电场吸收效应对输入光场进行强度调制。

对光接收机而言,通信接收子系统的光学性能要求主要是指光电探测器的性能，包括探测器工作波长、探测器光敏面尺寸、最低探测功率以及探测器的动态范围等。

通常要求光电检测器具有高效率、低噪声和高带宽的特点。另外，由于通信探测器探测光敏面非常小（一般为1mm以下，若采用光纤耦合的光电探测器，则光敏面仅为微米量级），通信接收子系统的接收视场一般都很小，在几十到几百微弧度量级，这样就要求该光路具有非常好的结构稳定性，使入射激光束能始终照射到探测器上。

表3-19～表3-22分别表述了典型激光通信终端的通信特性参数。

表3-19 SILEX激光通信终端通信特性参数

参数 \ 终端名称		PASTEL终端（低轨）	OPALE终端（高轨）
光学天线	天线形式	卡塞格伦反射式，收发共用	
	接收天线口径	250mm	
	发射天线口径	250mm	125mm
	接收视场角	8500μrad	
信号光	激光器	GaAlAs LD，847nm	GaAlAs LD，819nm
	输出功率（平均）	60mW	37mW
	光束宽度（$1/e^2$）	250mm（高斯光束）	125mm（高斯光束）
	光束发散角	10μrad	16μrad
	波前误差要求	λ/14（830nm）	
信标光	激光器	—	19支GaAlAs LD（801nm）
	输出功率	—	900mW/LD，总功率3.8W
	发散角	—	750μrad（平顶光束）
通信探测器	探测器类型	—	Si APD
	视场角	100μrad	70μrad
	探测灵敏度	-59dBm	—

表3-20 OPTEL-25 GEO终端通信特性参数

光学天线	天线形式	Schiefspiegler离轴-离焦四镜反射结构，收发共用
	天线口径	135mm
	放大倍率	10
	视场角	±1°
	同轴误差	<100μrad
信号光	激光器	LD泵浦的Nd:YAG激光器
	波长	1.064μm
	波前误差	<λ/25（RMS）

（续）

信号光	输出功率	1.25W
	信号光发散角	9μrad
	误码率	$<10^{-9}$
信标光	激光器	LD
	波长	808nm
	输出功率	最大7W
	信标光发散角	0.7mrad
	扫描范围	AZ：±180°；EL：±10°
	瞄准精度	0.5mrad

表3-21 LCE激光通信终端通信特性参数

光学天线	天线形式	收发共用，透射式天线
	有效口径	75mm
	放大倍率	15
信号发射	激光器	GaAlAsLD(2LD)
	波长	833nm(LD1)/836nm(LD2)
	平均输出功率	13.8mW
	出射光发散角($1/e^2$)	30μrad(LD1)/60μrad(LD2)
	调制模式	强度调制
	传输数据率	1.024Mb/s
信号接收	探测器类型	Si-APD
	接收波长	0.51μm
	视场角	0.2mrad
	接收码率	1.024Mb/s
	接收灵敏度	-64dBm(BER $=10^{-6}$)
	控制范围	$>\pm100$μrad
	分辨率	<2μrad

表3-22 LUCE终端终端通信特性参数

光学天线	天线形式	卡塞格伦反射式，收发共用
	有效口径	260mm
	放大倍率	20
	主次镜口径比	5
发射信号	激光器	GaAlAs LD(SDL,847nm)
	平均输出功率	100mW
	光束宽度($1/e^2$)	120mm

（续）

发射信号	出射光发散角($1/e^2$)	9.4μrad
	发射平均光强	280 ~ 780mW/sr
	波前误差要求	$<\lambda/20$(1mrad 视场内，$\lambda = 847$mm)
	调制模式	NRZ
	传输数据率	50Mb/s
接收信号	波长	815nm ~ 825nm
	传输数据率	2.048Mb/s
	调制方式	2 - PPM
通信探测器	探测器类型	Si APD
	探测器尺寸	200μm
	接收灵敏度	-71.4dBm(BER = 10^{-6})

参考文献

[1] Korevaar E, Hofmeister R J, Schuster J, et al. Design of Satellite Terminal for Ballistic Missile Defense Organization (BMDO) Lasercom Technology Demonstration[C]. Proc. of SPIE, 1995, 2381: 60 - 71.

[2] Korevaar E, Schuster J, Hakakha H, et al. Design of Ground Terminal for STRV - 2 Satellite - to - Ground Laser Experiment[C]. Proc. of SPIE, 1998, 3266: 153 - 164.

[3] Korevaar E, Schuster J, Adhikari P, et al. Description of STRV - 2 Lasercom Flight Hardware[C]. Proc. of SPIE, 1997, 2990: 38 - 49.

[4] Chen C, Lesh J R. Overview of the Optical Communication Demonstator[C]. Proc. of SPIE, 1994, 2123: 85 - 95.

[5] Sandusky M Jeganathan, Ortiz G, Biswas A, et al. Overview of the Preliminary Design of the Optical Communication Demonstration and High - Rate Link Facility[C]. Proc. of SPIE, 1999, 3615: 185 - 231.

[6] Page N. Design of the Optical Communication Demonstrator Instrument Optical System[C]. Proc. of SPIE, 1994, 2123: 498 - 504.

[7] Vanhove L, Nldeke C. In - Orbit Demonstration of Optical IOL/ISL—the Silex Project[J]. Intern. J. Satellite Communications, 1988, 6: 119 - 126.

[8] Arnaud M, Barumchercyk A, Sein E. An Experimental Optical Link Between an Earth Remote Sensing Satellite Spot 4, and a European Data Relay Satellite[J]. Intern. J. Satellite Communications, 1988, 6: 127 - 140.

[9] Oppenhuser G, Witting M. The European SILEX Project: Concept, Performance Status and Planning[C]. Proc. of SPIE, 1990, 1218: 27 - 37.

[10] Laurent B, Duchmann O. The SILEX Project: The First European Optical Intersatellite Link Experiment [C]. Proc. of SPIE, 1991, 1417: 2 - 12.

[11] Laurent B, Planche G. Silex Overview after Flight Terminals Campaign[C]. Proc. of SPIE, 1997, 2990: 10 - 22.

[12] Nielsen T T, Oppenhuser G. In Orbit Test Result of an Operational Intersatellite Link Between ARTEMIS and SPOT4, SILEX[C]. Proc. of SPIE, 2002, 4635: 1 - 15.

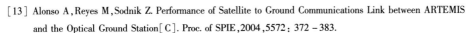

[13] Alonso A, Reyes M, Sodnik Z. Performance of Satellite to Ground Communications Link between ARTEMIS and the Optical Ground Station[C]. Proc. of SPIE, 2004, 5572: 372 – 383.

[14] Duchmann O, Planche G. How to Meet Intersatellite Links Mission Requirements by an Adequate Optical Terminal Design[C]. Proc. of SPIE, 1991, 1417: 30 – 41.

[15] Birkl P, Manhart S. Backreflection Measurement on the SILEX Telescope[C]. Proc. of SPIE, 1991, 1522: 252 – 258.

[16] Baister G, Dreischer T, Fischer E. OPTEL Family of Optical Terminals for Space Based and Airborne Platform Communications Links[C]. Proc. of SPIE, 2005, 5986: 59860Z – 1 – 59860Z – 10.

[17] Fischer E, Adolph P, Weigel T, et al. Advanced Optical Solutions for Inter – satellite Communications[J]. OPTIK, 2001, 112(9): 442 – 448.

[18] Lange R, Smutny B, Wandernoth B. 142km, 5.625Gbps Free – Space Optical Link Based on Homodyne BPSK Modulation[C]. Proc. of SPIE, 2006, 6105: 6105A – 1 – 6105A – 9.

[19] Breit H, Balss U, Bamler R, et al. Processing of TerraSAR – X Payload Data First Results[C]. Proc. of SPIE, 2007, 6746: 674603 – 1 – 674603 – 12.

[20] Jono T, Takayama Y, Kura N, et al. OICETS On – Orbit Laser Communication Experiments[C]. Proc. of SPIE, 2006, 6105: 610503 – 1 – 610503 – 11.

[21] Shikatani M, Yoshikado S, Arimoto Y, et al. Optical Intersatellite Link Experiment Between the Earth Station and ETS – VI[C]. Proc. of SPIE, 1990, 1218: 2 – 12.

[22] Toyoshima M, Toyoda M, Takami H, et al. Ground System Development for the ETS – VI LCE Laser Communications Experiment[C]. Proc. of SPIE, 1993, 1866: 21 – 29.

[23] Araki K, Toyoshima M, Takahashi T, et al. Expermental Operations of Laser Communication Equipment Onboard ETS – VI Satellite[C]. Proc. of SPIE, 1997, 2990: 264 – 275.

[24] Toyoda M, Toyoshima M, Fukazawa T, et al. Measurements of Laser Link Scintillation between ETS – VI and a Ground Optical Station[C]. Proc. of SPIE, 1997, 2990: 287 – 295.

[25] Yamamoto M, Hori T. Japanese First Optical Inter – Orbit Communications Engineering Test Satellite (OICETS)[C]. Proc. of SPIE, 1994, 2210: 30 – 37.

[26] Nakagawa K, Yamamoto A, Suzuki Y. OICETS Optical Link Communications Experiment in Space[C]. Proc. of SPIE, 1996, 2886: 172 – 180.

[27] Jono T, Takayama Y, Kura N, et al. OICETS On – Orbit Laser Communication Experiments[C]. Proc. of SPIE, 2006, 6105: 610503 – 1 – 610503 – 11.

[28] Jono T, Takayama Y, Koyama Y, et al. In – Orbit Test Results of the Inter Satellite Laser Link by OICETS [C]. AIAA, 2007.

[29] Nakagawa K, Yamamoto A. Preliminary Design of Laser Utilizing Communications Equipment (LUCE) Installed on Optical Inter – Orbit Communications Engineering Test Satellite (OICETS) [C]. Proc. of SPIE, 1995, 2381: 14 – 25.

[30] Kim I, Hakakha H, Riley B, et al. Preliminary Results of the STRV – 2 Satellite – to – Ground Lasercom Experiment[C]. Proc. of SPIE, 2000, 3932: 21 – 34.

[31] Kim I, Riley B, Wong N M, et al. Lessons Learned from the STRV – 2 Satellite – to – Ground Lasercom Experiment[C]. Proc. of SPIE, 2001, 4272: 1 – 15.

[32] Korevaar E, Hofmeister R J, Schuster J, et al. Design of Satellite Terminal for Ballistic Missile Defense Organization (BMDO) Lasercom Technology Demonstration[C]. Proc. of SPIE, 1995, 2381: 60 – 71.

[33] Biaswa A, Page N, Neal J, et al. Airborne Optical Communications Demonstrator Design and Pre – flight Test Results[C]. Proc. of SPIE, 2005, 5712: 205 – 256.

[34] Lange R, Smutny B. Homodyne BPSK – Based Optical Inter – Satellite Communication Links[C]. Proc. of SPIE, 2007, 6457: 645703 – 1 – 645703 – 9.

[35] Araki K, Arimoto Y, Shikatani M, et al. Perfomance Evaluation of Laser Communication Equipment Onboard the ETS – VI Satellite[C]. Proc. of SPIE, 1996, 2699: 52 – 59.

第4章 卫星光通信终端光学子系统设计

4.1 概述

卫星光通信终端光学子系统一般包括用于发射、接收、准直的无焦输入光学系统和用于捕获、跟踪与瞄准的信标参考信道。光学系统包括前孔径、反射和折射型望远镜、滤光片、精瞄镜和阵列探测器。

4.2 光学天线系统设计

光学天线是光学终端收发系统共用的光学通道，其质量直接影响后续每一路光学通道的质量，因此在设计中应尽量在光学天线这一源头减小像差影响。同时设计中还需要考虑元件加工、装调、热稳定性要求，使其具有好的可实现性。

4.2.1 光学天线基本技术指标

光学天线基本技术指标有口径、物镜的相对孔径、视域、总长度、波长、放大倍率等。口径大小影响发射光束的最小束散角，一般在100～300mm之间。物镜相对孔径直接影响天线体积大小，一般情况该值为1。视域影响系统的瞄准捕获跟踪能力，一般情况在2μrad左右。波长一般选择大气窗口1550nm和800nm附近。放大倍率影响后续光路的体积，一般在10～20之间选择。

4.2.2 折射系统

图4-1表示了一种常见的望远系统的光路图。这种望远系统没有专门设置的孔径光阑，物镜框就是孔径光阑，也是入射光瞳。出射光瞳位于目镜像方焦点之外，观察者就在此处观察物体的成像情况。系统的视场光阑设在物镜的像平面处，即物镜和目镜的公共焦点处。入射窗和出射窗分别位于系统的物方和像方的无限远，各与物平面和像平面重合。

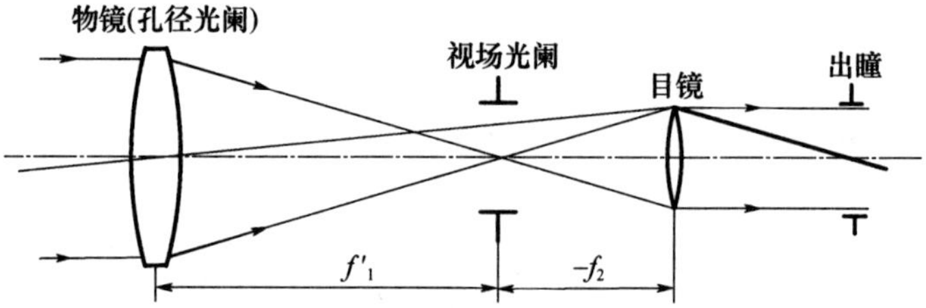

图 4-1　透射式光学天线

4.2.3　反射系统

采用透射式主镜,材料一致性难以控制,不适合大口径系统,另外,透射式望远镜还有体积较大和受波长影响的缺点,因此一般采用反射式望远镜系统,如图 4-2所示。主镜为高次曲面,次镜为球面。为了提高成像质量,主镜采用高次曲面。次镜尽量采用球面,出于两方面考虑:一是次镜尺寸较小,如果采用非球面加工难度较大,面形难以保证;二是球面次镜装配较容易,而非球面次镜装配较难。

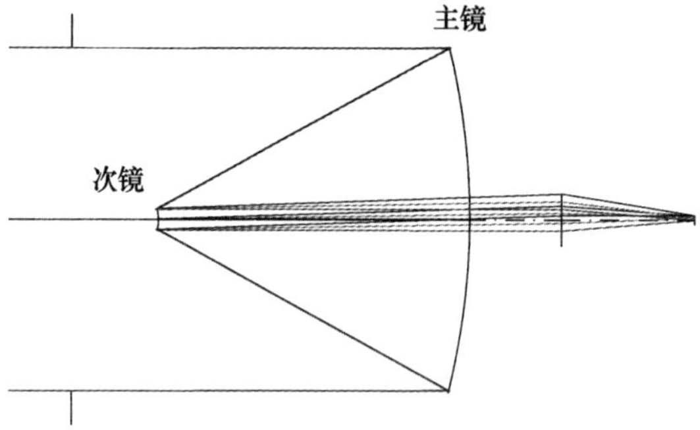

图 4-2　同轴反射式光学天线

反射式望远镜还可以设计选择经典卡塞格伦式双反射望远镜,由一个抛物面主反射镜和一个双曲面次反射镜组成,如图 4-3 所示。

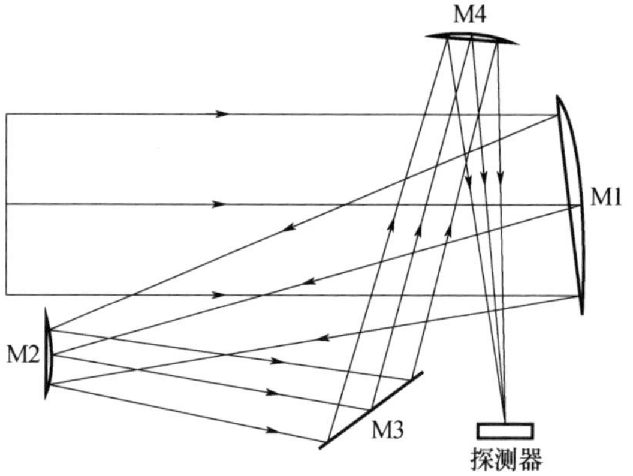

图 4-3　离轴反射式光学天线

4.2.4 折反系统

美国的 STRV－2 计划开始于 1994 年,该项计划的主要目的是演示 LEO 卫星 TSX－5 与地面站间的上行和下行激光链路,验证卫星光通信技术在星地激光链路应用方面的准备情况。

安装在 STRV－2 低轨卫星上的半导体激光通信终端 LCT(Laser Communications Terminal),LCT 终端的光学结构如图 4－4 所示,采用了发射和接收分离的设计方法,其目的是减小发射光束和接收光束的相互干扰。

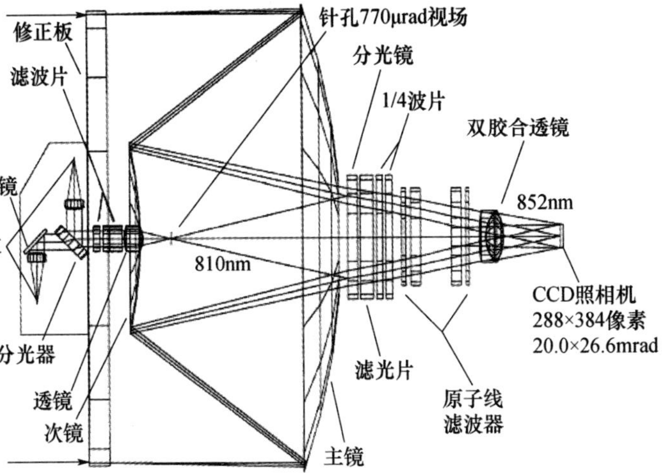

图 4－4 LCT 终端接收光学系统

4.3 光束发射子系统光学设计

4.3.1 光束发射子系统光学基本技术指标

基本技术指标有发射功率、光束发散角和光路透射率。一般发射功率在毫瓦和瓦级别,光束发散角为几十微弧度到几毫弧度量级。

4.3.2 像差对光束发射子系统性能的影响

4.3.2.1 反射式光学发射天线中多个局部畸变对瞄准和捕获性能的影响

以欧洲航天局 SILEX 计划的 PASTEL 光学终端参数为例,数值研究了反射式天线系统中多个局部畸变对瞄准和捕获性能的影响。具体参数参数如下:天线口径为 $D=0.25\mathrm{m}$,截断比为 $\beta=1.0$,天线的遮挡比约为 $\varepsilon=0.2$,激光波长为 $\lambda=847\mathrm{nm}$,卫星间的通信距离约为 $z_f=30000\mathrm{km}$。为了使分析更加一般化,在数值仿真中还研究了不同截断比和不同遮挡比条件下局部畸变对瞄准和捕获性能的影响。

图4-5为反射式天线上存在两个局部畸变且局部畸变的深度和位置取不同值时，瞄准和捕获偏差随局部畸变半径的变化曲线。图4-5表明，随两个局部畸变的半径的增加，瞄准和捕获偏差逐渐增大。这是因为随局部畸变半径的增大，局部畸变的影响逐渐增大。所得结果与单个局部畸变影响相似，但两个局部畸变对瞄准捕获偏差的影响明显大于单个局部畸变。

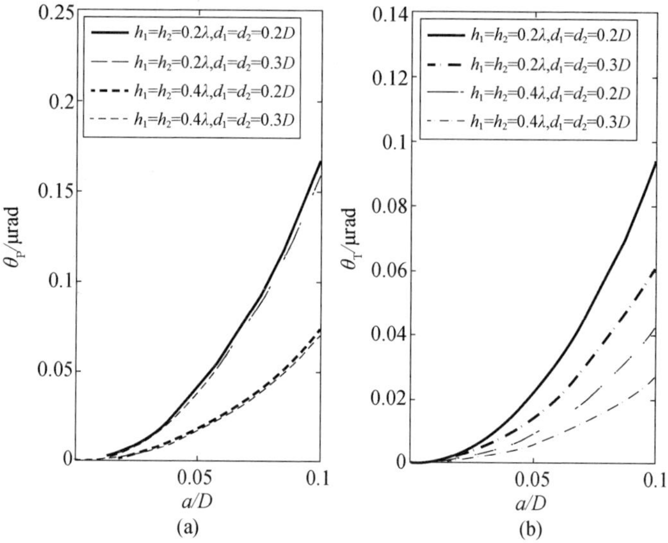

图4-5　当两局部畸变深度和位置不同时，瞄准和捕获偏差随畸变半径的变化曲线
（a）瞄准偏差；（b）捕获偏差。

图4-6为反射式天线上存在两个局部畸变且局部畸变的深度和半径取不同值时，瞄准和捕获偏差随局部畸变位置的变化曲线。由图4-6可知，当两个局部畸变的中心都与光束中心重合时，即 $d_1=d_2=0$，瞄准偏差和捕获偏差都为0，这是因为此时的畸变光束的光场是对称的，不产生瞄准和捕获偏差。随两个局部畸变的位置偏离光束中心，捕获偏差逐渐增大，瞄准偏差先逐渐增大后逐渐减小。逐渐增大是因为随两个局部畸变偏离光束中心，光束波前对称性逐渐减弱，其对瞄准偏差和捕获偏差的影响逐渐增强。瞄准偏差增大后逐渐减小因为随两个局部畸变的位置偏离光束中心，两局部畸变区域的光强逐渐减弱，因此畸变的影响也随之减弱。所得结果与单个局部畸变影响相似，但两个局部畸变对瞄准捕获偏差的影响明显大于单个局部畸变。

图4-7为反射式天线上存在两个局部畸变且局部畸变的半径和位置取不同值时，瞄准偏差和捕获偏差随局部畸变深度的变化曲线。图4-7表明，随反射式光学天线中两个局部畸变深度的增加，瞄准偏差和捕获偏差呈周期性振荡

衰减变化，且峰值位置与畸变半径和位置无关；瞄准偏差和捕获偏差随反射式光学天线中局部畸变深度的振荡周期 T_h 为 0.48λ，主峰位置约为 0.2λ。所得结果与单个局部畸变影响相似，但两个局部畸变对瞄准捕获偏差的影响明显大于单个局部畸变。

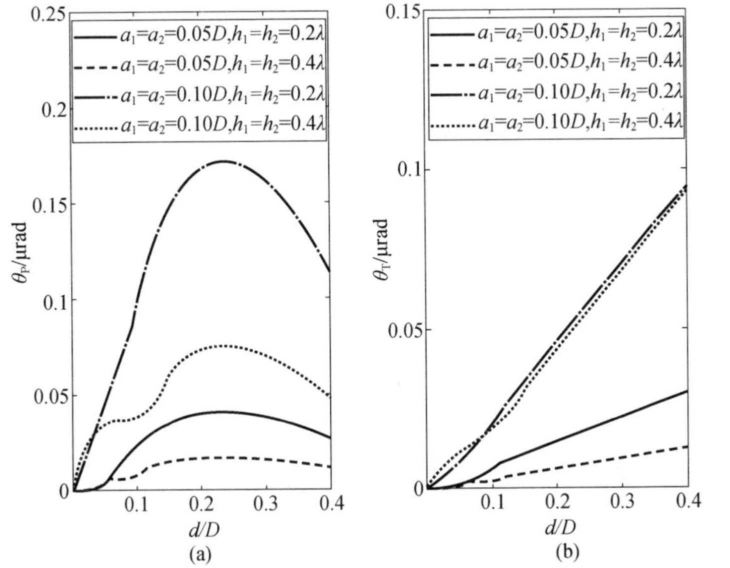

图4-6 当两局部畸变深度和半径不同时，瞄准和捕获偏差随畸变位置的变化曲线

(a) 瞄准偏差；(b) 捕获偏差。

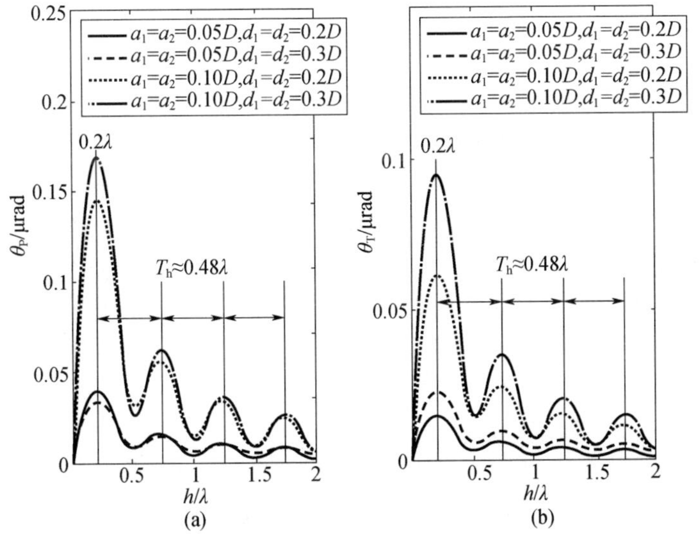

图4-7 当两局部畸变半径和位置不同时，瞄准和捕获偏差随畸变深度的变化曲线

(a) 瞄准偏差；(b) 捕获偏差。

下面分析反射式光学天线中存在 N 个局部波前畸变时,瞄准偏差和捕获偏差随局部畸变深度呈周期性变化的原因。接收平面和接收焦平面上的光场分布可通写为(为了便于分析,假设发射和接收光场均为一维情况)

$$U(u) = \int_{-R}^{R} H(x)\mathrm{e}^{\mathrm{j}\Phi(x)}\mathrm{e}^{-\frac{\mathrm{j}k}{F}xu}\mathrm{d}x \tag{4-1}$$

式中:R 为反射式光学天线主镜的半径;$\Phi(x)$ 为局部瑕疵引起的局部波前畸变;对于接收平面上的光场,F 表示星间激光链路的距离,对于接收焦平面上的光场,F 表示接收终端光学系统焦距。式(4-1)可进一步表示为

$$U(u) = \int_{-R}^{R} H(x)\mathrm{e}^{-\frac{\mathrm{j}k}{F}xu}\mathrm{d}x + \int_{-R}^{R} H(x)\{\mathrm{e}^{\mathrm{j}\Phi(x)} - 1\}\mathrm{e}^{-\frac{\mathrm{j}k}{F}xu}\mathrm{d}x \tag{4-2}$$

由于波前只是局部畸变,在非畸变区域畸变相位 $\Phi=0$,得

$$\mathrm{e}^{\mathrm{j}\Phi(x)} = 1\text{(非畸变区域)} \tag{4-3}$$

将式(4-3)代入式(4-2)得

$$U(u) = \int_{-R}^{R} H(x)\mathrm{e}^{-\frac{\mathrm{j}k}{F}xu}\mathrm{d}x + \sum_{i=1}^{N}\int_{x_i-a_i}^{x_i+a_i} H(x)\{\mathrm{e}^{\mathrm{j}\Phi(x)} - 1\}\mathrm{e}^{-\frac{\mathrm{j}k}{F}xu}\mathrm{d}x \tag{4-4}$$

式中:x_i 为第 i 个局部畸变的中心坐标。

当各局部畸变无重叠时,式(4-4)可进一步表示为

$$U(u) = \int_{-R}^{R} H(x)\mathrm{e}^{-\frac{\mathrm{j}k}{F}xu}\mathrm{d}x - \sum_{i=1}^{N}\int_{x_i-a_i}^{x_i+a_i} H(x)\mathrm{e}^{-\frac{\mathrm{j}k}{F}xu}\mathrm{d}x + \sum_{i=1}^{N}\mathrm{e}^{\frac{\mathrm{j}\psi_i}{e}}\int_{x_i-a_i}^{x_i+a_i} H(x)\mathrm{e}^{\mathrm{j}\Phi_{i1}(x)}\mathrm{e}^{-\frac{\mathrm{j}k}{F}xu}\mathrm{d}x \tag{4-5}$$

式(4-5)表明,接收平面上的光场可分为三项,第一项和第二项相当于理想光束经部分遮挡透镜后的聚焦场,由瞄准偏差和捕获偏差的定义知,这两项不引入瞄准偏差,因此,只需考虑第三项。将第三项表示为

$$P(u) = \sum_{i=1}^{N}\mathrm{e}^{\frac{\mathrm{j}\psi_i}{e}}\int_{x_i-a_i}^{x_i+a_i} H(x)\mathrm{e}^{\mathrm{j}\Phi_{i1}(x)}\mathrm{e}^{-\frac{\mathrm{j}k}{F}xu}\mathrm{d}x \tag{4-6}$$

式中:$P_i(u)$ 为第 i 个局部畸变引入的光场。

由于畸变函数 $\mathrm{e}^{\mathrm{j}\Phi_{i1}}$ 是周期为 2π 的函数,即 $\exp(\mathrm{j}\Phi_{i1}) = \mathrm{e}^{\mathrm{j}(\Phi_{i1}+2\pi)}$,又因为 Φ_{i1} 是局部畸变区域空间坐标的函数,所以,接收光场 $P_i(u)$ 随畸变相位 Φ_{i1} 在畸变区域上的均方根值 δ_i 呈周期性变化,即瞄准偏差和捕获偏差随 δ_i 呈周期性变化,周期为 2π,表示为

$$T_i \approx 2\pi \tag{4-7}$$

结合以前的公式得,瞄准偏差和捕获偏差随局部畸变深度的变化周期 $T_{\mathrm{h}i}$ 为

$$T_{\mathrm{h}i} = \frac{\lambda T_i}{4\pi}\sqrt{\frac{2(e-1)}{e+1}} \tag{4-8}$$

将式(4－7)代入式(4－8)得

$$T_{\mathrm{h}i}=\frac{\lambda}{2}\sqrt{\frac{2(e-1)}{e+1}}\approx 0.48\lambda \tag{4-9}$$

式(4－9)表明，反射式光学天线中，第 i 个局部畸变引起的通信误码率随畸变深度的变化周期 $T_{\mathrm{h}i}$ 只与激光波长 λ 有关，而与局部畸变畸变半径和畸变位置无关。

当 N 个局部畸变的深度相同时，N 个局部畸变引起的总的通信误码率随畸变深度的变化周期 T_{h} 为

$$T_{\mathrm{h}}=\frac{\lambda}{2}\sqrt{\frac{2(e-1)}{e+1}}\approx 0.48\lambda \tag{4-10}$$

以上理论分析和数值仿真结果基本一致。当反射式天线中多个局部畸变的深度相同时，瞄准偏差和捕获偏差随畸变深度呈周期性变化，变化周期为 0.48λ，且变化周期与其他畸变参数无关。

4.3.2.2 透射式光学发射天线中多个局部畸变对瞄准和捕获性能的影响

假设欧洲航天局 SILEX 计划的 PASTEL 终端中光学天线为透射式天线，即遮挡比为零，且其他参数不变，数值研究了多个局部畸变对通信误码率的的影响，另外研究了不同截断比条件下多个局部畸变对通信误码率的影响。

图4－8为透射式天线上存在两个局部畸变且畸变的深度和位置取不同值时，瞄准偏差和捕获偏差随两个局部畸变半径的变化曲线。图4－8表明与反射式光学天线中局部畸变影响相同，随两局部畸变半径的增加，瞄准偏差和捕获偏差逐渐增大。这是因为随局部畸变半径的增大，局部畸变对瞄准偏差和捕获偏差的影响也逐渐增大。所得结果与单个局部畸变影响相似，但两个局部畸变对瞄准捕获偏差的影响明显大于单个局部畸变。

图4－9为透射式天线上存在两个局部畸变且局部畸变的半径和深度取不同值时，瞄准偏差和捕获偏差随两局部畸变位置的变化曲线。由图4－9可以看出，当两局部畸变的中心与光束中心重合时，即 $d_1=d_2=0$，瞄准偏差和捕获偏差都为0，这是因为此时的畸变光束的光场是对称的，所以不产生瞄准和捕获偏差。随两局部畸变的位置偏离光束中心，捕获偏差逐渐增大，而瞄准偏差先逐渐增大后逐渐减小。逐渐增大是因为随畸变位置偏离光束中心，光束波前的对称性逐渐减弱，局部畸变的影响逐渐增强。瞄准偏差增大后逐渐减小是因为随畸变位置偏离光束中心，局部畸变区域的光强逐渐减弱，局部畸变的影响逐渐减弱。以上结果与反射式光学天线中局部畸变的影响基本相似，当畸变位置接近于光束中心时有所不同，是因为反射式天线中次镜遮挡造成的。所得结果与单个局部畸变影响相似，但两个局部畸变对瞄准捕获偏差的影响明显大于单个局部畸变。

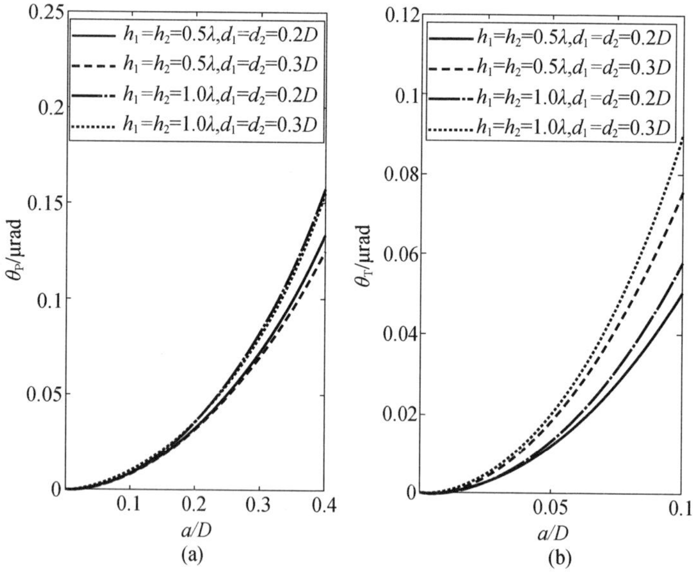

图 4－8　当两局部畸变深度和位置不同时，瞄准和捕获偏差随畸变半径的变化
（a）瞄准偏差；（b）捕获偏差。

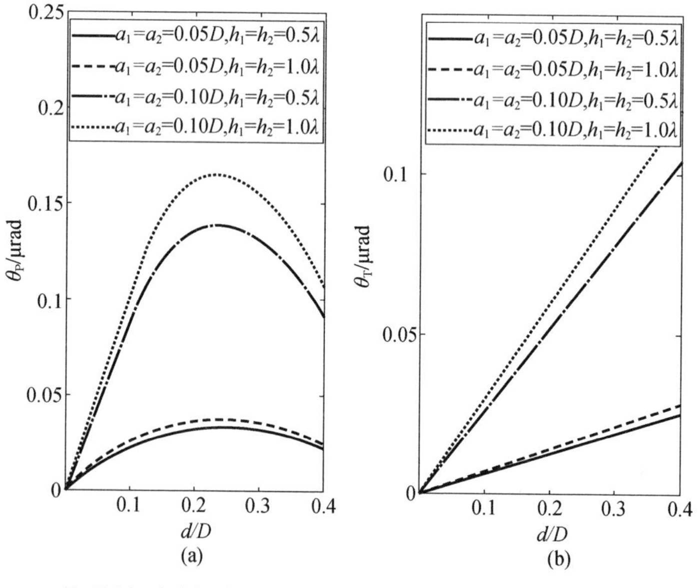

图 4－9　当两局部畸变深度和半径不同时，瞄准和捕获偏差随畸变位置的变化
（a）瞄准偏差；（b）捕获偏差。

图 4－10 为透射式天线上存在两个局部畸变且局部畸变的半径和位置取不同值时，瞄准偏差和捕获偏差随局部畸变深度的变化曲线。图 4－10 表明，与反

射式中局部畸变影响相同的是，随局部畸变深度的增加，瞄准偏差和捕获偏差呈周期性振荡衰减变化，且振荡周期和峰值对应的畸变深度与畸变半径和畸变位置无关；与反射式中局部畸变影响不相同的是，瞄准偏差和捕获偏差随透射式光学天线中局部畸变深度的振荡周期约为1.87λ，峰值位置约为0.8λ。所得结果与单个局部畸变影响相似，但两个局部畸变对瞄准捕获偏差的影响明显大于单个局部畸变。

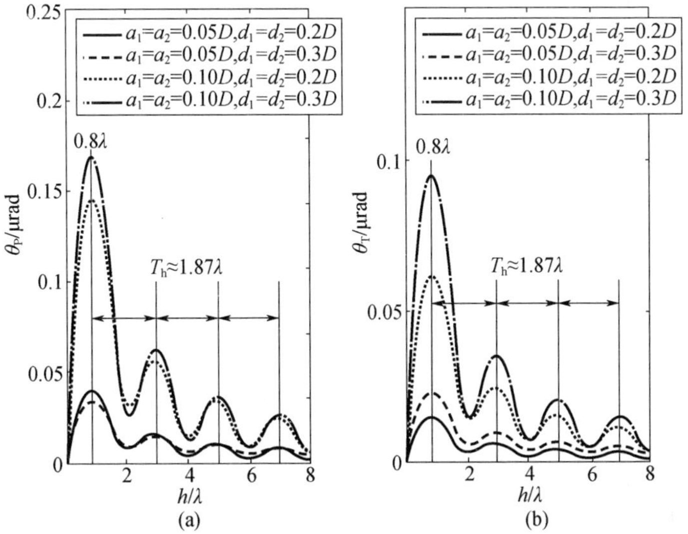

图4-10 当两局部畸变半径和位置不同时，瞄准和捕获偏差随畸变深度的变化
(a) 瞄准偏差；(b) 捕获偏差。

下面分析反射式光学天线中存在 N 个局部波前畸变时，瞄准偏差和捕获偏差随局部畸变深度呈周期性变化的原因。接收平面和接收焦平面上的光场分布可通写为（为了便于分析，假设发射和接收光场均为一维情况）

$$U(u) = \int_{-R}^{R} H(x)\mathrm{e}^{\mathrm{j}\Phi(x)}\mathrm{e}^{-\frac{\mathrm{j}k}{F}xu}\mathrm{d}x \tag{4-11}$$

式中：R 为透射式天线物镜的半径；$\Phi(x)$ 为局部畸变引起的光束波前畸变；对于接收平面上的光场，F 表示星间激光链路的距离，对于接收焦平面上的光场，F 表示接收终端光学系统焦距。式(4-11)可进一步表示为

$$U(u) = \int_{-R}^{R} H(x)\mathrm{e}^{-\frac{\mathrm{j}k}{F}xu}\mathrm{d}x + \int_{-R}^{R} H(x)\{\mathrm{e}^{\mathrm{j}\Phi(x)} - 1\}\mathrm{e}^{-\frac{\mathrm{j}k}{F}xu}\mathrm{d}x \tag{4-12}$$

由于波前只是局部畸变，在非畸变区域畸变相位 $\Phi=0$，得

$$\mathrm{e}^{\mathrm{j}\Phi(x)} = 1\text{（非畸变区域）} \tag{4-13}$$

将式(4-13)代入式(4-12)得

$$U(u)=\int_{-R}^{R}H(x)\mathrm{e}^{-\frac{\mathrm{j}k}{F}xu}\mathrm{d}x+\sum_{i=1}^{N}\int_{x_i-a_i}^{x_i+a_i}H(x)\{\mathrm{e}^{\mathrm{j}\Phi(x)}-1\}\mathrm{e}^{-\frac{\mathrm{j}k}{F}xu}\mathrm{d}x \tag{4-14}$$

式中:x_i 为第 i 个局部畸变的中心坐标。

当各局部畸变无重叠时式(4-14)可表示为

$$U(u)=\int_{-R}^{R}H(x)\mathrm{e}^{-\frac{\mathrm{j}k}{F}xu}\mathrm{d}x-\sum_{i=1}^{N}\int_{x_i-a_i}^{x_i+a_i}H(x)\mathrm{e}^{-\frac{\mathrm{j}k}{F}xu}\mathrm{d}x+\sum_{i=1}^{N}\mathrm{e}^{\frac{\mathrm{j}\psi_i}{e}}\int_{x_i-a_i}^{x_i+a_i}H(x)\mathrm{e}^{\mathrm{j}\Phi_{i1}(x)}\mathrm{e}^{-\frac{\mathrm{j}k}{F}xu}\mathrm{d}x \tag{4-15}$$

式(4-15)表明,接收平面上的光场可分为三项,第一项和第二项相当于理想光束经部分遮挡透镜后的聚焦场,由瞄准偏差和捕获偏差的定义知,这两项不引入瞄准偏差,因此,只需考虑第三项。将第三项表示为

$$P(u)=\sum_{i=1}^{N}P_i(u)=\sum_{i=1}^{N}\mathrm{e}^{\frac{\mathrm{j}\psi_i}{e}}\int_{x_i-a_i}^{x_i+a_i}H(x)\mathrm{e}^{\mathrm{j}\Phi_{i1}(x)}\mathrm{e}^{-\frac{\mathrm{j}k}{F}xu}\mathrm{d}x \tag{4-16}$$

式中:$P_i(u)$ 为第 i 个局部畸变引入的光场。

由于畸变函数 $\mathrm{e}^{\mathrm{j}\Phi_{i1}}$ 是周期为 2π 的函数,即 $\mathrm{e}^{\mathrm{j}\Phi_{i1}}=\mathrm{e}^{\mathrm{j}(\Phi_{i1}+2\pi)}$,又因为 Φ_{i1} 是局部畸变区域空间坐标的函数,所以,接收光场 $P_i(u)$ 随畸变相位 Φ_{i1} 在畸变区域上的均方根值 δ_i 呈周期性变化,即瞄准偏差和捕获偏差随 δ_i 呈周期性变化,周期为 2π,表示为

$$T_i\approx 2\pi \tag{4-17}$$

结合前几章公式得,瞄准偏差和捕获偏差随局部畸变深度的变化周期 T_{hi} 为

$$T_{hi}=\sqrt{\frac{e-1}{2(e+1)}}\frac{\lambda}{\pi(n-1)}T_i \tag{4-18}$$

将式(4-17)代入式(4-18)得

$$T_{hi}=\frac{\lambda}{n-1}\sqrt{\frac{2(e-1)}{e+1}} \tag{4-19}$$

式(4-19)表明反射式光学天线中,第 i 个局部畸变引起的通信误码率随畸变深度的变化周期 T_{hi} 只与激光波长 λ 有关,而与局部畸变畸变半径和畸变位置无关。

当 N 个局部畸变的深度相同时,N 个局部畸变引起的总的通信误码率随畸变深度的变化周期 T_h 为

$$T_h=\frac{\lambda}{n-1}\sqrt{\frac{2(e-1)}{e+1}} \tag{4-20}$$

当透射式天线透镜的折射率为 $n=1.5164$ 时,得

$$T_h\approx 1.87\lambda \tag{4-21}$$

以上理论分析与数值仿真结果基本一致。当透射式天线中多个局部畸变的深度相同时,瞄准偏差和捕获偏差随畸变深度呈周期性变化,且变化周期与其他畸变参数无关。

4.4　跟瞄接收子系统光学设计

1. 跟瞄接收子系统光学基本技术指标

本节以欧洲航天局 SILEX 计划的 PASTEL 光学终端参数为例,初级像差对畸变瞄准和捕获性能的影响进行数值研究。

PASTEL 终端的光学天线为收发共用型反射式天线,具体参数如下:天线口径 $D=0.25\text{m}$,截断比 $\beta=1.0$,天线的遮挡比约为 0.2,激光波长 $\lambda=847\text{nm}$,光学系统的焦距为 $f=1\text{m}$,卫星间的通信距离 $z_{\text{f}}=30000\text{km}$。为了使分析更加一般化,在数值仿真中还研究了不同截断比和遮挡比条件下初级像差对瞄准和捕获性能的影响。

图 4-11 为各初级像差对瞄准偏差和捕获偏差的影响。图 4-11 表明:反射式天线系统中只有倾斜(Z_1 和 Z_2)和彗差(Z_6 和 Z_7)会引起瞄准偏差和捕获偏差,其他初级像差不引起瞄准和捕获偏差;当畸变均方根值为 0.15λ 时,倾斜引起的瞄准偏差和捕获偏差都约为 2.1μrad,彗差引起的瞄准偏差和捕获偏差分别约为 1.9μrad 和 0.3μrad;倾斜对瞄准偏差和捕获偏差的影响基本相同,彗差对瞄准偏差的影响明显大于对捕获偏差的影响。图 4-12 为不同截断比条件下倾斜和彗差对瞄准偏差的影响。结果表明,随截断比的增加,倾斜引起的瞄准偏差基本不变,而彗差引起的瞄准偏差逐渐增大。此结果同样说明了为什么倾斜引起的瞄准偏差和捕获偏差基本相同,而彗差引起的瞄准偏差远大于捕获偏差。

图 4-13 为不同遮挡比条件下倾斜和彗差对畸变瞄准和捕获偏差的影响。图 4-13 表明倾斜和彗差对畸变瞄准和捕获偏差的影响随遮挡比的变化不大,但仍然可以看出其变化趋势。随遮挡比的增大,倾斜和彗差对畸变瞄准和捕获偏差的影响逐渐减弱。

2. 透射式光学天线中初级像差对瞄准和捕获性能的影响

假设欧洲航天局 SILEX 计划的 PASTEL 终端中光学天线为透射式天线,即遮挡比为零。本节给出了初级像差对瞄准和捕获性能的影响的数值仿真结果,另外还分析了不同截断比条件下初级像差对瞄准和捕获性能的影响。

图 4-14 给出畸变瞄准和捕获偏差随初级像差均方根值的变化曲线。图 4-14表明:初级像差中倾斜(Z_1 和 Z_2)和彗差(Z_6和 Z_7)会产生瞄准和捕获偏差,其他初级像差对瞄准和捕获偏差无影响;当畸变均方根值为 0.15λ 时,倾斜引起的瞄准偏差和捕获偏差相同,都为 2.2μrad,彗差引起的瞄准偏差和捕获

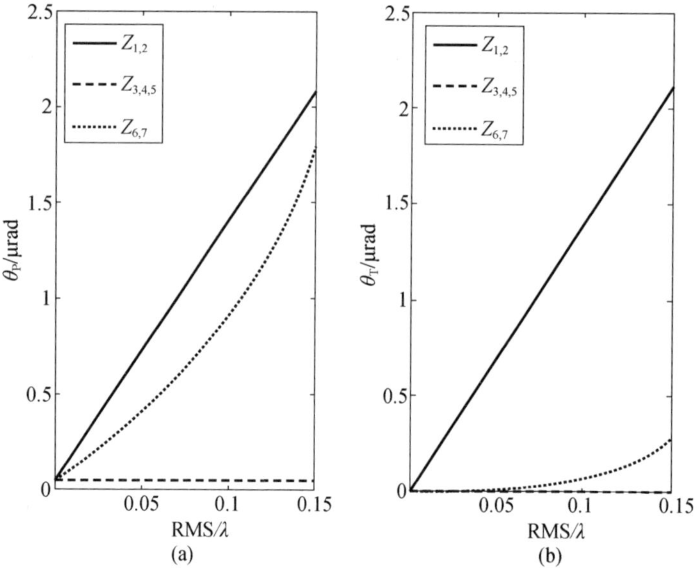

图 4－11　初级像差对瞄准和捕获偏差的影响

（a）瞄准偏差；（b）捕获偏差。

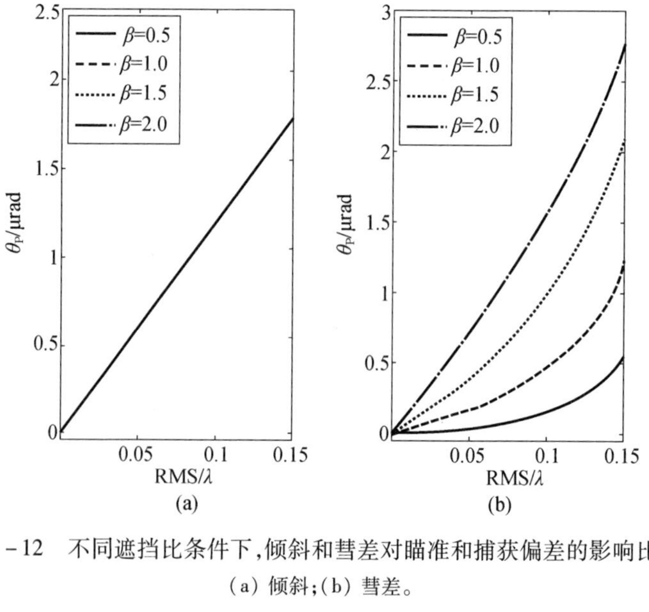

图 4－12　不同遮挡比条件下，倾斜和彗差对瞄准和捕获偏差的影响比较

（a）倾斜；（b）彗差。

偏差有明显差别，分别约为 2.1μrad 和 0.4μrad。图 4－15 给出了倾斜和彗差引起的瞄准偏差对截断比的依赖关系。图 4－15 表明随截断比的增加，倾斜引起的瞄准偏差基本不变，而彗差引起的瞄准偏差逐渐增大。这正说明了为什么倾斜引起的瞄准偏差和捕获偏差基本相同，而彗差引起的瞄准偏差远大于捕获偏

差，因为瞄准偏差的发射光束为高斯光束，截断比为1.0，而捕获偏差的入射光束为平行光，相当于截断比趋于零。

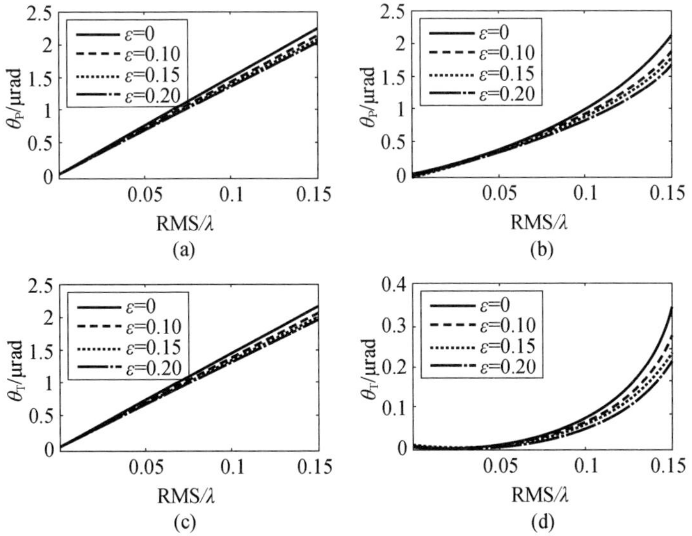

图4-13 不同遮挡比条件下，倾斜和彗差对瞄准和捕获偏差的影响比较

(a) 倾余引起的瞄准偏差；(b) 彗差引起的瞄准偏差；

(c) 倾斜引起的捕获偏差；(d) 彗差引起的捕获偏差。

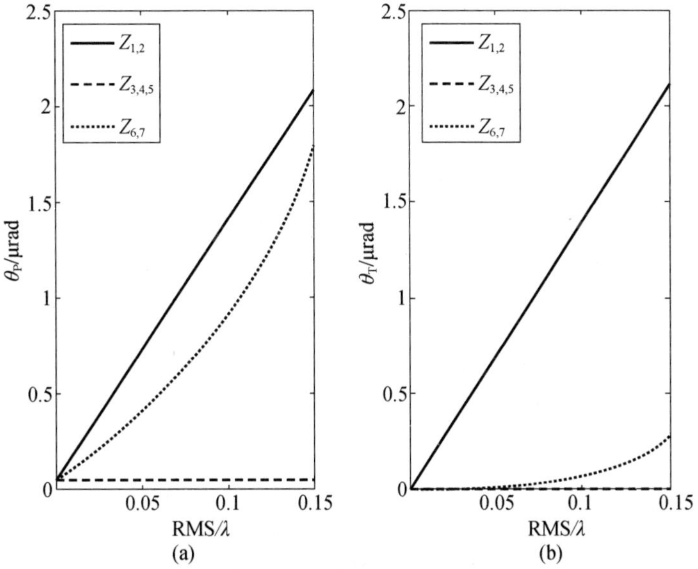

图4-14 初级像差对瞄准偏差和捕获偏差的影响

(a) 瞄准偏差；(b) 捕获偏差。

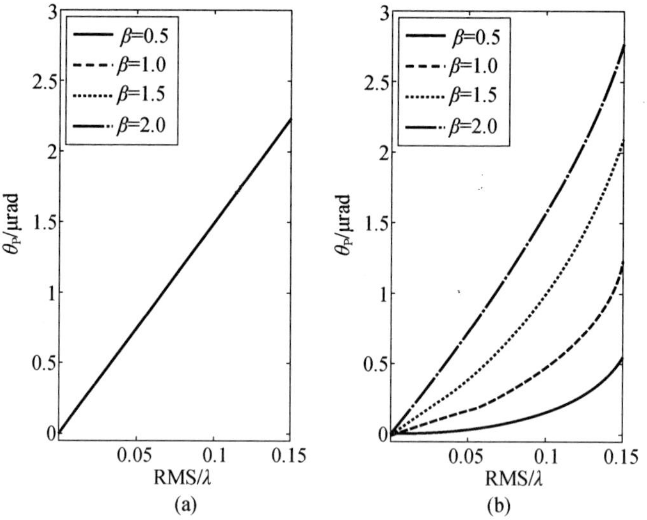

图 4－15　不同截断比条件下，倾斜和彗差对瞄准和捕获偏差的影响比较
（a）倾斜；（b）彗差。

4.5　通信接收子系统光学设计

通信接收子系统光学基本技术指标包括接收视域、波长、透过率和探测灵敏度等。一般来说接收视域在几百微弧度量级，透过率大于 70%，灵敏度小于 －40dBm。

下面介绍像差对通信接收子系统性能影响。

PASTEL 光学终端中天线为反射式光学天线，反射式光学天线引入的局部波前畸变可以表示为

$$\Phi(x,y)=\Phi_1(x,y)+\Phi_2(x,y)=\psi \mathrm{e}^{-\left(\frac{(x-x_0)^2}{a^2}+\frac{(y-y_0)^2}{b^2}\right)}-\psi/e \tag{4-22}$$

$$\psi=\frac{4\pi h}{\lambda}\frac{e}{e-1} \tag{4-23}$$

式中：a 和 b 分别为局部瑕疵长轴和短轴半径；(x_0,y_0) 为局部瑕疵中心位置坐标；h 为局部瑕疵的深度。局部瑕疵距光束中心的距离为

$$d=\sqrt{x_0^2+y_0^2} \tag{4-24}$$

椭圆高斯函数 $\Phi_1(x,y)$ 在局部畸变区域上的均方根值 δ_{rms} 为

$$\delta_{\mathrm{rms}}=\sqrt{\frac{\iint\limits_S \Phi_1^2(x,y)\,\mathrm{d}x\mathrm{d}y}{\iint\limits_S \mathrm{d}x\mathrm{d}y}}=\frac{4\pi h}{\lambda}\sqrt{\frac{e+1}{2(e-1)}} \tag{4-25}$$

式中:S 为局部畸变区域。

以 PASTEL 光学终端参数为例,数值研究了局部畸变对瞄准和捕获性能的影响。具体仿真参数如下:天线的主镜口径都为 0.25m,截断比为 1.0,遮挡比约为 0.2,接收光学系统的焦距约为 1m,激光波长为 847nm。卫星间的通信距离约为 30000km。另外,为了使分析更加一般化,数值研究了不同遮挡比和截断比条件下局部畸变对瞄准和捕获性能的影响。

图 4-16 为局部畸变深度和位置取不同值时畸变瞄准和捕获偏差随局部畸变半径的变化曲线。图 4-16 表明,随局部畸变半径的增加,瞄准和捕获偏差逐渐增大。这是因为随局部畸变半径的增大,局部畸变的影响逐渐增大,因此瞄准偏差和捕获偏差随局部畸变半径的增大而逐渐增大。

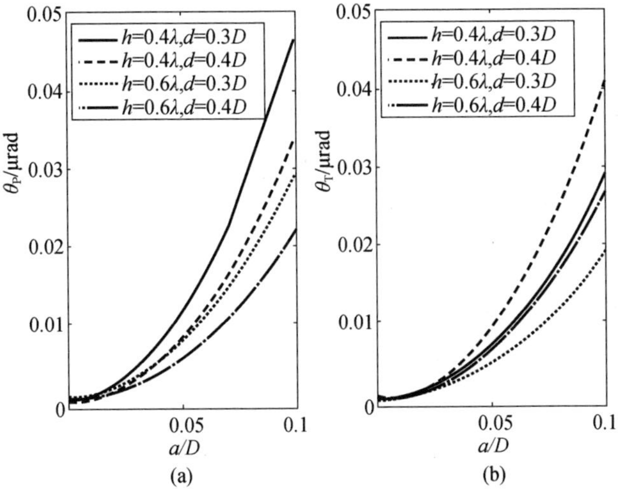

图 4-16 瞄准和捕获偏差随局部畸变半径的变化曲线
(a) 瞄准偏差;(b) 捕获偏差。

图 4-17 为局部畸变深度和半径取不同值时畸变瞄准和捕获偏差随局部畸变位置的变化曲线。由图 4-17 可以看出,当局部畸变中心与光束中心重合时,即 $d=0$ 时,瞄准偏差和捕获偏差都为 0,这是因为此时的畸变光束的光场分布是对称的,所以不产生瞄准和捕获偏差。随局部畸变位置偏离光束中心,即随 d 的增大,捕获偏差逐渐增大,而瞄准偏差先逐渐增大后逐渐减小。瞄准偏差先逐渐增大是因为随 d 的增大,光束波前对称性逐渐减弱,其对瞄准偏差和捕获偏差的影响逐渐增强。瞄准偏差增大后逐渐减小是因为随 d 的增加,局部畸变区域光强逐渐减弱,其对瞄准偏差的影响也随之减弱。

图 4-18 为局部畸变半径和位置取不同值时畸变瞄准偏差和捕获偏差随局部畸变深度的变化曲线。图 4-18 表明:随局部畸变深度的增加,瞄准偏差和捕获偏差都呈周期性振荡衰减变化,振荡周期 T_h 为 0.48λ;畸变瞄准和捕获偏差

的主峰都出现在局部畸变深度为 0.2λ 处；振荡周期和峰值对应的畸变深度与畸变半径和畸变位置无关。

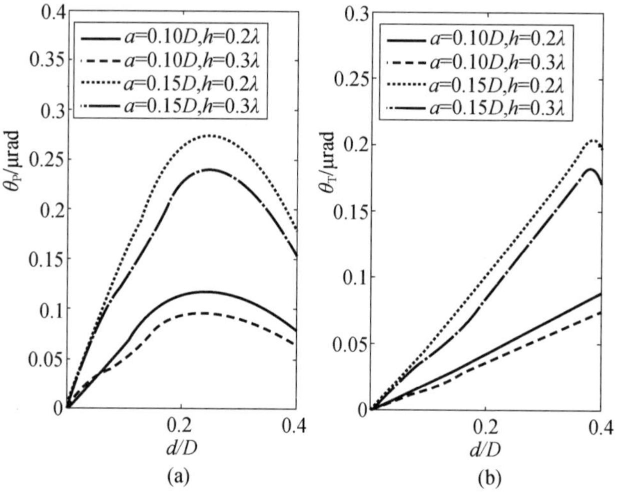

图 4-17 瞄准和捕获偏差随局部畸变位置的变化曲线

(a) 瞄准偏差；(b) 捕获偏差。

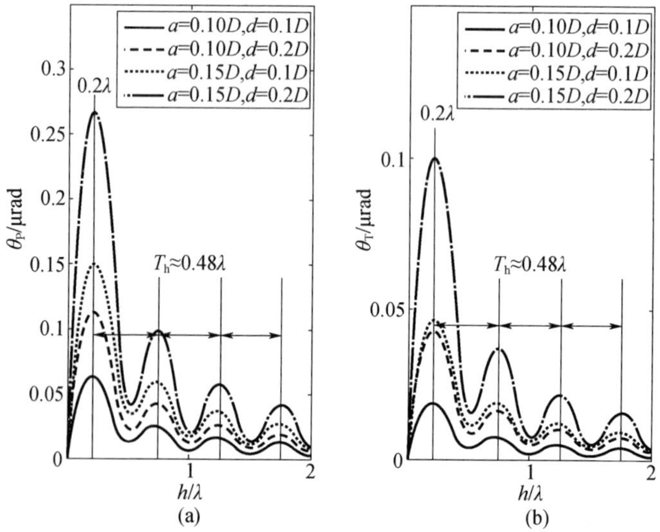

图 4-18 瞄准和捕获偏差随局部畸变深度的变化曲线

(a) 瞄准偏差；(b) 捕获偏差。

下面分析畸变瞄准偏差和捕获偏差随畸变深度呈周期性变化的原因，接收平面和接收焦平面上的光场分布可通写为（为了便于分析，假设发射和接收光场均为一维情况）

$$U(u)=\int M(x)H(x)\mathrm{e}^{\mathrm{j}\Phi(x)}\mathrm{e}^{-\frac{\mathrm{j}k}{F}xu}\mathrm{d}x \tag{4-26}$$

式中：R 为透射式天线物镜的半径；$\Phi(x)$ 为中心位于 x_0 点被畸变半径 a 截断的高斯函数；对于接收平面上的光场，F 表示两卫星天线的距离，对于接收焦平面光场，F 表示接收终端光学系统焦距。式(4-26)可进一步表示为

$$U(u)=\int M(x)H(x)\mathrm{e}^{-\frac{\mathrm{j}k}{z_{\mathrm{f}}}xu}\mathrm{d}x+\int M(x)H(x)\{\mathrm{e}^{\mathrm{j}\Phi(x)}-1\}\mathrm{e}^{-\frac{\mathrm{j}k}{z_{\mathrm{f}}}xu}\mathrm{d}x \tag{4-27}$$

由于波前只是局部畸变，在非畸变区域畸变项 $\Phi=0$，即 $\mathrm{e}^{\mathrm{j}\Phi}=1$，将此结果代入式(4-27)得

$$U(u)=\int M(x)H(x)\mathrm{e}^{-\frac{\mathrm{j}k}{z_{\mathrm{f}}}xu}\mathrm{d}x+\int_{x_0-a}^{x_0+a}H(x)\{\mathrm{e}^{\mathrm{j}\Phi(x)}-1\}\mathrm{e}^{-\frac{\mathrm{j}k}{z_{\mathrm{f}}}xu}\mathrm{d}x \tag{4-28}$$

式中：x_0 为局部畸变中心坐标。式(4-28)进一步可表示为

$$\begin{aligned}U(u)=&\int M(x)H(x)\mathrm{e}^{-\frac{\mathrm{j}k}{z_{\mathrm{f}}}xu}\mathrm{d}x-\int_{x_0-a}^{x_0+a}H(x)\mathrm{e}^{-\frac{\mathrm{j}k}{z_{\mathrm{f}}}xu}\mathrm{d}x+\\&\mathrm{e}^{\mathrm{j}\frac{\psi}{e}}\int_{x_0-a}^{x_0+a}H(x)\mathrm{e}^{\mathrm{j}\Phi_1(x)}\mathrm{e}^{-\frac{\mathrm{j}k}{z_{\mathrm{f}}}xu}\mathrm{d}x\end{aligned} \tag{4-29}$$

式(4-29)表明接收平面上的光场可分为三项，第一项和第二项相当于理想高斯光束经部分遮挡透镜后的聚焦场，由瞄准偏差和捕获偏差的定义知，这两项不引入瞄准偏差和捕获偏差。因此，只需考虑第三项。将第三项表示为

$$P(u)=\exp\left(\mathrm{j}\frac{\psi}{e}\right)\int_{x_0-a}^{x_0+a}H(x)\mathrm{e}^{\mathrm{j}\Phi_1(x)}\mathrm{e}^{-\frac{\mathrm{j}k}{z_{\mathrm{f}}}xu}\mathrm{d}x \tag{4-30}$$

上式表明畸变瞄准偏差和捕获偏差大小是由畸变项 $\mathrm{e}^{\mathrm{j}\Phi_1}$ 决定的，接收光场随畸变项 $\mathrm{e}^{\mathrm{j}\Phi_1}$ 的变化而变化，即瞄准偏差和捕获偏差随畸变项 $\mathrm{e}^{\mathrm{j}\Phi_1}$ 的变化而变化。畸变项 $\mathrm{e}^{\mathrm{j}\Phi_1}$ 是周期函数，满足

$$\mathrm{e}^{\mathrm{j}\Phi_1}=\mathrm{e}^{\mathrm{j}(\Phi_1+2m\pi)},m=0,\pm1,\pm2,\cdots \tag{4-31}$$

式(4-30)表明畸变项 $\mathrm{e}^{\mathrm{j}\Phi_1}$ 是以畸变相位 Φ_1 为变量的周期函数，周期为 2π。由于畸变相位 Φ_1 本身是空间坐标的函数，因此畸变项 $\mathrm{e}^{\mathrm{j}\Phi_1}$ 随畸变相位 Φ_1 的均方根值的变化周期约为 2π。由公式的积分区间可知，畸变相位 Φ_1 的均方根值应为畸变区域上的均方根值 δ_{rms}。以上分析表明畸变瞄准和捕获偏差随畸变相位 Φ_1 在畸变区域上的均方根值 δ_{rms} 的变化周期约为 2π，即

$$T_{\mathrm{rms}}\approx2\pi \tag{4-32}$$

结合前几章公式得，畸变瞄准和捕获偏差随局部畸变深度的变化周期 T_{h} 为

$$T_{\mathrm{h}}=\sqrt{\frac{e-1}{2(e+1)}}\frac{\lambda}{2\pi}T_{\mathrm{rms}} \tag{4-33}$$

将式(4-32)代入式(4-33)得

$$T_{\mathrm{h}}\approx0.48\lambda \tag{4-34}$$

此理论分析和数值仿真结果基本一致。

从物理意义上讲，畸变瞄准和捕获偏差随局部畸变深度呈周期性变化是由于光波相位随传输距离的增加呈周期性变化造成的。

图 4－19 为不同遮挡比条件下，瞄准和捕获偏差随各局部畸变参数的变化。图 4－19 表明，尽管遮挡比是反射式天线中非常重要的参量，但是，局部畸变对瞄准偏差和捕获偏差的影响对它的依赖性非常小。图 4－19(c) 和图 4－19(f) 中，当畸变参数 d 较小时，对于不同截断比畸变瞄准和捕获偏差明显的差别是由光学天线的次镜遮挡了部分瑕疵造成的。

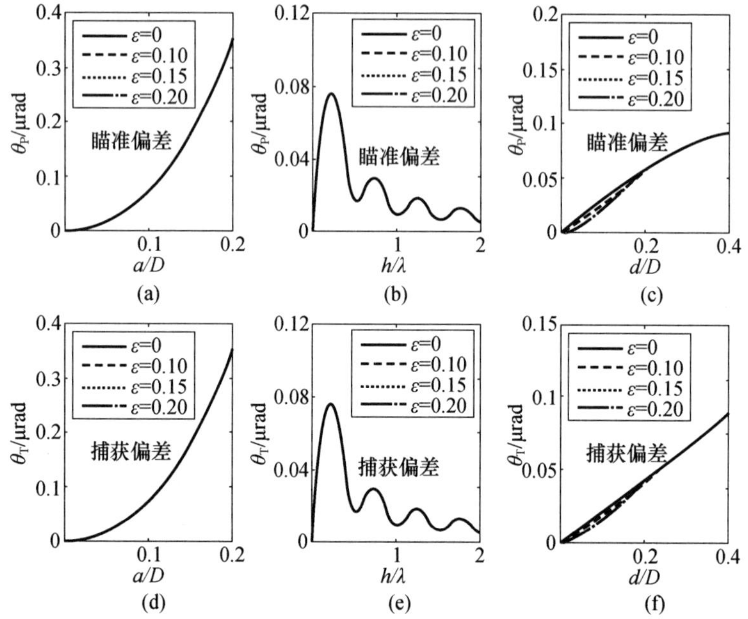

图 4－19　不同遮挡比条件下，瞄准和捕获偏差随各局部畸变参数的变化

(a) $h=0.2\lambda, d=0.3D$；(b) $a=0.1D; d=0.3D$；(c) $h=0.2\lambda, d=0.3D$；(d) $h=0.2\lambda, d=0.3D$；(e) $a=0.1D; d=0.3D$；(f) $h=0.2\lambda, d=0.3D$。

4.5.1　反射式光学发射天线中多个局部畸变对误码率的影响

以欧洲航天局 SILEX 计划的 PASTEL 光学终端参数为例，数值研究了反射式天线系统中多个局部畸变对通信误码率的影响。具体参数参数如下：天线口径为 $D=0.25\text{m}$，截断比为 $\beta=1.0$，天线的遮挡比约为 $\varepsilon=0.2$，激光波长为 $\lambda=847\text{nm}$，卫星间的通信距离约为 $z_f=30000\text{km}$。为了使分析更加一般化，在数值仿真中还研究了不同截断比和不同遮挡比条件下局部畸变对通信误码率的影响。

图 4－20 为反射式发射天线系统中存在两个局部畸变时，接收光功率随局

部畸变半径的变化曲线。与透射式光学天线中局部畸变的影响相似,随反射式天线系统中局部畸变半径的增加,天线接收到的光功率逐渐减弱。所得结果与单个局部畸变影响相似,但两个局部畸变对通信误码率的影响明显大于单个局部畸变。

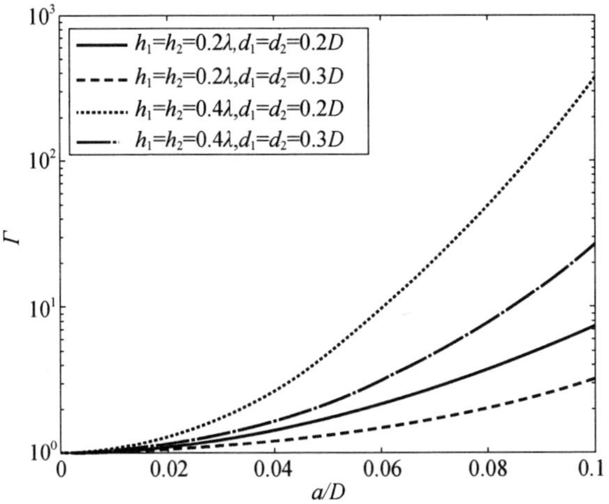

图 4-20 当两局部畸变半径和位置不同时,通信误码率随畸变半径的变化

图 4-21 为反射式发射天线系统中存在两个局部畸变时,接收光功率随局部畸变位置的变化曲线。随反射式天线系统中局部畸变位置偏离发射光束中心,天线接收光功率先逐渐减弱后逐渐增强。先逐渐减弱是因为反射式天线发射的光束为空心环状光束,空心处光强为零,当局部畸变位于此处时,畸变对天线接收功率无影响;减弱后逐渐增强是因为发射光束为高斯分布,随局部畸变偏离光束中心,畸变区域光强逐渐减弱,其对天线接收功率的影响也随之减弱。所得结果与单个局部畸变影响相似,但两个局部畸变对通信误码率的影响明显大于单个局部畸变。

图 4-22 为反射式发射天线系统中存在两个局部畸变时,接收光功率随局部畸变深度的变化曲线。随畸变深度的增加,天线接收到的光功率呈周期性振荡变化,振荡周期为 1.87λ,主峰位置位于畸变深度约为 0.4λ 处。所得结果与单个局部畸变影响相似,但两个局部畸变对通信误码率的影响明显大于单个局部畸变。

下面分析反射式光学天线中存在 N 个局部波前畸变时,通信误码率随局部畸变深度呈周期性变化的原因。接收平面和接收焦平面上的光场分布可通写为(为了便于分析,假设发射和接收光场均为一维情况)

$$U(u) = \int_{-R}^{R} H(x) e^{j\Phi(x)} e^{-\frac{jk}{z_f}xu} dx \tag{4-35}$$

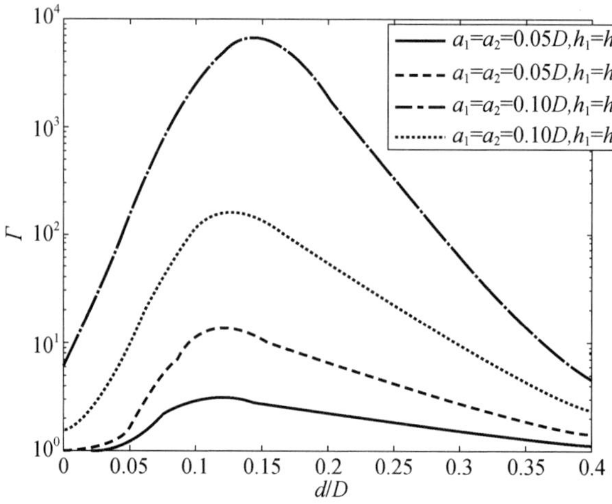

图 4－21　当两局部畸变半径和深度不同时，
通信误码率随畸变位置的变化

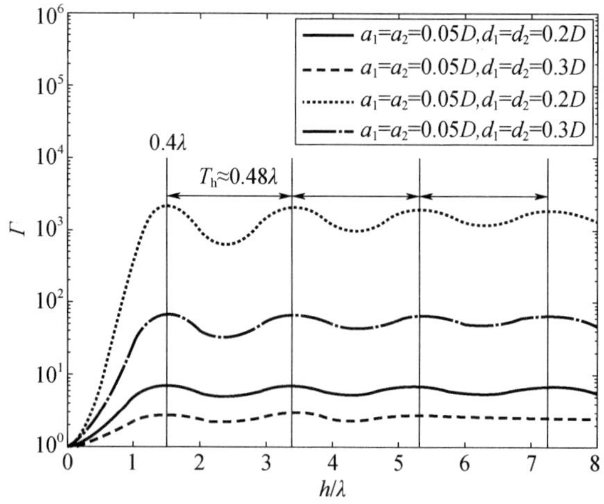

图 4－22　当两局部畸变半径和位置不同时，
通信误码率随畸变深度的变化

式中：$G(x)$为理想高斯光束；R 为透射式天线物镜的半径；$\Phi(x)$为局部畸变引起的光束波前畸变；对于接收平面上的光场，F 表示星间激光链路的距离，对于接收焦平面上的光场，F 表示接收终端光学系统焦距。式(4－35)可进一步表示为

$$U(u)=\int_{-R}^{R}H(x)\mathrm{e}^{-\frac{\mathrm{j}k}{z_{\mathrm{f}}}xu}\mathrm{d}x+\int_{-R}^{R}H(x)\{\mathrm{e}^{\mathrm{j}\Phi(x)}-1\}\mathrm{e}^{-\frac{\mathrm{j}k}{z_{\mathrm{f}}}xu}\mathrm{d}x \qquad (4-36)$$

由于波前只是局部畸变，在非畸变区域畸变相位 $\Phi=0$，得

$$e^{j\Phi(x)}=1(\text{非畸变区域}) \tag{4-37}$$

将式(4-37)代入式(4-36)并且当各局部畸变无重叠时得

$$\begin{aligned}U(u) = & \int_{-R}^{R} H(x)\mathrm{e}^{-\frac{jk}{z_f}xu}\mathrm{d}x - \sum_{i=1}^{N}\int_{-a_i}^{a_i} H(x)\mathrm{e}^{-\frac{jk}{z_f}xu}\mathrm{d}x + \\ & \sum_{i=1}^{N}\mathrm{e}^{j\frac{\psi_i}{e}}\int_{-a_i}^{a_i} H(x)\mathrm{e}^{j\Phi_{i1}(x)}\mathrm{e}^{-\frac{jk}{z_f}xu}\mathrm{d}x\end{aligned} \tag{4-38}$$

式中:x_i 为第 i 个局部畸变的中心坐标。

式(4-38)表明,接收平面上的光场可分为三项,第一项为发射光束无畸变时接收平面上的光场,而第二项和第三项为局部波前畸变引起的接收光场的变化。因此,第二项和第三项决定了波前畸变对通信误码率的影响,又由于第二项接收光场与畸变深度无关,所以,通信误码率随畸变深度的变化关系取决于第三项。将第三项表示为

$$P(u) = \sum_{i=1}^{N}\mathrm{e}^{j\frac{\psi_i}{e}}\int_{-a_i}^{a_i} H(x)\mathrm{e}^{j\Phi_{i1}(x)}\mathrm{e}^{-\frac{jk}{z_f}xu}\mathrm{d}x \tag{4-39}$$

式中:$P_i(u)$ 为第 i 个局部畸变引入的光场。

由于畸变函数 $e^{j\Phi_{i1}}$ 是周期为 2π 的函数,即 $e^{j\Phi_{i1}}=e^{j(\Phi_{i1}+2\pi)}$,又因为 Φ_{i1} 是局部畸变区域空间坐标的函数,所以,接收光场 $P_i(u)$ 随畸变相位 Φ_{i1} 在畸变区域上的均方根值 δ_i 呈周期性变化,即通信误码率随 δ_i 呈周期性变化,周期为 2π,表示为

$$T_i=2\pi \tag{4-40}$$

结合之前的公式得,通信误码率随局部畸变深度的变化周期 T_{hi} 为

$$T_{hi}=\sqrt{\frac{2(e-1)}{e+1}\frac{\lambda}{4\pi}T_i} \tag{4-41}$$

将式(4-40)代入式(4-41)得

$$T_{hi}=\frac{\lambda}{2}\sqrt{\frac{2(e-1)}{(e+1)}}\approx 0.48\lambda \tag{4-42}$$

式(4-42)表明反射式光学天线中,第 i 个局部畸变引起的通信误码率随畸变深度的变化周期 T_{hi} 只与激光波长 λ 有关,而与局部畸变畸变半径和畸变位置无关。

当 N 个局部畸变的深度相同时,N 个局部畸变引起的总的通信误码率随畸变深度的变化周期 T_h 为

$$T_h=\frac{\lambda}{2}\sqrt{\frac{2(e-1)}{(e+1)}}\approx 0.48\lambda \tag{4-43}$$

以上理论分析和数值仿真结果基本一致。当反射式发射天线中多个局部畸变的深度相同时,通信误码率随畸变深度呈周期性变化,变化周期为 0.48λ,且变化周期与其他畸变参数无关。

4.5.2 透射式光学发射天线中多个局部畸变对误码率的影响

假设欧洲航天局 SILEX 计划的 PASTEL 终端中光学天线为透射式天线，即遮挡比为零，且其他参数不变，数值研究了多个局部畸变对通信误码率的影响。另外研究了不同截断比条件下多个局部畸变对通信误码率的影响。

图 4-23 为卫星终端平台角振动标准偏差为 $\sigma=3.5\mu\text{rad}$，透射式发射天线上存在两个局部瑕疵，且两局部畸变的深度和位置取不同值时，通信误码率随局部畸变半径的变化。与反射式光学天线中局部畸变的影响相同，随两个局部畸变的半径的增加，通信误码率逐渐增大。这是因为随局部畸变半径的增大，局部畸变的影响逐渐增大。所得结果与单个局部畸变影响相似，但两个局部畸变对通信误码率的影响明显大于单个局部畸变。

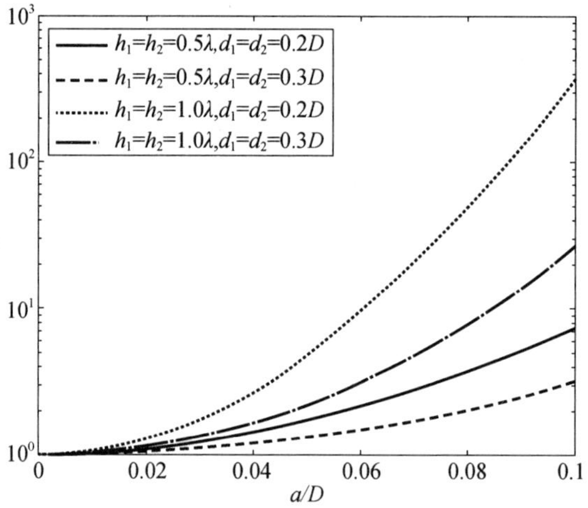

图 4-23 当两局部畸变半径和位置不同时，通信误码率随局部畸变半径的变化

图 4-24 为卫星终端平台角振动标准偏差为 $\sigma=3.5\mu\text{rad}$，透射式发射天线上存在两个局部瑕疵，且局部畸变深度和半径取不同值时，通信误码率随局部畸变位置的变化曲线。结果表明，随两个局部畸变的位置偏离光束中心，当两局部畸变无重叠时，通信误码率逐渐变小，这是因为随局部畸变位置偏离光束中心，畸变区域的光强逐渐减弱，其对激光通信性能的影响也逐渐减弱；当两局部畸变有重叠时，误码率的变化趋势主要受畸变深度的影响，有增强也有减弱，这与通信误码率随单个局部畸变深度呈周期性变化有关。

图 4-25 为卫星终端平台角振动标准偏差为 $\sigma=3.5\mu\text{rad}$，透射式发射天线上存在两个局部瑕疵，且局部畸变半径和位置取不同值时，通信误码率随局部畸变深度的变化曲线。结果表明，与反射式光学天线中局部畸变的影响相同，且变化周期和峰值位置不随畸变半径和畸变的变化而变化；与反射式光学天线中局

部畸变的影响不同，通信误码率随透射式光学天线中畸变深度的变化周期约为 1.87λ，峰值约为 1.5λ。所得结果与单个局部畸变影响相似，但两个局部畸变对通信误码率的影响明显大于单个局部畸变。

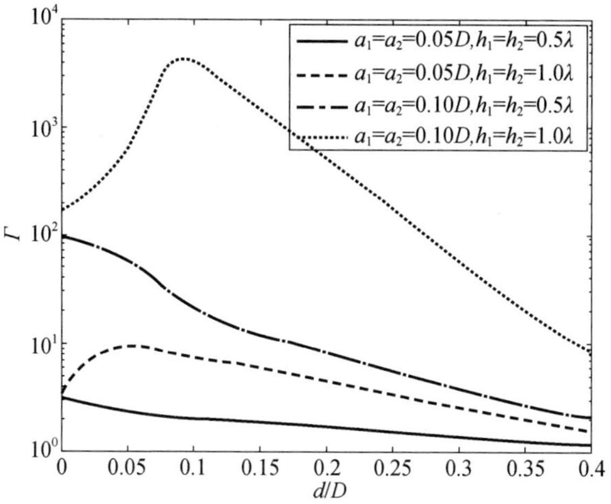

图 4-24 当两局部畸变半径和深度不同时，通信误码率随局部畸变位置的变化

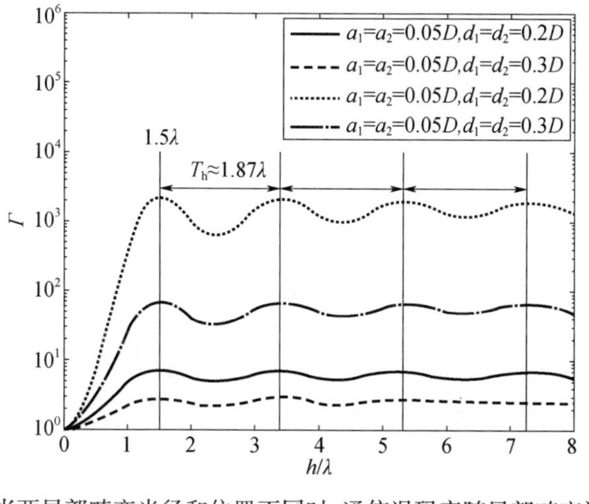

图 4-25 当两局部畸变半径和位置不同时，通信误码率随局部畸变深度的变化

下面分析反射式光学天线中存在 N 个局部波前畸变时，通信误码率随局部畸变深度呈周期性变化的原因。接收平面和接收焦平面上的光场分布可通写为（为了便于分析，假设发射和接收光场均为一维情况）

$$U(u) = \int_{-R}^{R} H(x)\mathrm{e}^{\mathrm{j}\Phi(x)}\mathrm{e}^{-\frac{\mathrm{j}k}{z_{\mathrm{f}}}xu}\mathrm{d}x \tag{4-44}$$

式中：$H(x)$ 为理想高斯光束；R 为透射式天线物镜的半径；$\Phi(x)$ 为局部畸变引

起的光束波前畸变；z_f 为星间激光链路的距离。式(4－44)可进一步表示为

$$U(u)=\int_{-R}^{R}H(x)\mathrm{e}^{-\frac{\mathrm{j}k}{z_f}xu}\mathrm{d}x+\int_{-R}^{R}H(x)\{\mathrm{e}^{\mathrm{j}\Phi(x)}-1\}\mathrm{e}^{-\frac{\mathrm{j}k}{z_f}xu}\mathrm{d}x \tag{4-45}$$

由于波前只是局部畸变，在非畸变区域畸变相位 $\Phi=0$，得

$$\mathrm{e}^{\mathrm{j}\Phi(x)}=1(\text{非畸变区域}) \tag{4-46}$$

将式(4－46)代入式(4－45)，并且当各局部畸变无重叠时得

$$U(u)=\int_{-R}^{R}H(x)\mathrm{e}^{-\frac{\mathrm{j}k}{z_f}xu}\mathrm{d}x-\sum_{i=1}^{N}\int_{x_i-a_i}^{x_i+a_i}H(x)\mathrm{e}^{-\frac{\mathrm{j}k}{z_f}xu}\mathrm{d}x+\sum_{i=1}^{N}\mathrm{e}^{\mathrm{j}\frac{\psi_i}{e}}\int_{x_i-a_i}^{x_i+a_i}H(x)\mathrm{e}^{\mathrm{j}\Phi_{i1}(x)}\mathrm{e}^{-\frac{\mathrm{j}k}{z_f}xu}\mathrm{d}x \tag{4-47}$$

式中：x_i 为第 i 个局部畸变的中心坐标。

式(4－47)表明，接收平面上的光场可分为三项，第一项为发射光束无畸变时接收平面上的光场，而第二项和第三项为局部波前畸变引起的接收光场的变化。因此，第二项和第三项决定了波前畸变对通信误码率的影响，又由于第二项接收光场与畸变深度无关，所以，通信误码率随畸变深度的变化关系取决于第三项。将第三项表示为

$$P(u)=\sum_{i=1}^{N}\mathrm{e}^{\mathrm{j}\frac{\psi_i}{e}}\int_{x_i-a_i}^{x_i+a_i}H(x)\mathrm{e}^{\mathrm{j}\Phi_{i1}(x)}\mathrm{e}^{-\frac{\mathrm{j}k}{z_f}xu}\mathrm{d}x \tag{4-48}$$

式中：$P_i(u)$ 为第 i 个局部畸变引入的光场。

由于畸变函数 $\mathrm{e}^{\mathrm{j}\Phi_{i1}}$ 是周期为 2π 的函数，即 $\mathrm{e}^{\mathrm{j}\Phi_{i1}}=\mathrm{e}^{\mathrm{j}(\Phi_{i1}+2\pi)}$，又因为 Φ_{i1} 是局部畸变区域空间坐标的函数，所以，接收光场 $P_i(u)$ 随畸变相位 Φ_{i1} 在畸变区域上的均方根值 δ_i 呈周期性变化，即通信误码率随 δ_i 呈周期性变化，周期为 2π，表示为

$$T_i=2\pi \tag{4-49}$$

结合式(4－7)得通信误码率随局部畸变深度的变化周期 T_{hi} 为

$$T_{hi}=\sqrt{\frac{2(e-1)}{e+1}}\frac{\lambda}{2\pi(n-1)}T_i \tag{4-50}$$

将式(4－49)代入式(4－50)得

$$T_{hi}=\frac{\lambda}{n-1}\sqrt{\frac{2(e-1)}{e+1}} \tag{4-51}$$

式(4－51)表明反射式光学天线中，第 i 个局部畸变引起的通信误码率随畸变深度的变化周期 T_{hi} 只与激光波长 λ 有关，而与局部畸变畸变半径和畸变位置无关。

当 N 个局部畸变的深度相同时，N 个局部畸变引起的总的通信误码率随局部畸变深度的变化周期 T_h 为

$$T_h=\frac{\lambda}{n-1}\sqrt{\frac{2(e-1)}{e+1}} \tag{4-52}$$

以上理论分析和数值仿真结果基本一致。当透射式发射天线中多个局部畸变的深度相同时，通信误码率随畸变深度呈周期性变化，且变化周期与其他畸变参数无关。

参考文献

[1] Fischer E, Adolph P, Weigel T, et al. Advanced Optical Solutions for Inter - satellite Communications[J]. OPTIK, 2001, 112(9): 442 - 448.

[2] Korevaar E, Hofmeister R J, Schuster J, et al. Design of Satellite Terminal for Ballistic Missile Defense Organization (BMDO) Lasercom Technology Demonstration[C]. Proc. of SPIE, 1995, 2381: 60 - 71.

[3] 杨玉强. 波前畸变对星间激光通信链路性能的影响研究[D]. 哈尔滨:哈尔滨工业大学, 2009.

第5章 光束捕获、跟踪和通信技术物理基础

5.1 概述

在卫星光通信系统能够进行通信之前，首先必须使发射机光场功率确实达到接收机探测器上，这就是说除了克服信道的各种效应以外，还必须使被发送的光场正确地瞄准接收机。因此在卫星光通信链路建立过程中，必须控制星上终端正确地瞄准接收站位置。在光通信链路建立起来以后，必须继续维持两通信终端的精确瞄准，因此航天器上终端必须对信标进行跟踪，来弥补两终端的相对运动。

本章主要介绍卫星光通信中光束捕获、跟踪和通信方面的物理基础问题，包括卫星光通信系统设计中涉及的卫星轨道动力学、大气对光场传输的影响等问题。

5.2 轨道确定与预测

5.2.1 利用地面观测数据确定轨道

已知某时刻 t 的位置矢量 $\boldsymbol{r}$ 和速度矢量 $\boldsymbol{r}$，计算轨道根数的步骤如下：

$$\boldsymbol{h} = \boldsymbol{r} \times \boldsymbol{r} = \begin{bmatrix} h_X \\ h_Y \\ h_Z \end{bmatrix} \tag{5-1}$$

式中：$h = |\boldsymbol{h}| = \sqrt{h_X^2 + h_Y^2 + h_Z^2}$，分别计算 i 和 Ω：

$$\begin{cases} \cos i = \dfrac{h_Z}{h} \\ \tan\Omega = \dfrac{h_X}{-h_Y} \end{cases} \tag{5-2}$$

而

$$\boldsymbol{e}=\frac{1}{\mu}(\boldsymbol{r}\times\boldsymbol{h})-\frac{\boldsymbol{r}}{r}=\begin{bmatrix}e_X\\e_Y\\e_Z\end{bmatrix} \tag{5-3}$$

$$e=|\boldsymbol{e}|=\sqrt{e_X^2+e_Y^2+e_Z^2}$$

计算 ω：

$$\tan\omega=\frac{e_Z}{(e_Y\sin\Omega+e_X\cos\Omega)\sin i} \tag{5-4}$$

计算 a：

$$a=\frac{h_2}{\mu(1-e^2)} \tag{5-5}$$

类似可得

$$\tan u=\frac{Z}{(Y\sin\Omega+X\cos\Omega)\sin i} \tag{5-6}$$

所以

$$f=u-\omega \tag{5-7}$$

计算 τ，由

$$\tan\frac{E}{2}=\sqrt{\frac{1-e}{1+e}}\tan\frac{f}{2}$$

得

$$n(t-\tau)=E-e\sin E \tag{5-8}$$

5.2.2 利用 GPS 数据预测轨道

由于 GPS 能持续、全天候提供低轨卫星高精度跟踪数据，使低轨卫星跟踪数据达到真正意义上的全飞行覆盖，为低高度航天器精密轨道确定创造了一个新途径。其中，几何法定轨是星载 GPS 低轨卫星轨道确定的最基本方法。利用几何法定轨得到的低轨卫星的位置也可以作为动力法定轨的低轨卫星的初始位置。本节首先介绍几何法定轨，然后分别描述基于测码伪距的定轨方法、基于相位平滑伪距的定轨方法及基于双频相位和伪距联合的定轨方法的原理和基本方法。

5.2.2.1 星载 GPS 几何法定轨概述

利用星载 GPS 测码伪距观测值进行几何法定轨的基本原理，是根据空间距离后方交会的原理，以星载 GPS 接收机观测到的 4 颗或 4 颗以上的 GPS 卫星距离观测量为基础，并根据已知的每一历元 GPS 卫星的瞬时坐标，利用迭代的方法，来确定每一历元低轨卫星星载 GPS 接收机天线的三维坐标及接收机钟差。

根据观测量性质的不同，伪距可分为测码伪距和测相伪距，所以，几何法定轨也相应有测码伪距几何法定轨和测相伪距几何法定轨之分。其中，基于测码伪距的几何法定轨是星载 GPS 低轨卫星定轨中最常用的方法之一。这种定轨方法优点是原理清晰、处理简单；缺点是受伪距观测值精度的影响，定轨精度不高。

在低轨卫星轨道的实际确定中，如果不需要实时知道低轨卫星的三维位置，可以考虑用观测精度很高的相位观测值和伪距联合的情况来提高几何定轨的精度。这种相位和伪距的联合有两种途径，其中一种就是利用相位平滑伪距进行几何法定轨，再剔除观测值中的粗差。探测并修复相位观测值中较大的周跳后，可以用某一观测时间段内的测相伪距和测码伪距差值的平均值作为粗略相位模糊度值，然后用固定模糊度后的相位观测值代替测码伪距来进行定轨。这种基于相位平滑伪距的定轨实质上是应用模糊度粗略固定后的相位观测值进行定轨，因而定轨精度较之基于单纯伪距的定轨精度高。另一种就是基于低轨卫星星载 GPS 双频相位和伪距观测值联合进行低轨卫星精密定轨。为了避免求解模糊度，可以先用双频 P 码的消电离层组合求低轨卫星的粗略位置，然后用双频载波相位的消电离层组合在历元间求单差，以求得各历元间低轨卫星的位置的变化。最后借助于卡尔曼滤波，求出低轨卫星的各历元的解。

5.2.2.2　基于测码伪距的星载 GPS 低轨卫星几何法定轨

星载 GPS 接收机 k 在 t 历元观测到 GPS 卫星 i 时的双频码观测模型为

$$P_{1k}^{i}=\rho_{k}^{i}+I_{k}^{i}+\Delta\rho_{\text{trop}}+c\delta_{k}-c\delta^{i}+\Delta\rho_{\text{rell}}+\Delta\rho_{\text{muit}}+\varepsilon_{c1k} \tag{5-9}$$

$$P_{2k}^{i}=\rho_{k}^{i}+\frac{f_{1}^{2}}{f_{2}^{2}}I_{k}^{i}+\Delta\rho_{\text{trop}}+c\delta_{k}-c\delta^{i}+\Delta\rho_{\text{rell}}+\Delta\rho_{\text{muit}}+\varepsilon_{c2k} \tag{5-10}$$

式中：$\rho_{k}^{i}=|\overline{X_{k}}-\overline{X_{i}}|=[(X_{k}-X^{i})^{2}+(Y_{k}-Y^{i})^{2}+(Z_{k}-Z^{i})^{2}]^{2}$；$(X_{k},Y_{k},Z_{k})$ 和 (X^{i},Y^{i},Z^{i}) 分别为 t_{i} 时刻低轨卫星和 GPS 卫星在协议地球坐标系中的瞬时空间笛卡儿坐标；ρ_{k}^{i} 为 GPS 卫星 i 和接收机 k 之间的几何距离；i_{k}^{i}、$\Delta\rho_{\text{trop}}$ 分别为电离层和对流层延迟；c 为光速；δ_{k}、δ^{i} 分别为接收机钟差和卫星钟差；$\Delta\rho_{\text{muit}}$ 为接收机多路径误差；ε_{c1k}、ε_{c2k} 为伪距观测噪声。

为消除电离层影响，常用双频 P 码消电离层组合来进行星载 GPS 几何定轨：

$$R_{3k}=\rho_{k}^{i}+c\delta_{k}+\varepsilon_{clk} \tag{5-11}$$

在仅利用星载 GPS 观测值对低轨卫星定轨时，需要将非线性伪距观测方程在星载 GPS 接收机近似位置附近按泰勒级数线性展开，由于事先并不知道低轨卫星的初始位置，因此，在实际定轨中常用迭代的方法，即在第一次求解后，利用所求坐标改正数，更新观测站坐标的初始值，再重新求解，直到求得的低轨卫星的位置改正值小于用户规定的阈值时，停止迭代，这时求得的低轨卫星的位置就是最终的轨道解。

5.2.2.3　基于相位平滑伪距的星载GPS低轨卫星几何法定轨

因为测相伪距的观测精度比P码的观测精度至少高一个数量级，基于测相伪距的几何定轨精度要高于测码伪距的定轨精度。基于P码的几何定轨主要是为满足精度要求不高的低轨航天器自主定轨的需要，或是为进一步精密定轨提供较准确的初始位置和接收机钟差。使用非差载波相位作为基本观测值的几何定轨精度要相对高些，但这种方法中模糊度的求解相对困难些，因此，可以考虑用相位平滑伪距来提高低轨卫星的定轨精度。P码及相位上的粗差及周跳在得到较好处理之后，可以用一个弧段内所有码和相位之差的平均值加每一历元相位观测值，以取代该历元的码观测值，将其代入式(5-11)，即可进行低轨卫星定轨。

5.2.2.4　基于双频相位及伪距联合的星载GPS低轨卫星几何法定轨

这种方法的关键就是用相位平滑伪距来估计相位观测值中的模糊度，伪距平滑时间越长，相位模糊度估计得越准。但由于低轨卫星运动速度很快，星载GPS接收机跟踪到的GPS卫星经常更换，在星载GPS定轨中供相位/伪距平滑的时间通常很短，因而用以上方法很难达到较高的定轨精度。加拿大的Bisnath博士和Langley教授提出将在距离范围内的平滑改成在坐标域内的平滑，只要滤波解能够连续进行，就可将使星座频繁变化所带来的影响减小到最低程度。其基本思想是利用伪距解算低轨卫星的位置，载波相位解算历元间卫星位置的精确变化，通过滤波平滑确定初始历元位置，从而确定每一历元的轨道。

5.2.2.5　几何法定轨的流程

几何法定轨整个数据处理流程分为星载GPS观测数据的获取、星载GPS观测数据的预处理、GPS精密轨道和钟差的获取、基本常数的获取、各项误差的改正、定轨方程的建立、定轨方程的解算。首先整理星载GPS接收机获得的非差观测数据，获取有用的观测数据信息；然后对观测数据进行周跳探测、修复、改正以及粗差剔除的预处理；再导入程序流程中所需的常数以及所用到的GPS精密轨道和钟差；接着进行各项误差改正并建立误差方程；最后利用最小二乘原理解算误差方程得到定轨结果。

5.3　激光大气传输理论

5.3.1　大气对激光传输影响概述

大气湍流的主要形成原因有地球表面对气流拖曳形成的风速剪切、太阳对地球表面的不均匀加热、地表热辐射导致的热对流等。这些因素导致大气温度和速度场的不均匀性，形成大气湍流。大气湍流的存在造成了大气折射率的随机起伏，而折射率的变化将对光的传播产生影响。在星地激光通信过程中，当光束通过地球大气层时，大气湍流对传输光场的影响将导致系统接收光强的随机起伏，从而对系统的通信性能产生影响。

在星地激光链路中，激光光束要穿过地球表面的大气层，大气对激光的光学质量影响必须予以考虑。地球表面大气的随机运动会形成大气湍流，引起大气折射率的随机起伏，进而导致激光波振面产生畸变，破坏空间光场的相干性，从而产生光束漂移、光强起伏、相位起伏等一系列光学效应。

星地激光上行和下行链路中光信号从发射端传输至接收端所经过自由空间和大气层的顺序有所不同，大气湍流对上行和下行链路产生的影响并不相同。光束漂移是指光束受到大于其直径的湍涡影响而使得光斑中心发生随机抖动的效应，就星地下行链路而言，激光光束传输至大气层时，其光束直径已远大于湍涡尺寸，因此下行链路中的光束漂移效应很小，本书针对星地下行链路系统性能的研究中没有考虑光束漂移的影响。

目前对湍流大气中的光传播有许多研究方法，其中最为成功的应属 Rytov 微扰法。Tatarskii 采用该方法对随机介质中的光波传播问题进行了研究。由于大气湍流的随机性，对大气湍流中传输光场的各种参数，通常采用统计物理量来进行描述和分析。

根据 Rytov 理论，在弱起伏情况下，接收光强服从对数正态分布，其概率密度分布函数可表示为

$$p(I)=\frac{1}{\sqrt{2\pi\sigma_I^2}}\frac{1}{I}\mathrm{e}^{-\frac{\left(\ln\frac{I}{\langle I\rangle}+\frac{\sigma_I^2}{2}\right)^2}{2\sigma_I^2}} \tag{5-12}$$

式中：$\langle I\rangle$ 为接收光强的平均值；σ_I^2 为归一化光强起伏方差，也称为闪烁指数，可表示为

$$\sigma_I^2=\frac{\langle I^2\rangle}{\langle I\rangle^2}-1 \tag{5-13}$$

光强闪烁指数表征了光强起伏的大小，Andrews 等人分别给出了基模高斯光束在星地链路中经过大气传输后的上行和下行链路的光强闪烁指数表达式，同时理论分析了双向激光链路的衰落概率。

国内外的研究人员对强起伏条件下的湍流大气光传播问题也进行了大量的研究工作，提出了强起伏条件下接收光强的概率密度服从负指数分布、K 分布、$I-K$分布以及 gamma－gamma 分布等一系列分布模型。对中等强度起伏研究虽然尝试了各种解析处理方法，但至今仍未获得令人满意的结果。

激光在大气湍流的影响下，光场波前相位也会发生随机起伏，光场的空间相

干性受到破坏。接收面上距离为 ρ 的任意两点间的相位差 ΔS 服从正态分布，其概率密度分布为

$$p(\Delta S)=\frac{1}{\sqrt{2\pi D_S(\rho)}}\frac{1}{I}\mathrm{e}^{-\frac{\Delta S^2}{2D_S(\rho)}} \tag{5-14}$$

式中：$D_S(\rho)$ 为相位结构函数，可通过大气相干长度 r_0 来表征，两参数之间的关系为

$$D_S(\rho)=6.88(\rho/r_0)^{5/3} \tag{5-15}$$

大气相干长度描述了光场的空间相干性，该参数表征了整层大气的湍流强度，与下行激光链路的大气折射率结构常数有关，其表达式如下：

$$r_0=\left(0.42k^2\int_{h_0}^{H}C_n^2(h)\,\mathrm{d}h\right)^{-3/5}\cos^{3/5}(\zeta) \tag{5-16}$$

式中：k 为波数；H 为卫星轨道高度；h_0 为地面接收机高度；ζ 为链路天顶角，对于垂直链路有 $\zeta=0$；$C_n^2(h)$ 为高度 h 处的大气折射率结构常数，它是衡量大气湍流起伏强度的一个重要的物理参量。C_n^2 随高度变化的模型有很多，目前普遍接受的模型为 $H-V5/7$ 模型，其表达式为

$$\begin{aligned}C_n^2(h)=&0.00594(v/27)^2(10^{-5}h)^{10}\mathrm{e}^{-h/1000}+\\&2.7\times10^{-16}\mathrm{e}^{-h/1500}+A_0\mathrm{e}^{-h/100}\end{aligned} \tag{5-17}$$

式中：v 为垂直于传输链路的风速，典型值为 21m/s；A_0 为近地面处的折射率结构常数，典型值为 $1.7\times10^{-14}\mathrm{m}^{-2/3}$。

对于星地下行激光通信链路，激光在大气湍流的影响下，光场的空间相干性受到破坏。而作为未来高速卫星激光通信技术的发展趋势的相干激光通信系统对入射光场的波前相位极为敏感，因此研究大气湍流对系统性能的影响对于星地下行激光链路中的相干探测系统的设计具有重要的意义。

5.3.2 大气激光衰减

大气对空间光通信质量有着重要的影响，光信号在大气中传播，不仅会受到大气的散射和吸收的影响，更主要会受到大气湍流的影响。大气湍流会造成光信号的深衰落，这种衰落会导致信号发生严重的突发错误[19]。

大气主要由大气分子、水蒸气以及各种杂质微粒组成。大气的状态并不稳定，由于不同区域存在温度差异，大气的各种分子和微粒一直处在不断的运动之中，这导致了其组成、密度等性质不断变化，大气湍流由此而生。

当光信号在大气中传输时，会受到大气各种成分的散射和吸收作用的影响，大气湍流又会使大气的折射率变得很不均匀，引起光斑的闪烁和漂移。大气的散射、吸收和湍流影响统称为大气效应，它对自由空间光通信性能影响很大。

光信号在大气中传输，光强会随着传输距离的增大而减小。大气散射会造成光能量减小并改变光斑的光强分布。

大气的吸收和散射影响综合表现为大气衰减，用大气透射率或大气衰减系数来衡量，单色波的大气透射率可表示为

$$\tau(\lambda) = e^{\int_0^z \alpha(\lambda)\mathrm{d}r} \tag{5-18}$$

式中：$\tau(\lambda)$为大气透射率；$\alpha(\lambda)$为总的大气衰减系数；z为传输距离；$\alpha(\lambda)$的表达式为

$$\alpha(\lambda) = \alpha_m + \alpha_s \tag{5-19}$$

大气衰减系数在不同的天气条件下变化范围极大，这会极大地影响通信距离。近地面大气层中，大气分子散射的影响非常小，光能量衰减主要由悬浮粒子散射造成，这种散射称为米式散射。此时，衰减系数可以用与能见度有关的经验公式表示。能见度是大气对可见光衰减作用的一种度量，白天指的是人眼所能看得见的最远距离，夜间指的是所能看见的中等强度未聚焦光源的距离。气象学把能见度分为10个等级，如表5-1所列。

表5-1 国际能见度等级

等级	天气状态	能见度	散射系数
0	浓雾	<50m	>78.2
1	厚雾	50～200m	78.2～19.6
2	中雾	200～500m	19.6～7.82
3	轻雾	500～1km	7.82～3.19
4	薄雾	1～2km	3.19～1.96
5	霾	2～4km	1.96～0.954
6	晴霾	4～10km	0.954～0.391
7	晴朗	10～20km	0.391～0.196
8	很晴朗	20～50km	0.196～0.078
9	极晴朗	>50km	0.0141

大气衰减系数与能见度之间的关系表达式为

$$\alpha(\lambda) = \frac{3.91}{V}\left(\frac{\lambda}{550\mathrm{nm}}\right)^{-q} \tag{5-20}$$

式中：V为能见度(km)；q为与能见度有关的参数；λ为传输波长。传统观点认为其满足下面的关系：

$$q = \begin{cases} 1.6 & V > 50\mathrm{km} \\ 1.3 & 6\mathrm{km} < V < 50\mathrm{km} \\ 0.585V^{1/3} & V < 6\mathrm{km} \end{cases} \tag{5-21}$$

由式(5-21)可知，无论在何种天气条件下，波长越长，对应的衰减系数就越小。

5.3.2.1 大气分子的吸收

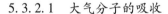

光信号在大气中传播时，大气分子将会在光波电场的作用下发生极化，并以入射光的频率做受迫振动，为了克服大气分子内部阻力，需要消耗能量，即表现为大气分子的吸收。大气分子将吸收的辐射能量转换成大气分子的热运动能量，当入射光的频率等于大气分子固有吸收频率时会发生共振吸收，此时，大气分子吸收出现极大值。由此看出，分子的吸收特性强烈地依赖于光波的频率变化。在大气激光通信中，主要是 H_2O、CO_2 和 O_2 会对近红外激光产生吸收。综合上述结论，大气对某些特定波长的光表现出极为强烈的吸收，同时对近红外区某波段表现弱吸收。

5.3.2.2 大气分子的散射

当光波传输通过大气时，大气分子的吸收和散射会使透射光强减弱，并且光波的电场会使大气分子产生极化，产生振动的偶极子，从而发出次波。若大气光学均匀，这些次波叠加会使激光只在折射方向继续传播，其他方向上会互相抵消。然而实际大气总会存在局部的密度与平均密度统计性地发生偏离，破坏了大气的光学均匀性，使次波的相干性遭到破坏。因此，一部分光会向其他方向传播，这就引起了光在各个方向上的散射。

由于大气分子的直径很小，入射光波长总是远大于大气分子的直径，此时发生的散射是分子散射。瑞利散射定理指出，散射光的强度与波长的四次方成反比，因而分子散射系数与波长的四次方成反比。瑞利散射系数的经验公式为

$$a_m(\lambda) = 1.09 \times 10^{-3} \lambda^{-4} (\text{km}^{-1}) \tag{5-22}$$

式中：λ 为光波长。对于实际的自由空间光通信系统，波长通常选择在大气窗口内，由于激光具有良好的单色性，波长恰好落在某些分子的吸收谱线外，吸收效应并不明显。因此在近地面大气层中，气体分子的散射作用很小，造成光能量衰减的主要是悬浮粒子的散射。

5.3.3 大气激光折射

大气湍流导致大气折射率不断起伏，从而使得光波的振幅和相位产生随机起伏，造成光束的闪烁、弯曲、分裂、扩展、空间相干性降低及偏振状态起伏等现象。湍流对光束的影响大致可根据湍流尺度的不同分为三种：当湍流尺度大于光束直径时，光束发生随机偏折，主要表现为接收端的光束漂移；当湍流尺度几乎等于光束直径时，光束也会发生随机偏折，主要表现为到达角的起伏、像点抖动；当湍流尺度小于光束直径时，光束发生衍射，相干性下降，主要表现为光束扩展、光强起伏和光强衰落。

考虑到湍流大气的折射率随空间、时间和波长而变化，湍流大气折射率的随

机函数就必然会包含如前所述的物理量，湍流大气的折射率表示为

$$n(r,t,\lambda)=n_0(r,t,\lambda)+n_1(r,t,\lambda) \tag{5-23}$$

式中：r、t、λ 分别为空间位置、时间和波长；$n_0(r,t,\lambda)$ 为折射率的确定部分，可近似取值为 1；而 $n_1(r,t,\lambda)$ 为湍流大气围绕平均值 n_0 的随机涨落。

由于大气中的湍流漩涡的尺寸范围很大，大约从几十毫米到几十米，因此，随机涨落部分对波长的依赖关系可以不考虑；同样，由于大气的变化在空间宏观尺度上是十分缓慢的，所以其中的时间量也可以不去考虑。那么，湍流大气的折射率就可以简写为

$$n(r)=1+n_1(r) \tag{5-24}$$

同时，$n(r)$ 也受到大气压力和温度的影响。由于 $n_1(r)$ 是一个随机过程，考虑采用统计的方法来描述它，研究用引入折射率结构常数 C_n^2 的方法来描述湍流的模型。

大气折射率结构常数表示折射率湍流强度的系数，是描述光学扰动的关键参量。对于激光大气传输，折射率结构常数的分布情况与高度相关。它的高度分布模型比较多，主要可分为以下两类。第一类模型是根据实验测量求平均值数据推导得到的。这类模型包括 AFGLAMOS 夜间模型、CLEAR Ⅰ 夏季模型、SLC 模型等。其中应用最多的是 Miller 和 Zieske 提出的 SLC 模型，它的参数如表 5－2 所列。

表 5－2　SLC 模型

SLC 夜间模型		SLC 日间模型	
$h\leqslant 18.5\text{m}$	8.40×10^{-15}	$h\leqslant 18.5\text{m}$	1.70×10^{-14}
$18.5<h\leqslant 110\text{m}$	$2.87\times10^{-12}h^{-2}$	$18.5<h\leqslant 110\text{m}$	$3.13\times10^{-13}h^{-1}$
$110<h\leqslant 1500\text{m}$	2.50×10^{-16}	$110<h\leqslant 1500\text{m}$	1.30×10^{-15}
$1500<h\leqslant 7200\text{m}$	$8.87\times10^{-7}h^{-3}$	$1500<h\leqslant 7200\text{m}$	$8.87\times10^{-7}h^{-3}$
$7200<h\leqslant 20000\text{m}$	$2.00\times10^{-16}h^{-0.5}$	$7200<h\leqslant 20000\text{m}$	$2.00\times10^{-16}h^{-0.5}$

第二类的模型称为参数模型。此类模型引入了气流与气象状态的相关性并模拟实际 C_n^2 测量，包括 Hufnagel－Valley 模型、Hufnagel 模型、NOAA 模型等。目前，在星地激光大气湍流效应研究中应用最普遍的是 Hufnagel－Valley5/7 模型，即

$$C_n^2(h)=0.0059(v/27)^2(10^{-5}h)^{10}e^{-h/1000}+2.7\times10^{-16}e^{-h/1500}+Ae^{-h/100} \tag{5-25}$$

式中：A 为地面附近的折射率结构常数，其典型值为 $1.7\times10^{-14}\text{m}^{-2/3}$；$h$ 为距离地面的高度(km)；v 为垂直传输路径的风速，其值为 21m/s。此模型下的等晕角为 7μrad，大气相干长度为 5cm。本书在以下的分析计算仿真中全部采用此模型。

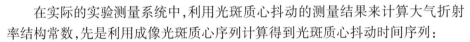

在实际的实验测量系统中，利用光斑质心抖动的测量结果来计算大气折射率结构常数，先是利用成像光斑质心序列计算得到光斑质心抖动时间序列：

$$\varphi = \frac{l}{f} \times \frac{1}{M} \tag{5-26}$$

式中：l 为光斑质心相对于中心位置的偏差；M 为望远镜放大倍数；f 为透镜焦距。然后基于得到的光斑质心抖动序列进行统计分析，从而得到测量的光斑质心抖动方差 ${\sigma_\varphi}^2$。再利用大气折射率结构常数与 ${\sigma_\varphi}^2$ 的关系式，进而计算得到大气折射率结构常数。计算式为

$$C_n^2 = \frac{\sigma_\varphi^2}{2.914LD^{-1/3}} \tag{5-27}$$

式中：${\sigma_\varphi}^2$ 为光斑质心抖动方差；L 为光束的传输距离；D 为接收望远镜的孔径的大小。

5.3.4 大气对光束发射的影响

5.3.4.1 激光光斑的漂移特性

当激光光束受到大气湍流影响时，传播方向的随机起伏造成光束偏离预期位置，这种效应称为光束漂移，通常采用漂移幅度或漂移角来度量。在漂移的同时，激光光束在接收平面上的到达角也因大气湍流影响产生随机起伏，像点就不能聚焦在焦平面的同一个位置上，这个现象称为像点抖动，抖动的大小通常用到达角起伏方差来度量。漂移角为光斑中心偏离其平均位置的角度，到达角为光束入射到接收面时的发散角。通常只研究激光光束漂移，光束漂移实际上也就是激光光斑中心的漂移，光束漂移示意图如图5-1所示。

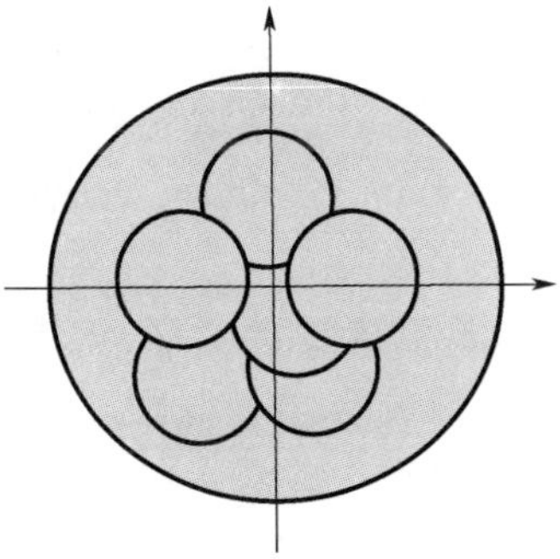

图5-1 激光光斑的漂移现象

光斑漂移用概率分布来描述，轴向激光光斑抖动概率为

$$P(x) = \frac{1}{\sqrt{2\pi\sigma_x^2}}\left[-\frac{(x-\langle x\rangle)^2}{2\sigma_x^2}\right] \tag{5-28}$$

$$P(y)=\frac{1}{\sqrt{2\pi\sigma_y^2}}\left[-\frac{(y-\langle y\rangle)^2}{2\sigma_y^2}\right] \tag{5-29}$$

式中：$\langle x\rangle$，$\langle y\rangle$为轴向位移均值；σ_x，σ_y为标均偏差。从式(5-28)和式(5-29)可以看出，激光光斑中心位置的一维抖动满足高斯分布。

总的激光光斑中心抖动的概率分布为

$$P(x,y)=\frac{1}{\sqrt{2\pi\sigma_x\sigma_y}}\mathrm{e}^{-\frac{x^2}{2\sigma_x}-\frac{(y-\rho_{\mathrm{sl}})^2}{2\sigma_y}} \tag{5-30}$$

式中：ρ_{sl}为近地面折射率随地高度存在的梯度，在考虑中心位置y方向的抖动时，由于大气折射率在y方向的变化导致光束的漂移，所以$\langle y\rangle=\rho_{\mathrm{sl}}\neq 0$。光斑的漂移导致整个光斑及光斑质心的移动，会造成接收光斑中心的漂移。

5.3.4.2 激光光斑的展宽特性

光束扩展是由衍射和大气湍流旋涡的扩展引起的，主要是指终端接收光斑半径面积的变化。当光束直径大于湍流旋涡直径时，就会引起湍流旋涡的扩展，造成中心轴的接收光强有一常量衰减，光斑半径增大。

假设激光器发出的是高斯光束，其束腰半径为ω_0，中心轴光强为I_0，不考虑湍流效应，当传输距离为z时，中心轴光强与光斑半径分别为

$$I(z,\rho)=I_0\left(\frac{w_0}{w_{\mathrm{f}}}\right)\mathrm{e}^{-\frac{2\rho^2}{w_{\mathrm{f}}}} \tag{5-31}$$

$$w_{\mathrm{f}}=\left[w_0^2+\left(\frac{2z}{kw_0^2}\right)\right]^{1/2} \tag{5-32}$$

大气湍流影响下光束扩展后卫星光通信终端成像光斑半径为

$$w_{\mathrm{t}}=(w_{\mathrm{f}}^2+4.38C_n^2l_0^{-1/3}z^3)^{1/2} \tag{5-33}$$

从式(5-33)可以看出，扩展后的光斑半径由w_{f}和大气湍流造成的展宽部分$w_{\mathrm{t2}}^2=4.38C_n^2l_0^{-1/3}z^3$两部分组成，对于典型的$C_n^2$从$10^{-15}\mathrm{m}^{-2/3}$到$10^{-18}\mathrm{m}^{-2/3}$，光斑展宽部分$w_{\mathrm{t2}}$的量级从0.1mm到10mm，对应中心轴光强的衰减最大达到3dB。

传输距离为4km时，在不同湍流强度C_n^2下，w_{t2}^2与湍流内尺度之间的关系如图5-2所示。从图5-2中可以看出，在传输距离一定时，大气湍流造成的光束展宽大小与湍流强度和内尺度有很大关系。当湍流内尺度一定时，湍流强度越大，湍流造成的光束展宽越大；当湍流强度C_n^2一定时，w_{t2}随着湍流内尺度l_0的增大而减少。光斑的展宽造成光斑面积的变大，光斑的平均光强减少。

5.3.4.3 激光光斑的闪烁特性

光强闪烁效应是当光束直径比湍流尺度大很多时，光束截面内包含许多个湍流旋涡，每个旋涡对照射其上的那部分光束各自独立散射和衍射，造成光束强

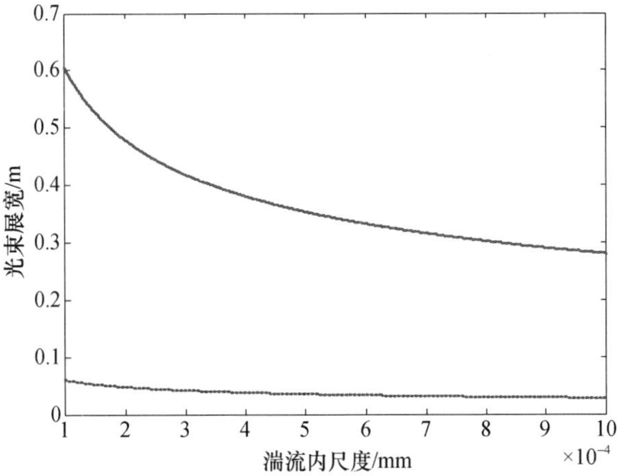

图5－2 光束展宽与湍流内尺度的关系

度在时间和空间上的随机起伏，引起接收端光强忽大忽小的变化[35]。它是由空气中折射率的随机变化引起的波前失真、接收相位的随机变化而造成的。由于接收光强是一个随机变量，其大小可以用统计平均值来描述，通常用光强的概率密度函数来表述，用闪烁指数来反映光斑闪烁。

闪烁指数即为归一化光强起伏方差，其计算公式见式(5－13)。

在激光大气传输中，当天顶角较小时，即天顶角小于60°时，传播满足衍射条件，此时 $l_0 \ll \sqrt{\lambda L} \ll L_0$。上行或下行传输的对数振幅起伏方差对于平面波和球面波分别如下。

对于平面波，对数振幅起伏方差为

$$\sigma_\chi^2(L) = 0.5631 k^{7/6} (\sec\zeta)^{11/6} \int_0^L C_n^2(z)(L-z)^{5/6} \mathrm{d}z \tag{5-34}$$

对于球面波，对数振幅起伏方差为

$$\sigma_\chi^2(L) = 0.5631 k^{7/6} (\sec\zeta)^{11/6} \int_0^L C_n^2(z)[z(L-z)/L]^{5/6} \mathrm{d}z \tag{5-35}$$

式中：ζ 为传输天顶角；k 为光波数；L 为传输距离。

当 $\sigma_\chi^2 < 0.3$ 时，即在弱起伏情况下，闪烁指数为

$$\sigma_I^2 = \sigma_{\ln I}^2 = \mathrm{e}^{4\sigma_\chi^2} - 1 \approx 4\sigma_\chi^2 \tag{5-36}$$

对于下行传输链路，在平面波近似下，Rytov 方差为

$$\sigma_I^2 = 2.25 \mu_1 k^{7/6} (H - h_0)^{5/6} \sec^{11/6}\zeta \tag{5-37}$$

式中：ζ 为天顶角；h_0 为地面站高度；H 为卫星轨道高度；k 为光波数。

$$\mu_1 = \int_{h_0}^{H} C_n^2(h) \left(\frac{h - h_0}{H - h_0}\right)^{5/6} \mathrm{d}h \tag{5-38}$$

对于上行传输情况，在球面波的近似下，Rytov 方差为[36]

$$\sigma_2^2 = 2.25\mu_3 k^{7/6}(H - h_0)^{5/6}\sec^{11/6}\zeta \tag{5-39}$$

式中

$$\mu_3 = \int_{h_0}^{H} C_n^2(h)\left(\frac{h - h_0}{H - h_0}\right)^{5/6} \mathrm{d}h \tag{5-40}$$

Andrews 等人利用修正 Rytov 方法建立了自弱起伏至强起伏条件下的闪烁指数的表达式。此模型主要基于以下假设:①大气湍流是均匀的;②对光波调制的小尺度起伏过程和大气尺度起伏过程本身是相互独立的;③接收到的起伏光强可以看作是一种大尺度湍流引起的起伏对小尺度湍流产生的起伏的再调制结果;④Rytov 近似引入滤去适量光波空间相干性的空间滤波器的作用后依然适用于强起伏;⑤几何光学方法可以用于解决大尺度不均匀介质中的光波传输问题。

参考文献

[1] Renard M, et al. Optical telecommunications – performance of the qualification model SILEX beacon[C]. SPIE Proc. ,1995,2381:289 – 300.

[2] 谢小权,霍建青. 低照度 CCD 图像采集及噪声预处理[J]. 电子应用技术, 2000,8:11 – 12.

[3] 项震. 基于 CCD 器件特征的图像噪声消除[J]. 光电工程,2001. 12: 66 – 68.

[4] 李仰军,马俊婷,郝晓剑. 微光 CCD 相机的噪声分析与处理[J]. 应用基础与工程科学学报,2001,9: 277 – 232.

[5] Sudey J, Sculman J R. In Orbit Measurements of Landsat – 4 Thematic Mapper Dynamic Disturbances[C]. 35th Congress of the International Astronautical Federation. Lausanne, Switzerland, 1984, IAF – 84 – 117.

[6] Wittig M, Van Holtz L, Tunbridge D E L, et al. In – Orbit Measurements of Microaccelerations of ESA's Communication Satellite Olympus[C]. SPIE Proc. ,1990,1218: 205 – 214.

[7] Morio Toyoshima, Kenichi Araki. In – Orbit Measurements of Short Term Attitude and Vibrational Environment on the Engineering Test Satellite Ⅵ using Laser Communication Equipment[J]. Optical Eng. ,2001,40(5): 827 – 832.

[8] Hashmi A J, Eftekhar A A, Adibi A, et al. Analysis of telescope array receivers for deep – space inter – planetary optical communication link between Earth and Mars[J]. Optics Communications, 2010, 283(10): 2031 – 2042.

[9] 于思源,韩琦琦,马晶,等. 卫星光通信终端 CCD 成像光斑弥散圆尺寸选择[J]. 中国激光,2007,34(1):69 – 73.

[10] 刘丹平,胡渝. 提高光斑图像质心精度的去噪方法[J]. 光电工程,2005,32(8): 56 – 58.

[11] 肖锋钢,刘建国,曾淙泳,等. 一种新型提高光斑图像质心精度的去噪方法[J]. 计算机应用研究, 2008,25(12): 3683 – 3685.

[12] 王海虹,曾妮,陆威,等. 基于小波变换和数学形态学的激光成像雷达图像边缘检测[J]. 中国激光, 2008,35(6): 903 – 906.

[13] 陈杰春,丁振良,袁峰. 质心检测不确定度的估计方法[J]. 光学学报,2008,28(7): 1318 – 1322.

[14] 陈兴林,郑燕红,王岩. 光斑噪声对星间光通信的影响及抑制算法[J]. 中国激光,2010,37(3): 743 – 747.

[15] Al – Habash M A, Andrews L C. New Mathematical Model For the Intensity PDF of a Laser Beam Propaga-

ting Through Turbulent Media[C]. Proc. SPIE,1999,3706:103 - 110.

[16] 王洪涛,罗长洲,王渝,等. 一种改进的星点质心算法[J]. 光电工程,2009,36(7):55 - 59.

[17] 马晶,韩琦琦,于思源. 卫星平台振动对星间激光链路的影响和解决方案[J]. 激光技术,2005,29(3):228 - 232.

[18] 聂光戍,臧守飞,郑磊刚,等. 星间光通信复合轴跟踪结构性能和误差抑制能力分析[J]. 空军工程大学学报(自然科学版),2012,12(2).

[19] 冉英华,杨华军,徐权,等. 卡塞格伦光学天线偏轴及性能分析[J]. 物理学报,2009,58(2).

[20] Toyoshiman M,Jono T,Nakagawa K,et al. Optimum divergrence angle of a Gaussian beam wave in the presence of random jitter in free - space laser communication systems[J]. Journal of Optics society of America, 2002,19(3):567 - 571

[21] Page N A,Hemmati H. Preliminary Optomechanical Design for the X2000 Transceiver[C]. Pro. of SPIE, 1999,3615:206 - 211.

[22] Page N A. Design of the Optical Communication Demonstrator Instrument Optical System[C]. Pro. of SPIE, 1994,2123:498 - 504.

[23] Hemmati H,Lesh J R. Laser Communication Terminals for the X2000 Series of Planetary Missions[C]. Pro. of the SPIE,1998,3266:171 - 177.

[24] Weigel T. Stray light test methods for space optical components[C]. Pro. of SPIE,1994,2210:691 - 699.

[25] Peters W N,Ledger A M. Techniques for matching laser TEM00 mode to obstructed circular aperture[J]. Applied Optics,1970,9:1435 - 1442.

[26] Klein B J, Degnan J J. Optical antenna gain——Transmitting antenna[J]. Applied Optics, 1974, 13: 2134 - 2141.

[27] Vukobratovich D. Ultra - lightweight optics for laser communications[C]. Pro. of SPIE, 1994, 1218: 178 - 192.

[28] Czichy R. Optical design and technologies for space instrumentation[C]. Pro. of SPIE, 1994, 2210: 420 - 433.

[29] Anapol M I. Silicon carbide lightweight telescopes for advanced space application[C]. Pro. of SPIE,1994, 2210:373 - 382.

[30] Wang Yanping,Wang Qianqian,Ma Chong. Optimized laser beam widths meter calibration system:precisely positioning of detector measurement plane[C]. Proc. of SPIE,2013,9046.

[31] ISO 11554 Second Edition2003 - 04 - 01 光学和光学仪器——激光和激光相关设备——激光光束功率,能量以及时间特性的测试方法.

[32] Dumas R,Laurent B. System Test Bed for Demonstration of the Optical Space Communication Feasibility [C]. Proc. of SPIE,1990,1218: 398 - 411.

[33] Planche G,Laurent B,Guillen J C,et al. SILEX Final Ground Testing and In - Fight Performances Assessment[C]. Proc. of SPIE. 1999,3615: 64 - 77.

[34] Inagaki K,Nohara M,Arimoto Y,et al. Far - field Pattern Measurement of On - Board Laser Communication Equipment by Free - Space Laser Transmission Simulator[C]. Proc. of SPIE,1993,1866: 83 - 94.

[35] Nakagawa K,Yamamoto A. Engineering Model Test of LUCE (Laser Utilizing Communication Equipment) [C]. Proc. of SPIE,1996,2699: 114 - 121.

[36] Nakagasa K,Yamamoto A. Performance Test Result of LUCE (Laser Utilizing Communications Equipment) Engineering Model[C]. Proc. of SPIE,2000,3932: 68 - 76.

[37] Jono T,Toyoshima M,Takahashi N,et al. Laser Tracking Test under Satellite Microbrational Disturbances by OICETS ATP System[C]. Proc. of SPIE,2002,4712: 97 - 104.

[38] Toyoshima M, Yamakawa S, Yamawaki T, et al. Reconfirmation of the Optical Performances of the Laser Communications Terminal Onboard the OICETS Satellite[J]. Acta Astronautica. 2004, (55): 261 – 269.

[39] Dreischer T, Maerki A, Weigel T, et al. Operating in Sub – arc Seconds: High Precision Laser Terminals for Intersatellite Communications[C]. Proc. of SPIE, 2002, 4902: 87 – 98.

[40] Biswas G Williams, Wilson K E. Results of the STRV – 2 Lasercom Terminal Evaluation Tests[C]. Proc. of SPIE, 1998, 3266: 2 – 13.

[41] Biswas K E Wilson, Page N A. Lasercom Test and Evaluation Station (LTES) Development: An Update [C]. Proc. of SPIE, 1998, 3266: 22 – 32.

第6章 光束预瞄准和捕获扫描技术

6.1 概述

在星间激光通信中需要通过捕获来完成光通信终端的相互对准。捕获主要用于星间激光链路的建立和链路通信中断后的恢复，是星间激光链路进行通信的必要前提。通常情况下链路时间是有限的，为了在有限的链路时间内完成信息的大量传输、组网过程中网络的快速建立和稳定运行，或满足战时紧急任务的需求，捕获的快速完成是至关重要的。

捕获是在开环状态下，发射端卫星光通信系统用信标光按照一定的方式扫描接收端卫星可能出现的不确定域，并等待反馈光信号，最终建立闭环激光链路的过程。在星间激光链路的捕获过程中，接收端卫星偏置角方差、扫描不确定域、扫描步长以及捕获模式等都会对捕获时间造成影响。因此研究系统主要参量对捕获时间的制约关系具有重要的意义，可以为星间激光通信系统的设计提供参考。

本章通过对螺旋扫描进行建模，对步进式扫描捕获模式进行了分析，得到了单场扫描平均捕获时间的非解析表达式，可以通过数值求解方法分析各参量对捕获时间的影响。然而，其形式相对复杂、求解过程繁琐，不便于定性地考察各参量对捕获性能影响的关系。且考虑到星间激光通信系统中各参量相互制约的特性，非解析表达式在系统整体性能的优化中具有局限性。因此，为了进一步完善星间激光通信捕获理论，便于明确地考察系统和链路参数对捕获时间的影响，十分有必要给出它们之间影响关系的解析式。

此外，本章对光栅扫描方式下，步进式扫描捕获模式和快速全场扫描捕获模式的优劣进行讨论。考虑到螺旋扫描覆盖效率高且工程上易于实现的优点，有必要对螺旋扫描方式下，两种捕获模式的优劣进行比较分析。针对星间激光通信链路的捕获方案，建立了快速全场扫描捕获和步进式扫描捕获两种捕获模式下系统参量对单场扫描平均捕获时间影响的解析模型。基于该解析模型，本章对比分析了两种捕获模式捕获性能的优劣。考虑到无信标光捕获机制实际通过多场扫描捕获来提高捕获概率，随后对多场扫描平均捕获时间进行了讨论，并分析了多场扫描平均捕获时间与扫描不确定域间的优化关系。最后，进行了星间激光链路单场和多场扫描捕获的地面模拟实验研究。在卫星间光通信中,跟踪瞄准主要用于捕获开始之前的初步对准,捕获进行当中的星间相对运动补偿,以及捕获完成之后的链路保持。

本章首先介绍光束跟踪瞄准的基本原理及产生跟瞄误差的主要因素。分别从理论上对瞄准和跟踪进行分析,给出提前瞄准角和最大稳态跟踪方差的表达式。最后,分析跟瞄误差对光通信和激光链路性能的影响。

6.2 坐标系建立

6.2.1 星上瞄准坐标系的建立

选取地心赤道坐标系 *IJK* 作为惯性坐标系来描述卫星轨道(图 6-1)。地心赤道坐标系的原点在地心,基准面为赤道平面,*X* 轴指向春分点(春季第一天日心和地心的连线),*Z* 轴指向北极。单位矢量 **I**、**J** 和 **K** 分别沿 *X*、*Y* 轴和 *Z* 轴,用于描述地心赤道坐标系中的矢量。图 6-1 中,**r** 为卫星的位置矢量;**h** 为角动量矢量,垂直于卫星轨道平面;**p** 为近拱点(卫星轨道长轴的两个端点称为拱点,离主焦点近的称为近拱点)方向矢量;**n** 为升交点(卫星朝北穿过基准平面点)方向矢量。通过 5 个独立的轨道参数可以确定卫星轨道的大小、形状和方位。如要精确地确定卫星沿着轨道在某特定时刻的位置,则需要第 6 个轨道参数。

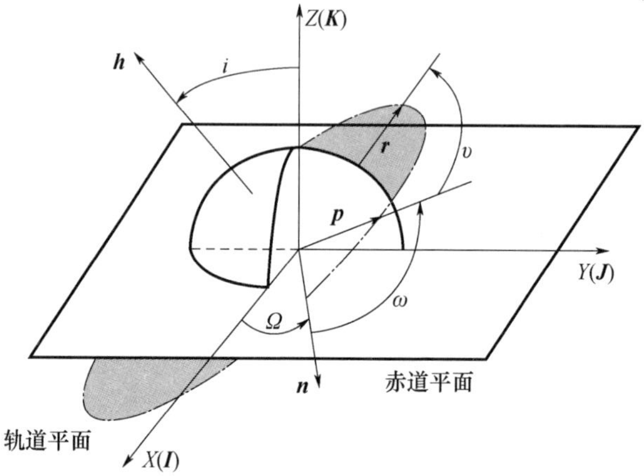

图 6-1 卫星的轨道参数

经典的 6 个轨道参数定义如下:半长轴 a,确定轨道大小的常数;偏心率 e,确定圆锥曲线形状的常数;轨道倾角 i,单位矢量 **K** 和角动量矢量 **h** 间的夹角;升交点黄经 Ω,单位矢量 **I** 和升交点方向矢量 **n** 间的夹角;近拱点角距 ω,升交点方向矢量 **n** 和近拱点方向矢量 **p** 间的夹角;过近拱点时刻 t_0,即卫星在近拱点的时刻。为了推导方便,有时用卫星位置矢量 **r** 和近拱点方向矢量 **p** 在某一时刻的夹角 υ

来代替 t_0，称 $\boldsymbol{v}$ 为真近点角，用半正交弦 p 代替 a，变换关系为 $p=a(1-e^2)$。

在卫星轨道动力学分析中，通常采用近焦点坐标系描述卫星的轨道运动。近焦点坐标系的基准面是卫星的轨道平面，X 轴指向近拱点，在轨道平面内按运动方向从 X 轴转过 90°就是 Y 轴，Z 轴沿 $\boldsymbol{h}$ 方向。X、Y 方向和 Z 方向的单位矢量分别为 $\boldsymbol{P}$、$\boldsymbol{Q}$ 和 $\boldsymbol{W}$。

将卫星的轨道运动简化为二体问题，即假设地球和卫星都是球对称的，并且除了地球和卫星中心连线作用的引力外，没有其他外力或内力作用。以三轴稳定姿态控制卫星为例，在近焦点坐标系中，利用卫星轨道参数可以给出卫星的位置矢量和速度矢量，即

$$\boldsymbol{r}=\frac{p}{1-e\cos\boldsymbol{v}}(\cos\boldsymbol{v}\boldsymbol{P}+\sin\boldsymbol{v}\boldsymbol{Q}) \tag{6-1}$$

$$\boldsymbol{v}=\sqrt{\frac{\mu}{p}}[-\sin\boldsymbol{v}\boldsymbol{P}+(e+\cos\boldsymbol{v})\boldsymbol{Q}] \tag{6-2}$$

式中：$\mu=GM$ 为引力参数。G 为万有引力常数；M 为地球的质量。考虑两星之间的链路时，需要将两星在各自的近焦点坐标系中的 $\boldsymbol{r}$ 和 $\boldsymbol{v}$ 变换到地心赤道坐标系，变换矩阵为

$$\widetilde{\boldsymbol{R}}=\begin{bmatrix}\boldsymbol{I}\cdot\boldsymbol{P} & \boldsymbol{I}\cdot\boldsymbol{Q} & \boldsymbol{I}\cdot\boldsymbol{W}\\ \boldsymbol{J}\cdot\boldsymbol{P} & \boldsymbol{J}\cdot\boldsymbol{Q} & \boldsymbol{J}\cdot\boldsymbol{W}\\ \boldsymbol{K}\cdot\boldsymbol{P} & \boldsymbol{K}\cdot\boldsymbol{Q} & \boldsymbol{K}\cdot\boldsymbol{W}\end{bmatrix}=\begin{bmatrix}R_{11} & R_{12} & R_{13}\\ R_{21} & R_{22} & R_{23}\\ R_{31} & R_{32} & R_{33}\end{bmatrix} \tag{6-3}$$

利用前面定义的轨道参数，可求出变换矩阵 $\widetilde{\boldsymbol{R}}$ 的各个分量，即

$$\begin{cases}R_{11}=\cos\Omega\cos\omega-\sin\Omega\sin\omega\cos i\\ R_{12}=-\cos\Omega\sin\omega-\sin\Omega\cos\omega\cos i\\ R_{13}=\sin\Omega\sin i\\ R_{21}=\sin\Omega\cos\omega+\cos\Omega\sin\omega\cos i\\ R_{22}=-\sin\Omega\sin\omega+\cos\Omega\cos\omega\cos i\\ R_{23}=-\cos\Omega\sin i\\ R_{31}=\sin\omega\sin i\\ R_{32}=\cos\omega\sin i\\ R_{33}=\cos i\end{cases} \tag{6-4}$$

可见，$\widetilde{\boldsymbol{R}}$ 与升交点黄经、近拱点角距和轨道倾角三个轨道参数有关。利用变换矩阵 $\widetilde{\boldsymbol{R}}$，可将卫星的位置矢量 $\boldsymbol{r}$ 和速度矢量 $\boldsymbol{v}$ 由近焦点坐标系变换到地心赤道坐标系，即

$$\boldsymbol{r}_{IJK}=\widetilde{\boldsymbol{R}}\boldsymbol{r}_{PQW} \tag{6-5}$$

$$\boldsymbol{v}_{IJK}=\widetilde{\boldsymbol{R}}\boldsymbol{v}_{PQW} \tag{6-6}$$

瞄准控制过程中主要考虑激光光束的角方向,因此选取星上水平俯仰坐标系 *SEZ* 来分析瞄准:原点在瞄准卫星上,基准面为卫星轨道平面,*X* 轴指向地心,*Z* 轴垂直于卫星轨道平面且与卫星运动的角动量矢量平行。单位矢量 **S**、**E** 和 **Z** 分别沿 *X*、*Y* 轴和 *Z* 轴,用于描述水平俯仰坐标系中的矢量。如图 6-2 所示,设任意位置矢量与基准面的夹角为俯仰角 θ_v,其在基准面上的投影与单位矢量 **S** 的夹角为方位角 θ_h,大小为斜距 ρ。

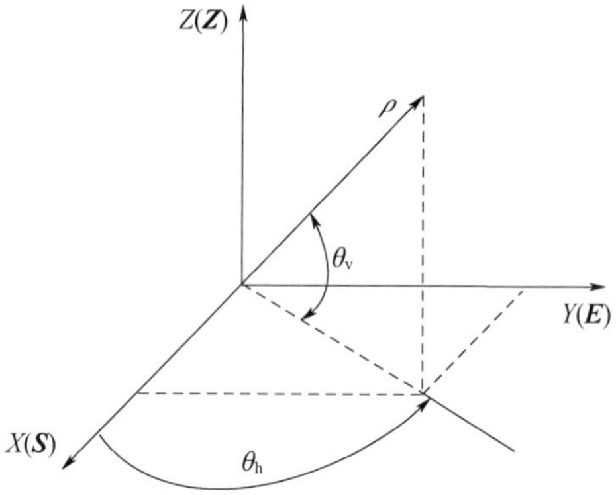

图 6-2　水平俯仰坐标系

在进行瞄准捕获跟踪控制过程中,通常需要将已知的 $\boldsymbol{r}_p$ 和 $\boldsymbol{v}_p$ 在地心赤道坐标系内的 *IJK* 分量变换成非惯性坐标系中的 *SEZ* 分量,该非惯性坐标系以卫星 A(或卫星 B)为中心。坐标系变换过程如下。首先,*IJK* 坐标系绕 **K** 旋转 Ω 角,对应变换矩阵为

$$\boldsymbol{K}(\Omega)=\begin{bmatrix}\cos\Omega & \sin\Omega & 0\\ -\sin\Omega & \cos\Omega & 0\\ 0 & 0 & 1\end{bmatrix} \tag{6-7}$$

然后,*IJK* 坐标系绕 *I* 旋转 *i* 角,对应变换矩阵为

$$\boldsymbol{I}(i)=\begin{bmatrix}1 & 0 & 0\\ 0 & \cos i & \sin i\\ 0 & -\sin i & \cos i\end{bmatrix} \tag{6-8}$$

最后,*IJK* 坐标系再绕 **K** 旋转 ω 角,对应变换矩阵为

$$\boldsymbol{K}(\omega)=\begin{bmatrix}\cos\omega & \sin\omega & 0\\ -\sin\omega & \cos\omega & 0\\ 0 & 0 & 1\end{bmatrix} \tag{6-9}$$

将上述三个旋转操作合并,可得最终的变换矩阵

$$\widetilde{\boldsymbol{D}}=\boldsymbol{K}(\omega)\boldsymbol{I}(i)\boldsymbol{K}(\Omega)=\begin{bmatrix}D_{11} & D_{12} & D_{13}\\ D_{21} & D_{22} & D_{23}\\ D_{31} & D_{32} & D_{33}\end{bmatrix} \tag{6-10}$$

其中，变换矩阵 $\widetilde{\boldsymbol{D}}$ 的各分量为

$$\begin{cases} D_{11} = \cos\Omega\cos\omega - \sin\Omega\cos i\sin\omega \\ D_{12} = \sin\Omega\cos\omega + \cos\Omega\cos i\sin\omega \\ D_{13} = \sin i\sin\omega \\ D_{21} = -\cos\Omega\sin\omega - \sin\Omega\cos i\cos\omega \\ D_{22} = -\sin\Omega\sin\omega + \cos\Omega\cos i\cos\omega \\ D_{23} = \sin i\cos\omega \\ D_{31} = \sin\Omega\sin i \\ D_{32} = -\cos\Omega\sin i \\ D_{33} = \cos i \end{cases} \tag{6-11}$$

利用变换矩阵 $\widetilde{\boldsymbol{D}}$，可将卫星的位置矢量 $\boldsymbol{r}$ 和速度矢量 $\boldsymbol{v}$ 由地心赤道坐标系变换到水平俯仰坐标系，即

$$\boldsymbol{r}_{SEZ} = \widetilde{\boldsymbol{D}}\boldsymbol{r}_{IJK} \tag{6-12}$$

$$\boldsymbol{v}_{SEZ} = \widetilde{\boldsymbol{D}}\boldsymbol{v}_{IJK} \tag{6-13}$$

以上推导得出的变换矩阵 $\widetilde{\boldsymbol{R}}$ 和 $\widetilde{\boldsymbol{D}}$ 将在后面的理论分析和计算机仿真中用到。

6.2.2 瞄准机构方位轴坐标系

在粗瞄准机构中存在方位轴和俯仰轴两个轴系，需要分别对方位轴和俯仰轴轴系误差的影响进行研究，在研究过程中对两种轴系误差进行不同的表述。在研究方位轴轴系误差时，其他误差不做考虑，方位轴轴系坐标系为终端粗瞄准机构方位轴，即俯仰轴旋转所在的坐标系；同理，俯仰轴坐标系为在仅考虑俯仰轴轴系误差的情况下，即粗瞄准机构俯仰轴旋转所在的坐标系。

在理想情况下，潜望式光终端粗瞄准机构中不存在轴系误差，这时粗瞄准机构方位轴坐标系、俯仰轴坐标系以及终端基准坐标系中各同名轴之间严格平行（X、X_{Az}及 X_{El}之间平行，其他两个方向同理）。而轴系误差使得粗瞄准机构方位轴坐标系、俯仰轴坐标系相对于终端基准坐标系发生了偏转，而偏转角度即为各轴系误差角度。

本节将采用几何光学理论对潜望式光终端机械轴系误差的影响进行研究，为了方便对相应轴系各种误差建模，这里对潜望式光终端基准坐标系、方位轴轴系坐标系、俯仰轴轴系坐标系进行了定义。

如图6-3所示，坐标系 XYZ 为粗瞄准机构基准坐标系，坐标系 $X_{\mathrm{Az}}Y_{\mathrm{Az}}Z_{\mathrm{Az}}$ 为终端方位轴轴系坐标系，坐标系 $X_{\mathrm{El}}Y_{\mathrm{El}}Z_{\mathrm{El}}$ 为终端俯仰轴轴系坐标系。

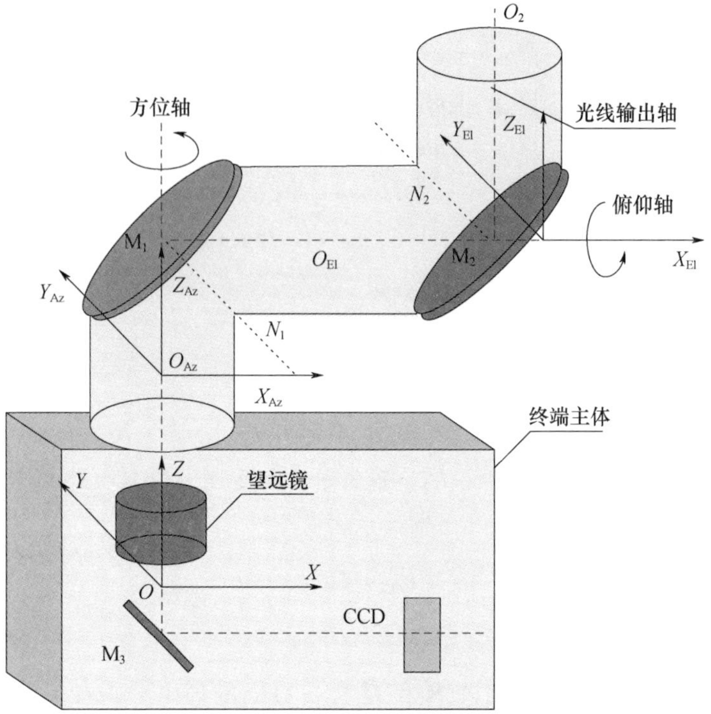

图 6－3　粗瞄准机构坐标系

如图 6－3 所示，沿方位轴轴线方向为终端方位轴轴系坐标系 $X_{Az}Y_{Az}Z_{Az}$的 Z_{Az}轴，沿俯仰轴轴线方向为方位轴轴系坐标系 $X_{Az}Y_{Az}Z_{Az}$的 X_{Az}的轴，Y_{Az}由右手系规则确定。当方位轴角度为 0°时，俯仰轴轴线与坐标系中的 X_{Az}平行。方位轴坐标系 $X_{Az}Y_{Az}Z_{Az}$是粗瞄准机构旋转的基准坐标系之一。在仅有方位轴轴系误差情况下，粗瞄准机构方位轴电机绕方位轴坐标系 Z_{Az}轴旋转，俯仰轴电机绕方位轴坐标系 X_{Az}轴旋转。

如图 6－3 所示，当方位轴 45°平面镜与俯仰轴 45°平面镜彼此平行时，出光轴方向为俯仰轴坐标系的 Z_{El}轴，俯仰轴轴线方向为俯仰轴坐标系的 X_{El}轴，坐标系 Y_{El}轴由右手规则确定。与方位轴坐标系类似，俯仰轴坐标系也是粗瞄准机构旋转的基准坐标系之一，在仅存在俯仰轴轴系误差的情况下，粗瞄准机构俯仰轴电机绕方位轴坐标系 X_{El}轴旋转，而方位轴电机绕终端基准坐标系 Z 轴旋转。

6.3　瞄准理论

光学瞄准（Pointing）可定义为：控制某个卫星间光通信终端（发射端）的信号光（信标光）对准某一恰当的方向，以便对卫星间光通信终端（接收端）进行捕获或接收。在卫星间光通信过程中，瞄准角度误差至少应小于信号光束宽的1/2

以确保接收端对光场的接收(图 6－4)。也就是说,若瞄准角度误差为 Ψ_e,则信号光束宽 Ψ_b 应大于 $2\Psi_e$。例如,若信号光束宽为 50μrad,则瞄准控制精度至少为 25μrad。将这一结果与束宽为 200μrad 的 RF 卫星天线相比较,RF 所需的 PAT 控制精度仅为 100μrad,两者相差数千倍。可见,卫星间光通信对瞄准控制精度提出了更为严格的要求。

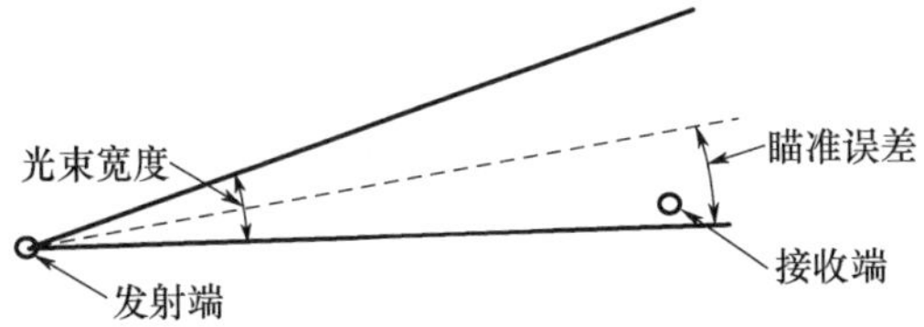

图 6－4　光束宽度与瞄准误差

卫星间光通信中的瞄准角度误差由以下几类因素造成:

(1) 参考坐标系。通常坐标系是根据某一已知的恒星或其他天体定位的,在这种情况下,必须对参照系的运动进行补偿,一般来说这种运动并不是精确已知的。除了实际参考轴的运动,还存在着表观运动,例如由于地球从其轨道的一边移动到另一边而导致的恒星视差移动。因此,瞄准控制系统通常无法精确地决定所期望的瞄准方向,参照系的误差将导致瞄准视线方向的不确定性,瞄准只能在基本坐标系建立的精度内进行。

(2) 相对运动补偿方程。为了补偿发送端和接收端之间的相对运动,需要通过卫星轨道参数和姿态参数建立相对运动补偿方程。瞄准控制系统通过相对运动补偿方程预测两终端的相对运动以对其进行补偿。然而,由于卫星轨道参数和姿态参数存在一定的误差,不能精确地补偿这种运动,最终导致瞄准误差。

(3) 瞄准装置。在卫星间光通信系统中,望远镜或透镜通过电子或机械进行连接,并通过传感器反馈进行瞄准控制。应力、噪声、安装结构、温度变化等因素造成的误差将使光束不能精确地瞄准。

卫星间光通信中,信号传输的距离很大,使得传输的弛豫时间较长。当考虑两颗卫星间的相对运动时,发射端的瞄准操作将进一步受阻碍。在这种情况下,发射端必须将光束实际瞄准到接收端的“前方”以便接收端进行信号接收。也就是说,发射端在瞄准时必须要考虑到在光束传输弛豫时间内所发生的两星间的附加移动,以对准到预计的角位置。通常称这一瞄准过程为提前瞄准(Pointing Ahead),如图 6－5 所示。

卫星 A 在点 P_1 处进行光场的发送,当光场到达卫星 B 时,卫星 A 已经移动到了点 P_2 处。卫星 B 再进行光场发射时除了必须补偿从点 P_1 到点 P_2 的运动外,还要补偿光场从卫星 B 传播到卫星 A 期间卫星 A 的移动(P_2 至 P_3)。定义卫星 B 接收矢量和发射矢量之间的夹角为提前瞄准角(Pointing Ahead Angle)。

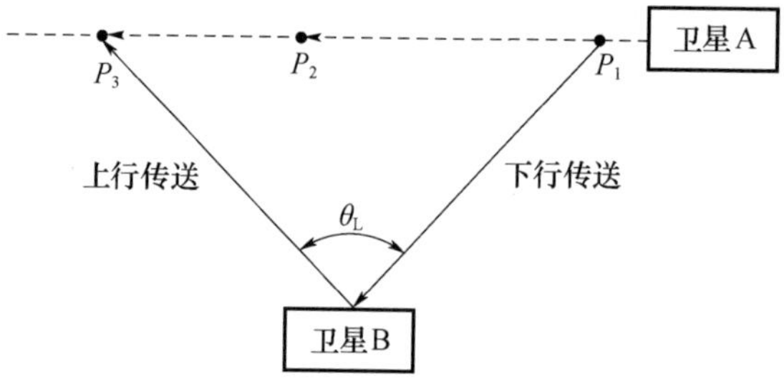

图6－5　两星间的提前瞄准角

由于卫星间的相对运动比光速要慢得多，因此可以假定提前瞄准角很小，可以进行小角度近似。设卫星 A 与卫星 B 间的距离为 L，光束往返传播的弛豫时间为 τ，有 $\tau = 2L/c$，其中，c 为光速。卫星 A 沿着轨道从 P_1 运动到 P_2 的距离为 τv，其中 v 为卫星 A 和卫星 B 间的相对速率。对于小角度假定，提前瞄准角 θ_L 可近似表示为：$\theta_L \approx 2v/c$。在卫星间光通信过程中，两颗卫星上的光通信终端必须根据给定的 θ_L 对瞄准进行实时的补偿。

6.4　提前瞄准

由于卫星间光通信是在两个高速运动的卫星之间进行，并且通信距离较远，因此瞄准控制过程中必须考虑加一个提前瞄准量。前面给出了提前瞄准角的一维近似表达。下面将由卫星的轨道参数推导出提前瞄准角更为精确的表达式。

在卫星间光通信过程中，通常可通过某种手段获得卫星的轨道运动参数。设链路的两颗卫星分别为卫星 A 和卫星 B。在近焦点坐标系中，设卫星的位置矢量分别为 $\boldsymbol{r}'_{PQW1}(t)$ 和 $\boldsymbol{r}''_{PQW2}(t)$。由于近焦点坐标系为非惯性坐标系，两颗卫星的位置矢量之间不能进行矢量运算。利用给出的变换矩阵 $\widetilde{\boldsymbol{R}}$，将两颗卫星的位置矢量分别由近焦点坐标系变换到地心赤道惯性坐标系。这样就可以通过简单的矢量运算求出卫星 A 和卫星 B 之间的相对位置矢量，即

$$\boldsymbol{r}_{IJK}(t) = \widetilde{\boldsymbol{R}}_2\boldsymbol{r}''_{PQW2}(t) - \widetilde{\boldsymbol{R}}_1\boldsymbol{r}'_{PQW1}(t) \tag{6-14}$$

式中：$\boldsymbol{r}_{IJK}(t)$ 为卫星 A 瞄准卫星 B 的瞄准矢量；而 $-\boldsymbol{r}_{IJK}(t)$ 则为卫星 B 瞄准卫星 A 的瞄准矢量。注意到上面是在地心赤道惯性坐标系中给出的瞄准矢量，而在实际的瞄准过程中，卫星 A 和卫星 B 需要获得在各自的星上水平俯仰坐标系 SEZ 中的瞄准矢量。利用 6.3 节给出的变换矩阵 $\widetilde{\boldsymbol{D}}$ 可实现这一变换，卫星 A 和卫星 B 上瞄准终端的瞄准矢量分别为

$$\boldsymbol{r}'_{SEZ1}(t) = \widetilde{\boldsymbol{D}}_1\boldsymbol{r}_{IJK}(t) \tag{6-15}$$

$$\boldsymbol{r}''_{SEZ2}(t) = \widetilde{\boldsymbol{D}}_2[-\boldsymbol{r}_{IJK}(t)] \tag{6-16}$$

下面以卫星 A 上瞄准装置为例，推导卫星 A 的提前瞄准角表达式。设瞄准矢量 $\boldsymbol{r}'_{SEZ1}(t)$ 在星上水平俯仰坐标系中的三个以 SEZ 矢量表示的分量为 $r'_S(t)$、$r'_E(t)$ 和 $r'_Z(t)$，则与瞄准直接有关的俯仰角 $\theta_v(t)$、水平角 $\theta_h(t)$ 和斜距 $\rho(t)$ 的表达式分别为

$$\theta_v(t)=\operatorname{arctag}\left[\frac{r'^2_Z(t)}{\sqrt{r'^2_S(t)+r'^2_E(t)}}\right] \tag{6-17}$$

$$\theta_h(t)=\operatorname{arctag}\left[\frac{r'_E(t)}{r'_S(t)}\right] \tag{6-18}$$

$$\rho(t)=\sqrt{r'^2_S(t)+r'^2_E(t)+r'^2_Z(t)} \tag{6-19}$$

当两颗卫星间发生相对运动时，卫星 A 上的瞄准装置必须将信号光实际指向卫星 B 的前方以进行接收。也就是说，卫星 A 上的瞄准装置必须考虑到在光束弛豫时间 Δt 内所发生的附加移动，并瞄准到所预计的点。显然，若 t 时刻卫星 A 检测到卫星 B 发射的光束，对应的提前瞄准角在俯仰和方位两个角方向上的分量为

$$\zeta_{v,h}(t)=\theta_{v,h}(t+\Delta t)-\theta_{v,h}(t) \tag{6-20}$$

其中，Δt 的求解方程为

$$\Delta t=\frac{\rho(t)}{c}+\frac{\rho(t+\Delta t)}{c}+t_{\mathrm{A}} \tag{6-21}$$

式中：c 为光速；t_{A} 为卫星 A 上瞄准终端的信号响应和处理时间。

由于式(6-21)为非线性方程，通常需要通过迭代法求解 Δt。考虑到卫星间光通信的瞄准过程中，光束弛豫时间内链路的距离改变很小，可作如下近似：

$$\rho(t)\approx\rho(t+\Delta t) \tag{6-22}$$

则可直接得到弛豫时间 Δt 的表达式为

$$\Delta t=\frac{2\rho(t)}{c}+t_{\mathrm{A}} \tag{6-23}$$

这时，提前瞄准角在俯仰和方位两个角方向上的分量可表示为

$$\zeta_{v,h}(t)=\theta_{v,h}\left[t+\frac{2\rho(t)}{c}+t_{\mathrm{A}}\right]-\theta_{v,h}(t) \tag{6-24}$$

同理可推出卫星 B 的提前瞄准角表达式。在后面的卫星间光通信数值仿真研究中，将利用式(6-24)分析链路过程中提前瞄准角的变化情况。

6.5 预瞄准和角度获取方法

6.5.1 基于 GPS 和星敏感器的卫星光通信跟踪瞄准角度预测方法

卫星光通信中，通常采用卫星的轨道参量进行光束跟踪角度预测，这种方法

是通过地面测控站对卫星的轨道进行测试和分析，将得到的轨道参量通过遥控通道上传到卫星平台，但由于地面测控站的布点和运算能力的限制，激光通信终端得到的轨道参量更新时间一般为 12h 或更长，这就导致了根据该数据推算出的跟踪角度预测的精度较差，由于卫星的指向精度也存在一定的偏差，使跟踪角度预测的精度同样受到影响，现有的跟踪角度预测方法，预测精度一般为 0.4°或更差，这就增大了激光通信终端捕获、跟踪和通信的难度。

为了解决目前卫星光通信中采用的光束跟踪角度预测方法存在跟踪角度预测精度较差使激光通信终端捕获、跟踪和通信的难度较大的问题，现提出一种基于 GPS 和星敏感器的卫星光通信跟踪瞄准角度预测方法。

具体步骤如下：

步骤一，通过卫星平台读取 GPS 测得的卫星轨道参量，通过星敏感器测得卫星的姿态参量。

步骤二，根据卫星的轨道参量通过迭代获得 $t+\mathrm{d}t$ 时刻的偏近点角 E。

步骤三，根据卫星的轨道参量和 $t+\mathrm{d}t$ 时刻的偏近点角 E 获得 $t+\mathrm{d}t$ 时刻地心赤道坐标系下的卫星位置矢量 $\boldsymbol{r}_\mathrm{s}$。

步骤四，根据卫星地面站的大地纬度 L、格林尼治恒星时 θ_q、地面站的地理纬度 λ_B 获得当地的恒星时 θ_k，由卫星地面站的大地纬度 $\boldsymbol{L}$ 和当地的恒星时 θ_k 确定 $t+\mathrm{d}t$ 时刻地心赤道坐标系下的地面站位置矢量 $\boldsymbol{r}_\mathrm{d}$。

步骤五，根据卫星位置矢量 $\boldsymbol{r}_\mathrm{s}$ 和地面站位置矢量 $\boldsymbol{r}_\mathrm{d}$ 获得地心赤道坐标系下卫星到地面站的瞄准矢量 $\boldsymbol{r}$。

步骤六，利用卫星的轨道参量和偏近点角 E 获得 $t+\mathrm{d}t$ 时刻卫星的真近点角 f。

步骤七，根据卫星的轨道参量和卫星的真近点角 f 将卫星到地面站的瞄准矢量 $\boldsymbol{r}$ 由地心赤道坐标系变换到轨道坐标系中获得 r_o。

步骤八，根据卫星的姿态参量对轨道坐标系下的卫星到地面站的瞄准矢量 $\boldsymbol{r}_\mathrm{o}$ 进行修正获得 $\boldsymbol{r}_\mathrm{t}$。

步骤九，将步骤八修正后的卫星到地面站的瞄准矢量 $\boldsymbol{r}_\mathrm{t}$ 由轨道坐标系变换到终端坐标系中获得 r_T，从而获得 $t+\mathrm{d}t$ 时刻终端坐标系下预测的跟踪瞄准角度（θ_Az，θ_El）。

步骤一中所述的卫星轨道参量为：半长轴 a，偏心率 e，轨道倾角 i，升交点黄经 Ω，近拱点角距（近地点幅角）ω，过近拱点时刻 T；所述的卫星姿态参量为：卫星滚动角 θ_G0，卫星俯仰角 θ_F0，卫星偏航角 θ_P0，滚动角角速度 $\dot{\theta}_\mathrm{G}$，俯仰角角速度 $\dot{\theta}_\mathrm{F}$，偏航角角速度 $\dot{\theta}_\mathrm{P}$。

通过卫星平台利用星载 GPS 测得的卫星轨道参量和星敏感器提供的卫星姿态参量对光跟踪角度进行预测。根据现有的卫星平台资料，GPS 定位精度小于或等于10m，星敏感器姿态角的测量精度小于或等于0.03°，所以本方法的跟踪角度预测精度小于或等于0.05°，比现有预测算法的精度提高了8倍以上，为卫星光通信瞄准捕获和跟踪提供了有力保障。

步骤二中，利用$t+\mathrm{d}t$时刻平近点角M的公式

$$M=\sqrt{\frac{\mu}{a^3}}(t+\mathrm{d}t-T) \tag{6-25}$$

获得卫星的平近点角M，其中，μ为引力常数，所述的引力常数为398601.2。利用开普勒方程$E-e\sin E=M$，得到$t+\mathrm{d}t$时刻的卫星偏近点角E。

步骤三中，通过公式

$$\boldsymbol{r}_{\mathrm{s}}=a(\cos E-e)\cdot\boldsymbol{P}+a\sqrt{1-e^2}\sin E\cdot\boldsymbol{Q} \tag{6-26}$$

算出卫星的位置矢量$\boldsymbol{r}_{\mathrm{s}}$，其中，单位矢量$\boldsymbol{P}$和矢量$\boldsymbol{Q}$为近交点坐标系下的单位矢量在地心赤道坐标系下的形式。

步骤四中，通过公式$\theta_{\mathrm{k}}=\theta_{\mathrm{q}}+\lambda_{\mathrm{B}}$获得当地的恒星时$\theta_{\mathrm{k}}$；根据卫星地面站的大地纬度$L$，通过公式：

$$\boldsymbol{r}_{\mathrm{d}}=\begin{bmatrix}\mathrm{DU}\cdot\sin\mathrm{L}\cdot\cos\theta_{\mathrm{k}}\\ \mathrm{DU}\cdot\sin\mathrm{L}\cdot\sin\theta_{\mathrm{k}}\\ \mathrm{DU}\cdot\sin\mathrm{L}\end{bmatrix}$$

得到地心赤道坐标系下的地面站位置矢量$\boldsymbol{r}_{\mathrm{d}}$，其中，DU为地球半径，所述的地球半径为6378.145km。

步骤五中，通过公式$\boldsymbol{r}=\boldsymbol{r}_{\mathrm{d}}-\boldsymbol{r}_{\mathrm{s}}$得到地心赤道坐标系下卫星到地面站的瞄准矢量$\boldsymbol{r}$。

步骤六中，利用公式

$$f=\begin{cases}\arccos\left(\dfrac{a(\cos E-e)}{r}\right),\sin E>0\\[2ex] 2\pi-\arccos\left(\dfrac{a(\cos E-e)}{r}\right),\sin E<0\end{cases} \tag{6-27}$$

得到$t+\mathrm{d}t$时刻卫星的真近点角f。

步骤七中由变换矩阵

$$\boldsymbol{R}_{\mathrm{I-o}}=\begin{bmatrix}-\cos\Omega\cdot\sin(\omega+f)-\sin\Omega\cdot\cos i\cdot\cos(\omega+f) & -\sin\Omega\cdot\sin(\omega+f)+\cos\Omega\cdot\cos i\cdot\cos(\omega+f) & \sin i\cdot\cos(\omega+f)\\ -\sin\Omega\cdot\sin i & \cos\Omega\cdot\sin i & -\cos i\\ -\cos\Omega\cdot\cos(\omega+f)+\sin\Omega\cdot\cos i\cdot\sin(\omega+f) & -\sin\Omega\cdot\cos(\omega+f)-\cos\Omega\cdot\cos i\cdot\sin(\omega+f) & -\sin i\cdot\sin(\omega+f)\end{bmatrix} \tag{6-28}$$

将地心坐标系下的卫星到地面站的瞄准矢量$\boldsymbol{r}$变换到轨道坐标系中得到轨道坐标系下的卫星到地面站的瞄准矢量$\boldsymbol{r}_{\mathrm{o}}=\boldsymbol{R}_{\mathrm{I-o}}\boldsymbol{r}$。

步骤八中对$\boldsymbol{r}_{\mathrm{o}}$的修正方法为：根据公式

$$\begin{cases}\theta_G=\theta_{G0}+\mathrm{d}t\cdot\dot{\theta}_G\\ \theta_F=\theta_{F0}+\mathrm{d}t\cdot\dot{\theta}_F\\ \theta_P=\theta_{P0}+\mathrm{d}t\cdot\dot{\theta}_P\end{cases}$$

得到 $t+\mathrm{d}t$ 时刻的卫星滚动角 θ_G、卫星俯仰角 θ_F、卫星偏航角 θ_P。

由变换矩阵

$$\boldsymbol{R}_{o-t}=\begin{bmatrix}\cos\theta_F\cos\theta_P & \cos\theta_F\sin\theta_P & -\sin\theta_F\\ -\cos\theta_G\sin\theta_P+\sin\theta_G\sin\theta_F\cos\theta_P & \cos\theta_G\cos\theta_P+\sin\theta_G\sin\theta_F\sin\theta_P & \sin\theta_G\cos\theta_F\\ \sin\theta_G\sin\theta_P+\cos\theta_G\sin\theta_F\cos\theta_P & -\sin\theta_G\cos\theta_P+\cos\theta_G\sin\theta_F\sin\theta_P & \cos\theta_G\cos\theta_F\end{bmatrix} \tag{6-29}$$

得到修正后的卫星到地面站的瞄准矢量 $\boldsymbol{r}_t=\boldsymbol{R}_{o-t}\cdot\boldsymbol{r}_o$。

步骤九中将终端坐标系下卫星到地面站的瞄准矢量 $\boldsymbol{r}_T$ 通过以下公式得到预测的跟踪瞄准角度（θ_{Az},θ_{El}）：

$$\begin{cases}\theta_{Az}=\begin{cases}\arctan\left(\dfrac{\boldsymbol{r}_T[y]}{\boldsymbol{r}_T[x]}\right)-\dfrac{\pi}{2}, & \dfrac{\boldsymbol{r}_T[y]}{\boldsymbol{r}_T[x]}\geqslant 0\\ \arctan\left(\dfrac{\boldsymbol{r}_T[y]}{\boldsymbol{r}_T[x]}\right)+\dfrac{3\pi}{2}, & \dfrac{\boldsymbol{r}_T[y]}{\boldsymbol{r}_T[x]}<0\end{cases}\\ \theta_{El}=-\arctan\left(\dfrac{\boldsymbol{r}_T[z]}{\sqrt{\boldsymbol{r}_T[x]^2+\boldsymbol{r}_T[y]^2}}\right)\end{cases} \tag{6-30}$$

式中：$\boldsymbol{r}_T[x]$ 为终端坐标系下 x 轴方向卫星到地面站的瞄准矢量；$\boldsymbol{r}_T[y]$ 为终端坐标系下 y 轴方向卫星到地面站的瞄准矢量；$\boldsymbol{r}_T[z]$ 为终端坐标系下 z 轴方向卫星到地面站的瞄准矢量。

下面通过实例具体说明本实施方式。

利用步骤一获得的太阳同步轨道卫星的轨道参量为：轨道半长轴 $a=7343.145\mathrm{km}$，轨道偏心率 $e=0.00117$，轨道倾角 $i=1.733897\mathrm{rad}$，升交点黄经 $\Omega=1.56111\mathrm{rad}$，近地点幅角 $\omega=1.5708\mathrm{rad}$，过近拱点时刻 T 为 2008 年 5 月 20 日 18 时 44 分 17.38 秒；卫星姿态参量为：卫星滚动角 $\theta_{G0}=0.0122173\mathrm{rad}$，卫星偏航角 $\theta_{P0}=-0.0087266\mathrm{rad}$，卫星俯仰角 $\theta_{F0}=0.00698132\mathrm{rad}$，卫星滚动角角速度 $\dot{\theta}_G=-1.74530\times10^{-4}\mathrm{rad/s}$，卫星偏航角角速度 $\dot{\theta}_P=1.74530\times10^{-4}\mathrm{rad/s}$，卫星俯仰角角速度 $\dot{\theta}_F=-1.74530\times10^{-4}\mathrm{rad/s}$。

利用步骤二得到 $t+\mathrm{d}t$ 时刻太阳同步轨道卫星偏近点角 E。

利用步骤三得到太阳同步轨道卫星的位置矢量 $\boldsymbol{r}_s$。

步骤四中，已知 2008 年 5 月 20 日恒星时零时春分点位置为 2.025266rad，特定时刻 t_0 的格林尼治恒星时 θ_q，地球自传的角速度 $\omega_{\oplus}$ 为 $7.292115856\times10^{-5}\mathrm{rad}$，

通过公式 $\theta_k = \theta_q + \omega_{\oplus}(t + dt - t_0) + \lambda_B$ 获得当地的恒星时 θ_k 从而得到地心赤道坐标系下的地面站位置矢量 $\boldsymbol{r}_d$。

利用步骤五得到地心赤道坐标系下卫星到地面站的瞄准矢量 $\boldsymbol{r}$。

利用步骤六得到 $t + dt$ 时刻卫星的真近点角 f。

利用步骤七得到轨道坐标系下的卫星到地面站的瞄准矢量 $\boldsymbol{r}_o$。

利用步骤八得到修正后的卫星到地面站的瞄准矢量 $\boldsymbol{r}_t$。

步骤九中,根据变换矩阵 $\boldsymbol{R}_{t-T} = \begin{bmatrix} 1 & 0 & 0 \\ 0 & 0 & -1 \\ 0 & 1 & 0 \end{bmatrix}$ 得到终端坐标系下卫星到地面站的瞄准矢量 $\boldsymbol{r}_T$,从而得到预测的跟踪瞄准角度(θ_{Az},θ_{El})。

6.5.2 基于星载 GPS 的星间激光通信快速收敛光束跟踪方法

基于星载 GPS 的星间激光通信快速收敛光束跟踪方法,它涉及卫星激光通信技术,是为了解决捕获完成阶段终端接收到的光信号在光斑的边缘处容易造成跟踪发散,以及采用多次逼近方法进行跟踪误差补偿造成光束跟踪的收敛速度较慢的问题。根据两颗卫星的轨道参量获得瞄准修正量(Δa,Δb),根据终端跟踪探测器采集到的入射光斑图像获得终端坐标系中的二维偏差角度($\Delta\alpha$,$\Delta\beta$),根据所述二维偏差角度($\Delta\alpha$,$\Delta\beta$)和瞄准修正量(Δa,Δb)获得跟踪控制量 ΔAz 和 ΔEl,并将所述的跟踪控制量发送给瞄准装置进行光束跟踪控制,循环上述过程实现循环跟踪控制。所得的跟踪控制量不受光信号质量的影响,稳定了跟踪的误差补偿,提高了光束跟踪速度。

(1) 基于星载 GPS 的星间激光通信快速收敛光束跟踪方法,它的具体步骤如下:

步骤一:通过卫星平台读取星载 GPS 测出的两颗卫星的轨道参量。

步骤二:利用终端跟踪探测器采集到的入射光斑图像,采用灰度中心算法获得入射光斑位置坐标(x,y)。

步骤三:根据入射光斑位置坐标(x,y)获得终端坐标系中的二维偏差角度($\Delta\alpha$,$\Delta\beta$)。

步骤四:判断二维偏差角度($\Delta\alpha$,$\Delta\beta$)是否大于预设的最大允许误差,若是,则执行步骤五;若否,则返回执行步骤二。

步骤五:根据步骤一所述的两颗卫星的轨道参量获得瞄准修正量(Δa,Δb)。

步骤六:根据二维偏差角度($\Delta\alpha$,$\Delta\beta$)和瞄准修正量(Δa,Δb)获得跟踪控制量 ΔAz 和 ΔEl。

步骤七:向瞄准装置发送跟踪控制量 ΔAz 和 ΔEl,完成一次光束跟踪控制,然后返回步骤二进行跟踪循环控制。

步骤一所述的轨道参量有：轨道半长轴 a，轨道偏心率 e，轨道倾角 i，升交点黄经 Ω，近拱点角距 ω（近地点幅角），过近拱点时刻 T。

（2）根据基于星载 GPS 的星间激光通信快速收敛光束跟踪方法，步骤二中采用灰度中心算法获得入射光斑位置信息的过程为：将当前时刻的入射光斑图像(x_i,y_i)由如下式得出光斑位置坐标(x,y)：

$$x=\frac{\sum_{i=1}^{n}(g_i-B)u(g_i-B)x_i}{\sum_{i=1}^{n}(g_i-B)u(g_i-B)},y=\frac{\sum_{i=1}^{n}(g_i-B)u(g_i-B)y_i}{\sum_{i=1}^{n}(g_i-B)u(g_i-B)}$$

式中：n 为采样窗口中像素的个数；g_i 为像素的灰度值；B 为采样阈值；$u(x)$ 为单位阶跃函数，所述的采样阈值 B 根据通信系统和终端跟踪探测器的固有噪声以及背景光干扰的情况决定，具体方式为：对采样窗口边缘的像素点灰度值进行平均，估算出采样阈值 B 为

$$B=\frac{\sum_{i=1}^{2(W+H)-4}g_i}{2(W+H)-4} \tag{6-31}$$

式中：W 和 H 分别为以采样窗口横向和纵向的像素个数。

（3）根据基于星载 GPS 的星间激光通信快速收敛光束跟踪方法，步骤三中获得跟踪探测器坐标系中的二维偏差角度的方法为：根据光斑位置坐标(x,y)由公式 $\Delta\alpha=\mathrm{arctag}\left(\frac{x}{f}\right)$和 $\Delta\beta=\mathrm{arctag}\left(\frac{y}{f}\right)$得到在终端坐标系中的二维角度偏差信号$(\Delta\alpha,\Delta\beta)$，其中 f 为聚焦成像透镜的焦距。

（4）根据基于星载 GPS 的星间激光通信快速收敛光束跟踪方法，步骤五中获得当前时刻两颗卫星间的瞄准修正量$(\Delta a,\Delta b)$的过程如下。

① 利用 $t+\mathrm{d}t$ 时刻平近点角 M 的公式：

$$M=\sqrt{\frac{\mu}{a^3}}(t+\mathrm{d}t-T) \tag{6-32}$$

根据式(6－32)获得的两颗卫星的轨道参量算出两颗卫星的平近点角 M_{s1} 和 M_{s2}，其中 μ 为引力常数，所述的引力常数为 398601.2。

② 利用开普勒方程 $E-e\sin E=M$，分别得到 $t+\mathrm{d}t$ 时刻的两颗卫星偏近点角 E_{s1} 和 E_{s2}。

③ 通过公式

$$\boldsymbol{r}=a(\cos E-e)\cdot\boldsymbol{P}+a\sqrt{1-e^2}\sin E\cdot\boldsymbol{Q} \tag{6-33}$$

分别计算出两颗卫星在 $t+\mathrm{d}t$ 时刻卫星的位置矢量 $\boldsymbol{r}_{s1},\boldsymbol{r}_{s2}$，其中，单位矢量 $\boldsymbol{P}$ 和 $\boldsymbol{Q}$ 为近交点坐标系下的单位矢量在地心赤道坐标系下的形式。

④ 由公式 $\boldsymbol{r}=\boldsymbol{r}_{s1}-\boldsymbol{r}_{s2}$ 获得卫星间瞄准矢量 $\boldsymbol{r}$。

⑤ 由公式

$$f=\begin{cases}\arccos\left(\dfrac{a(\cos E-e)}{r}\right), \sin E>0\\ 2\pi-\arccos\left(\dfrac{a(\cos E-e)}{r}\right), \sin E<0\end{cases}$$

获得真近点角f。

⑥ 将地心赤道坐标系下的卫星间瞄准矢量$\boldsymbol{r}$变换到轨道坐标系中,由变换矩阵:

$$\boldsymbol{R}_{\mathrm{I-o}}=\begin{bmatrix}-\cos\Omega\cdot\sin(\omega+f)-\sin\Omega\cdot\cos i\cdot\cos(\omega+f) & -\sin\Omega\cdot\sin(\omega+f)+\cos\Omega\cdot\cos i\cdot\cos(\omega+f) & \sin i\cdot\cos(\omega+f)\\ -\sin\Omega\cdot\sin i & \cos\Omega\cdot\sin i & -\cos i\\ -\cos\Omega\cdot\cos(\omega+f)+\sin\Omega\cdot\cos i\cdot\sin(\omega+f) & -\sin\Omega\cdot\cos(\omega+f)-\cos\Omega\cdot\cos i\cdot\sin(\omega+f) & -\sin i\cdot\sin(\omega+f)\end{bmatrix} \tag{6-34}$$

得到轨道坐标系下卫星间瞄准矢量$\boldsymbol{r}_{\mathrm{o}}=\boldsymbol{R}_{\mathrm{I-o}}\boldsymbol{r}$。

⑦ 将轨道坐标系下的卫星间瞄准矢量$\boldsymbol{r}_{\mathrm{o}}$变换到终端坐标系中,由变换矩阵:

$$\boldsymbol{R}_{\mathrm{S-T}}=\begin{bmatrix}1 & 0 & 0\\ 0 & 0 & -1\\ 0 & 1 & 0\end{bmatrix} \tag{6-35}$$

得到终端坐标系下卫星间瞄准矢量$\boldsymbol{r}_{\mathrm{T}}=\boldsymbol{R}_{\mathrm{S-T}}\cdot\boldsymbol{r}_{\mathrm{o}}$。

⑧ 由以下公式获得终端在$t+\mathrm{d}t$时刻所需达到的瞄准位置(θ_{a0},θ_{b0}):

$$\begin{cases}\theta_a=\begin{cases}\arctan\left(\dfrac{\boldsymbol{r}_{\mathrm{T}}[y]}{\boldsymbol{r}_{\mathrm{T}}[x]}\right)-\dfrac{\pi}{2}, \dfrac{\boldsymbol{r}_{\mathrm{T}}[y]}{\boldsymbol{r}_{\mathrm{T}}[x]}\geqslant 0\\ \arctan\left(\dfrac{\boldsymbol{r}_{\mathrm{T}}[y]}{\boldsymbol{r}_{\mathrm{T}}[x]}\right)+\dfrac{3\pi}{2}, \dfrac{\boldsymbol{r}_{\mathrm{T}}[y]}{\boldsymbol{r}_{\mathrm{T}}[x]}<0\end{cases}\\ \theta_b=-\arctan\left(\dfrac{\boldsymbol{r}_{\mathrm{T}}[z]}{\sqrt{\boldsymbol{r}_{\mathrm{T}}[x]^2+\boldsymbol{r}_{\mathrm{T}}[y]^2}}\right)\end{cases} \tag{6-36}$$

式中:$\boldsymbol{r}_{\mathrm{T}}[x]$为终端坐标系下$x$轴方向的卫星间瞄准矢量;$\boldsymbol{r}_{\mathrm{T}}[y]$为终端坐标系下$y$轴方向的卫星间瞄准矢量;$\boldsymbol{r}_{\mathrm{T}}[z]$为终端坐标系下$z$轴方向的卫星间瞄准矢量。

⑨ 根据终端当前的瞄准位置(θ_{a0},θ_{b0}),获得瞄准修正量($\Delta a,\Delta b$)为

$$\Delta a=\theta_a-\theta_{a0}, \Delta b=\theta_b-\theta_{b0} \tag{6-37}$$

(5) 根据基于星载GPS的星间激光通信快速收敛光束跟踪方法,步骤六中根据二维偏差角度($\Delta\alpha,\Delta\beta$)和瞄准修正量($\Delta a,\Delta b$)由公式$\Delta Az=\gamma_1\cdot[(1-\varepsilon_1)\Delta\alpha+\varepsilon_1\Delta a]$和$\Delta El=\gamma_2\cdot[(1-\varepsilon_2)\Delta\beta+\varepsilon_2\Delta b]$获得当前时刻的终端二维跟踪控制量$\Delta Az$和$\Delta El$。

其中,γ_1和γ_2为降幅修正系数;ε_1和ε_2为参考量权重值,取值范围为[0,1]。它可根据终端的工作情况进行调整,当光信号质量较差时,ε_1和ε_2取值较大;当光信号质量较好时,ε_1和ε_2取值较小。

6.6 捕获理论

星间激光链路的捕获一般采用主从(Master/Slave)捕获方式。在捕获过程中,携带信标光的光通信终端为主动方(Master),将信标光按照一定的方式对接收端卫星可能出现的不确定域(Field of Uncercainty,FOU)进行扫描;而不携带信标光的光通信终端为从动方(Slave),其捕获探测器的视域(Field of View,FOV)要大于Master可能出现的不确定域,在主动方信标光扫描过程中,从动方凝视主动方方向,等待主动方的信标光信号并对其进行应答。这种捕获方式不要求从动方携带信标光,可以大大降低从动方光通信系统的复杂性、功耗和体积。

SILEX项目中GEO卫星ARTEMIS和LEO卫星SPOT-4之间激光链路的建立就采用的是主从捕获方式。下面以ARTEMIS卫星和SPOT-4卫星间激光链路的建立为例对典型的星间捕获进行描述,图6-6为捕获过程示意图。

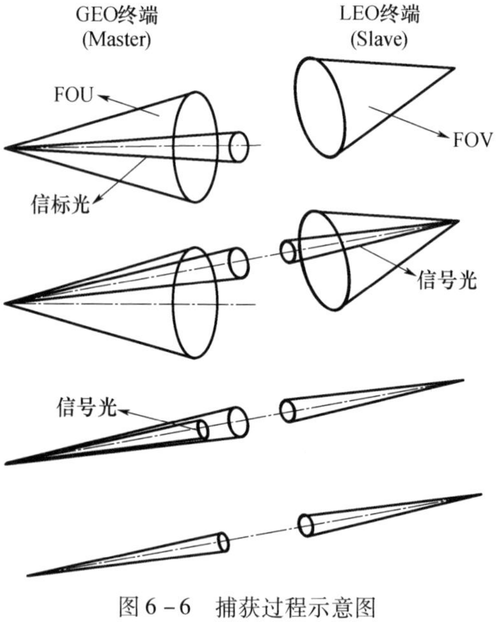

图6-6 捕获过程示意图

(1) 两光通信系统都根据星历预测对接收端卫星进行开环初始瞄准。

(2) GEO光通信终端通过PAT控制系统驱动信标光按照一定方式扫描LEO的FOU,此时LEO光通信终端天线凝视GEO方向,处于等待状态。

(3) 当LEO光通信终端被GEO信标光照射到时,其捕获探测器上探测到信标光,然后探测器根据光斑位置给出误差信号驱动跟瞄系统校正其天线指向,同时LEO启动信号光反馈回GEO卫星方向。

(4) GEO 光通信终端探测到 LEO 的信号光,此时停止信标光,同时启动信号光,然后同样根据探测器上的光斑位置给出误差信号驱动跟瞄系统调整其天线指向,将信号光发射到 LEO 卫星方向。

(5) LEO 探测到 GEO 的信号光,此时两个光通信终端都工作在闭环跟踪状态,双向激光链路建立,捕获完成。

(6) 如果在通信过程中由于突发问题产生链路中断,则需从步骤(1)开始重新执行捕获过程。

通过对捕获过程的描述可以发现,从步骤(3)到步骤(4),在具体执行过程中,GEO 终端对 LEO 终端反馈的信号光可以有不同的响应方式。根据对反馈信号响应方式的不同,可以分为两种捕获模式,具体如下:

(1) 捕获模式Ⅰ。捕获模式Ⅰ指的是,发射端用信标光从初始瞄准点开始按螺旋扫描路径快速地扫过不确定域中的每个地方,完成后再回到初始点处检测是否有反馈信号,此时要求发射端捕获探测器的 FOV 要大于接收端的 FOU。图 6-7 为捕获模式Ⅰ的时序流程图。图 6-7 表明 GEO 终端对反馈信号的响应只能发生在信标光全场扫描之后,因此,捕获模式Ⅰ的捕获时间取决于全场扫描时间。捕获模式Ⅰ即快速全场扫描捕获。

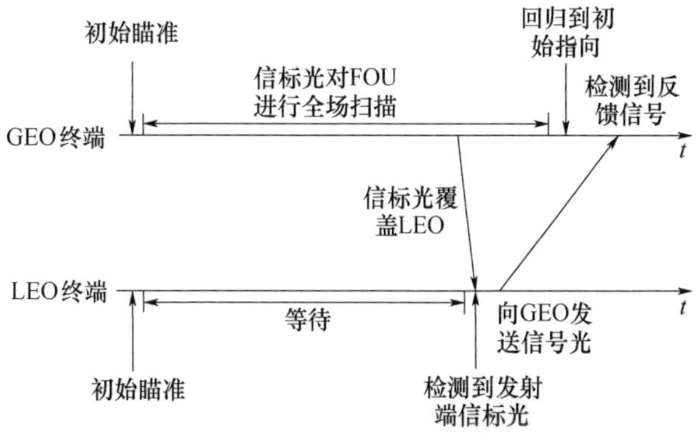

图 6-7　捕获模式Ⅰ的时序流程图

在发射端信标光扫描过程中,为了使接收端的接收光强达到捕获探测器的阈值,以保证足够高的探测概率,需要信标光对接收端系统的照射保持一定的时间。这个时间就决定了发射端捕获系统的最大频带宽度。

设发射端捕获系统的频带宽度为 F_T,则捕获模式Ⅰ下信标光从一个驻留点扫描到下一个驻留点的间隔时间可以表示为

$$\Delta t_{\mathrm{I}} = \frac{1}{F_{\mathrm{T}}} \tag{6-38}$$

(2) 捕获模式Ⅱ。对捕获模式Ⅱ来说,发射端同样用信标光来对不确定域进行扫描,与捕获模式Ⅰ不同的是,在扫描过程中的每个驻留点都需要等待足够

长的时间来等待反馈信号，其时序流程如图6－8所示。捕获模式Ⅱ即步进式扫描捕获。

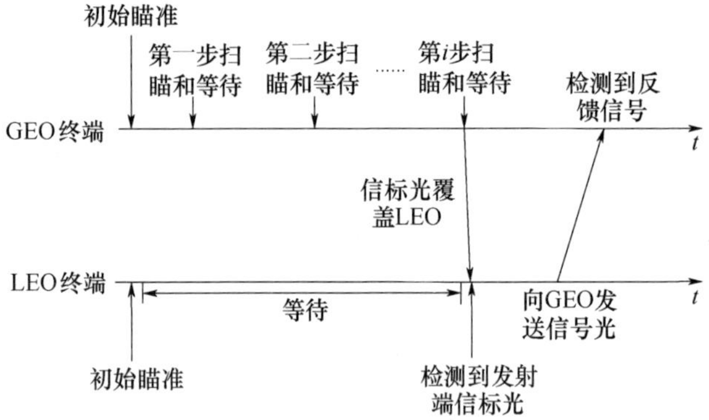

图6－8　捕获模式Ⅱ的时序流程图

对于捕获模式Ⅱ来说，信标光扫描过程从一个驻留点到下一个驻留点的间隔时间 Δt_{II}，包括激光在发射端和接收端间的往返时间以及接收端捕获系统的响应时间。因此，Δt_{II} 可以表示为

$$\Delta t_{\mathrm{II}} = \frac{1}{F_{\mathrm{T}}} + 2\frac{L}{c} + T_{\mathrm{R}} \tag{6-39}$$

式中：L 为链路距离；c 为光速；T_{R} 为接收端捕获系统响应时间。

显然此种捕获模式下的捕获时间与接收端卫星在扫描不确定域内出现位置、链路距离以及接收端系统的响应时间有关。

6.7　影响捕获性能的因素分析

6.7.1　预瞄准误差

在深空光通信过程中，链路距离非常远，传输延迟时间很长，在几分钟以上，需要考虑两终端的相对运动。在这种情况下，发射机必须将光束实际指向接收机的前方进行接收，瞄准所预计的点，这一瞄准过程称为提前瞄准（Point Ahead）。提前瞄准过程如图6－9所示。

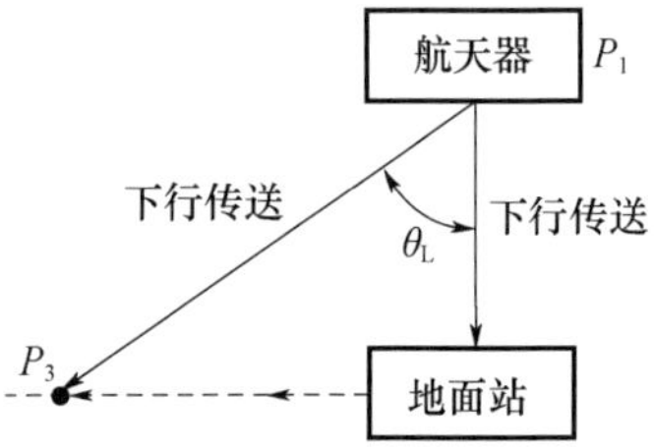

图6－9　提前瞄准过程

考虑图6－9所示的情况，图中给出了地面站和航天器相对运动的情况，航天器在 P_1 时，航天器上的发射机如直接发射下行光束到地面站所在位置，则在传输延迟时间内航天器运动到 P_3 点，因此必定会造成很大瞄准误差，必须对其进行补偿，这里定义航天器处于 P_1 点时的下行链

路矢量和 P_3 点时下行链路矢量的夹角称为提前瞄准角。

根据分析，瞄准矢量为 $\bar{\boldsymbol{r}}_{\mathrm{p}}$，光速为 c，则光束的单程传输延迟时间为

$$t_{\mathrm{d}}=\frac{|\bar{\boldsymbol{r}}_{\mathrm{p}}|}{c} \tag{6-40}$$

设航天器星载系统的信号处理时间为 t_{s}，则时间延迟的总和为

$$t=t_{\mathrm{d}}+t_{\mathrm{s}} \tag{6-41}$$

则航天器星上俯仰坐标系中的提前瞄准角为

$$\theta_{\mathrm{av}}=\omega_{\mathrm{v}}\cdot(t_{\mathrm{d}}+t_{\mathrm{s}}) \tag{6-42}$$

$$\theta_{\mathrm{ah}}=\omega_{\mathrm{h}}\cdot(t_{\mathrm{d}}+t_{\mathrm{s}}) \tag{6-43}$$

同时，如果考虑大气的影响，还将造成发射光束的畸变和弯曲，由于前一个表现为近场效应，后一个表现为远场效应，这些效应不能互相补偿。如果提前瞄准角是严格确定了的，则两者必须进行恰当的补偿，此外，弯曲现象通常是与时间有关的，因此对其影响还必须进行连续的校正。

6.7.2　卫星平台振动

在卫星光通信技术研究的初期，星上微振动的影响在 PAT 系统设计过程中考虑得不多。近些年来，随着卫星光通信技术研究的不断深入和空间实验的进行，卫星平台环境尤其是微振动对瞄准捕获跟踪的影响越来越被人们重视。

在跟瞄系统的工程设计过程中，有必要细致了解星上振动噪声的情况。国外对卫星平台的微振动进行了空间实测，近些年来欧洲和日本在这方面的工作报道比较详细。美国 NASA 委托休斯飞机制造公司测试了 LANDSAT－4 卫星上的振动功率谱密度，这是最早的星上振动在轨测试。ESA 在卫星 OLYMPUS上以相互垂直方式安装了 3 个微加速度计，通过在轨方式测量了推进器点火时星上的振动情况，对星上光学有效载荷需要克服的微振动环境进行了评测。

日本的 NASDA 利用星地激光链路实验卫星 ETS－VI 进行了卫星振动的测量，该实验是首次通过星上光通信终端进行的在轨卫星振动测试。在粗瞄和精瞄系统同时工作的情况下，测量 LCE 上精瞄镜的角度微振动，数据通过星地激光链路传到地面站，最高采样频率 500Hz，测量误差小于 1μrad。通过 JPL 的地面站发射稳定的光信号作为上行信标，该处的大气湍流影响较小。大气湍流的瞬态干扰对低采样频率的粗瞄探测器 CCD 影响不大，对于高采样频率的精瞄探测器 QD，采用插值的方法进行了消除。在测量过程中，粗瞄装置不动，仅由精瞄装置进行控制操作。这样测得的角度微振动数据中不包含万向转台粗瞄的误差，最终可得到卫星在滚动和倾斜角方向上的振动情况。

图 6－10 ~ 图 6－12 给出了仅由精瞄进行跟踪控制时，通过精瞄镜偏转角度得出的星上角微振动情况，测量采样频率分别为 500Hz、100Hz 和 1Hz。

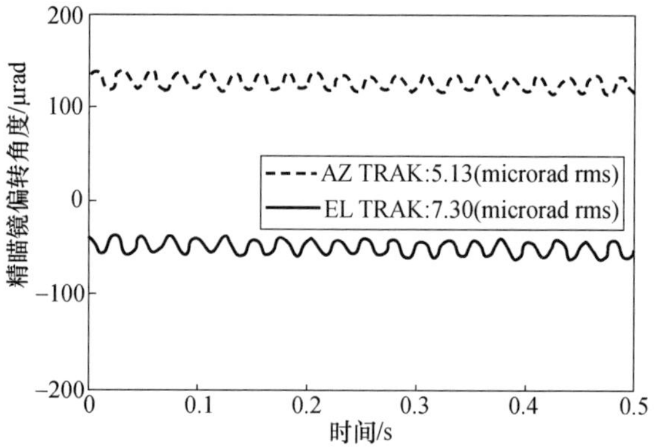

图 6－10　采样频率为 500Hz 时星上微振动测量结果

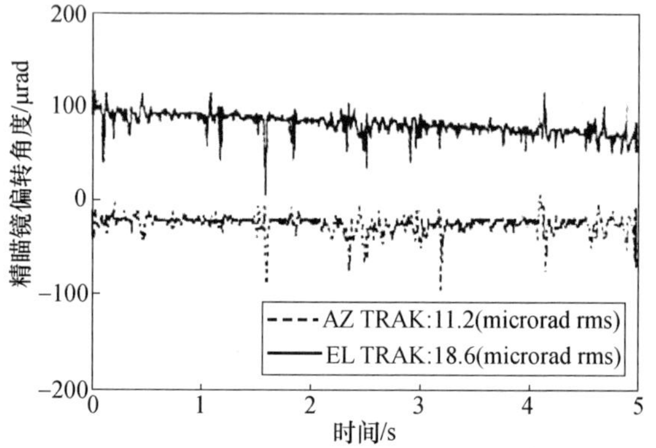

图 6－11　采样频率为 100Hz 时星上微振动测量结果

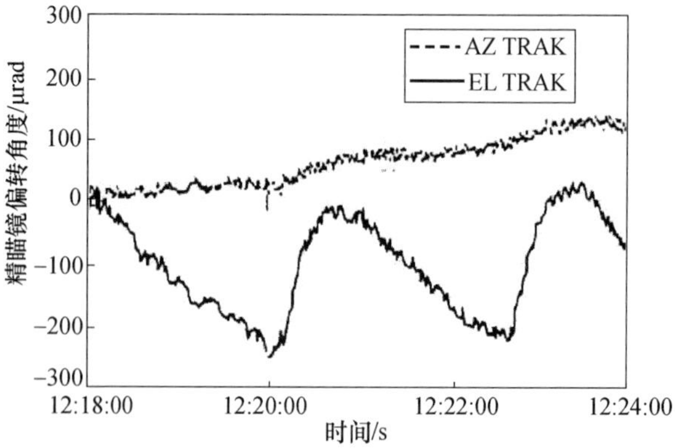

图 6－12　采样频率为 1Hz 时星上微振动测量结果

图 6－10 中测得角振动在方位角方向的均方差为 5. 13μrad，在俯仰角方向上的均方差为 7. 30μrad，可求得径向角振动的均方差为 8. 9μrad。从测量曲线中可以看出角振动呈现出很好的周期特性。

图6－11中测得角振动在方位角方向的均方差为11.2μrad，在俯仰角方向上的均方差为18.6μrad，可求得径向角振动的均方差为21.7μrad。测量曲线中的尖峰部分是由于精瞄探测器QD受到干扰造成的，在功率谱密度计算过程中通过线性插值进行消除。图6－12的测量时间较长，从图中可看出角振动的幅值为200μrad，周期为数分钟。在俯仰方向的角振动变化较大，这是由于俯仰方向与卫星太阳帆板的旋转方向相同，振动干扰比较强。

通过对测量结果的功率谱密度分析结果表明，卫星平台角振动在0.39～250Hz范围内的径向均方差为16.3μrad，大部分振动处于频率小于100Hz的低频段。

6.7.3　捕获探测性能

在瞄准、捕获及跟踪各个阶段都需要由探测器对瞄准角度误差进行测量，测角误差的存在对整个通信过程都会产生影响。提高跟踪系统性能的另一个有效方法是降低探测器的测角误差，提高系统中各个器件的灵敏度和降低噪声对测角精度的影响。在光通信的不同阶段，对探测器的要求也不同。在捕获和粗跟踪过程中，由于要求较大的角度范围，但是对响应频率要求不高，所以一般情况下使用CCD作为探测器。但是在对角度范围要求较小，而响应频率要求高的精跟踪过程中，需要使用采样频率高、反应迅速的探测器来抑制高频微振动等对系统的影响。高精度相位灵敏探测器、四象限探测器或者角位置数字转化器都可以作为精跟踪探测器。由于CCD的探测精度和响应时间等性能都显著提高，所以CCD目前更普遍使用。本节主要针对CCD的测角误差进行分析。

光斑质心的误差方程如式(6－44)所示。NEA为等效噪声角，可以衡量成像噪声等因素对CCD测角精度的影响。

$$\mathrm{NEA} = \sqrt{(S + N_{\mathrm{P}}(\mathrm{Var}(R_{\mathrm{F}}) + \Delta t R_{\mathrm{T}})/S^2)N(N+1)/3} \tag{6-44}$$

式中：S为探测器上接收到的光功率；Δt为曝光时间；N为成像光斑中心窗口宽度的1/2；N_{P}为成像光斑占的像素个数；R_{F}为探测器上的固定噪声；R_{T}为包括杂散光和暗电流在内的噪声光功率。

其中，固定噪声包括散弹噪声、读出噪声和热噪声等。由式(6－44)可知，将信号增强或者减弱噪声都会降低等效噪声角。所以当信号光相对于噪声的功率越强时，噪声对成像光斑的定位的影响就越小。CCD探测器的工作原理如图6－13所示，系统将接收到的光信号在CCD探测器上聚焦成一个光斑，通过图像处理子系统，根据采样得到的数据计算出目前的角度位置。

另一个探测器误差为空间量化误差，其形成的原因是CCD像素的有限尺寸。虽然成像光斑的尺寸越大对抑制空间量化误差越有利，但是增大成像光斑尺寸会增大CCD的噪声等效角，可提高光斑位置的测量精度。另外，增大成像光斑的尺寸会增加图像处理系统的处理时间，影响系统的响应速率并会造成终端功耗增加。因此对于光斑尺寸的选取，需要权衡几方面的因素，得到最优尺

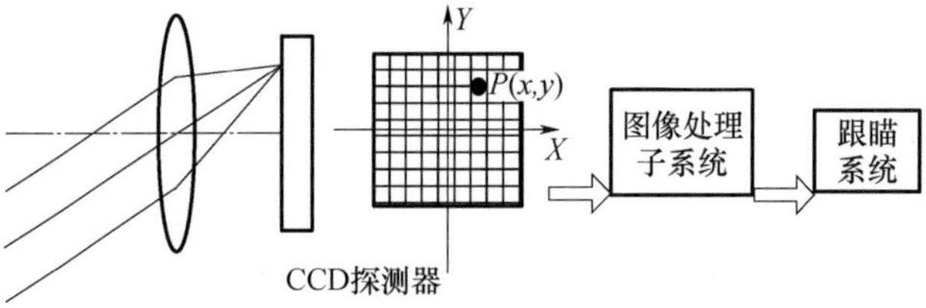

图 6－13　CCD 测角过程示意图

寸。对于选定的 CCD 探测器，光斑的相对尺寸可表示为 $r = D/d$，D 为透镜孔径，d 为 CCD 探测器的像素尺寸。根据文献中得到的结论，综合考虑测角精度、终端功耗等因素，成像光斑尺寸在 1～3 之间最为理想。

背景噪声和 CCD 自身暗电流等因素，在确定成像光斑位置时，会对探测器的测角精度产生影响。为了提高测量精度，需要通过图像处理对成像光斑去噪。目前，普遍使用的去噪方法是将多种去噪方法相互结合以达到更好的处理效果。以下几种方法对抑制噪声对光斑的影响效果十分显著：

（1）基于小波变换的贝叶斯阈值法，利用阈值对含有噪声的光斑进行小波去噪。

（2）采用自适应中值滤波方法，根据不同的信号灰度值和背景噪声灰度值的差异对阈值进行调节。

（3）对于图像处理子系统的积分时间、增益等设计成可调节量，根据不同成像光斑的情况，调节参数。并使用反馈电路校正暗电流产生的影响。

实验结果表明，这几种方法可将受到背景光噪声污染的成像光斑的质心误差从 6 个像素下降到 0.15 个像素以下。相对于传统的去噪方法，定位误差下降了 80%。上述几种方法虽然有效地减小了噪声对光斑成像的干扰。但是现有去噪方法只对某一类噪声具有较好效果。CCD 测角误差对整个系统性能的影响分析还比较少。

上述方法虽然有效地抑制了噪声对光斑位置测量精度的影响，但由于瞄准角度的偏差，在 CCD 上成像光斑的光强减弱，导致成像光斑的信噪比下降从而产生测角误差。并且这种误差对整个系统造成的影响，还没有文献进行详细研究。第 7 章将对该问题进行详细研究。

6.8　捕获扫描实现技术方法

6.8.1　扫描方式

本节在空间捕获原理介绍的基础上，通过对空间环境条件的假设建立捕获理论模型。在 6.7 节中提到过，根据链路环境的不同，可采用的捕获方式有很多种。考虑到目前捕获探测器件主要采用大面阵 CCD,并且具有较高的信号处理速度,本书在分析中主要考虑天线扫描和焦平面阵列扫描相结合的方式进行捕获,重点讨论其中几种典型的天线扫描捕获方式。

无论单向捕获还是双向捕获,关键的操作都是在不确定视场内进行搜索以找出信标光到达的方向。因此,在下面的分析中主要考虑单向捕获的理论模型建立问题,在此基础上双向捕获的理论模型可以很容易得到。

设天线扫描捕获端在卫星 A 上,信标光发射端在卫星 B 上,在卫星 A 上建立 *SEZ* 坐标系(图 6-14)。定义卫星 A 上的接收望远镜光阑法线方向矢量为 $\boldsymbol{r}_{\mathrm{A}}(\theta_{\mathrm{v}},\theta_{\mathrm{h}})$,卫星 B 上的信标光入射到卫星 A 的方向矢量为 $\boldsymbol{r}_{\mathrm{B}}(\theta_{\mathrm{v}},\theta_{\mathrm{h}})$。

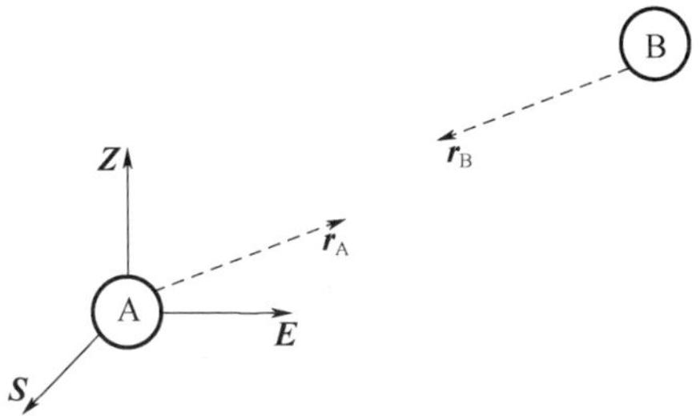

图 6-14 星上捕获坐标系

为了建立卫星间光通信链路,卫星 A、B 上的瞄准装置首先利用已知的卫星轨道参数对 $\boldsymbol{r}_{\mathrm{A}}$ 和 $\boldsymbol{r}_{\mathrm{B}}$ 进行调整,以补偿两星间的相对运动。在理想情况下,$\boldsymbol{r}_{\mathrm{A}}+\boldsymbol{r}_{\mathrm{B}}=0$,但由于存在一些误差,$\boldsymbol{r}_{\mathrm{A}}$ 和 $\boldsymbol{r}_{\mathrm{B}}$ 之间有一定的偏移量,该偏移量可表示为

$$\boldsymbol{r}_{\mathrm{A}}+\boldsymbol{r}_{\mathrm{B}}=\boldsymbol{\sigma}_i(\theta_{\mathrm{v}},\theta_{\mathrm{h}})+\boldsymbol{\delta}_i(\theta_{\mathrm{v}},\theta_{\mathrm{h}}) \tag{6-45}$$

式中:$\boldsymbol{\sigma}_i$ 为二维固定角度偏移量,指可以预测变化范围但不能消除的误差或缓变的随机误差,对捕获影响较大产生 $\boldsymbol{\sigma}_i$ 的主要因素有瞄准误差、轨道误差、姿控误差、热形变误差、装配校正误差等;$\boldsymbol{\delta}_i$ 为二维随机角度偏移量,指数值范围有限的随机误差,产生的主要因素为星上微振动,对捕获和跟踪都有一定的影响,一般情况下 $|\boldsymbol{\sigma}_i|\gg|\boldsymbol{\delta}_i|$。

图 6-15 为分行扫描和螺旋扫描捕获视场中心的扫描轨迹示意图。

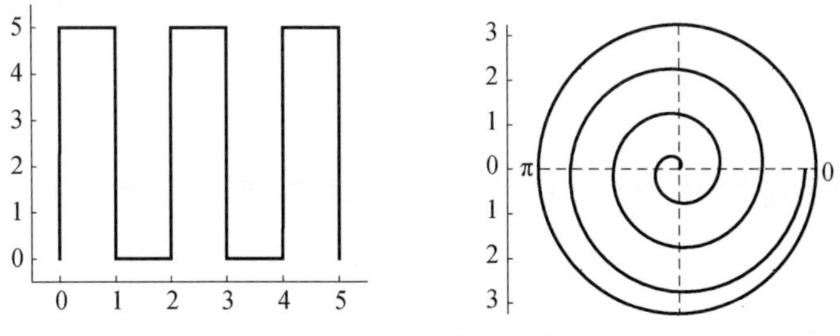

图 6-15 扫描轨迹示意图

分析中各变量定义如下：扫描范围 Ω_u，捕获分辨角 Ω_r，平均捕获时间 ET_{Ac}，捕获系统控制带宽 F_{Ac}。俯仰和滚动方向的固定偏移量均方差 σ_θ，最大随机偏移量为 δ_θ。通常 Ω_u 和 Ω_r 为毫弧度量级，可进行小角度近似，其对应的平面角为

$$\theta_{u,r} \approx \frac{2}{\sqrt{\pi}}\sqrt{\Omega_{u,r}} \tag{6-46}$$

当采用步进电机控制天线运动时，扫描间隔和扫描平均线速率分别为

$$I_\theta = \frac{\sqrt{2}}{2}\theta_r - \delta_\theta \tag{6-47}$$

$$V_S = F_{Ac} I_\theta \tag{6-48}$$

6.8.1.1　分行扫描

对于捕获域内的任意一个角方向，分行扫描的捕获时间可表示为

$$T_{Ac1}(\theta_v,\theta_h) \approx \begin{cases} \dfrac{1}{2V_\theta}\left[\dfrac{\theta_u + 2\theta_v}{I_\theta}\theta_u + \theta_u - 2\theta_h\right], \theta_h \downarrow \\ \dfrac{1}{2V_\theta}\left[\dfrac{\theta_u + 2\theta_v}{I_\theta}\theta_u + \theta_u + 2\theta_h\right], \theta_h \uparrow \end{cases} \tag{6-49}$$

式(6-49)中分两种情况：滚动角 θ_h 减少时和滚动角 θ_h 增加时。平均捕获时间为

$$\begin{aligned} ET_{Ac1} &= \iint_{\Omega_u} T_{Ac1}(\theta_v,\theta_h) f(\theta_v,\theta_h)\,d\theta_v d\theta_h \\ &= \frac{\theta_u^2 + 2\theta_u I_\theta}{2V_\theta I_\theta}\left(1 - e^{-\frac{\theta_u^2}{8\sigma_\theta^2}}\right) \end{aligned} \tag{6-50}$$

6.8.1.2　螺旋扫描

采用极坐标分析螺旋扫描，螺线方程为

$$\rho = \frac{I_\theta}{2\pi}\theta \tag{6-51}$$

其中，$\rho = \sqrt{\theta_v^2 + \theta_h^2}$，$\theta = \arcsin\theta_h/\rho$。在极坐标系下，可表示为

$$f(\rho,\theta) = \frac{1}{2\pi\sigma_\theta^2} e^{-\frac{\rho^2}{2\sigma_\theta^2}} \tag{6-52}$$

对于捕获域内的任意一个角方向，螺旋扫描的捕获时间可表示为

$$T_{Ac2}(\rho,\theta) = \frac{1}{V_\theta}\int_0^\theta \rho\, d\theta' = \frac{I_\theta}{4\pi V_\theta}\theta^2 \tag{6-53}$$

由式(6-52)和式(6-53)可得出平均捕获时间：

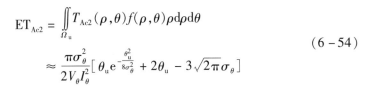

$$\begin{aligned} ET_{Ac2} &= \iint_{\Omega_u} T_{Ac2}(\rho,\theta) f(\rho,\theta)\rho d\rho d\theta \\ &\approx \frac{\pi\sigma_\theta^2}{2V_\theta I_\theta^2}\left[\theta_u e^{-\frac{\theta_u^2}{8\sigma_\theta^2}} + 2\theta_u - 3\sqrt{2\pi}\sigma_\theta\right] \end{aligned} \tag{6-54}$$

6.8.1.3 数值仿真

利用相同捕获概率要求下的平均捕获时间大小来衡量不同扫描方式对系统捕获性能的影响。在下面的分析和仿真实验中，捕获概率要求不小于98%，并且设捕获系统控制带宽为10Hz。

图6-16为通过理论公式运算所得的结果，横轴为扫描角度范围，纵轴为平均捕获时间。其中，图6-16(a)和图6-16(b)中分别取扫描间隔I_θ为0.3mrad和0.5mrad。可以看出，两种扫描方式平均捕获时间随扫描角度范围变化的交点为θ_{rs}，其大小与扫描间隔成正比，比例系数约为16。当$\theta_u < \theta_{rs}$时，螺旋扫描比分行扫描的平均捕获时间稍短一些；而当$\theta_u > \theta_{rs}$时，分行扫描比螺旋扫描的平均捕获时间短许多。

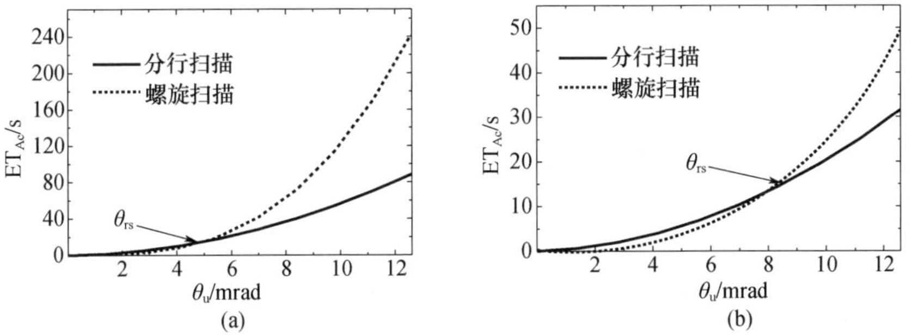

图6-16 平均捕获时间曲线

(a) I_θ=0.3mrad；(b) I_θ=0.5mrad。

通过数值仿真可得出如下结论：从总体上讲，分行扫描优于螺旋扫描。然而，在前面曾假设：$\boldsymbol{\sigma}_i$ 在俯仰和滚动方向的分量独立且符合正态分布。考虑到分行扫描从概率密度最小处开始，而螺旋扫描从概率密度最大处开始，因此，从这方面讲螺旋扫描应该优于分行扫描。我们认为，造成这种矛盾现象是由于螺旋扫描中扫描间隔的重叠较大，使得相同扫描面积下的扫描时间较长。为此提出采用分行式螺旋扫描取代螺旋扫描进行捕获(图6-17)。这种扫描方式有以下优点：①从概率密度最大处开始；②扫描间隔重叠最小；③考虑到捕获系统的机械机构，分行式螺旋扫描比螺旋扫描更易于实现。

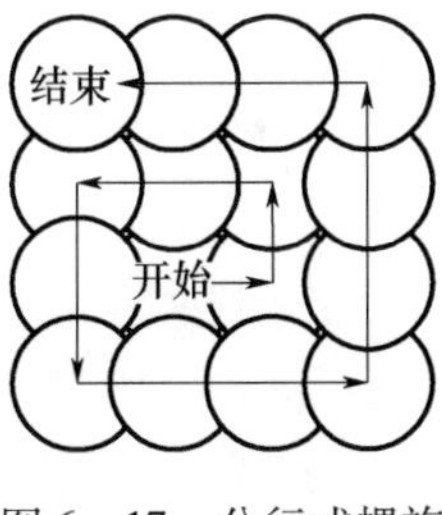

图6-17 分行式螺旋扫描示意图

6.8.1.4 计算机仿真

由于分行式螺旋扫描的解析表达式很难求出,无法进行数值仿真,采用蒙特卡罗法进行了计算机仿真实验,图6-18为实验框图。

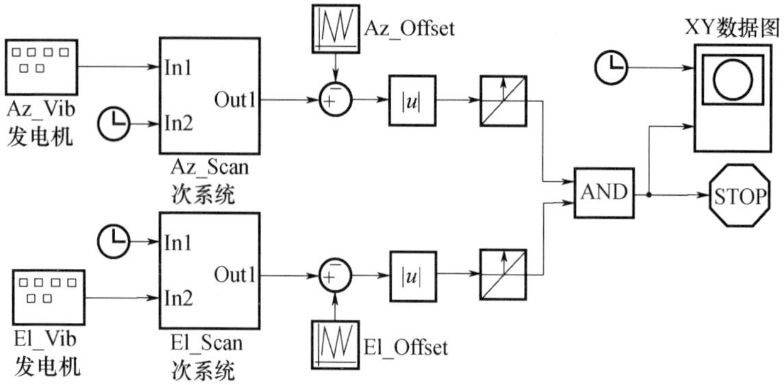

图6-18 仿真实验框图

实验中,各选取5组不同的种子分别产生俯仰和滚动方向正态分布的固定偏移量;同时,以相互独立的均匀分布随机量模拟扫描过程中的随机偏移量。为了进行比较,对分行扫描也同时进行了测试。

图6-19为扫描范围与平均捕获时间之间的关系曲线。可以看出,无论扫描范围的大小,分行式螺旋扫描的平均捕获时间均小于分行扫描。图6-20给出了不同扫描范围下两种扫描方式的捕获概率,可见捕获概率的变化基本与扫描方式无关。此外,随着扫描范围的增大,捕获概率有下降趋势。这是由于随着扫描步数的增加,随机偏移量对扫描的影响越来越大。因此应尽可能增大扫描间隔,而对捕获系统来说,应尽可能增大捕获分辨角以减少扫描步数。

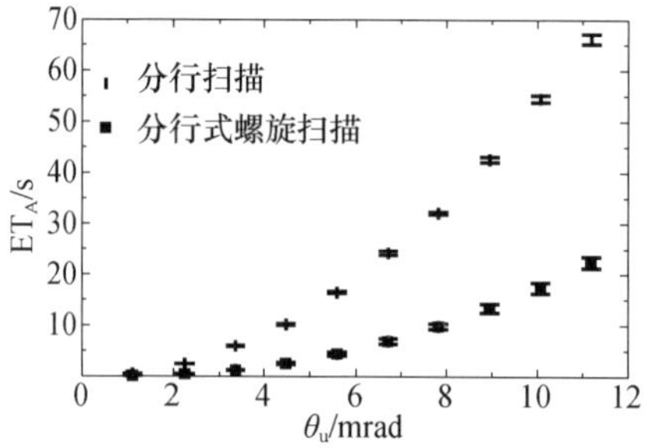

图6-19 扫描范围与平均捕获时间关系曲线

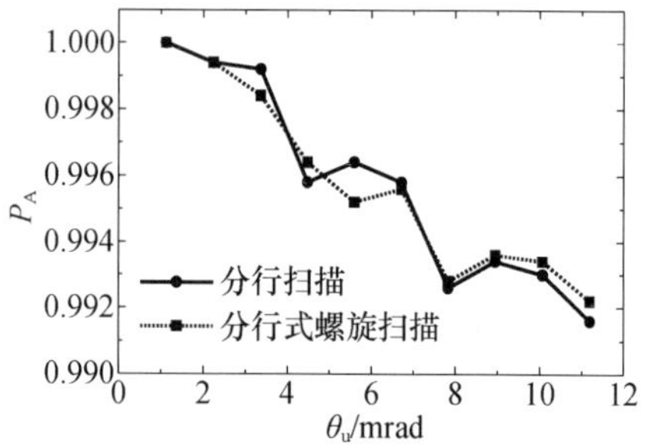

图6-20 扫描范围与捕获概率关系曲线

6.8.2 扫描范围选取

星间激光通信中的捕获过程总体上存在两种影响捕获概率的因素:①由于

轨道预测精度以及卫星在轨姿态的不确定性导致的接收端卫星相对发射端卫星初始瞄准指向的随机性;②在捕获扫描过程中,发射端卫星平台振动造成的信标光指向抖动导致的漏扫情况。其中,前者需要通过设置不确定扫描域的大小来进行补偿,后者可以通过设定扫描步长重叠量来消除。

因此,捕获概率 P_{acq} 可以表示为

$$P_{acq}=P_{FOU}(1-P_{lost}) \tag{6-55}$$

$$P_{FOU}=1-e^{-\frac{\theta_U^2}{2\sigma_S^2}} \tag{6-56}$$

式中:P_{FOU} 为接收端卫星落在发射端扫描不确定域内的概率;P_{lost} 为信标光对扫描区域的漏扫概率;θ_U 为扫描不确定域的半宽;σ_S 为接收端卫星相对于发射端初始瞄准方向随机偏置角的标准差。

理想状况下,当扫描过程中没有信标光指向抖动时,如图6-21(a)所示,扫描步长 I_θ 与信标光束散角半宽 θ_b 之间满足下述关系

$$I_\theta=\sqrt{2}\theta_b \tag{6-57}$$

考虑到卫星平台微振动会引起信标光指向随机抖动,此时信标光扫描步长需要加入重叠量来避免漏扫概率,如图6-21(b)所示。根据图6-21(b)可得此时扫描步长为

$$I_\theta=\sqrt{2}\theta_b-\delta_{max} \tag{6-58}$$

式中:δ_{max} 为星上平台微振动的最大幅度。

式(6-58)条件下,$P_{lost}\approx 0$,此时单场扫描捕获概率可以表示为

$$P_{acq}=P_{FOU} \tag{6-59}$$

结合式(6-51)和式(6-52)可知,在系统对捕获概率不同的要求下,发射端信标光扫描不确定域为

$$\theta_U=\sigma_S\sqrt{-2\ln(1-P_{acq})} \tag{6-60}$$

利用式(6-60)可得,在不同偏置角标准差 σ_S 下,扫描不确定域半宽 θ_U 随系统捕获概率 P_{acq} 的变化关系如图6-21所示。

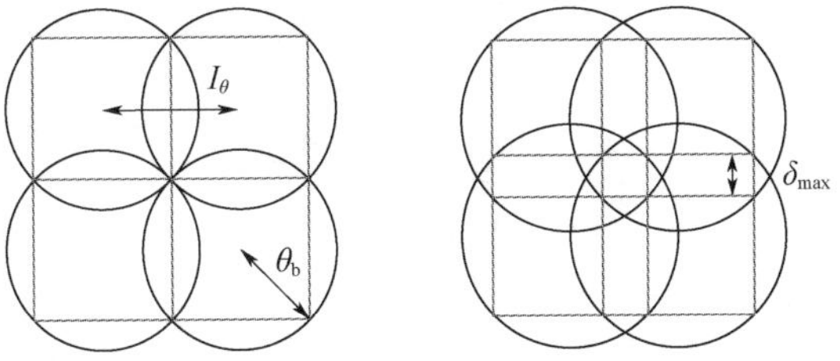

(a) (b)

图6-21 扫描步长示意图

(a) 无微振动时扫描步长与信标光束散角半宽之间的关系;

(b) 有微振动时扫描步长与步长重叠量之间的关系。

由图 6-22 可知，对于同一 σ_S，θ_U 随着 P_{acq} 的增加而增加，且增加速度随着 P_{acq} 向 1 趋近而加剧。这说明当 σ_S 固定时，系统对捕获概率要求越高，相应的扫描不确定域则需越大。此外，图 6-22 表明，当系统对捕获概率的要求一定时，σ_S 越大，则相应的 θ_U 也越大。这是因为在式(6-47)中，当 P_{acq} 固定时，θ_U 与 σ_S 成正比。工程上一般要求 P_{acq} 大于 98%，此时对应的扫描不确定域半宽则需满足 $\theta_U \geqslant 3\sigma_S$。

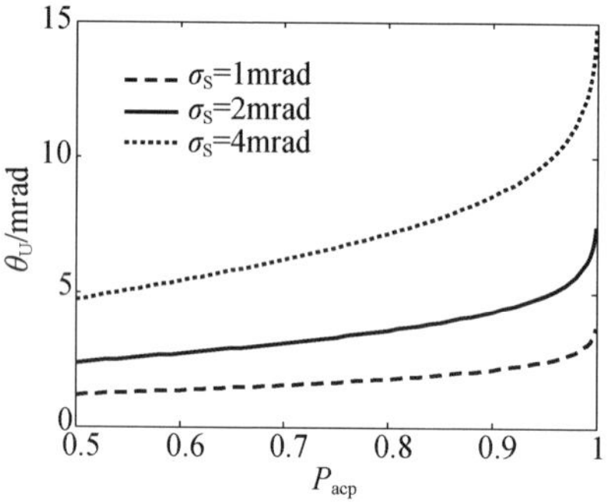

图 6-22　不同偏置角标准差下，扫描不确定域半宽随系统捕获概率的变化

6.8.3　扫描重叠角设置

固定偏移量对捕获的影响较大，而随机偏移量对捕获的影响较小，可以通过增加扫描重叠进行补偿。

最大随机偏移量 δ_{max}；若扫描过程中捕获的视域重叠大于或等于 δ_{max}，则认为随机偏移量的影响可以忽略。由 δ_{max} 可以给出捕获扫描的角度间隔，即

$$I_\theta = \frac{\sqrt{2}}{2}\theta_r - \delta_{max} \tag{6-61}$$

假设在星上捕获坐标系中，产生固定偏移量的误差独立且同分布，根据中心极限定理，$\boldsymbol{\sigma}_i$ 在俯仰和方位角度方向的分量独立且符合标准正态分布，概率密度分别为

$$f(\theta_{v,h}) = \frac{1}{\sqrt{2\pi}\sigma_{v,h}} e^{-\frac{\theta_{v,h}^2}{2\sigma_{v,h}^2}} \tag{6-62}$$

由此可得出固定偏移量的二维分布函数

$$f(\theta_v,\theta_h) = f(\theta_v)f(\theta_h) = \frac{1}{2\pi\sigma_v\sigma_h} e^{-\frac{1}{2}\left(\frac{\theta_v^2}{\sigma_v^2}+\frac{\theta_h^2}{\sigma_h^2}\right)} \tag{6-63}$$

为了简化分析，通常可以假设在俯仰和方位两个角方向的分布函数是对称的，即 $\sigma_v = \sigma_h = \sigma_\theta$。这时，固定偏移量的二维分布函数可简化为

$$f(\theta_v,\theta_h)=\frac{1}{2\pi\sigma_\theta^2}e^{-\frac{\theta_v^2+\theta_h^2}{2\sigma_\theta^2}} \tag{6-64}$$

在实际的卫星光通信过程中，由于卫星轨道和姿态控制精度以及星上捕获坐标系的选取等方面的原因，固定偏移量的二维分布函数有时是非对称的，即 $\sigma_v \neq \sigma_h$。扫描方式中，与螺旋扫描相比，分行式螺旋扫描在扫描过程中捕获视域间隔的重叠浪费较小。

6.9 大气对光束瞄准的影响

6.9.1 大气对光信号偏差检测的影响

激光光束通过大气传输后，其终端光斑接收面上的光强分布是随机的。为便于研究，由光的衍射理论，利用基尔霍夫(Kirchhoff)衍射理论和惠更斯－菲涅耳(Huygens－Fresnel)原理推导了终端光斑光强分布模型。

激光器的有源区近似的点光源 S 发出的单色波，经过出光孔的衍射，到达接收机的光敏面，得接收面上 P_0 点的光分布场为

$$U(P_0)=\frac{1}{4\pi}\oiint_S\left(G\frac{\partial U}{\partial G}-U\frac{\partial G}{\partial U}\right)dS \tag{6-65}$$

式中：$G=e^{jkz}/z$，z 为空间任意点到 P_0 的距离；曲面 S 由孔径 Σ、紧贴平面的 S_1、以 P_0 为球心的球面的一部分 S_2 构成。

对式(6－65)，利用以下基尔霍夫边界条件：

在孔径 Σ 上，场分布 U 和导数 $\frac{\partial U}{\partial n}$ 与没有屏幕存在相同时间。

在 S_1 上，场分布 U 和导数 $\frac{\partial U}{\partial n}$ 满足 $U\equiv\frac{\partial U}{\partial n}\equiv 0$。

于是得

$$U(P_0)=\frac{1}{4\pi}\oiint_\Sigma\left(G\frac{\partial U}{\partial n}-U\frac{\partial G}{\partial n}\right)d\Sigma \tag{6-66}$$

在大气湍流的影响下，选取格林函数的形式如下：

$$G=\frac{e^{jkz_1+\varphi}}{z_1} \tag{6-67}$$

式中：φ 为大气湍流引起的相位附加量，由于 φ 比较小其偏导数可近似为

$$\frac{\partial G}{\partial n}=\left(jk-\frac{1}{z_1}\right)e^{jkz_1+\varphi}\times\frac{\cos(\boldsymbol{n},\boldsymbol{z}_1)}{z_1} \tag{6-68}$$

由于 $z_1\gg\lambda$，所以式(6－68)简化为

$$\frac{\partial G}{\partial n}=jk\frac{e^{jkz_1+\varphi}}{z_1}\cos(\boldsymbol{n},\boldsymbol{z}_1) \tag{6-69}$$

假设 Σ 处光波振幅为 A，则激光分布场可表示为

$$U(P_1)=\frac{Ae^{jkz_2}}{z_2} \tag{6-70}$$

当 $z_2\gg\lambda$ 时，有

$$\frac{\partial U}{\partial n}=jk\frac{e^{jkz_2}}{z_2}\cos(\boldsymbol{n},z_2) \tag{6-71}$$

将上述各式代入得

$$U(P_0)=\frac{1}{jk}\iint_{\Sigma}U(P_1)\frac{e^{jkz_1+\varphi}}{z_1}\times\frac{\cos(\boldsymbol{n},z_1)-\cos(\boldsymbol{n},z_2)}{2}d\Sigma \tag{6-72}$$

在卫星光通信系统中，传输距离比光孔径大得多，可以把激光器的出光孔看作一个衍射孔，可知从发光点到出光孔的距离 z_2 远大于出光孔径 Σ，所以 $\boldsymbol{n}$ 与 z_2 的夹角接近 π，$\cos(\boldsymbol{n},z_2)\approx-1$，式(6-72)可近似为

$$U(P_0)=\frac{1}{jk}\iint_{\Sigma}U(P_1)\frac{e^{jkz_1+\varphi}}{z_1}\times\frac{1+\cos(\boldsymbol{n},z_1)}{2}d\Sigma \tag{6-73}$$

根据以上分析知，卫星光通信的传输距离 z_1 比出光孔径 Σ 大得多，$\cos(\boldsymbol{n},z_1)\approx-1$，所以 P_0 点光强为

$$I(P_0)=|U(P_0)|^2=\left(\frac{k}{2\pi z_1}\right)\iint_{\Sigma}e^{jk(l_1-l_2)} \langle e^{\varphi(s_1)+\varphi^*(s_2)}\rangle U(s_1)U^*(s_2)d^2s_1d^2s_2 \tag{6-74}$$

式中：$\langle e^{\varphi(s_1)+\varphi^*(s_2)}\rangle$ 为光波在大气中的传输函数 $M(\boldsymbol{l}_1,\boldsymbol{l}_2,\boldsymbol{r})$，令 $\boldsymbol{l}=\boldsymbol{l}_1-\boldsymbol{l}_2$，当大气介质近似各项同性介质时，传输函数为

$$M(\boldsymbol{l},r_1)=M(\boldsymbol{l}_1,\boldsymbol{l}_2,r_1)=e^{-4k^2\pi^2r_1\int_0^{\infty}[1-J_0(kl)]\phi_n(k)dk} \tag{6-75}$$

式中：$\phi_n(k)$ 为折射率湍流功率谱密度函数；$J_0(kl)$ 为零阶贝塞尔函数。

$$\phi_n(k)=0.033C_n^2k^{-11/3},\frac{1}{L_0}\ll k\ll\frac{1}{l} \tag{6-76}$$

在卫星光通信系统中，由于激光器发出的光波多为高斯光束，则当光束的束腰半径为 ω_0，曲率半径为 f 时，激光分布场可表示为

$$U(s)=Ae^{j(kz_1+\varphi)-jk(x^2+y^2)\left(\frac{1}{f}-\frac{2j}{k\omega_0^2}\right)/2} \tag{6-77}$$

从而得出

$$\langle I\rangle=\frac{k^2w_0^2}{2z^2}|A|^2\int_0^{\infty}M(l,z)J_0\left(\frac{kql}{2}\right)e^{-\frac{l^2}{4}\left[\frac{1}{w_0^2}+kw_0^2\left(\frac{1}{z^2}-\frac{1}{f}\right)\right]}ldl \tag{6-78}$$

在实际的大气湍流中，即使在很弱的大气湍流条件下，空间光通信终端光斑的空间分布也是无规则的，图6-23是远场光通信终端接收光斑示意图，测量条件为天气晴朗，能见度在6km，温度为26℃，相对湿度为32%，风速1.3m/s。当湍流强度增加时，出现越来越严重的光斑分离和破碎现象，可以观察到存在明显的亮区和暗区的随机变化，光斑区域内强度起伏很大。

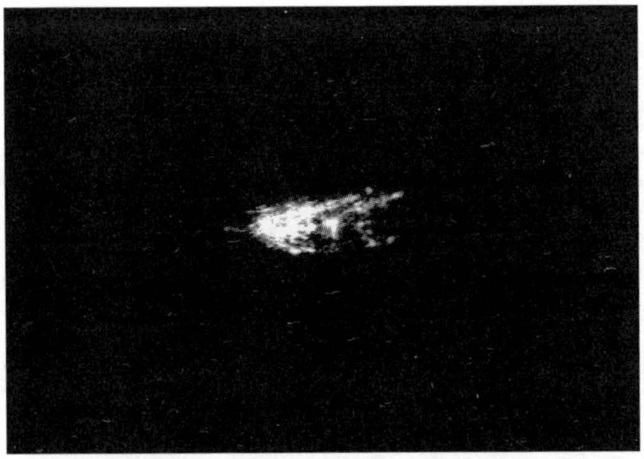

图6-23 湍流影响下终端接收光斑

6.9.2 大气对通信信号探测的影响

6.9.2.1 通信时段对接收光斑的影响

通过理论分析可知,在不同湍流强度下理论接收的光斑图像应该为:湍流强度越大,光斑的分裂和闪烁越严重,湍流强度较小时,光斑亮度高。

图6-24是一天时段内光斑变化的部分实验记录,测量条件为天气晴朗,能见度在4~7km左右,温度为11~19℃,相对湿度为40%~56%,平均风速1.8m/s,光斑从上午9:00开始记录,每隔1h选取一次,晚上20:00截取结束。接收光斑的变化图像如图6-24所示。

实测数据结果表明:

(1) 在晴朗的天气条件下,上午10:30之前,光斑闪烁漂移较小,光斑比较稳定,光强分布比较集中。

(2) 11:00到14:00之间,光斑闪烁很大,光斑分裂严重,接收光强密度相对较小。

(3) 15:00以后,光斑闪烁逐渐减小,光斑又变得相对稳定。

不同的天气条件下,大气湍流对星地链路的通信影响也不一样,在太阳光强度持续比较强的通信时段,湍流对终端光斑影响比较严重,在阴天条件下,大气湍流的影响相对较小。

6.9.2.2 接收光斑的概率分布和幅度分布

为了研究激光光斑光强在不同湍流下的探测光斑光强的概率分布,这里对远场实验数据进行了处理,测量条件为天气晴朗,能见度在5~6km左右,温度为24~29℃,相对湿度为28%~36%,平均风速1.5m/s,图6-25中曲线是直方图对数正态拟合曲线,两个图形的相关系数都在0.98以上。

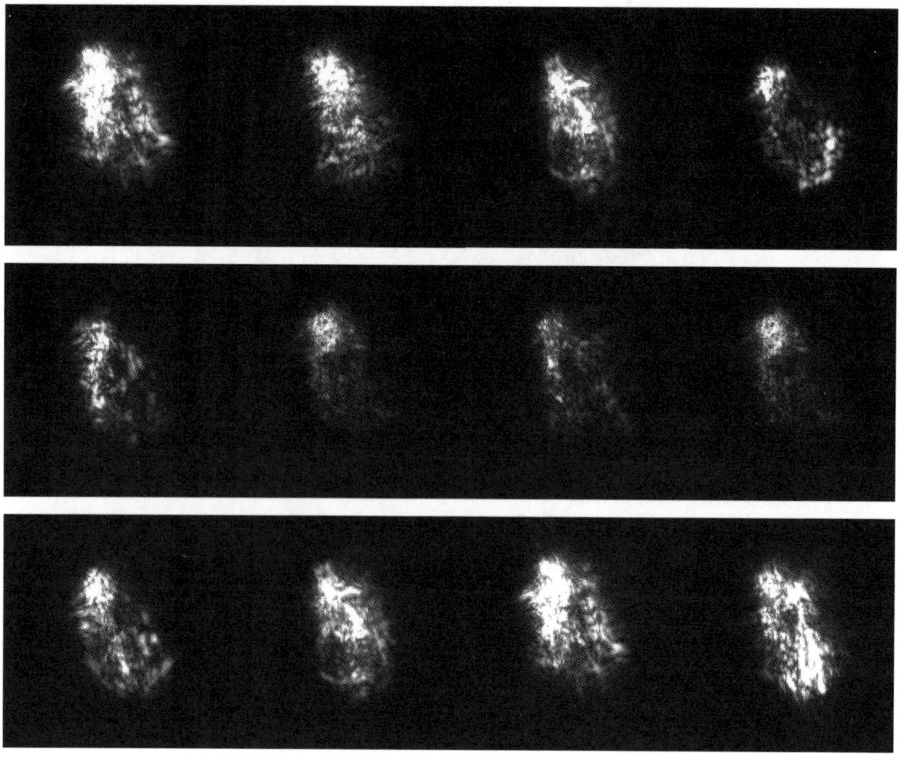

图 6－24　晴天时段内一天的光斑形状变化情况

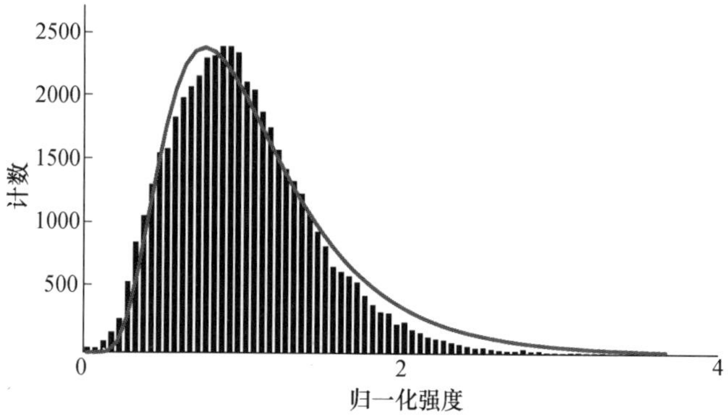

图 6－25　弱湍流影响下光强的归一化直方图分布

图 6－25 和图 6－26 是在 $\sigma_I=0.256$ 的弱湍流条件下的概率分布直方图和时间序列光强分布图，图 6－27 和图 6－28 为在 $\sigma_I=0.956$ 的中等湍流条件下的概率分布直方图和时间序列光强分布图。从实验数据的概率分布图可以看出，光强起伏概率分布的对数正态近似模型在整个弱起伏区域都是适用的，在强湍流区，光强分布接近负指数分布。

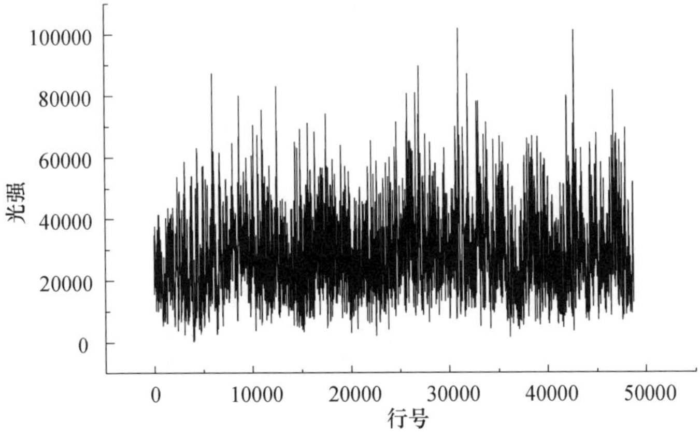

图6-26 弱湍流影响下的光强幅度分布

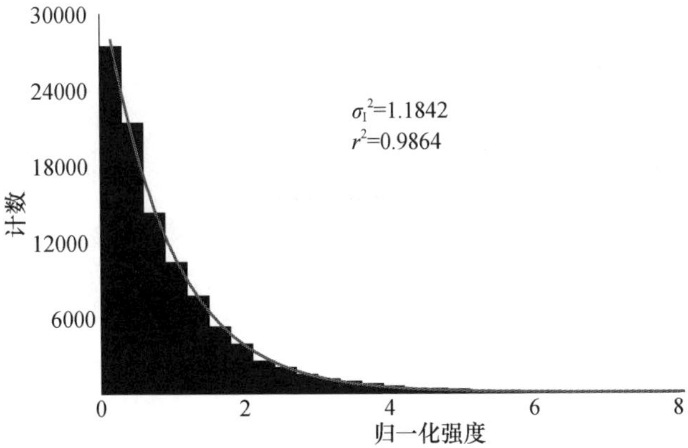

图6-27 强湍流影响下光强的归一化直方图分布

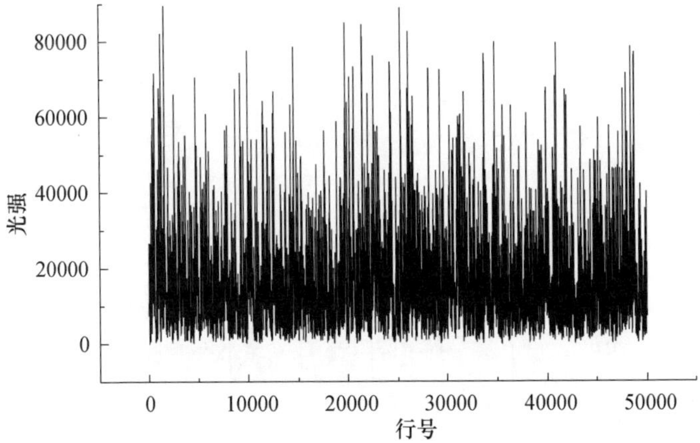

图6-28 强湍流影响下的光强幅度分布

6.9.3 大气影响补偿方法

在星地激光通信中，根据捕获装置的不同结构和相应的操作方式，常用的捕获方式可分为天线扫描和焦平面阵列扫描两种。天线扫描是指在不确定范围内旋转发射天线或接收天线以实现捕获。如果瞄准误差大于信标光的束宽，此时无法直接通过瞄准使接收端位于信标光光场的有效功率范围内，要求发射端扫描信标光，由接收端进行捕获。根据天线的不同运动方式，天线扫描还可分为多种，较为典型的扫描方式有分行扫描、锯齿扫描、螺旋扫描和分行式螺旋扫描等。焦平面阵列扫描是指接收天线具有很宽的视场，用探测器阵列在焦平面覆盖接收视场，来定位信标光，它可实现无机械扫描，不会给平台的姿态控制造成影响，但是较大面阵的探测器会增加接收系统的复杂性，而且受背景光噪声的影响也较为严重。而采用天线扫描的捕获系统的结构简单，但扫描过程中转动惯量较大，对平台的姿态控制要求较高。

一般通过阈值检测来判断是否捕获到信标光。阈值检测是指在扫描过程中，对捕获探测器的输出进行连续的监测；当接收到的光信号功率大于某一预设的阈值时，认为信标光已经被捕获。

在保证一定的捕获概率的前提下，捕获应在尽可能短的时间内完成。在外部环境与系统参数相同的条件下，不同的扫描方式关系到平均捕获时间的长短，但不同的扫描方式的单次捕获概率基本相同。

在日本与欧洲航天局合作进行的星地激光通信实验中，采取了由同步轨道星上终端下行扫描信标光并由地面终端对信标光进行捕获的方式来建立激光链路。下面以典型的同步轨道星上终端下行分行扫描为例，在假设扫描光束的扫描范围覆盖了接收终端（即接收终端在扫描区内）的条件下，考虑大气湍流以及接收终端在扫描光束有效范围内的位置不确定性，对单次捕获概率进行分析。图 6－29 给出了分行扫描轨迹示意图，图中 φ_w 是光束扫描的角度间隔。

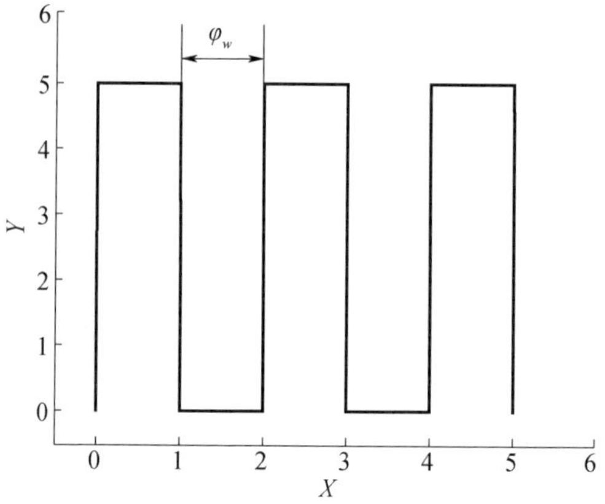

图 6－29　扫描轨迹示意图

设在没有大气湍流影响下的接收光功率表示为

$$P(\varphi_h,\varphi_v)=P_s e^{-\frac{2\varphi_h^2}{\theta_h^2}} e^{-\frac{2\varphi_v^2}{\theta_v^2}} \tag{6-79}$$

式中：θ_h 和 θ_v 分别为 X 方向和 Y 方向的光束束散角；P_s 为在没有大气闪烁和瞄准误差下的接收光功率。

考虑自由空间损耗、大气吸收及散射损耗、发射损耗和接收损耗，光功率 P_s 表示为

$$P_s=P_t\eta_{free}\eta_{atm}\eta_t\eta_r \tag{6-80}$$

式中：P_t 为信标光的发射功率；η_{free} 为自由空间传输效率；η_{atm} 为大气透过率；η_t 为发射效率；η_r 为接收效率。

考虑大气湍流的影响，接收光功率表示为

$$P_r=P_0 i_h i_s=P_s i_v i_h i_s \tag{6-81}$$

式中：光功率 $P_0=P_s i_v$；i_v 为 Y 方向的瞄准误差产生的归一化强度；i_h 为 X 方向的瞄准误差产生的归一化强度；i_s 为大气湍流产生的归一化强度。

接收光信号强度的随机起伏影响系统对信号的捕获，当信号强度衰落到低于位置传感器的阈值时，捕获失败，因此在链路中必须留有充足的衰落冗余。捕获概率定义为信标光的接收强度高于捕获探测器阈值的概率。捕获过程中的衰落冗余是PAT系统设计的重要指标之一，是指在捕获过程中，为了确保捕获概率大于某一预设值，在链路冗余中用于克服强度随机起伏的部分，表示为

$$M_{acq}=10\lg P_0-10\lg P_{th} \tag{6-82}$$

式中：P_{th}为捕获传感器的探测阈值。

如图6-29所示，光束在 Y 方向上扫描。设在扫描过程中的$(t_0-\tau/2,t_0+\tau/2)$时间段内，接收终端位于扫描光束内，并且在 t_0时刻，接收终端在 Y 方向上未偏离扫描光束（即角度 $\varphi_v=0$），其中，τ 是捕获传感器每次探测所用的曝光时间。则捕获探测器探测到的 Y 方向上的归一化强度可以表示为

$$i_v=\frac{1}{\omega_0\tau}\int_{-\omega_0\tau/2}^{\omega_0\tau/2} e^{-\frac{2\varphi_v^2}{\theta_v^2}}d\varphi_v=\frac{\sqrt{\pi}\theta_v}{\sqrt{2}\omega_0\tau}\mathrm{erf}\left(\frac{\omega_0\tau}{\sqrt{2}\theta_v}\right) \tag{6-83}$$

式中：ω_0 为光束扫描的角频率，误差函数表示为

$$\mathrm{erf}(z)=\frac{2}{\sqrt{\pi}}\int_0^z e^{-t^2}dt \tag{6-84}$$

在$(t_0-\tau/2,t_0+\tau/2)$时间段内，接收终端位于扫描光束内，但此时接收终端位置在 X 方向上具有不确定性，即角度 φ_h 具有不确定性。假设 φ_h 服从均匀分布，则 φ_h 的概率密度函数表示为

$$f_{\varphi_h}(\varphi_h)=1/\varphi_w,\ -\varphi_w/2<\varphi_h<\varphi_w/2 \tag{6-85}$$

式中：φ_w 为光束扫描的角度间隔。

误差角 φ_h 的概率密度函数$f_{\varphi_h}(\varphi_h)$和归一化强度 i_h 的概率密度函数$f_{I_h}(i_h)$

满足下列关系：

$$f_{\varphi_h}(\varphi_h)\mathrm{d}\varphi_h=\frac{1}{2}f_{I_h}(i_h)\mathrm{d}(-i_h),0<\varphi_h<\varphi_w/2 \tag{6-86}$$

$$f_{\varphi_h}(\varphi_h)\mathrm{d}(-\varphi_h)=\frac{1}{2}f_{I_h}(i_h)\mathrm{d}(-i_h),-\varphi_w/2<\varphi_h<0 \tag{6-87}$$

在捕获过程中，X 方向的归一化强度可以表示为

$$i_h=\mathrm{e}^{-2\varphi_h^2/\theta_h^2},0<i_h<1 \tag{6-88}$$

由式(6－85)～式(6－88)，得归一化强度 i_h 的概率密度函数表达式为

$$f_{I_h}(i_h)=\frac{1}{\sqrt{2}\eta i_h}(-\ln i_h)^{-1/2},\mathrm{e}^{-\eta^2/2}<i_h<1 \tag{6-89}$$

式中：$\eta=\varphi_w/\theta_h$。

在同步轨道星上终端与地面终端之间建立的星地激光链路中，捕获概率是其设计的重要指标，是指在多次扫描捕获过程中，信标光的接收强度高于捕获探测器阈值的概率。除卫星轨道和姿态误差等因素以外，大气湍流也影响捕获概率。

设在接收终端偏离扫描光束束心的角度为 φ_h 的条件下的归一化阈值表示为

$$i'_{th}(\varphi_h)=\frac{P_{th}}{P_0 i_h(\varphi_h)}=\frac{P_{th}}{P_0}\frac{1}{i_h(\varphi_h)}=\frac{i_{th}}{i_h(\varphi_h)} \tag{6-90}$$

式中：$i_{th}=P_{th}/P_0$，则 $\ln i_{th}=-0.23M_{acq}$。

在扫描光束的扫描范围覆盖了接收终端（即接收终端在扫描区内）时，由于接收终端在扫描光束有效范围内的位置具有不确定性，导致每次扫描捕获过程的捕获概率也具有不确定性。大气湍流产生的扫描信标光的强度起伏影响捕获概率，当扫描信标光的接收强度高于捕获探测器阈值时，捕获成功；反之，捕获失败。只考虑大气湍流的影响，在接收终端偏离扫描光束束心的角度为 φ_h 的条件下，捕获概率可以表示为

$$F_{acq,\varphi_h}(M_{acq})=\int_{i'_{th}(\varphi_h)}^{\infty}f_{I_s}(i_s)\mathrm{d}i_s=\int_{i_{th}/i_h}^{\infty}f_{I_s}(i_s)\mathrm{d}i_s \tag{6-91}$$

式中：$f_{I_s}(i_s)$ 为大气闪烁的概率密度函数。

定义平均捕获概率为多次扫描捕获过程的捕获概率的平均值，则平均捕获概率表示为

$$\begin{aligned}\overline{F}_{acq}(M_{acq})&=\int_{-\varphi_w/2}^{\varphi_w/2}F_{acq,\varphi_h}(M_{acq})f_{\varphi_h}(\varphi_h)\mathrm{d}\varphi_h\\&=\int_{\exp(-\eta^2/2)}^{1}F_{acq,\varphi_h}(M_{acq})f_{I_h}(i_h)\mathrm{d}i_h\\&=\int_{\exp(-\eta^2/2)}^{1}f_{I_h}(i_h)\mathrm{d}i_h\int_{i_{th}/i_h}^{\infty}f_{I_s}(i_s)\mathrm{d}i_s\end{aligned} \tag{6-92}$$

对于大天顶角（>60°）斜程传输，大气闪烁服从强湍流起伏特征。Andrews 等人提出了 gamma－gamma 分布模型，把大气闪烁起伏看作是大尺度湍涡产生

的起伏对小尺度湍涡产生的起伏调制的结果，此时大气闪烁概率密度函数表示为

$$f_{I_s}(i_s)=\frac{2(\alpha\beta)^{(\alpha+\beta)/2}}{\Gamma(\alpha)\Gamma(\beta)}i_s^{(\alpha+\beta)/2-1}K_{\alpha-\beta}(2\sqrt{\alpha\beta i_s}) \tag{6-93}$$

式中：$\alpha=1/\sigma_{\ln x}^2$，$\beta=1/\sigma_{\ln y}^2$，$\sigma_{\ln x}^2$和$\sigma_{\ln y}^2$分别为大尺度和小尺度湍涡引起的对数强度起伏方差；$K_v(x)$为第二类修正贝塞尔函数。

由式(6-91)、式(6-92)和式(6-93)可得适用于大天顶角的捕获概率表达式为

$$\begin{aligned}\overline{F}_{\mathrm{acq}}(M_{\mathrm{acq}}) = {} & 1+\frac{(\alpha\beta)^{(\alpha+\beta)/2}\eta^2}{\Gamma(\alpha)\Gamma(\beta)}\mathrm{e}^{-0.115(\alpha+\beta)M_{\mathrm{acq}}}\times \\ & \int_0^1 x^{1/2}\mathrm{e}^{(\alpha+\beta)\eta^2x/4}K_{\alpha-\beta}(2\sqrt{\alpha\beta\mathrm{e}^{(x\eta^2/2-0.23M_{\mathrm{acq}})}})\mathrm{d}x- \\ & \frac{2(\alpha\beta)^{(\alpha+\beta)/2}}{\Gamma(\alpha)\Gamma(\beta)}\mathrm{e}^{\eta^2(\alpha+\beta)/4-0.115(\alpha+\beta)M_{\mathrm{acq}}}\times \\ & \int_0^1 x^{(\alpha+\beta)/2-1}K_{\alpha-\beta}(2\sqrt{\alpha\beta x\mathrm{e}^{\eta^2/2-0.23M_{\mathrm{acq}}}})\mathrm{d}x\end{aligned} \tag{6-94}$$

对于小天顶角（$<60°$）斜程传输，大气闪烁服从弱湍流起伏特征，此时大气闪烁概率密度函数表示为

$$f_{I_s}(i_s)=\frac{1}{\sqrt{2\pi\sigma_{\ln i}^2}\,i_s}\mathrm{e}^{-\frac{(\ln i_s-\langle\ln i_s\rangle)^2}{2\sigma_{\ln i}^2}} \tag{6-95}$$

式中：$\sigma_{\ln i}^2$为对数强度起伏方差，对数强度的平均值为

$$\langle\ln i_s\rangle=-\sigma_{\ln i}^2/2 \tag{6-96}$$

可得适用于小天顶角的捕获概率表达式为

$$\begin{aligned}\overline{F}_{\mathrm{acq}}(M_{\mathrm{acq}}) = {} & \frac{1}{2}-\frac{1}{2}\mathrm{erf}[(\eta^2/2+\sigma_{\ln i}^2/2-0.23M_{\mathrm{acq}})/\sqrt{2\sigma_{\ln i}^2}]+ \\ & \frac{\eta^2}{2\sqrt{2\pi\sigma_{\ln i}^2}}\int_0^1 x^{1/2}\mathrm{e}^{-\frac{(x\eta^2/2+\sigma_{\ln i}^2/2-0.23M_{\mathrm{acq}})^2}{2\sigma_{\ln i}^2}}\mathrm{d}x\end{aligned} \tag{6-97}$$

下面以典型的同步轨道星上终端下行分行扫描为例，对捕获概率进行模拟分析。图6-30给出了小天顶角下的捕获概率式(6-97)的计算曲线，图6-31给出了大天顶角下的捕获概率式(6-94)的计算曲线。图6-30和图6-31是在光束扫描间隔与光束束散角的比值$\eta=1$以及近地面折射率结构常数为$1.7\times10^{-14}\mathrm{m}^{-2/3}$的条件下，并根据折射率结构常数垂直分布Hufnagel-Valley模型计算得到的。在接收孔径小于大气相干长度时，接收孔径内的光波场近似认为是相干的，孔径平滑作用很小，这里图6-30和图6-31是在未考虑地面终端的孔径平滑作用下计算得到的。

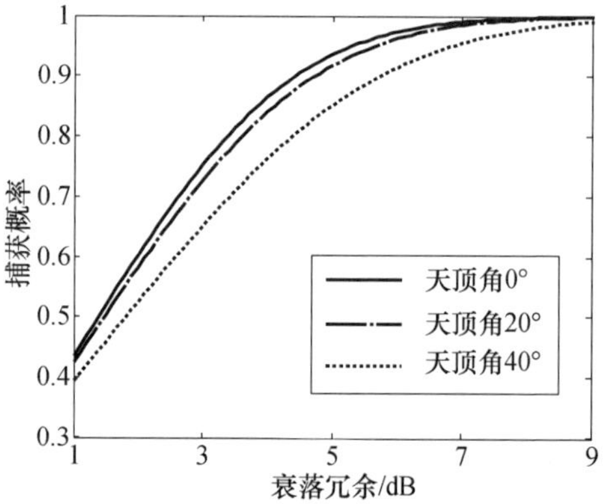

图 6－30　在小天顶角下捕获概率的变化曲线

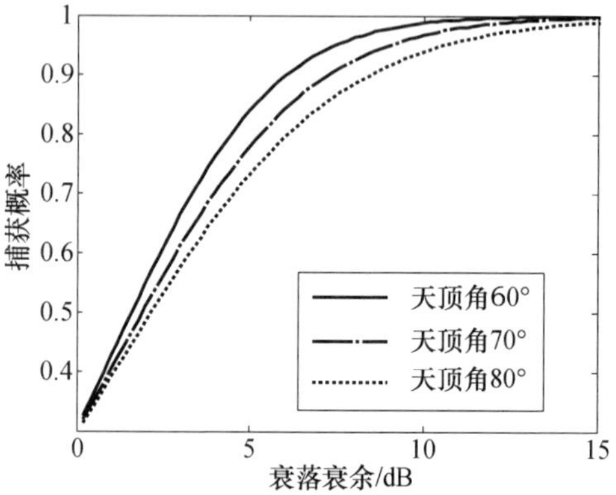

图 6－31　在大天顶角下捕获概率的变化曲线

从图 6－30 和图 6－31 可以看出，捕获概率随衰落冗余的增加而增大。由捕获概率式(6－97)计算可知，在小天顶角下，确保捕获概率大于 99%，下行链路至少需要 9dB 的衰落冗余。由捕获概率式(6－94)计算可知：当天顶角 $\gamma=80°$时，确保捕获概率大于 99%，下行链路至少需要 15dB 的衰落冗余。但是由于激光器发射功率和传感器动态范围的限制，很难达到 15dB，因此在大天顶角下，需要采取补偿措施以克服强度起伏。

可以利用孔径平滑效应，增加地面终端的接收孔径来克服下行信标光的强度起伏，以减小链路达到一定捕获概率所需的衰落冗余。当采用孔径平滑补偿后，大气闪烁起伏服从对数正态分布。图 6－32 给出了在不同的接收孔径下，捕获概率随衰落冗余变化的关系曲线，它是在 $\eta=1$ 以及近地面折射率结构常数为 $1.7\times10^{-14}\mathrm{m}^{-2/3}$的条件下，并根据折射率结构常数垂直分布 Hufnagel－Valley 模型计算得到的。

从图 6－32 可以看出，接收孔径越大，捕获概率越大；在天顶角 $\gamma=80°$且接收孔径 $D=1\mathrm{m}$ 时，确保捕获概率大于 99%，至少需要 4dB 的衰落冗余。

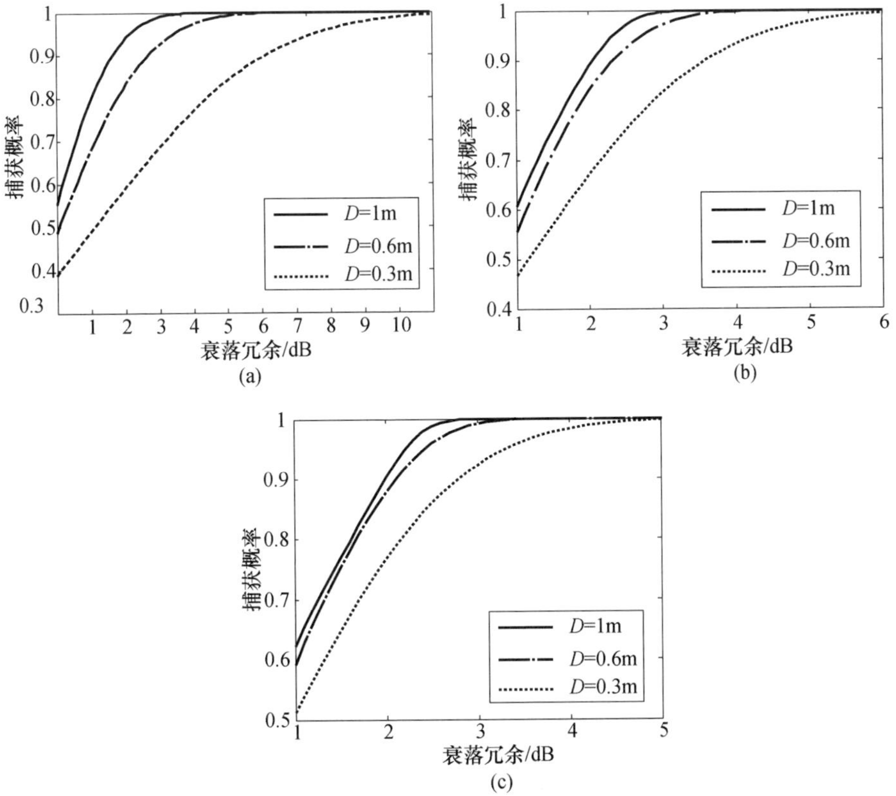

图6-32 在不同的接收孔径下的捕获概率变化曲线

(a) 天顶角 $\gamma=80$；(b) 天顶角 $\gamma=70°$；(c) 天顶角 $\gamma=60°$。

参考文献

[1] 曹阳,艾勇,黎明,等. 空间光通信精跟踪系统地面模拟实验[J]. 光电子·激光,2009,20(1),40-43.

[2] 许博谦. 空间力学环境对光通信终端高速偏转镜动态特性影响研究[D]. 哈尔滨:哈尔滨工业大学,2008.

[3] Toyoshima M, Leeb W R, Kunimori H, et al. Comparison of Microwave and Light Wave Communication Systems in Space Application[C]. Proc. of SPIE,2005,5296:1-12.

[4] Marshalek R G, Mecherle G S, Jordan P R. System-Level Comparison of Optical and RF Technologies for Space-to-Space and Space-to-Ground Communication Links[C]. Proc. of SPIE,1996,2699:134-145.

[5] Penhauser G O, Wittig M, Popesce A. The European SILEX Project and other Advanced Concepts for Optical Space Communications[C]. Proc. of SPIE,1991,1522:2-13.

[6] Fletcher G D, Hicks T R, Laurent B. The SILEX Optical Interorbit Link Experiment[J]. Electr. & Comm. Eng. J. ,1991,3(6):273-279.

[7] Bailly M, Perez E. The Pointing, Acquisition and Tracking System of SILEX European Program: a Major Technological Step for Intersatellites Optical Communication[C]. Proc. of SPIE,1991,1417:142-157.

[8] Lange R, Smutny B. Homodyne BPSK – Based Optical Intersatellite Communication Links[C]. Proc. of SPIE, 2007, 6457: 645707 – 1 – 645707 – 9.

[9] Smutny B, Kaempfner H, Muehlnikel G, et al. 5.6Gbps Optical Intersatellite Communication Link[C]. Proc. of SPIE, 2009, 7199: 719906 – 1 – 719906 – 8.

[10] Fields R, Lunde C, Wong R, et al. NFIRE – to – TerraSAR – X Laser Communication Results: Satellite Pointing, Disturbances and other Attributes Consistent with Successful Performance[C]. Proc. of SPIE, 2009, 7330: 73300Q – 1 – 73300Q – 15.

[11] Gnauck A H, Winzer P J. Optical Phase – Shift – Keyed Transmission[J]. J. Lightwave Technol., 2005, 23(1): 115 – 130.

[12] Kazovsky L G, Kalogerakis G, Shaw W – T. Homodyne Phase – Shift – Keying Systems: Past Challenges and Future Opportunities[J]. J. Lightwave Technol., 2006, 24(12): 4876 – 4884.

[13] Toyoshima M, Jono T, Nakagawa K, et al. Optimum Divergence Angle of a Gaussian Beam Wave in the Presence of Random Jitter in Free – Space Laser Communication Systems[J]. J. Opt. Soc. Am. A., 2002, 19(3): 567 – 571.

[14] Arnon S, Rotman S R, Kopeika N S. Performance Limitations of a Free – Space Optical Communication Satellite Network Owing to Vibrations: Heterodyne Detection. Appl. Opt., 1998, 37(27): 6366 – 6374.

[15] Chen C C, Gardner C S. Impact of Random Pointing and Tracking Errors on the Design of Coherent and Incoherent Optical Intersatellite Communication Links[J]. IEEE Trans. Commun., 1989, 37(3): 252 – 260.

[16] Toyoshima M. Maximum Fiber Coupling Efficiency and Optimum Beam Size in the Presence of Random Angular Jitter for Free – Space Laser Systems and their Applications[J]. J. Opt. Soc. Am. A., 2006, 23(9): 2246 – 2250.

[17] Campbell J H, Hawley – Fedder R A, Stolz C J, et al. NIF Optical Materials and Fabrication Technologies[C]. Proc. of SPIE, 2004, 5341: 84 – 101.

[18] Camp D W, Kozlowski M R, Sheehan L M, et al. Subsurface Damage and Polishing Compound Affect the 355nm Laser Damage Threshold of Fused Silica Surfaces[C]. Proc. of SPIE, 1997, 3244: 356 – 364.

[19] Betti S, Carrozzo V, Duca E. Optical Intersatellite System Based on DPSK Modulation[C]. Proc. 2nd IEEE Wireless Comm. Systems, 2005: 252 – 260.

[20] Gueleman M, Kogan A, Kazarian A, et al. Acquisition and Pointing Control for Inter – Satellite Laser Communications[J]. IEEE Transactions on Aerospace and Electronic Systems, 2004, 40(4): 1239 – 1248.

[21] Toyoda M. Acquisition and Tracking Control of Satellite – borne Laser Communication Systems and Simulation of Downlink Fluctuations. Opt. Eng, 2006, 45(3): 1 – 9.

第7章 光束跟踪和振动补偿技术

7.1 概述

在完成瞄准和捕获过程后，需要解决的问题就是将对面终端发射出的光束保持在探测器的视域范围内，需要将接收端光阑相对于入射光保持正确定向，这一过程即为跟踪过程。跟踪过程是通过调整硬件装置对探测到的即时瞄准角度误差进行补偿实现的。

跟瞄系统由两个分立的闭环组成，分别对探测到的方位角和俯仰角误差进行补偿。探测器可以即时地测得瞄准角度误差，将信号传输到伺服环路分别控制方位角和俯仰角。典型的控制环路为低通积分滤波形式，可使误差信号平滑化。滤波器的带宽必须足够大以保证对光束的跟随，同时还要使环路的噪声最小化。

根据卫星链路的不同情况，采用单向跟踪或双向跟踪两种方式。

(1) 单向跟踪。在星间光通信过程中，一个光终端按照预定输入的轨道参数调节跟瞄装置。另外一个终端按照实际测得的瞄准角度误差，通过控制系统对误差进行补偿。在单向跟踪过程中，要求对卫星轨道和姿态定位的计算非常精确。在精确定位的情况下，对跟瞄装置的控制精度要求较低，甚至只采用粗跟踪就可以达到跟踪精度的要求。但是由于空间环境、系统结果和轨道参数等复杂因素的影响，精确计算轨道参数难以达到。以往，星间光通信多数都是采用单向跟踪方式，但是其跟瞄精度和链路稳定性还较差，阻碍了通信数据率的提高和通信误码率的降低。

(2) 双向跟踪。当卫星的轨道参数和姿态定位的精度较低，无法准确预测时，需要使用双向跟踪方式。与单向跟踪方式不同的是，这种方法对控制系统的要求相当高。实际在轨实验中，对轨道参数和姿态定位计算的随机影响因素较多，精确的定位信息几乎不能实现。所以在星间光通信中，为了提高通信数据率和光通信的可靠性，采用双向跟踪方法是控制系统达到更高精度后的必然趋势。双向光束跟踪为两个终端同时补偿接收到瞄准角度误差。当瞄准角度误差大于系统能够允许的范围时，会导致瞄准角度误差发散，使链路中断。

7.2 跟踪理论

7.2.1 单向跟踪

对于单向跟踪过程，只需要研究信号接收端的瞄准角度误差，另一端的控制系统按预定程序进行跟踪过程。在信号接收端建立星上坐标系，v 和 h 分别表示方位角和俯仰角。设 $\theta_{v,h}(t)$ 为光束与水平方向的夹角，$\phi_{v,h}(t)$ 为光束与光阑法矢量的夹角。两终端间的瞬时瞄准角度误差可表示为

$$\Phi_{v,h}(t)=\theta_{v,h}(t)-\phi_{v,h}(t) \tag{7-1}$$

用$\overline{\varepsilon_{v,h}(t)}$表示探测器测得的瞄准角度误差，误差信号经处理后传递给控制系统，对角度误差进行补偿。因此，式(7-1)还可以表示为

$$\Phi_{v,h}(t)=\theta_{v,h}(t)-\overline{\varepsilon_{v,h}(t)} \tag{7-2}$$

式(7-2)为单向跟踪瞄准角度误差的耦合方程。由于在通信过程中，探测器测得的角度误差与探测器噪声等因素有关，所以加入 $n_{v,h}(t)$ 表示探测器噪声。将实际测得的角度误差信息进行信号处理后，探测器测得的角度误差可表示为

$$\overline{\varepsilon_{v,h}(t)}=F[\mu P_r S(\Phi_{v,h}(t))+n_{v,h}(t)] \tag{7-3}$$

式中：$F(\omega)$ 为环路滤波，采用低通积分滤波形式，以使误差信号平滑化；μ 为探测器响应；P_r 为探测器接收到的信号平均功率；$S(x)$ 为瞄准角度误差到误差电压的转换函数；$n_{v,h}(t)$ 为探测器噪声。

则单向跟踪的方程为

$$\Phi_{v,h}(t)+F[\mu P_r S(\Phi_{v,h}(t))+n_{v,h}(t)]=\theta_{v,h}(t) \tag{7-4}$$

跟瞄回路实现对测得的瞄准角度误差的信号转换，延迟等可归结为回路滤波效应，回路噪声等归结为系统扰动，如图 7-1 所示。其中，G_L 表示环路增益，环路增益的大小可近似看作仅与接收到的光功率和瞄准角度误差信号有关。

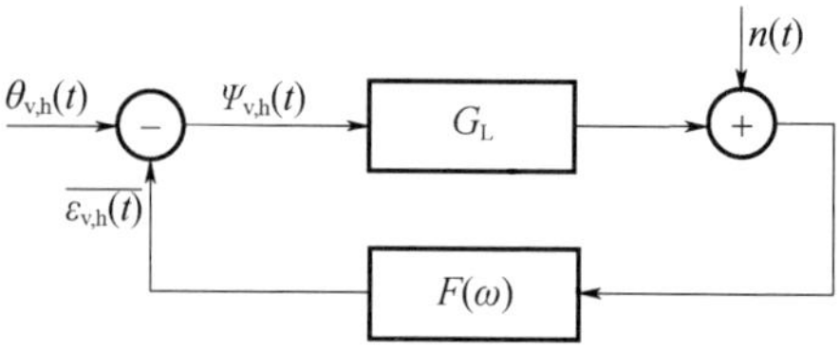

图 7-1　等效跟瞄回路示意图

等效后的跟踪环路传递函数为

$$H_L(\omega)=\frac{S_\varepsilon(\omega)}{S_\theta(\omega)}=\frac{G_L F(\omega)}{1+G_L F(\omega)} \tag{7-5}$$

式中：$S_{\varepsilon}(\omega)$为对$\overline{\varepsilon_{v,h}(t)}$进行傅里叶变换得到；$S_{\theta}(\omega)$由$\theta_{v,h}(t)$进行傅里叶变换得到。则环路噪声的闭环传递函数为

$$H_{N}(w)=\frac{S_{\varepsilon}(\omega)}{S_{n}(\omega)}=\frac{F(\omega)}{1+G_{L}F(\omega)}=\frac{H_{L}(\omega)}{G_{L}} \tag{7-6}$$

所以跟踪误差的方差为

$$\sigma_{e}^{2}=\frac{1}{2\pi}\int_{-\infty}^{\infty}S_{\theta}(\omega)\left|1-H_{L}(\omega)\right|^{2}\mathrm{d}\omega+\frac{1}{2\pi}\int_{-\infty}^{\infty}N_{0L}\left|\frac{H_{L}(\omega)}{G_{L}}\right|^{2}\mathrm{d}\omega \tag{7-7}$$

当瞄准角度误差信号在跟踪环路的控制带宽内时，可以认为

$$H_{L}(\omega)\approx 1 \tag{7-8}$$

则式(7－7)中右侧第一项近似为0。所以式(7－7)可以化简为

$$\sigma_{n}^{2}=\frac{2N_{0L}B_{L}}{G_{L}^{2}}=\frac{2B_{L}[\overline{g^{2}}e^{2}a(P_{r}+P_{b})+eI_{dc}+N_{oc}]}{(\bar{g}eaP_{r}K_{c})^{2}} \tag{7-9}$$

其中，环路带宽B_{L}的表达式为

$$B_{L}=\frac{1}{2\pi}\int_{0}^{\infty}\left|H_{L}(\omega)\right|^{2}\mathrm{d}\omega \tag{7-10}$$

所以由环路噪声引起的跟踪方差可以表示为

$$\sigma_{n}^{2}=\frac{2N_{0L}B_{L}}{G_{L}^{2}}=\frac{2B_{L}[\overline{g^{2}}e^{2}a(P_{r}+P_{b})+eI_{dc}+N_{oc}]}{(\bar{g}eaP_{r}K_{c})^{2}} \tag{7-11}$$

由式(7－11)可见，由环路噪声引起的跟踪方差与接收功率、探测器背景噪声、瞄准角度误差信号检测精度等因素有关。因此，提高光功率和探测器测角精度可提高跟瞄系统的稳定性。

7.2.2 双向跟踪

在双向跟踪过程中，由于两个终端的控制系统同时对测得的瞄准角度误差进行补偿，此时一端产生的跟瞄误差会影响到另一端。两终端的瞄准角度误差相互影响。取$\Psi_{v,h}(t)$，$\Phi_{v,h}(t)$分别为终端A和终端B的瞄准角度误差。为简化分析，暂不考虑提前瞄准角对跟瞄过程的影响，并且假定每个终端使用的光束和跟瞄系统的参数相同。终端A和终端B接收到的光功率分别为

$$P_{A}=P_{r}G(\Phi_{v,h}(t-t_{d})) \tag{7-12}$$

$$P_{B}=P_{r}G(\Psi_{v,h}(t-t_{d})) \tag{7-13}$$

式中：P_{r}为瞄准角度误差为零时的接收功率；设$G(x)$为光功率损失函数；t_{d}为光束传输的弛豫时间。终端B在t_{d}时刻之前的瞄准角度误差将影响终端A在t时刻的接收功率；同样，终端A在t_{d}时刻之前的瞄准误差将影响终端B在t时刻的接收功率。两终端在双向跟踪时的瞄准角度误差的耦合方程分别为

$$\Psi_{v,h}(t)+F[\mu P_{r}G(\Phi_{e}(t-t_{d}))S(\Psi_{v,h}(t))+n_{v,h}(t)]=\alpha_{v,h}(t) \tag{7-14}$$

$$\Phi_{v,h}(t)+F[\mu P_{r}G(\Psi_{e}(t-t_{d}))S(\Phi_{v,h}(t))+n_{v,h}(t)]=\beta_{v,h}(t) \tag{7-15}$$

式(7-14)和式(7-15)将双向跟踪过程中的联合瞄准误差联系了起来。式(7-14)和式(7-15)说明，探测器的测角误差与探测器接收功率、接收到的光束的瞄准角度误差、探测器噪声等因素有关。下面用稳定性的观点进行分析，以决定稳定跟踪过程的约束条件。

下面对终端A的跟踪误差的统计特性进行分析，终端B同理可得。为了简化推导过程，取

$$x=\boldsymbol{\Phi}_e(t-t_{\mathrm{d}}) \tag{7-16}$$

$$y=\boldsymbol{\Psi}_e(t) \tag{7-17}$$

t 时刻终端A上由噪声引起的跟踪误差的条件方差为

$$\sigma_n^2|x=\frac{2B_{\mathrm{L}}[\overline{g^2}e^2aP_{\mathrm{r}}G(x)+\overline{g^2}e^2aP_{\mathrm{b}}+eI_{\mathrm{dc}}+N_{\mathrm{oc}}]}{[\bar{g}eaP_{\mathrm{r}}G(x)K_{\mathrm{c}}]^2} \tag{7-18}$$

在接收探测器量子极限情况下，即 $\overline{g^2}e^2aP_{\mathrm{r}}G(x)\gg\overline{g^2}e^2aP_{\mathrm{b}}+eI_{\mathrm{dc}}+N_{\mathrm{oc}}$ 时，方差为

$$\sigma_n^2|x=\frac{2B_{\mathrm{L}}}{aP_{\mathrm{r}}K_{\mathrm{c}}^2}G^{-1}(x) \tag{7-19}$$

在接收探测器噪声极限情况下，$\overline{g^2}e^2aP_{\mathrm{r}}G(x)\ll\overline{g^2}e^2aP_{\mathrm{b}}+eI_{\mathrm{dc}}+N_{\mathrm{oc}}$，方差为

$$\sigma_n^2|x=\frac{2B_{\mathrm{L}}[\overline{g^2}e^2aP_{\mathrm{b}}+eI_{\mathrm{dc}}+N_{\mathrm{oc}}]}{(\bar{g}eaP_{\mathrm{r}}K_{\mathrm{c}})^2}G^{-2}(x) \tag{7-20}$$

实际的情况应该介于量子极限和噪声极限之间，故可通过使 $G(x)$ 的指数在 $-1\sim-2$ 间变化而得到

$$\sigma_e^2|x=\sigma_n^2G^{-q}(x) \tag{7-21}$$

指数 q 在 $1\sim2$ 之间，σ_n^2 为终端B在 $t-t_{\mathrm{d}}$ 时刻瞄准终端A时的跟踪误差的方差。终端A上的瞄准误差 $\boldsymbol{\Psi}_e(t)$ 服从条件瑞利分布，概率密度为

$$p(y|x)=\frac{y}{\sigma_n^2G^{-q}(x)}\mathrm{e}^{-\frac{y^2}{2\sigma_n^2G^{-q(x)}}} \tag{7-22}$$

变量 x,y 的联合概率密度为

$$p(x,y)=p(y|x)p(x) \tag{7-23}$$

$p(x)$ 可以通过假定终端B上的瞄准误差在 $t-t_{\mathrm{d}}$ 时刻之前已达到稳定状态来进行近似。当达到稳态状态时，则终端A和B在完成一次双向跟踪中跟踪方差不再增加。将光束传输弛豫时间 t_{d} 取为迭代的间隔，在 $(i+1)$ 时刻的方差应为 it_{d} 时刻跟踪方差的平均值

$$\sigma_{i+1}^2=\int_0^{\infty}(\sigma_n^2|x)p_i(x)\mathrm{d}x=\sigma_0^2\int_0^{\infty}G^{-q}(x)p_i(x)\mathrm{d}x \tag{7-24}$$

$p_i(x)$ 为 $x=\boldsymbol{\Phi}_e(it_{\mathrm{d}})$ 的概率密度，取其为瑞利分布

$$p_i(x)=\frac{x}{\sigma_i^2}\mathrm{e}^{-\frac{x^2}{2\sigma_i^2}} \tag{7-25}$$

束散角的大小为 θ_b，则有

$$G(x)=e^{-\frac{8x^2}{\theta_b^2}} \tag{7-26}$$

将式(7-25)和式(7-26)代入式(7-24)得

$$\sigma_{i+1}^2=\frac{\sigma_n^2}{\sigma_i^2}\int_0^{\infty}xe^{\left(\frac{8q}{\theta_b^2}-\frac{1}{2\sigma_i^2}\right)x^2}dx \tag{7-27}$$

那么，σ_{i+1}^2 为有限值的条件是

$$\sigma_i^2\leqslant\frac{\theta_b^2}{16q} \tag{7-28}$$

所以式(7-27)为

$$\sigma_{i+1}^2=\frac{\theta_b^2\sigma_n^2}{\theta_b^2-16q\sigma_i^2} \tag{7-29}$$

如果存在稳态解，则 $\sigma_{i+1}^2=\sigma_i^2\triangleq\sigma_{ss}^2$，代入式(7-29)可得

$$16q\sigma_{ss}^4-\theta_b^2\sigma_{ss}^2+\theta_b^2\sigma_n^2=0 \tag{7-30}$$

式(7-30)有实根的条件为

$$\sigma_n^2\leqslant\frac{\theta_b^2}{64q} \tag{7-31}$$

所以式(7-29)的解为

$$\sigma_{ss}^2=\frac{1\pm\sqrt{1-64q\sigma_n^2\theta_b^{-2}}}{32q\theta_b^{-2}} \tag{7-32}$$

为了保证跟踪过程收敛，在这里只取负号解，根号内的值近似为零，则最大稳定跟踪误差方差为

$$\sigma_{ss}^2\leqslant\frac{\theta_b^2}{32q} \tag{7-33}$$

为系统保持稳定的最大跟踪误差方差，影响通信链路稳定性的因素为束散角 q 的取值。q 与接收探测器接收功率和探测器噪声等因素有关。

7.3 影响跟踪和振动补偿因素分析

7.3.1 探测器的测角误差

在星间光通信中，瞄准角度误差的存在最直接的影响是光功率的接收，并关系到整个光通信系统的稳定性。下面分析瞄准角度误差对光功率接收的影响。假设发射的光束为基模高斯型，在笛卡儿坐标系中，基模高斯光束在传输横截面内的光强分布函数为

$$I(x,y,z)=\frac{C_0^2}{w^2(z)}e^{-\frac{2(x^2+y^2)}{w^2(z)}} \tag{7-34}$$

式中：C_0 为常数因子；$w(z)$ 为与传播轴线相交于 z 点的高斯光束等相位面上的光斑半径，表达式为

$$\omega(z)=\omega_0\left[1+\left(\frac{z}{f}\right)^2\right]^{\frac{1}{2}} \tag{7-35}$$

式中：ω_0 为基模高斯光束的束腰半径。由于在星间光通信中，卫星相对距离较远，所以式(7－35)近似为

$$\omega(z)=\omega_0\frac{z}{f} \tag{7-36}$$

定义基模高斯光束的远场发散角(全角)为

$$\theta=\lim_{z\to\infty}\frac{2\omega(z)}{z}=\frac{2\omega_0}{f}=\frac{2\lambda}{\pi\omega_0} \tag{7-37}$$

将式(7－35)、式(7－36)和式(7－37)代入式(7－34)中，这样，在传输横截面内的光强分布函数可表示为

$$I(\Psi_{\mathrm{v}},\Psi_{\mathrm{h}},\rho)=\frac{4C_0^2}{\rho^2\theta_{\mathrm{b}}^2}\mathrm{e}^{-\frac{8(\Psi_{\mathrm{v}}^2+\Psi_{\mathrm{h}}^2)}{\theta_{\mathrm{b}}^2}} \tag{7-38}$$

所以功率损失函数 $G(\Psi)$ 的表达式为

$$G(\Psi)=\frac{P_{\mathrm{r}}}{P_{\mathrm{r0}}}=\mathrm{e}^{-\frac{8(\Psi_v^2+\Psi_h^2)}{\theta_{\mathrm{b}}^2}} \tag{7-39}$$

式中：P_{r0}为无瞄准角度误差时的接收光功率。

下面讨论光束强度下降对 CCD 测角精度的影响。图 7－2 为星间光通信瞄准角度误差的示意图，其中，坐标系$(X_{\mathrm{A}},O_{\mathrm{A}},Y_{\mathrm{A}})$和$(X_{\mathrm{B}},O_{\mathrm{B}},Y_{\mathrm{B}})$分别代表通信终端 A，B。$\boldsymbol{\Phi}_{\mathrm{A}}$ 为以 A 作为接收端，与从 B 发出的光束的瞬时瞄准角度误差。$\boldsymbol{\Phi}_{\mathrm{B}}$ 是以 B 为接收端，与从 A 发出的光束的瞬时瞄准角度误差。

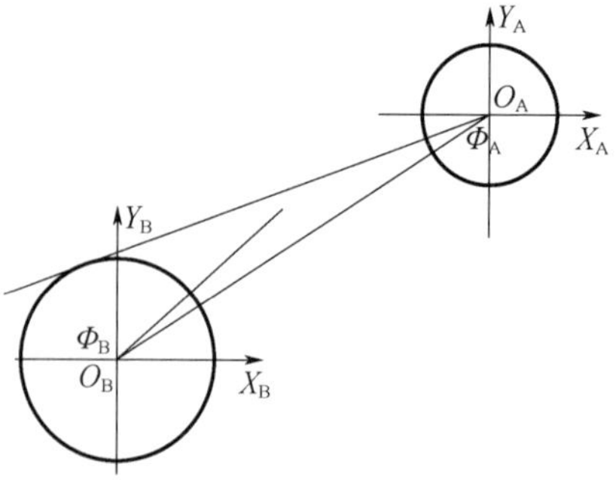

图 7－2　跟踪误差示意图

在跟踪过程中，终端 A 和 B 发出的信标光，分别在对面终端的探测器上成像。不同的入射角度，在 CCD 上成像的位置也不同。通过计算光斑的位置，确定 $\boldsymbol{\Phi}_{\mathrm{A}}$，$\boldsymbol{\Phi}_{\mathrm{B}}$ 的大小。角度信息传递给控制系统，调节天线的方位，减小两个终端

之间的角度差,从而达到对准的目的。所以准确测量 $\boldsymbol{\Phi}_A$ 和 $\boldsymbol{\Phi}_B$ 的值,将瞄准角度误差控制在发散角半宽度内,可以保证跟踪过程的稳定。通过确定 CCD 光斑的质心,可确定瞄准角度误差为

$$\boldsymbol{\Phi} = \arctan\left(\frac{\sqrt{(\hat{x}^2 + \hat{y}^2)}}{f}\right) \tag{7-40}$$

目前计算 CCD 上成像光斑位置的算法主要有形心法和质心法等。其中,质心法可以简单高效地确定光斑的位置。考虑到光斑在 CCD 上成像不是一个质点,有一定的尺寸,所以当接收到的光束在 CCD 上成像时,会引入点噪声。同时背景光也是不可忽视的噪声,都会对成像光斑的质心定位产生影响。成像光斑成近高斯分布,如图 7-3 所示。

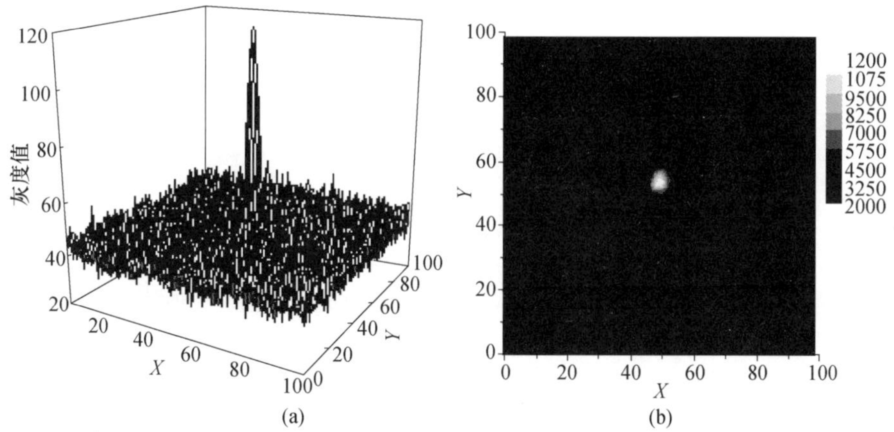

图 7-3　CCD 成像激光光斑

设 G_i 为像元的灰度值,由信标光和噪声的灰度值 S_i,N_i 组成。设像元的灰度值为 $G_i = S_i + N_i$,则 CCD 上光斑的质心坐标为

$$\hat{x} = \frac{\sum_i^n x_i(S_i + N_i)}{\sum_i^n (S_i + N_i)},\hat{y} = \frac{\sum_i^n y_i(S_i + N_i)}{\sum_i^n (S_i + N_i)} \tag{7-41}$$

以横坐标为例进行研究,将式(7-41)进行整理得

$$\hat{x} = \frac{\sum_i^n x_i(S_i + N_i)}{\sum_i^n (S_i + N_i)} = \frac{\sum_{i=1}^n x_i S_i}{\sum_{i=1}^n S_i}\left(1 - \frac{\sum_{i=1}^n N_i}{\sum_{i=1}^n (S_i + N_i)}\right) + \frac{\sum_{i=1}^n x_i N_i}{\sum_{i=1}^n (S_i + N_i)} \tag{7-42}$$

设信噪比 $\text{SNR} = \sum_{i=1}^n S_i / \sum_{i=1}^n N_i$,代入式(7-42)中,得到

$$\hat{x}=\frac{\sum_{i}^{n}x_i(S_i+N_i)}{\sum_{i}^{n}(S_i+N_i)}=\left(1-\frac{1}{1+\mathrm{SNR}}\right)\frac{\sum_{i=1}^{n}x_iS_i}{\sum_{i=1}^{n}S_i}+\frac{1}{1+\mathrm{SNR}}\frac{\sum_{i=1}^{n}x_iN_i}{\sum_{i=1}^{n}N_i}\tag{7-43}$$

则 CCD 测得的质心坐标的误差为

$$\begin{cases}\Delta x=\dfrac{1}{1+\mathrm{SNR}}(\bar{x}-\bar{x}')\\ \Delta y=\dfrac{1}{1+\mathrm{SNR}}(\bar{y}-\bar{y}')\end{cases}\tag{7-44}$$

式中：$\bar{x}$ 为没有噪声的情况下，信标光的质心坐标；$\bar{x}'$ 为噪声信号的质心坐标，表达式分别为

$$\bar{x}=\frac{\sum_{i=1}^{n}x_iS_i}{\sum_{i=1}^{n}S_i},\bar{x}'=\frac{\sum_{i=1}^{n}x_iN_i}{\sum_{i=1}^{n}N_i}\tag{7-45}$$

对于 CCD 视域内的背景杂散光，CCD 产生的暗电流和恒星等噪声，通过中值滤波，阈值分割等方法对成像进行图像处理，可以有效地消除这些噪声对光斑位置测量准确性的影响，从而背景噪声的质心可以近似为 0。所以测角误差与信噪比的关系的表达式为

$$\Delta\Phi=\frac{1}{1+\mathrm{SNR}}\Phi\tag{7-46}$$

其中，信噪比与瞄准角度误差的关系为 $\mathrm{SNR}(\Phi)=\mathrm{SNR}_0G(\Phi)$。$G(\Phi)$ 的表达式参见式(7-39)，则 CCD 测角误差与瞄准角度误差的关系为

$$\Delta\Phi=\frac{\Phi}{1+\mathrm{SNR}_0\mathrm{e}^{-8\Phi^2/\theta_0^2}}\tag{7-47}$$

当束散角角一定时，SNR_0 取值不同，测角误差和瞄准角度误差的关系如图 7-4所示，当信噪比越大时，瞄准角度误差对测角误差的影响越小。当信噪比一定时，对应不同的光束发散角，测角误差与瞄准角度误差的关系如图 7-5 所示，光束发散角越小，瞄准角度误差对测角误差的影响越小。

当 $\mathrm{SNR}_0=5$ 时，CCD 的测角误差较大，当瞄准角度误差为 1μrad 时，测角误差占瞄准角度误差的 16.67%，当瞄准角度误差达到束散角的 1/2 时，测角误差占瞄准角度误差的 59.64%，严重影响了测角精度。当 $\mathrm{SNR}_0=70$ 时，测角误差均在 10% 以内。所以，当 CCD 成像去噪效果很好的系统中，可以将 CCD 的测角误差控制在较小的范围内。

由图 7-5 可以得到的结论为，当信噪比一定时，改变束散角的大小，测角误差占瞄准角度误差的比例不变。因此，使用有效的成像去噪方法或者增加光束

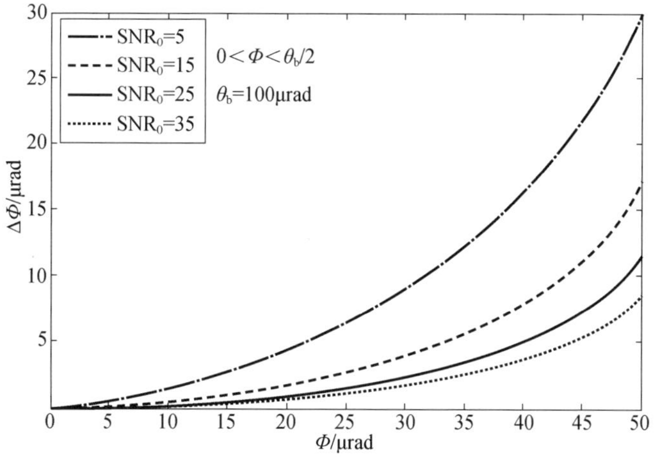

图 7 -4　不同信噪比时,瞄准角度误差与测角误差之间的关系

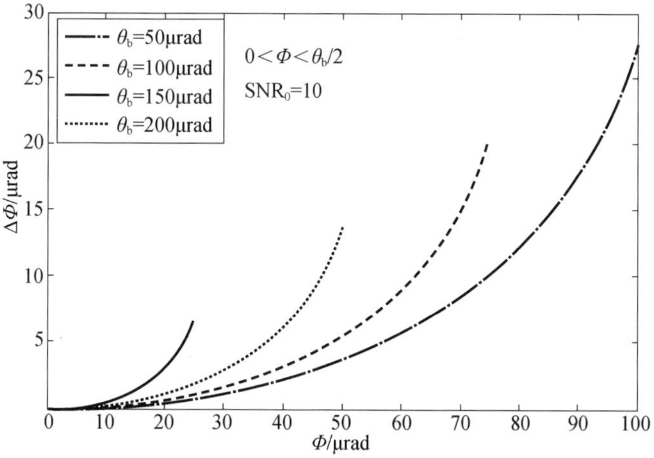

图 7 -5　光束发散角不同时,测角误差与瞄准角度误差之间的关系

的功率,提高成像光斑的信噪比,可以有效地降低测角误差;但是,只增加光束的束散角不能降低测角误差。

7.3.2　系统误差

跟瞄系统是一个对精度要求很高的复杂的精密系统,需要硬件结构和软件共同协作完成高精度的跟踪过程。每一部分的误差都将对其他部分的跟踪精度产生影响。跟踪系统的所有探测、控制、执行单元的工作目的都是为了将系统瞄准角度误差控制在一定范围内,保证通信链路的稳定。但是终端主体机械结构中存在摩擦干扰、参数摄动、系统响应时间等问题,系统的执行单元不能完全准确地完成控制系统传达的指令,存在一定的偏差。本书主要研究瞄准角度误差对跟踪过程稳定性的影响,对系统硬件装置的性能不做具体讨论,用系统对瞄准角度误差的补偿效果作为衡量系统的标准。

系统接收到的瞄准角度误差为 Φ_{in},当系统完成一次对瞄准角度误差的补偿过程后,剩余的瞄准角度误差为 Φ_{out},则补偿效果 η 的定义为 $\eta = 1 - |\Phi_{out}/\Phi_{in}|$,$0 < \eta < 1$。系统的 η 越接近 1 补偿效果越好。在理想系统中,系统对输入的瞄准角度误差可以完全补偿,此时系统的补偿效果为 1。下面出现的 η 为在相同条件下的平均补偿效果。通过对文献中实验数据的分析,目前光终端对瞄准角度误差的平均补偿效果约为 0.7 ~0.8 之间,具体补偿效果还与相对运动速度接收光功率等因素有关。

7.3.3 卫星平台振动

根据卫星间的相对运动和星上微振动的不同特点,补偿方式也不同。对于由相对运动产生的幅度较大的瞄准角度误差,由粗瞄装置进行补偿,然后精瞄装置对粗跟踪误差进行补偿,精瞄装置还负责对星上微振动的补偿。

星上微振动的主要来源为内部的机械运动和外部的空间环境影响。由于空间光通信的距离远、空间通信环境复杂、激光光束窄、功率低等原因,卫星产生的微小振动都会对系统有很大的影响,而且由于振动的随机性很难建立准确的数学模型。为了对星上微振动进行有效的补偿,需要了解微振动的来源,如表 7 -1所列。NASA 和 ESA 等都对在轨卫星的微振动情况进行了测试,评测表明,振动频谱集中在 200Hz,振幅随频率增加而降低,低于 100Hz 的振动对光通信链路的影响影响较大,最大振幅为几十微弧度。补偿方式可以分为主动补偿和被动补偿。

表 7 -1　振动分类及对光通信的影响

	影响因素	幅值	频率	瞄准角度误差
卫星平台	机械运动	高	低	高
	推进器运动	高	高	高
	天线运动	高	低	高
	太阳能帆板运动	高	低	高
空间环境	微碎片	高	高	高
	太阳辐射	低	低	低
	引力	高	低	低
	热形变	低	低	高

(1) 主动补偿主要针对低频振动的补偿。先收集振动信号,通过补偿方法,对平台的振动情况做出分析和预测,然后产生驱动信号,控制执行器件进行

补偿。

（2）被动补偿是将光通信终端和卫星平台进行隔离，达到减振的目的。其中，有源隔离系统可以分离振动的带宽较高，缺点为结构复杂、功率大等问题。

文献采用前馈补偿方法对不同的振动频率进行抑制，对于 6Hz 的振动补偿比例为 44%，对于 100Hz 的振动补偿比例为 71%。在地面模拟实验中采用神经网 PID 算法后，当振动频率为 5Hz 时，补偿效果可达到 92.3%，补偿后振动的均方差只有 1.25μrad，但是当振动频率达到 50Hz 时，补偿效果只有 25.7%，补偿后振动的均方差为 16.26μrad。这说明目前主动补偿方法对低频扰动的抑制效果较好，对于高频扰动的抑制，仍然是需要进一步研究的问题。

7.4　稳定跟踪控制及振动补偿方法

7.4.1　瞄准角度误差的约束条件

双向跟踪时，两个终端同时进行跟踪操作，所以瞄准角度误差相互影响。对于收发同轴的光通信终端，光阑角度调整了$\Delta\phi$，则终端发出的信标光的角度也改变了$\Delta\phi$。对应的终端 B 光阑接收到的信号的瞄准角度误差也相应发生了改变。

对于收发同轴系统，当终端 A 的光阑改变角度以补偿瞄准角度误差时，发射出的光束的角度也发生了改变，导致终端 B 接收到的瞄准角度误差也发生了变化，如图 7-6 所示。当终端接收到从另一终端发出的光束 C 时，探测器探测得光束 C 与光阑之间的夹角为 Φ，控制系统发出指令，减小光阑与光束 C 的之间的夹角，使其从位置 a 变化到位置 b，角度改变了$(1-\eta)\Phi$，此时始终与光阑保持垂直方向的终端 A 的出射光束的方向也会改变$(1-\eta)\Phi$，这会导致终端 B 接收到的终端 A 发出光束的角度发生改变。设在 t 时刻，终端 A 需要补偿的瞄准角度误差为 Φ_A；T 为光束传输的弛豫时间，在 $t-T$ 时刻，终端 B 发出的光束角度改变量为$(1-\eta)\Phi_B(t-T)$；当前时刻 t 系统测得的由于卫星间相对运动和微振动等原因产生的瞄准角度误差 $\Phi_A'(t)$。

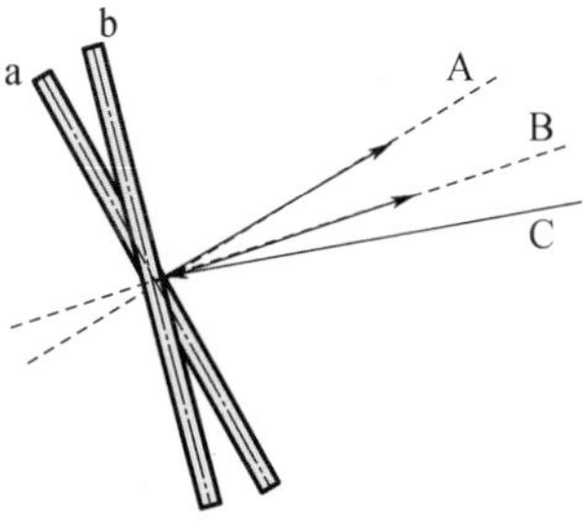

图 7-6　光阑对瞄准角度误差补偿示意图

则双向跟踪过程的理论模型为

$$\begin{cases}\Phi_A(t)=(1-\eta)\Phi_B(t-T)+\Phi_A'(t)\\ \Phi_B(t)=(1-\eta)\Phi_A(t-T)+\Phi_B'(t)\end{cases} \tag{7-48}$$

为了保证终端 A 和终端 B 之间的瞄准角度误差控制在一定范围内，保证链路的稳定，系统的跟踪过程应该为一个收敛的过程。设终端 A 和 B 的补偿效果相同，当进入稳定跟踪过程后，则完成一次双向跟踪过程，终端 A 和 B 的瞄准角度误差应该小于由于相对运动和星上微振动等原因造成的瞄准角度大小，则考虑 CCD 测角误差，为保证光束稳定跟踪，瞄准角度误差的约束条件为

$$\Phi_{\max} < \left\{\frac{1}{8}\ln\left[\mathrm{SNR}_0 \cdot \left(\frac{\eta^2}{1-2\eta^2}\right)\right]\right\}^{1/2} \cdot \theta_b \tag{7-49}$$

最大瞄准角度误差与发散角的关系为 $\omega = \Phi/\theta_b$。ω 的表达式为

$$\omega = \left\{\frac{1}{8}\ln\left[\mathrm{SNR}_0 \cdot \left(\frac{\eta^2}{1-2\eta^2}\right)\right]\right\}^{1/2} \tag{7-50}$$

根据式(7－50)，系统保持稳定跟踪状态允许的最大瞄准角度误差与信噪比和系统、补偿效果及光束的束散角有关。除去对跟瞄系统视域的考虑，式(7－50)为保证跟踪过程收敛所能承受的最大角度误差，超出这个值后，光束的瞄准角度误差会发散，导致链路中断。提高光束的信噪比或者加大束散角可以降低对系统跟瞄精度的要求。当系统跟瞄性能很好时，可以降低通信过程中对光束质量的要求。

7.4.2 最大均方差的约束条件

系统对瞄准角度误差的补偿是一个逐渐收敛的过程，系统每次测得的瞄准角度误差为 Φ_n，当相对运动可近似认为是匀速运动时，探测器即时接收到的瞄准角度误差近似相等。系统在 t 时间内系统对瞄准角度误差剩余量为 Θ。n 的值取决于系统在单位时间内的响应次数。由于跟瞄系统由复合轴控制，粗瞄和精瞄的响应频率差别很大，这里的响应次数为系统单位时间内完成跟踪过程的次数。

$$\Theta = \Phi_0(1-\eta)^n + \Phi_1(1-\eta)^{n-1} + \cdots + \Phi_{n-1}(1-\eta) + \Phi_n \tag{7-51}$$

为保证跟踪过程稳定进行，单位时间内的剩余量 Θ 需要控制在跟踪范围内，则

$$\Theta \leqslant \Phi_{\max} \tag{7-52}$$

则光束稳定跟踪方差的约束条件为

$$\sigma \leqslant \Phi_{\max} \cdot \left(\frac{1}{n(1-\eta^2)} - \frac{1}{n^2(1-\eta)^2}\right)^{\frac{1}{2}} \tag{7-53}$$

由式(7－53)可知，在双向跟踪过程中，一端允许的最大瞄准角度误差均方差与系统的补偿效果、光束信噪比等因素有关。图 7－7 为与式(7－53)对应的曲线，表示在不同的发散角和信噪比条件下的光束稳定跟踪的约束条件，$\eta = 0.6$。当补偿效果一定时，增加束散角和信噪比可以使稳定跟踪允许的均方差增加。当相对运动速度较大时能够保证稳定跟踪。

图 7－8 表示当信噪比为 40 时，在保证稳定跟踪的情况下，不同的补偿效果所允许的最大瞄准角度误差均方差。

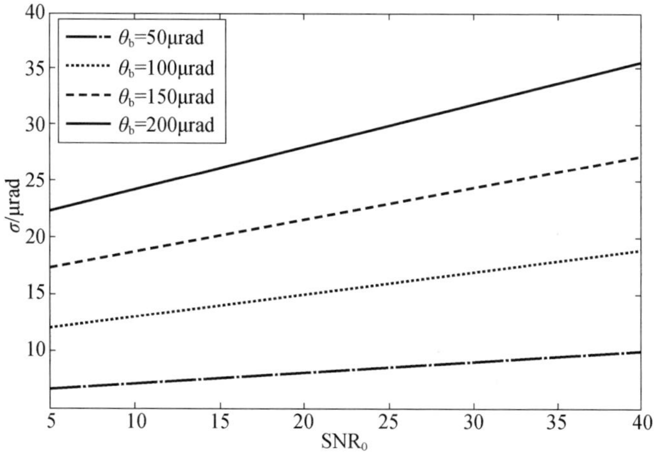

图7-7 SNR_0、θ_B 最大稳态跟踪均方差的关系曲线

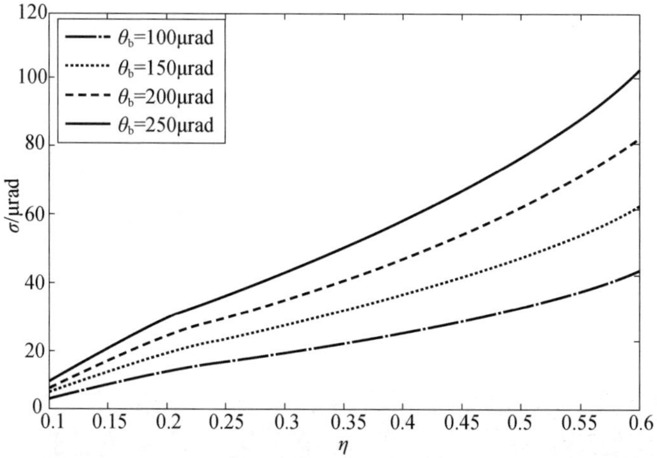

图7-8 补偿效果与瞄准角度误差均方差的关系

在星地激光通信链路的建立和保持过程中，跟瞄偏差角度实时探测肩负着十分重要的作用。星地激光通信链路系统中的两个终端始终处于相对运动状态，当发射端信标光进入到接收端测角系统的视域内，被接收系统探测到之后，测角系统给出发射端的位置参数，接收端根据给出的位置参数调节瞄准角度。为了保持链路稳定，系统实行闭环控制，测角装置需要实时测量接收端与发射端的跟瞄偏差角度，并将测得的数据传递给控制系统，由控制系统控制光束的瞄准角度。因此提高入射光束跟瞄偏差角度探测的精度，可以提高链路的瞄准和跟踪精度，从而使通信链路更加稳定。

测角装置中，必须能够实时而精确地给出发射光束在其光敏面上所成光斑的位置,进而准确计算出它与参考位置(即发射机和接收机光学天线光轴平行时对应光敏面上所成光斑的位置)的偏差。然后 PAT 子系统通过天线指向控制器控制光学天线来校正这个偏差,使发射机和接收机光学天线同轴,最终建立并保持该光学链路直到通信结束。因此,光斑中心定位的精度、长期稳定性和抗干扰性直接影响跟瞄偏差角度实时探测及链路通信的质量,是空间光通信链路可靠性的重要保证。为此,更好的光斑中心定位算法的研究工作始终在进行。

在大气信道下,由于大气湍流的影响会使大气折射率在空间上和时间上都不断发生随机变化,造成在长距离大气传输过程中激光的光强闪烁、到达角起伏以及光束漂移等现象。在星地激光通信中,光束传播距离很长,激光光束会经过若干个大小尺寸不同的湍流,在接收端处以上几种现象均会产生,大气湍流引起这些现象,使接收端光学位置传感器上的光斑形状极不规则,并且形状和位置都在快速变化,光强分布不再呈高斯型。由于大气湍流在时间和空间上均具有随机性,所以形成的光斑是几种现象随机叠加产生的,无法给出某一种大气湍流现象对应的光斑图像。图 7－9 所示为激光束从激光器中发射出来时的形态,图 7－10 为激光经过大气信道后几种典型光斑,即光斑形状不规则、不呈近圆形,光斑除主峰之外分裂出几个次峰,光斑近似为圆形但中间出现孔洞。对于这一类光斑利用传统方法得到跟瞄偏差角度的精度会明显下降。

图 7－9　激光器出射波束形态

图 7－10　经过大气信道后激光光斑图

针对大气信道对跟瞄偏差角探测精度影响问题,需要一种定位精度高、计算速度快、抗干扰能力强并且可以在不同信道条件下均能保持足够稳定性的光斑定位方法,对此提出了一种性能更优的再生纵横单向凸图像形心方法,并进行了数值仿真和实验研究。下面,针对大气信道下激光光束跟瞄偏差角度实时探测的实际工作环境特点,阐述了再生纵横单向凸图像形心方法的原理,描述了方法的主要流程,并进行了数值仿真,验证了新方法的有效性。

7.4.3 再生纵横单向凸图像形心方法

激光通信系统中,往往需要快速实时地对激光光斑进行跟瞄偏差角度探测,并且要求在有太阳光等光线干扰时,也有较高的精确度。在大气信道下,由于大气湍流的影响会使大气折射率在空间上和时间上都发生随机的变化,造成传输过程中激光的光强闪烁、到达角起伏以及光束漂移等。激光长距离传输后激光光斑形状很不规则,强度分布不均匀,闪烁较强时光斑分裂为几个峰。由于激光经过大气信道进行长距离传输后光斑的特性,若直接采用第6章中介绍的光斑定位方法计算光斑中心会使跟瞄偏差角度探测的误差加大。考虑到星上终端的运算能力及实时性,所采用的方法除了精确度之外,还要求方法的运算量小、时间复杂度低。形心方法计算量小、时间复杂度低,因此在形心定位方法基础上进行改进。

首先需要用到数学中单连通区域和凸区域的概念。设 D 是平面区域,如果 D 内任一闭曲线所围的部分都属于 D,则称 D 为平面单连通区域。若区域 R 是凸的,那么 R 中两点 P 和 Q 的连线也在 R 中,则区域 R 称为凸区域。没有大气干扰情况下,激光经长距离传输后在接收端聚焦得到的光斑近似为爱里斑,在焦平面上的光斑为圆形,是单连通凸区域。激光长距离传输后,由于光场畸变,焦平面上的光斑光强分布不再均匀,激光光斑形状变得不规则,光斑可能会出现孔洞或分裂为几个峰,使得光斑投影区域变成单连通凹区域,或者多连通区域。为使畸变光斑接近理想光斑,将投影区域为多连通区域的畸变光斑的整体轮廓连成一个单连通区域,将投影区域为单连通凹区域填补为单连通凸区域。

若光斑周围存在点噪声,在连接光斑整体轮廓时,会将点噪声当做光斑的一部分,划分到单连通区域内,导致定位点计算出现误差。为避免这一情况的发生,本节提出二值图像单点噪声滤波阈值长记忆动态优化方法。利用未受大气干扰的激光光斑半径限制光斑范围,将光斑半径范围外的亮点视为噪声。与畸变含噪二值光斑图像几何中心的欧几里得距离超过滤波阈值的亮点像素,将被判断为单点噪声,为了滤除光斑图像的这种单点噪声,该亮点被强制转换为暗点,该像素的灰度数值被重置为0。

滤波阈值长记忆动态优化方法中的滤波阈值的大小决定了畸变含噪二值光斑图像的滤波效果,最终影响再生纵横单向凸图像形心方法逼近入射光束跟瞄偏差角的精度。激光光束经过的大气信道时不断发生随机变化,不能通过直接测量得到未受干扰时的理想光斑。将大量畸变光斑叠加进行统计平均,消弱随机大气对光斑的影响。叠加后的光斑近似为未受到大气干扰的激光光斑。为适应不断变化的大气湍流对光斑半径的影响,对于采集到的第 N 幅光斑,将前 Nn 幅光斑叠加,计算叠加后的光斑半径。刚开始计算时 $N < Nn$,取当光斑的前 N 幅光斑进行叠加,随着 N 不断增大时,叠加后光斑逐渐趋近未受干扰的理想光

斑,得到的光斑半径趋向理想值。当 $N \geqslant Nn$ 时,取光斑的前 Nn 幅光斑进行叠加运算。由于是当前处理光斑前的 Nn 幅光斑叠加,随着光斑在大气湍流作用下不断变化,叠加的 Nn 幅光斑也随着大气在不断变化,因此得到的滤波阈值也是随着大气在动态变化。滤波阈值长记忆动态优化方法综合滤波阈值的历史记忆逐帧优化当前滤波阈值。

去除点噪声干扰后,将整体光斑转化成单连通凸区域。如果将光斑在任意方向上均转化为凸区域,则算法复杂、计算量大,不符合实时性的要求,因此只将光斑在纵、横方向(即沿 x 轴、y 轴方向)上转化为单连通凸区域,使畸变光斑与未受大气干扰的理想光斑更为接近。

在焦平面上建立笛卡儿坐标系,x 轴一个坐标间隔代表水平方向一个像素的宽度,y 轴一个坐标间隔代表垂直方向一个像素的宽度,设采样窗口为 $M_1 \times M_2$ 维图像。

当系统实时测量得到第 N 帧光斑图像时,首先计算光斑半径。将前 Nn 帧图像叠加后取平均,得到近似理想光斑 A_{0Nn},记录光斑 A_{0N-1} 中像素横、纵坐标的最小值和最大值,即 $x_{\min}$、$x_{\max}$、$y_{\min}$、$y_{\max}$。由四条直线 $x = x_{\min}$、$x = x_{\max}$、$y = y_{\min}$、$y = y_{\max}$ 围成一个矩形 A_{1Nn},光斑 A_{0N-1} 上的像素均在此矩形 A_{1Nn} 内。做矩形 A_{1Nn} 的外切圆 A_{2N-1},将圆 A_{2Nn} 的半径作为光斑 A_{0Nn} 的半径 $r_{\max}$。当 N 为 1 时,没有之前的叠加光斑,因此以窗口长度的 1/2 作为光斑半径的初始值,然后进行二值化处理,将目标光斑与背景区域区分开来。逐行扫描目标图像,将每一像素的灰度值与阈值进行比较,判断灰度值与阈值的大小关系,根据阈值 T 将目标图像分割为:光斑部分 A,其信号幅值为 1;背景部分 B,其信号幅值为 0,并计算光斑区域 A 的形心位置坐标。接着,进行逐行扫描,计算整个光斑区域 A 中每一像素点与形心的距离,把与形心距离大于 $r_{\max}$ 的像素单元视为点噪声,将其从光斑区域 A 中删去,得到新的光斑区域 A' 与背景光区域 B';同时记录光斑区域 A' 每行每列光斑的初始点和结尾点,用数组 $x_{1\min}'$、$x_{1\max}'$、$y_{1\min}'$、$y_{1\max}'$ 表示。因此,光斑区域 A' 是光斑区域 A 去掉光斑周围点噪声后的光斑区域。每行起始点和结尾点之间的像素均视为光斑区域,将光斑每行每列初始点和结尾点之间的元素幅值均设为 1。因为有一部分不在光斑区域 A' 内,但把起始点与结尾点之间区域内的像素填充进光斑区域,光斑区域发生变化,光斑区域的起始点和结尾点也随之发生变化,所以再一次对光斑进行逐行扫描,修正变化后每行每列起始点和结尾点,用数组 $x_{2\min}'$、$x_{2\max}'$、$y_{2\min}'$、$y_{2\max}'$ 表示。再将光斑每行每列初始点和结尾点之间的元素幅值均设为 1。光斑区域可能会再次发生变化,因此再对光斑进行一次逐行扫描,得到新光斑区域每行每列起始点和结尾点,用数组 $x_{3\min}'$、$x_{3\max}'$、$y_{3\min}'$、$y_{3\max}'$ 表示,直到光斑区域起始点和结尾点不再变化,此时每行每列起始点和结尾点,用数组 $x_{n\min}'$、$x_{n\max}'$、$y_{n\min}'$、$y_{n\max}'$ 表示。将光斑每行每列初始点和结尾点之间的元素幅值均设为 1,得到新的光斑 A''。根据修正后的光斑求出其形心(x_{rgc},y_{rgc})作为光斑中心定位点。

$$I(x_{m_1},y_{m_2})=\begin{cases}1,(x_{m_1},y_{m_2})\in A''\\0,(x_{m_1},y_{m_2})\in B''\end{cases} \tag{7-54}$$

设

$$W_m=\sum_{m_1\in A''}\sum_{m_2\in A''}I(x_{m_1},y_{m_2}) \tag{7-55}$$

则

$$x_{\mathrm{rgc}}=\frac{\sum xI}{W_m}=\frac{\sum\limits_{m_1\in A''}\sum\limits_{m_2\in A''}x_{m_1}I(x_{m_1},y_{m_2})}{\sum\limits_{m_1\in A''}\sum\limits_{m_2\in A''}I(x_{m_1},y_{m_2})},$$

$$y_{\mathrm{rgc}}=\frac{\sum yI}{W_m}=\frac{\sum\limits_{m_1\in A''}\sum\limits_{m_2\in A''}y_{m_2}I(x_{m_1},y_{m_2})}{\sum\limits_{m_1\in A''}\sum\limits_{m_2\in A''}I(x_{m_1},y_{m_2})} \tag{7-56}$$

根据再生纵横单向凸图像形心方法的公式给出其几何意义如下：

$$\begin{aligned}x_{\mathrm{rgc}}&=\frac{\int\limits_{(x,y)\in G}xI(x,y)\mathrm{d}x\mathrm{d}y}{\int\limits_{(x,y)\in G}I(x,y)\mathrm{d}x\mathrm{d}y}=\frac{\sum\limits_{(m_1,m_2)\in A''}x_{m_1}I(x_{m_1},y_{m_2})}{\sum\limits_{(m_1,m_2)\in A''}I(x_{m_1},y_{m_2})}\\&=\frac{\sum\limits_{m_1\in X}x_{m_1}\sum\limits_{m_2\in Y,(m_1,m_2)\in A''}I(x_{m_1},y_{m_2})}{\sum\limits_{m_1\in X}\sum\limits_{m_2\in Y,(m_1,m_2)\in A''}I(x_{m_1},y_{m_2})}\\&=\sum_{m_1\in X}x_{m_1}\left[\frac{\sum\limits_{m_2\in Y,(m_1,m_2)\in A''}I(x_{m_1},y_{m_2})}{\sum\limits_{n_1\in X}\sum\limits_{m_2\in Y,(n_1,m_2)\in A''}I(x_{n_1},y_{m_2})}\right]\\&=\sum_{m_1\in X}x_{m_1}\left(\frac{p(x_{m_1})}{\sum\limits_{n_1\in X}p(x_{n_1})}\right)=\sum_{m_1\in X}x_{m_1}P(x_{m_1})\end{aligned} \tag{7-57}$$

其中

$$\begin{cases}P(x_{m_1})=p(x_{m_1})/\sum\limits_{n_1\in X}p(x_{n_1}),X=\{m_1;(m_1,m_2)\in A''\}\\p(x_{m_1})=\sum\limits_{m_2\in Y,(m_1,m_2)\in A''}I(x_{m_1},y_{m_2}),Y=\{m_2;(m_1,m_2)\in A''\}\end{cases} \tag{7-58}$$

把图像 A'' 向横轴(水平轴)进行投影得到一维点集 $X=\{m_1;(m_1,m_2)\in A''\}$，同时，把图像 A'' 的灰度分布函数 $I(x,y)$（或者离散灰度分布函数 $I(x_{m_1},y_{m_2})$）向横轴(水平轴)进行投影得到横轴方向或水平方向的边沿分布 $p(x_{m_1})=\sum_{m_2\in Y,(m_1,m_2)\in A''}I(x_{m_1},y_{m_2})$，利用归一化因子(图像总灰度值)

$$\begin{aligned}\sum_{n_1\in X}p(x_{n_1}) &= \sum_{n_1\in X}\sum_{m_2\in Y,(n_1,m_2)\in A''}I(x_{n_1},y_{m_2})\\ &= \sum_{(n_1,m_2)\in A''}I(x_{n_1},y_{m_2}) = (A'')^{\#}\end{aligned} \tag{7-59}$$

构造归一化灰度分布函数

$$\begin{aligned}P(x_{m_1}) &= \frac{p(x_{m_1})}{\sum_{n_1\in X}p(x_{n_1})} = \frac{\sum_{m_2\in Y,(m_1,m_2)\in A''}I(x_{m_1},y_{m_2})}{\sum_{n_1\in X}\sum_{m_2\in Y,(n_1,m_2)\in A''}I(x_{n_1},y_{m_2})}\\ &= \frac{\sum_{m_2\in Y,(m_1,m_2)\in A''}I(x_{m_1},y_{m_2})}{\sum_{(n_1,m_2)\in A''}I(x_{n_1},y_{m_2})} = \frac{(x_{m_1})^{\#}}{(A'')^{\#}}\end{aligned} \tag{7-60}$$

满足

$$\sum_{m_1\in X}P(x_{m_1}) = 1, P(x_{m_1}) > 0, m_1 \in X \tag{7-61}$$

式中：$(A'')^{\#}$为图像A''的像素个数；$(x_{m_1})^{\#}$为图像A''中水平分量或水平坐标为m_1的像素个数。

由点集$\{m_1;(m_1,m_2)\in A''\}$构成的一维图像X，在其每个像素点$m_1\in X$上，规范灰度值是$P(x_{m_1})$。利用概率论的观点可以解释为，这个一维灰度图像相当于一个概率分布为$\sum_{m_1\in X}P(x_{m_1}) = 1, P(x_{m_1}) > 0, m_1 \in X$的离散型随机变量$x$，其数学期望$E(x)=\bar{x}$就是这个一维灰度图像的质心坐标：

$$\begin{aligned}\bar{x} = x_{c.m.} &= \sum_{m_1\in X}x_{m_1}P(x_{m_1}) = \sum_{m_1\in X}x_{m_1}\left(\frac{p(x_{m_1})}{\sum_{n_1\in X}p(x_{n_1})}\right)\\ &= \sum_{m_1\in X}x_{m_1}\left[\frac{\sum_{m_2\in Y,(m_1,m_2)\in A''}I(x_{m_1},y_{m_2})}{\sum_{n_1\in X}\sum_{m_2\in Y,(n_1,m_2)\in A''}I(x_{n_1},y_{m_2})}\right]\\ &= \frac{\sum_{m_1\in X}x_{m_1}\sum_{m_2\in Y,(m_1,m_2)\in A''}I(x_{m_1},y_{m_2})}{\sum_{m1\in X}\sum_{m_2\in Y,(m_1,m_2)\in A''}I(x_{m_1},y_{m_2})}\\ &= \frac{\sum_{(m_1,m_2)\in A''}x_{m_1}I(x_{m_1},y_{m_2})}{\sum_{(m_1,m_2)\in A''}I(x_{m_1},y_{m_2})} = x_{rgc}\end{aligned} \tag{7-62}$$

这说明，平面（二值）灰度图像A''形心坐标(x_{rgc},y_{rgc})的水平分量x_{rgc}就是图像A''的水平或横轴投影的一维质心坐标$\bar{x}$。

垂直轴或纵轴的投影也可以进行类似分析并得到同样的结论。例如：

$$y_{\text{rgc}}=\frac{\sum\limits_{(m_1,m_2)\in A''}y_{m_2}I(x_{m_1},y_{m_2})}{\sum\limits_{(m_1,m_2)\in A''}I(x_{m_1},y_{m_2})}=\frac{\int\limits_{(x,y)\in G}yI(x,y)\mathrm{d}x\mathrm{d}y}{\int\limits_{(x,y)\in G}I(x,y)\mathrm{d}x\mathrm{d}y}$$
$$=\frac{\sum\limits_{m_2\in Y}y_{m_2}\sum\limits_{m_1\in X,(m_1,m_2)\in A''}I(x_{m_1},y_{m_2})}{\sum\limits_{m_2\in Y}\sum\limits_{m_1\in X,(m_1,m_2)\in A''}I(x_{m_1},y_{m_2})}=\sum_{m_2\in Y}y_{m_2}\left[\frac{\sum\limits_{m_1\in X,(m_1,m_2)\in A''}I(x_{m_1},y_{m_2})}{\sum\limits_{n_2\in Y}\sum\limits_{m_1\in X,(m_1,n_2)\in A''}I(x_{m_1},y_{n_2})}\right]$$
$$=\sum_{m_2\in Y}y_{m_2}\left(\frac{q(y_{m_2})}{\sum\limits_{n_2\in Y}q(y_{n_2})}\right)=\sum_{m_2\in Y}y_{m_2}Q(y_{m_2})\tag{7-63}$$

其中

$$\begin{cases}Q(y_{m_2})=q(y_{m_2})/\sum\limits_{n_2\in Y}q(y_{n_2}),X=\{m_1;(m_1,m_2)\in A''\}\\ q(y_{n_2})=\sum\limits_{m_1\in X,(m_1,n_2)\in A''}I(x_{m_1},y_{n_2}),Y=\{m_2;(m_1,m_2)\in A''\}\end{cases}\tag{7-64}$$

把图像 A''向纵轴(垂直轴)进行投影得到一维点集 $Y=\{m_2;(m_1,m_2)\in A''\}$，同时，把图像 A''的灰度分布函数 $I(x,y)$(或者离散灰度分布函数 $I(x_{m_1},y_{m_2})$)向纵轴(垂直轴)进行投影得到横轴方向或水平方向的边沿分布 $q(y_{m_2})=\sum_{m_1\in X,(m_1,m_2)\in A''}I(x_{m_1},y_{m_2})=(y_{m_2})^{\#}$，利用归一化因子(图像总灰度值)

$$\sum_{n_2\in Y}q(y_{n_2})=\sum_{n_2\in Y}\sum_{m_1\in X,(m_1,n_2)\in A''}I(x_{m_1},y_{n_2})=\sum_{(n_1,m_2)\in A''}I(x_{m_1},y_{n_2})=(A'')^{\#}\tag{7-65}$$

构造归一化灰度分布函数

$$Q(y_{m_2})=\frac{q(y_{m_2})}{\sum\limits_{n_2\in Y}q(y_{n_2})}=\frac{\sum\limits_{m_1\in X,(m_1,m_2)\in A''}I(x_{m_1},y_{m_2})}{\sum\limits_{n_2\in Y}\sum\limits_{m_1\in X,(m_1,n_2)\in A''}I(x_{m_1},y_{n_2})}$$
$$=\frac{\sum\limits_{m_1\in X,(m_1,m_2)\in A''}I(x_{m_1},y_{m_2})}{\sum\limits_{n_2\in Y}\sum\limits_{m_1\in X,(m_1,n_2)\in A''}I(x_{m_1},y_{n_2})}\tag{7-66}$$
$$=\frac{\sum\limits_{m_1\in X,(m_1,m_2)\in A''}I(x_{m_1},y_{m_2})}{\sum\limits_{(m_1,n_2)\in A''}I(x_{m_1},y_{n_2})}=\frac{(y_{m_2})^{\#}}{(A'')^{\#}}$$

满足

$$\sum_{m_2\in Y}Q(y_{m_2})=1,Q(y_{m_2})>0,m_2\in Y\tag{7-67}$$

式中：$(A'')^{\#}$为图像A''的像素个数；$(y_{m_2})^{\#}$为这种图像A''中纵轴（垂直轴）坐标为m_2的像素个数。

由点集$\{m_2;(m_1,m_2)\in A''\}$构成的一维图像Y，在其每个像素点$m_2\in Y$上，归一化灰度值是$Q(y_{m_2})$。利用概率论的观点可以解释为，这个一维灰度图像相当于一个概率分布为$\sum_{m_2\in Y}Q(y_{m_2})=1,Q(y_{m_2})>0,m_2\in Y$的离散型随机变量$y$，其数学期望$E(y)=\bar{y}$就是这个一维灰度图像的质心坐标：

$$\begin{aligned}\bar{y}=y_{\mathrm{c.m.}}&=\sum_{m_2\in Y}y_{m_2}Q(y_{m_2})=\sum_{m_2\in Y}y_{m_2}\left(\frac{q(y_{m_2})}{\sum\limits_{n_2\in Y}q(y_{n_2})}\right)\\&=\sum_{m_2\in Y}y_{m_2}\left[\frac{\sum\limits_{m_1\in X,(m_1,m_2)\in A''}I(x_{m_1},y_{m_2})}{\sum\limits_{n_2\in Y}\sum\limits_{m_1\in X,(m_1,n_2)\in A''}I(x_{m_1},y_{n_2})}\right]\\&=\frac{\sum\limits_{m_2\in Y}y_{m_2}\sum\limits_{m_1\in X,(m_1,m_2)\in A''}I(x_{m_1},y_{m_2})}{\sum\limits_{(m_1,m_2)\in A''}I(x_{m_1},y_{m_2})}=y_{\mathrm{rgc}}\end{aligned}\tag{7-68}$$

这说明，平面（二值）灰度图像A''形心坐标$(x_{\mathrm{rgc}},y_{\mathrm{rgc}})$的垂直分量$y_{\mathrm{rgc}}$就是图像$A''$的垂直轴投影的一维质心坐标$\bar{y}$。

总而言之，平面（二值）灰度图像A''的形心坐标$(x_{\mathrm{rgc}},y_{\mathrm{rgc}})$可以如下计算：

$$\begin{cases}x_{\mathrm{rgc}}=\sum\limits_{m_1\in X}x_{m_1}P(x_{m_1})\\y_{\mathrm{rgc}}=\sum\limits_{m_2\in Y}y_{m_2}Q(y_{m_2})\end{cases}\tag{7-69}$$

其中

$$\begin{cases}P(x_{m_1})=p(x_{m_1})/\sum\limits_{n_1\in X}p(x_{n_1})=(x_{m_1})^{\#}/(A'')^{\#}>0,\sum\limits_{m_1\in X}P(x_{m_1})=1\\Q(y_{m_2})=q(y_{m_2})/\sum\limits_{n_2\in Y}q(y_{n_2})=(y_{m_2})^{\#}/(A'')^{\#}>0,\sum\limits_{m_2\in Y}Q(y_{m_2})=1\end{cases}\tag{7-70}$$

而且

$$\begin{cases}p(x_{m_1})=\sum\limits_{m_2\in Y,(m_1,m_2)\in A''}I(x_{m_1},y_{m_2})\\q(y_{m_2})=\sum\limits_{m_1\in X,(m_1,m_2)\in A''}I(x_{m_1},y_{m_2})\end{cases}\tag{7-71}$$

7.4.4 阈值分割法的选择

在再生纵横单向凸图像形心方法中需要进行二值化，但是二值化的方法有很多种。为此，需要在这些二值化方法中优选出最适合新方法的二值化法，以期得到最好的光斑定位结果。

7.4.4.1 均值比例法

均值比例法采取基于经验估计的方法对图像进行阈值分割,这种方法对可见光图像使用一般会有很好的效果。该算法优点是简单、快速。设原始图像的灰度级用 N_k 表示,有 n_i 个像素点数灰度值为 I,全图像共有 N_0 个像素,则图像阈值计算可分如下几步:

(1) 对要分割的图像灰度级进行归一化处理,得出其直方图,用 $p_i = n_i/N_0$ 表示,且有

$$\sum_{i=0}^{N_k-1} p_i = 1, p_i > 0 \tag{7-72}$$

(2) 求出原图像灰度均值

$$\mu = \sum_{i=0}^{N_k-1} I p_i \tag{7-73}$$

(3) 计算阈值 T_{h}

$$T_{\mathrm{h}} = \mu \times 5/3 \tag{7-74}$$

均值比例法基于图像像素灰度值的对比度,但对目标区域尺寸比较敏感,不能适应处理大小不同的目标,图像分割后效果不稳定。

7.4.4.2 边缘均值法

图像边缘点的灰度值显示了图像的背景光强值,边缘均值法是通过处理图像边缘点的灰度值得到图像阈值,达到去掉背景噪声的作用。在原始图像中,对采样窗口边缘像素点灰度值进行平均,计算得出的平均值作为采样阈值:

$$T_{\mathrm{h}} = \frac{\sum_{j=1}^{2(N_1+N_2)-4} I_j}{2(N_1 + N_2) - 4}, N_1, N_2 > 1 \tag{7-75}$$

式中:N_1 和 N_2 分别为采样窗口横向和纵向的像素个数。

边缘均值法计算简单、快捷,适用于对实时性要求较高的图像分割。

7.4.4.3 最大类间方差法

因为最大类间方差法是由日本学者 Otsu 提出的,因此也称作 Otsu 法。这种方法是根据最小二乘法原理推导得出的。该算法计算简单,有较广的应用范围,受到广泛关注,并衍生出很多其他算法。

设输入原图像有 N_k 个灰度级,有 n_i 个像素点数灰度值为 I,全图像共有 N_0 个像素,则阈值计算可分如下几步:

(1) 对要分割的图像灰度级进行归一化处理,得出其直方图,用 $p_i = n_i/N_0$

表示，且有

$$\sum_{i=0}^{N_k-1} p_i = 1, p_i > 0 \tag{7-76}$$

（2）求出原图像灰度均值

$$\mu = \sum_{i=0}^{N_k-1} I p_i \tag{7-77}$$

（3）灰度级被阈值 t_h 分为两类（C_0, C_1），其中所有灰度值在 $[0, t_h]$ 内的像素包含在类 C_0 中，所有灰度值在 $[t_h+1, N_k]$ 内的像素包含在类 C_1 中。发生概率 ω_0 和 ω_1 由下式可以得到：

$$\omega_0(t_h) = \sum_{i=0}^{t_h} p_i, \omega_1(t_h) = \sum_{i=t_h+1}^{N_k-1} p_i = 1 - \omega_0(t_h) \tag{7-78}$$

（4）计算类 C_0 和 C_1 的灰度均值 $\mu_0(t_h)$ 和 $\mu_1(t_h)$，方差 $\sigma_0^2(t_h)$ 和 $\sigma_1^2(t_h)$ 可分别由式(7-77)和式(7-78)得出：

$$\mu_0(t_h) = \frac{\sum_{i=0}^{t_h} I p_i}{\omega_0(t_h)}, \mu_1(t_h) = \frac{\sum_{i=t_h+1}^{N_k} I p_i}{\omega_1(t_h)} \tag{7-79}$$

$$\sigma_0^2(t_h) = \frac{\sum_{i=0}^{T_h} (I - \mu_0(t_h))^2 p_i}{\omega_0(t_h)},$$
$$\sigma_1^2(t_h) = \frac{\sum_{i=t_h+1}^{N_k-1} (I - \mu_1(t_h))^2 p_i}{\omega_1(t_h)} \tag{7-80}$$

（5）计算类间方差：

$$\sigma_B^2(t_h) = \omega_0 (\mu_0(t_h) - \mu)^2 + \omega_1(\mu_1(t_h) - \mu) = \omega_0 \omega_1 (\mu_0(t_h) - \mu_1(t_h))^2 \tag{7-81}$$

对于类间方差 $\sigma_B^2(t_h)$ 来说，背景区域和目标区域的中心灰度值可以用 $\mu_0(t_h)$ 和表示，为了更好地分割目标和背景，就会希望这两个量相差得尽量大，就是让 $(\mu_0(t_h) - \mu_1(t_h))^2$ 或 $|\mu_0(t_h) - \mu_1(t_h)|$ 尽量大，从而得到的类间方差 $\sigma_B^2(t_h)$ 的值尽量大。因此，以类间方差 $\sigma_B^2(t_h)$ 可以衡量使用不同阈值时导出的类别分离的性能如何，极大化 $\sigma_B^2(t_h)$ 的过程就是自动确定阈值的过程。

（6）为达到以上目标，需求出 $\sigma_B^2(t_h)$（$t_h = 0, 1, 2, \cdots, N_{k-1}$）的最大值，并将对应的 T_h 值作为此时的最佳阈值，即

$$T_h = \mathrm{argmax}\,\sigma_B^2(t_h), 0 < t_h < N_k - 1 \tag{7-82}$$

这种方法有很高的计算效率高，应用范围较广，对直方图呈双峰状的图像可以很好地分割。

7.4.4.4 最大熵阈值分割法

熵用来表征平均信息量,图像的熵描述的是图像的总体概貌,若图像中含有目标区域,则图像信息量最大的地方处于目标与背景的交界处,此处熵最大。将阈值设为图像中熵最大的像素灰度值,可以很好地分割图像的目标与背景区域。

设图像共有 $M\times N$ 个像素,其灰度的设为 $I_1,I_2,\cdots,I_{N_k}$。图像中任意一个像素 $\mu_{xy},x\in 1,2,\cdots,M,y=1,2,\cdots,N$ 的灰度值可以用离散随机变量 $X(n)$ 来表示。$I_1,I_2,\cdots,I_{N_k}$ 为 $X(n)$ 的 N_k 个可能取值。离散随机变量 $\{X(n),n\in\{I_1,I_2,\cdots,I_{N_k}\}\}$ 的熵可定义为

$$H=-\sum_{n=I_1}^{I_{N_k}}p(n)\lg(p(n)) \tag{7-83}$$

式(7-83)表示的是像素灰度级为 I_{N_k} 的概率。

利用最大熵法计算阈值的方法通过以下步骤完成:

(1) 对要分割的图像灰度级进行归一化处理,得出其直方图,用 $p_i=n_i/N_0$ 表示,并且

$$\sum_{i=0}^{N_k-1}p_i=1,p_i>0 \tag{7-84}$$

(2) 灰度级被阈值 t_{h} 分为两类 (C_0,C_1),其中所有灰度值在 $[0,t_{\mathrm{h}}]$ 内的像素包含在类 C_0 中,所有灰度值在 $[t_{\mathrm{h}}+1,N_k]$ 内的像素包含在类 C_1 中。C_0 发生概率 ω_0 由下式得到:

$$\omega_0(t_{\mathrm{h}})=\sum_{i=0}^{t_{\mathrm{h}}}p_i \tag{7-85}$$

该区域的熵为

$$H(C_0)=-\omega_0(t_{\mathrm{h}})\lg(\omega_0(t_{\mathrm{h}})) \tag{7-86}$$

C_1 类的概率分布为

$$\omega_1(t_{\mathrm{h}})=1-\omega_0(t_{\mathrm{h}}) \tag{7-87}$$

该区域的熵为

$$H(C_1)=-(1-\omega_0(t_{\mathrm{h}}))\lg(1-\omega_0(t_{\mathrm{h}})) \tag{7-88}$$

(3) 计算图像总的信息熵:

$$\begin{aligned}H(t_{\mathrm{h}})&=H(C_0)+H(C_1)\\&=-\omega_0(t_{\mathrm{h}})\lg(\omega_0(t_{\mathrm{h}}))+(1-\omega_0(t_{\mathrm{h}}))\lg(1-\omega_0(t_{\mathrm{h}}))\end{aligned} \tag{7-89}$$

(4) 根据信息论,当熵最大时,能够最好地将目标从背景中分离出来。所以,最佳阈值 T_{h} 就是 $H(F(t_{\mathrm{h}}))$ 取最大值时的灰度值 t_{h},即

$$T_{\mathrm{h}}=\operatorname{argmax}\{H(t_{\mathrm{h}})\} \tag{7-90}$$

利用这种求最大熵的方法分割图像时,如果图像的目标和背景灰度对比度较大,分割效果较好。

7.5 跟踪和振动补偿地面仿真模拟技术

7.5.1 实验方案

在平台振动对接收光斑随机抖动特性影响的模拟实验系统中,包括发射端、平台振动模拟以及接收端三部分。发射端由半导体激光器和长焦平行光管组成,激光器发出的高斯光束经大口径长焦距平行光管后出射,产生的平行光束可以用来模拟远场效应下的接收光。平台振动模拟部分由 Matlab 程序、DA 转换卡以及二维精瞄控制镜(FSM)组成,Matlab 程序产生的符合 OLYMPUS 功率谱密度函数的随机信号通过 RTW(Real Time Target)模块与 DA 转换卡相连,从而实时驱动 FSM 改变接收光的入射方向来实现平台振动的模拟。接收端由聚焦透镜组、CMOS 探测器及相应的光斑质心提取程序组成,用来获取光斑质心信息。实验框图如图 7 - 11 所示。

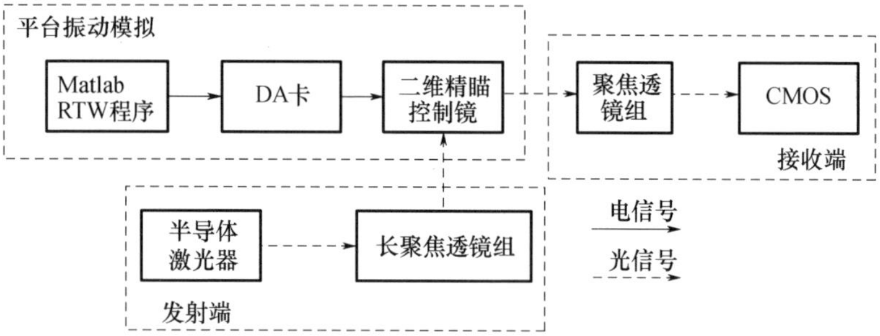

图 7 - 11　实验框图

7.5.2 卫星平台振动的模拟

如何获得服从 OLYMPUS 卫星平台振动功率谱密度函数的随机时间序列是本实验的关键。通过前面的分析可知,平台振动包括连续频谱部分和离散频谱部分,由于离散频谱和连续频谱的随机振动信号是不相关的,因此可以通过分别对连续频谱和离散频谱部分进行模拟后叠加而获得。其中,离散频谱部分可以由相应频率的正弦波信号来模拟。分析结果表明,连续频谱部分随机信号的模拟可以通过以下方式实现:将高斯白噪声作为输入信号,经过一个幅频响应特性曲线和平台振动功率谱密度函数基本一致的滤波器,则输出信号即为所要模拟的平台振动视域信号。

根据如下公式可得 OLYMPUS 卫星平台振动功率谱密度函数中的连续谱部分为

$$S_1(f_{\mathrm{SC}}) = \frac{480}{1 + \left(\frac{\pi}{3} f_{\mathrm{SC}}\right)^2} \tag{7-91}$$

由式(7-91)可设计滤波器对应的传递函数为

$$G(s)=\frac{480}{0.002s^{3}+0.0482s^{2}+0.3802s+1} \tag{7-92}$$

至此可以在 Matlab 的 Simulink 平台上建立实现模拟 OLYMPUS 卫星平台随机振动的程序如图 7-12 所示。由于实验系统中采用的 FSM 的最大响应频率为 200Hz,因此本实验仅考察 200Hz 以内平台随机振动的影响,仿真程序中产生随机信号的时间间隔设置为 0.005s。

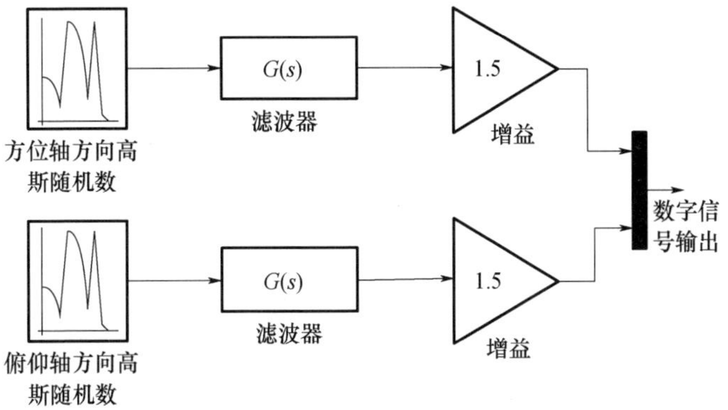

图 7-12 平台振动随机信号模拟 Simulink 程序图

7.5.3 实验装置

由于实验中所采用的核心元器件是敏感设备,所以在这里仅给出平台振动对接收光斑随机抖动特性影响的模拟实验系统的实验装置的示意图,如图 7-13所示。实验所用主要仪器及其参数由表 7-2 给出。

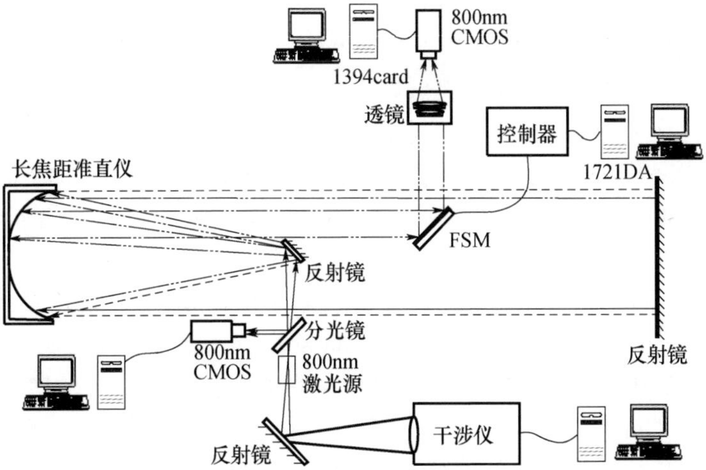

图 7-13 实验装置示意图

表 7-2 单模光纤耦合实验主要仪器及其参数

序号	仪器名称	主要性能指标
1	800nm 激光器	输出光波长 806nm,输出尾纤直径 50μm
2	Zago 干涉仪	输出光波长 632.8nm,面型误差 RMS < λ/100,PV < λ/100
3	800nm CCD 探测器	像素尺寸 6.7μm,响应频段 0.8 ~ 1.0μm
4	分光镜	口径 φ20mm
5	长焦平行光管	焦距(4000 ± 1)mm,口径 φ300mm
6	平面反射镜	口径 φ350mm,面型误差 RMS < λ/100
7	二维精瞄控制镜	最大偏转范围 ±2mrad,线性度 99%,偏转精度 2μrad,最大响应频率 200Hz,面型误差 RMS < λ/30
8	1721DA 卡	12 位 DA 精度,最大数字更新速率 5MHz
9	透镜组	有效口径 φ6.5mm,等效焦距 27.2mm,波前误差 RMS < λ/30

7.5.4 实验过程描述

为了保证实验的准确性,在实验中实验光路的调整以及对 FSM 偏转角的标定显得尤为重要。整个实验过程如下所述:

(1) 调整 Zago 干涉仪,如图 7-13 所示,使得其发出的平行光和反射回的平行光的干涉条纹中心对称,且使干涉图的 RMS 和 PV 值尽量小。

(2) 调整分光镜处 800nmCMOS 探测器位置,使得反射光束的光斑达到最小,记录此时光斑的质心坐标,作为 800nm 激光器位置的调整基准。

(3) 调整 800nm 激光器输出尾纤位置,直至分光镜处 800nmCMOS 探测器上成像光斑质心坐标与采用干涉仪为光源时的质心坐标一致,同时使成像光斑最小。此时 800nm 激光器输出尾纤端面位于平行光管焦点处。

(4) 调整 FSM 处 800nmCMOS 探测器位置,使得成像光斑最小,此时其处于 FSM 反射的平行光经透镜组的焦点处。

(5) 标定 FSM 控制电压与光束偏转角的对应关系:将转镜置于零点位置,调整接收光路共轴,并记录零点位置的光斑质心坐标。改变转镜的控制电压,记录不同控制电压下成像光斑的质心坐标相对于零点的偏移量,进而求出光束偏转角度,分别得到转镜 x 和 y 轴控制电压与光束偏角的对应关系。

(6) 测试随机信号驱动下光斑质心位置:由计算机输出控制信号,控制 FSM 随机偏转,通过 1394 图像采集卡对 800nmCMOS 探测器上的光斑质心坐标进行采集。在实验中,考虑到 FSM 模拟的平台振动在 200Hz 以内,因此通过设置 CCD 探测器的曝光时间和窗口大小等参数,使采样频率在 100 ~ 200Hz 之间变化。通过采集到的质心序列计算可得 50Hz 以内到 100Hz 以内平台振动条件下,接收光斑的随机抖动特性与采样间隔的关系。

7.5.5 实验结果与分析

7.5.5.1 平台振动频谱

本实验主要以 OLYMPUS 卫星平台为例进行平台振动影响的模拟,因此首先需要将 MATLAB 程序生成的随机序列的功率谱密度与 OLYMPUS 的功率谱密度进行比较,如图 7-14 所示。

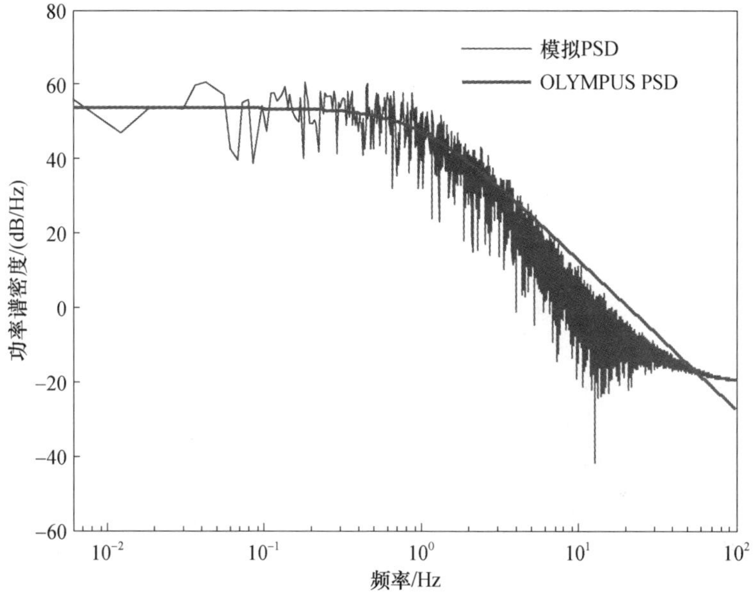

图 7-14 模拟出的平台随机振动功率谱密度与 OLYMPUS 卫星平台功率谱密度比较

从图 7-14 中可以看出,模拟产生的随机信号主要集中在 1Hz 以内,当频率大于 1Hz 时,振动幅度很快衰减。图 7-14 同时表明,模拟产生的随机信号的功率谱密度与 OLYMPUS 的功率谱密度具有较好的相似性,这保证了平台振动模拟的可信性。

7.5.5.2 理想跟踪条件下接收光斑随机抖动概率密度

本节前述理论分析是针对单 FPAD 的 PAT 系统进行的,其中假定跟踪系统可以准确地根据 CMOS 探测器获得的光斑质心信息进行跟踪。因此,为了将实验结果与理论分析进行等效,即将采集到的光斑质心序列中每一组都与前一项进行做差,即可得到理想跟踪条件下的接收光斑随机抖动序列。由于实验中 x 轴方向的振动和 y 轴方向的振动是相互独立的,所以在这里仅以 x 轴方向抖动为例进行分析,即

$$d_x(i)=x_c(i+1)-x_c(i) \tag{7-93}$$

式中：$d_x(i)$为理想跟踪条件下接收光斑 x 轴方向的质心序列；$x_c(i)$为实验采集到的光斑 x 轴方向的质心序列；i 为序列序数。

将 $d_x(i)$的取值范围划分为一定数目的等分区间，计算落在每个区间的数据点个数，即可得到 $d_x(i)$的直方图。实验中对不同帧频条件进行了测试，测试数据量大，限于篇幅在这里仅给出几组测试结果。图 7－15 给出了帧频分别为 105Hz 和 190Hz 时 $d_x(i)$的直方图，图中曲线是直方图的高斯分布拟合曲线。从图 7－15 可以看出，直方图和高斯拟合曲线比较吻合。此外，实验所测的 9 种不同帧频条件下的数据与高斯拟合曲线的相关系数均在 90% 以上。这表明不同采样间隔下，接收光斑质心的相对移动量服从高斯分布。即当 PAT 系统处于理想跟踪情况下时，焦平面探测器上接收光斑的随机抖动服从高斯分布。

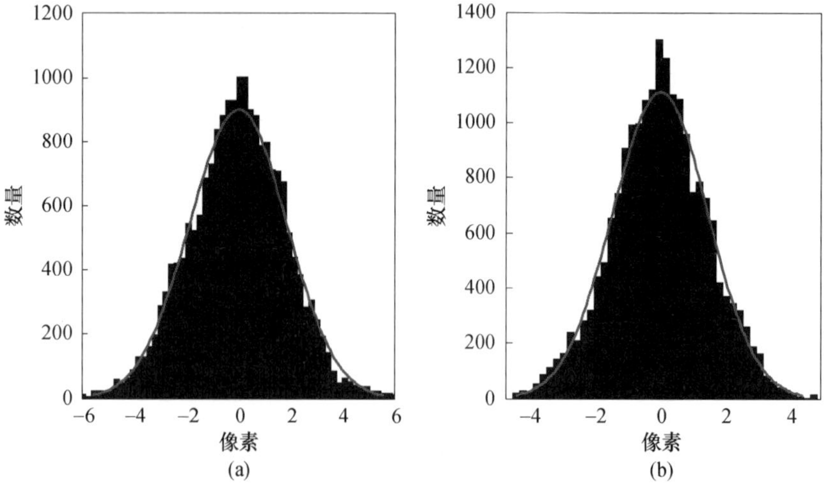

图 7－15　理想跟踪条件下，接收光斑随机抖动量直方图及其高斯拟合曲线

（a）CMOS 探测器帧频为 105Hz；（b）CMOS 探测器帧频为 190Hz。

7.5.5.3　采样间隔对接收光斑随机抖动方差的影响

在实验中，随机信号最大幅值、FSM 的驱动电压、FSM 偏转角度以及光斑质心脱靶量之间是线性比例关系，经标定，其最大值和最小值对应关系如表 7－3 所列。需要注意的是，在实验过程中对随机信号幅值进行了归一化处理。

表 7－3　实验中参数间的对应值关系

参量	最小值	最大值
随机信号幅值	0	1
FSM 的驱动电压	0	9V
FSM 偏转角度	0	1.8mrad
光斑质心脱靶量	0	7.5 像素

此时，依据理论分析中的式(7－92)和式(7－93)以及表7－3中各参量的对应关系，且考虑到实验仅对200Hz以内的平台振动进行模拟，可得光斑随机抖动在 x 轴方向分量的方差 σ_{dx}^2 应修正为

$$\sigma_{dx}^2 = (6.7\times7.5)^2\ \frac{[1450 - 1440\exp(-6T_F)]}{1450} \tag{7-94}$$

为考察采样间隔对接收光斑随机抖动方差的影响，实验中通过设置子窗口的大小，分别将CMOS探测器的帧频调整为100～200Hz不等，每个帧频均进行6组采样，每组采样点数为200000。对各组帧频时的 d_x 序列求高斯拟合曲线下的方差 σ_{dx}^2 并取均值，得到 σ_{dx}^2 与采样间隔的实测曲线，如图7－16所示，图中理论曲线由式(7－94)求得。

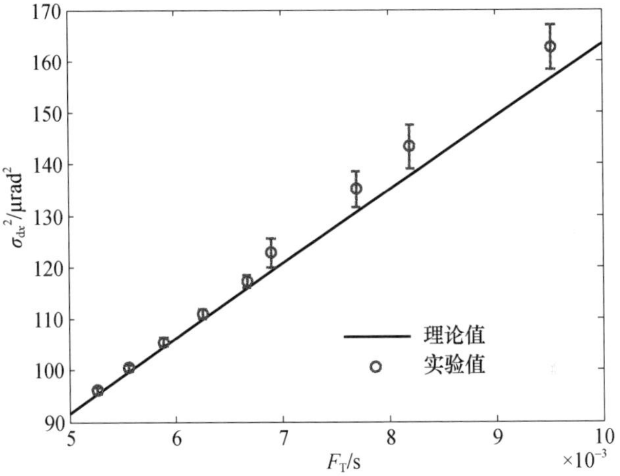

图7－16　接收光斑随机抖动方差随采样间隔的变化

图7－16中实测数据结果表明，接收光斑的随机抖动方差随着采样间隔的增加而增加，这与分析结果一致。由于实验中平台振动模拟数据与OLYMPUS的平台振动特性有一定差异，以及实验系统中CMOS探测器相应处理电路及程序等引入的误差，实测数据与理论数据有一定差异。但是，实测方差的变化趋势与理论分析预测的变化趋势基本吻合，由此验证了理论分析的正确性。

参考文献

[1] Zoran Sodnik, Hanspeter Lutz, Bernhard Furch, Rolf Meyer. Optical Satellite Communications inEurope[J]. SPIE 2010, 7587: 111－115.

[2] Hemmati H, Biswas A, Djordjevic I B. Deep－space optical communications: future perspectives and applications[J]. Proceedings of the IEEE, 2011, 99(11): 2020－2039.

[3] Takashi J. Optical Inter－orbit Communication Experiment between OICETS and ARTEMIS[J]. Journal of

the NationalInstitute of Information and Communications Technology, 2012, 59(1/2): 331 - 320.

[4] Hanada T, Yamakawa S, Kohata H. Study of optical inter - orbit communication technology for next generation space data - relay satellite[C]. SPIE LASE. International Society for Optics and Photonics, 2011: 79230B - 79230B - 6.

[5] Toni Tolker Nielsen. Pointing, Acquisition and Tracking system for the Free Space Laser Communication System, SILEX[J]. SPIE, 2011, 2381: 198 - 205.

[6] Roberts W T, Wright M W, Kovalik J, et al. OCTL to OICETS optical link experiment (OTOOLE) electrooptical systems[C]. LASE. International Society for Optics and Photonics, 2010: 75870Y - 75870Y - 11.

[7] Wilson K E. The OCTL - to - OICETS Optical Link Experiment (OTOOLE)[J]. Journal of the NationalInstitute of Information and Communications Technology, 2012, 59(1/2).

[8] Boroson D M, Biswas A, Edwards B L. MLCD: Overview of NASA's Mars Laser Communications Demonstration System[C]. Proc. SPIE, 2004, 5338: 16 - 28.

[9] García - Talavera M R, Alonso A, Chueca S, et al. Ground to Space Optical Communication Characterization [C]. Proc. of SPIE, 2005, 5892: 589201 - 1 - 589201 - 9.

[10] Sun X L, Skillman D R, Hoffman E D, et al. Free space laser communication experiments from Earth to the Lunar Reconnaissance Orbiter in lunar orbit. Optics Express, 2013, 21(2): 1865 - 1871.

[11] Shoji Y, Fice M J, Takayama Y, et al. A Pilot - Carrier Coherent LEO - to - Ground Downlink System Using an Optical Injection Phase Lock Loop (OIPLL) Technique[J]. Journal Lightwave Technology, 2012, 30 (16): 2696 - 2706.

[12] Iida T, Arimoto Y, Suzuki Y. Earth - Mars Communication System for Future Mars Human Community: A Story of High Speed Needs Beyond Explorations[J]. IEEE Aerospace and Electronic Systems Magazine, 2011, 26(2): 19 - 25.

[13] Kawamura Y, Tanaka T. Transmission of the LED light from the space to the ground[J]. Aip Advances, 2013, 3(10): 103602.

[14] Toyoshima M, Takayama Y, Kunimori H, et al. In - orbit measurements of spacecraft microvibrations for satellite laser communication links[J]. Optical Engineering, 2010, 49(8): 083604.

[15] Gregory M, Heine F, Kampfner H, et al. Commercial optical inter - satellite communication at high data rates [J]. Optical Engineering, 2012, 51(3): 031202.

[16] Heine F, Kampfner H, Lange R. Optical Inter - Satellite Communication Operational[C]. The 2010 Military Communication Conference, 2010: 1587 - 1587.

[17] Boroson D M, Biswas A, Edwards B L. MLCD: Overview of NASA's Mars Laser Communications Demonstration System[C]. Proc. of SPIE, 2004, 5338: 16 - 28.

[18] Hemmati H, Page N A. Preliminary Opto - Mechanical Design for the X - 2000 Transceiver[C]. Proc. of SPIE, 1999, 3615: 185 - 191.

[19] Sandusky J V, Lesh J R. Planning for a Long - Term Optical Demonstration from the International Space Station[C]. SPIE. 1998, 3266: 128 - 134.

第8章 激光通信技术

8.1 概述

随着信息时代的高速发展，卫星通信传输数据量剧增，要保证信息的快速、实时传输，要求卫星通信具有更高的传输数据率。传统的射频通信受到传输容量的限制，出现了1Gb/s以上通信速率的“瓶颈”，难以适应未来高速、宽带通信需求，卫星光通信技术被认为是解决该“瓶颈”的唯一有效手段。与射频通信相比，卫星光通信具有极强的优势，包括传输数据率高、体积小、重量轻、功耗低、抗干扰和抗截获能力强等。由于以上诸多优点，卫星光通信技术备受青睐，成为世界通信领域的研究热点。美国、欧洲、日本等发达国家和地区的研究机构已经全面开展了该领域的研究工作，目前已进入空间实验阶段，成功地进行了多次星间和星地高速激光通信。欧洲航天局及日本目前尚未公布实际应用计划，美国计划2015年在第三代中继卫星上采用激光通信技术，推进卫星激光通信技术进入应用阶段。

初期研制的卫星光通信终端受基础元器件性能制约，主要采用的是传统的强度调制/直接探测（IM/DD）通信体制，波长采用800nm附近波段，典型的是欧洲航天局的激光星间链路实验系统SILEX。然而IM/DD在实际星间环境下无法达到或接近探测灵敏度的理论极限，可实现的传输数据率相对较低，不足以充分获得光载波所带来的带宽优势。20世纪90年代末以后，随着光电器件逐渐成熟以及大量关键技术被突破，人们开始转向卫星相干光通信系统的研究。近期最著名的德国TerraSAR－X卫星搭载的光通信终端，采用的是先进的二进制相移键控（BPSK）/零差相干探测技术，通信数据率高达5.625Gb/s。使用的1064nmNd:YAG激光器是由德国TESAT公司专门为该项目所研制，线宽达5kHz，绝对频率稳定度优于50MHz/天，即0.17×10^{-6}。然而，这种极窄线宽高稳频的激光器还很难在市面上获得，并且由于需要使用本振光源和光学锁相环（OPLL），使得零差相干接收机结构十分复杂，技术难度非常高。

为了获得高传输数据率、高探测灵敏度，同时技术难度较低、易于实现的卫星光通信系统，可以采用差分相移键控（DPSK）/自差探测技术。DPSK/自差探测体制的主要优点归纳如下：

(1) 与 BPSK 相比,DPSK 具有相对宽松的激光器线宽要求(图 8 - 1)。

(2) DPSK 频谱效率高,具有以波分复用(WDM)方式实现更高传输速率的潜在优势。

(3) 采用前置光放大的自差探测方式,其探测灵敏度可与零差相干探测相媲美(图 8 - 1)。

(4) 采用干涉计解调的自差探测方案,可用光电二极管作平衡式直接接收。与零差相干探测相比,接收机结构相对简单、技术难度低。

(5) 可利用地面光纤通信的许多成熟技术,并且相关光电器件发展成熟。

(6) 采用 1550nm 波段,易于同地面光纤通信网络融合,适应未来建立天地综合信息网的发展趋势。

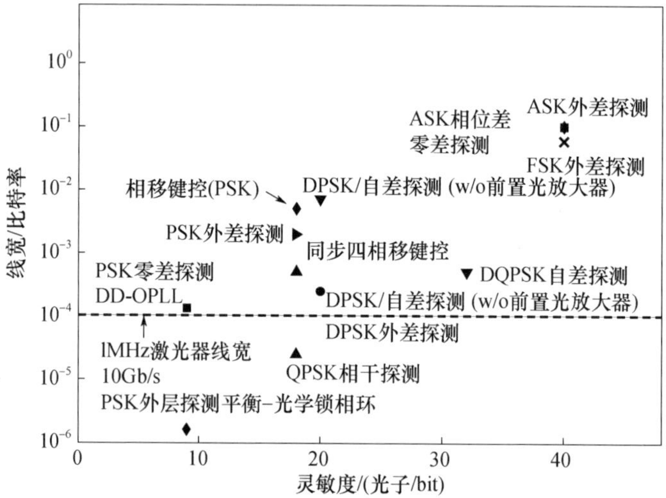

图 8 - 1　不同通信体制的激光器线宽要求和探测灵敏度

由于卫星激光通信是空间光通信,而自差探测系统中的关键器件——前置光放大器和干涉计都是基于单模光纤的光器件,因此,为将 DPSK/自差探测体制应用于卫星光通信,首先需要将空间激光耦合进单模光纤内。由于单模光纤芯径极小,仅为几微米,因而空间激光到单模光纤的耦合非常困难。在空间应用中,受卫星平台振动、瞄准误差、热效应以及波前畸变等因素的影响,使得耦合变得更加困难。因此,空间激光到单模光纤的高效耦合是基于 DPSK/自差探测体制的卫星光通信系统中急需解决的首要问题,是系统的关键技术之一。

在星间激光通信中,受卫星平台振动、跟踪系统中跟踪探测器噪声以及转台机械噪声等因素的影响,使得光通信终端接收光轴与入射光束间夹角随机抖动。由于卫星光通信采用的大口径光学天线易受加工、装调误差以及空间环境的影响,使光学天线产生形变,进而影响接收光束的波前。随机角抖动和波前畸变将影响单模光纤耦合效率,进而对自差光通信系统的通信性能产生影响。因此,需要深入分析随机角抖动和波前畸变对空间光到单模光纤耦合效率的影响,进而得到随机角抖动和波前畸变与自差系统通信性能的关系,为优化系统设计打下基础。此外,不同于地面光纤通信系统,设计星间激光通信链路时,必须考虑卫星间相对运动引起的多普勒频移问题。由于干涉计对 DPSK 的解调依赖于前后比特位光场的相干,因而在本质上对频移引起的相位误差很敏感。为此,需要研究多普勒频移对系统通信性能的影响,进而提出合理的系统优化设计方案。

8.2　卫星激光通信链路性能需求分析

8.2.1　星地激光通信链路

对于上行激光链路,发射光束由地面终端发出后,先经过地球表面的大气层,然后进入自由空间传输,在接收面上,星上终端通过接收天线对光信号进行接收,并通过后续的信号处理得到所需的信息;而对于下行激光链路,光信号由星上终端发出,先经过自由空间传输,然后进入地球大气层,最后被地面终端接收。

由于上行和下行激光链路传输光场进入大气层和自由空间的顺序不同,大气湍流在上行和下行链路中所产生的光学效应也不相同,因此大气湍流对上行和下行链路影响的分析通常是分别进行的。

图 8－2 给出了星地光通信终端通信系统的结构示意图。一般来说,星地激光通信终端包括通信和跟瞄两个主要的子系统,其中,通信子系统用来进行卫星与地面间的信息传输,而跟瞄子系统的主要功能是对光束方向进行控制,从而进行激光链路的建立和保持等工作。由于本书主要研究的是通信系统的性能,因此跟瞄子系统在此不作详细介绍,而只介绍通信子系统的组成。

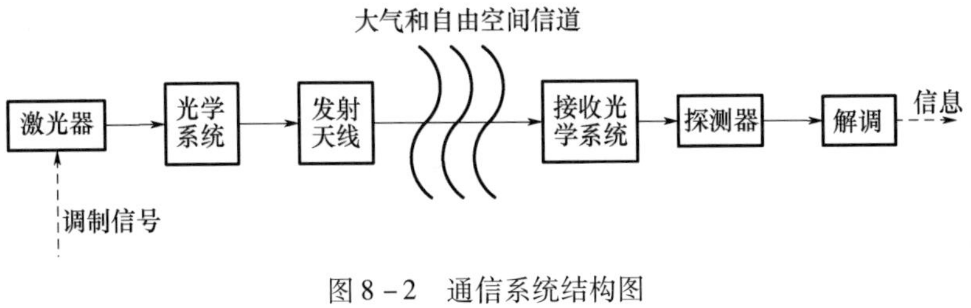

图 8－2　通信系统结构图

如图 8－2 所示,系统的发射部分主要由激光器、调制设备、光学系统和发射天线组成,接收部分主要由接收光学系统、探测器和解调装置组成。

星地激光通信系统一般采用激光器作为光源,但光源的波长不尽相同,其中波长 800nm 左右的半导体激光器最为常见。

调制设备的作用是根据所需传送的信息对光源进行调制。根据调制的原理,可分为内调制和外调制两种,其中,内调制是直接在激光器内部进行调节,使其发出的光携带有所需传送的信息,而外调制是在激光从光源发出后,再进行调节。对于激光通信系统而言,调制方式有强度调制下的 OOK、PPM、DPIM 以及相位调制下的 BPSK 等。

发射端的光学系统和发射天线对发射光束具有光束整形和压缩束散角等功能,信号光经发射天线发出后,经过大气和自由空间信道的传输,最终被另一端的接收天线接收。对于星上终端来说,一般采用收发一体的设计方案,天线多采用 Cassegrain 式望远镜,而对于地面终端来说,发射天线和接收天线一般是分离的。

接收天线接收到的光信号通过接收光学系统进行分束、反射、聚焦等过程,最后会聚到探测器上,探测器将入射的光信号转换为电信号,目前的卫星光通信系统多采用雪崩光电二极管(APD)作为探测器。探测方式有直接探测和相干探测两种。在直接探测中,入射光场直接会聚在探测器光敏面上,探测器根据入射光的强度输出与之相对应的电信号;而相干探测则是利用本振光和入射光的相干光场来进行探测。

探测器输出的电信号经过解调过程即可得到所需的信息。由于系统在通信过程中会受到大气湍流、探测器噪声以及指向偏差等多种因素的影响,解调所得的信息可能会和最初发射的信息有所不同,因此信息的传递存在一定的差错概率,本书将在星地链路大气光传输理论的基础上,对星地激光链路的通信性能进行研究。

8.2.2 星间激光通信链路

当星间激光链路进入稳定跟踪阶段,即可开始通信。如何实现充分发挥激光通信大容量、高数据率的优势,是星间激光通信研究的根本目的。

对于星间激光通信来说,为了保证链路的正常通信,信号光束散角小、激光传输距离长的特点使得发射端和接收端天线法向的对准显得尤为重要。然而,受星上平台振动、星间的相对运动、系统内部电子噪声以及二维转台的机械噪声等因素的影响,使得发射端信号光指向与两光终端间连线的夹角随机变化,这一现象称为跟瞄误差角的随机抖动(Random Jitter)。跟瞄误差角的随机抖动会引起接收端光强的起伏,进而导致激光链路通信性能的降低。因此需要从理论研究的角度深入分析跟瞄随机误差对通信性能的影响,进而为系统优化设计提供依据。

首先是 1973 年,D. L. Fried 推导了瞄准误差角影响下接收端光强起伏的理论模型。R. M. Garliardi 等利用微波链路的经典方法,对跟踪误差角影响下的星间激光链路的通信误码率(EBR)进行了分析。C. C. Chen 等研究了跟踪误差和瞄准误差综合影响下星间激光链路的误码率（Bits Error Rate，BER），对相干探测和直接探测接收系统参数的选择进行了讨论。S. Arnon 等考虑了发射端和接收端卫星平台振动对星间激光链路通信性能的影响，给出了 BER 和振动幅度之间的简单理论模型。P. R. Horkin 首次研究了存在静态偏差角（Static Bias Error Angle）时跟瞄误差对 BER 的影响，结果表明静态误差的存在会大大降低链路的通信性能，静态误差的影响是不可忽略的。随后，M. Toyoshima 等给出了高斯光束受瞄准误差角随机抖动影响时，不同 BER 水平下束散角的优化设计方法。

迄今为止，大量的文献从不同的角度研究了跟瞄误差角对 BER 影响，而 P. R. Horkin 提出平均 BER 不足以全面考察链路的通信性能的观点。

近期，随着无线通信中编码技术以及硬件设备的发展，已经出现可以接近香农（Shannon）极限的编码方式，香农信息论逐渐应用到激光通信中。香农信息论中用信道容量表征链路信息传输的最大能力，用错误概率来衡量信息在链路中传输的可靠性。MIT 林肯实验室的 R. J. Barron 等，对自由空间光通信的容量极限进行了讨论，并研究了跟瞄误差干扰时编码的交织深度对错误概率的影响。

综上，为了充分发挥星间激光链路大容量通信的优势，有必要根据香农信息论对星间激光链路的通信性能进行深入的研究，为系统的优化提供理论依据。这对推进星间激光通信的商业化和实用化具有重要的理论和实际应用价值。

8.2.3 深空探测激光通信链路

深空探测对于人类勘探和利用太空资源、探索生命起源和宇宙奥秘具有至关重要的作用，深空探测技术的发展可以促进材料、能源、计算机、控制、通信等相关学科的发展，相关技术可以直接在民用上得到应用，因而具有重要的政治和经济意义。

目前，深空探测任务正向远程化、多样化方向发展，国外正以太阳系以外的天体为探测目标，航天器向小型化、轻量化方向发展，同时，探测任务的多样性要求在探测中采用一些高带宽的仪器，如超光谱成像仪、合成孔径雷达（SAR）等，国外甚至计划在星际载人航天中实现视频通信。传统的微波通信方式势必难以满足以上要求，一种小型、轻量、能实现远程高数据率通信的激光通信系统势必将应运而生。

用激光进行深空探测科学数据的回传，具有微波链路所没有的许多优势：①激光通信终端与射频通信终端相比，具有较小的体积和质量，同时其功耗也比较小，这有利于降低发射探测器的成本，同时给航天器其他子系统的设计提供更大的灵活性；②激光通信系统抗干扰和保密性显著提高；③深空激光通信链路的数据率比较高，使得深空高数据率通信成为可能。

当前，卫星光通信技术的研究在世界范围内已达成共识。深空光通信与卫星光通信在光束传播方式，系统的工作原理及采用的元器件具有很多相似之处，因此进行深空光通信技术的研究可以借鉴卫星光通信的成功经验，但与卫星光通信相比，深空光通信具有以下几个方面的不同：

（1）卫星光通信通常在近地空间进行，而深空光通信距离极其遥远，即使通信距离最近的月地光通信链路，链路距离也是地球中继星轨道高度的 10 倍以上。

（2）深空光通信 PAT 子系统所采用的跟瞄机制与卫星光通信系统也有所不同。卫星光通信由于在近地空间进行，通常采用接收端发射激光束作为信标的跟瞄机制，而深空光通信由于链路距离极其遥远，地面发射的信标光因天气的影响及巨大的空间传播损耗，难以作为深空光通信系统的信标，因此深空光通信系统通常采用自然天体作为信标。

（3）深空光通信系统所采用的调制方式也与卫星光通信系统不同。卫星光通信系统通常采用 OOK 调制方式，而深空光通信系统通常采用 PPM 调制方式。

（4）深空光通信系统因跟瞄机制、通信机制与卫星光通信系统不同，其采用的元器件与系统的工作方式也与卫星光通信系统有所不同。深空光通信系统因常采用自然天体作为信标，因此必须有特定的装置器件对其进行处理，例如采用恒星作为信标，必须采用的元器件为星跟踪器。

由于以上不同，对深空光通信技术的研究还必须独立进行。目前，该领域越来越得到各国政府的重视，以美国为代表的西方发达国家已全面开展了此方面的研究。深空光通信研究工作在国外开展得比较早，美国在 20 世纪 80 年代初期就开始资助进行此项研究工作，NASA 制定了一整套深空光通信的发展计划。欧洲航天局和日本主要进行卫星光通信的研究工作，其目的之一也是为未来的深空探测服务。欧洲航天局在 80 年代初制定了 SILEX 计划，全面开展卫星间光通信各项技术的研究及地面模拟。日本在 80 年代中期开始卫星光通信的研究工作，并于 1995 年成功地进行了星－地之间的光通信实验。

但是用激光进行深空通信也受到严重的挑战，这就是精确的瞄准要求。深空激光通信距离极其遥远，为了减小光束传播的空间损耗，通信光束通常都非常窄；同时深空光通信是在恶劣的空间环境下进行，这给通信链路的建立和保持带来了严重的困难。要维持高精度的瞄准，必须建立一套应用在深空光通信系统中的精确的瞄准（Pointing）、捕获（Acquisition）、跟踪（Tracking）系统。目前国外的深空光通信技术经过 20 多年的发展，瞄准、捕获、跟踪技术已经逐步走向成熟，NASA 已进行 2 次实验对其中的关键技术进行验证，目前正准备利用火星电信卫星进行实际的在轨演示实验。同时，国外已多次成功进行卫星光通信技术实验，这些实验的成功经验为深空光通信跟瞄系统的设计、元器件的采用提供了很好的参考和方向，但是，深空光通信因其通信距离遥远，光信号衰减严重，空间环境恶劣，其跟瞄系统的工作原理和工作方式将具有迥异于卫星光通信的特点，需要进行独立研究。

8.2.4 天地一体化信息网络激光通信链路

卫星光网络设想指出卫星能够与其邻居卫星建立星间链路，并通过星上波长路由协议来完成星上信息的交换。一条星间链路可以支持多条不同的波长通道，即 WDM ISLs。这样可以大大提高网络的带宽资源，只要波长数量足够多，星间链路的通信容量可以被扩展到无限大。星上处理器采用波长路由技术，通过识别波长来决定信息的去向。将卫星网路的拓扑结构模型化为规则的网格状结构，称之为曼哈顿街区网络（BMSN）。文献[7]还就 Celestri 通信系统进行了波长需求量及通信时延的讨论，为波长路由卫星网络性能的分析奠定了良好的基础。

早在1997年，日本就提出了采用 WDM ISLs 技术建立新一代全球多媒体可移动宽带卫星通信系统（NELS）设计计划。NELS 计划设计的星座结构是由倾角55°的10条地球低轨道（LEO）组成的，每条轨道上均匀地布放12颗卫星，轨道高度在1200km，可以完成对地面经度70°以内的覆盖。在进行一系列的轨道设计及关键技术研究后，拟进行卫星在轨实验来验证各项技术的可靠性，首要目标是检验同一条轨道内相邻卫星之间建立激光通信链路的可行性。同轨间链路状态与不同轨间链路相比要稳定得多，PAT 技术难度较小。所以实验过程中只有同一轨道间相邻卫星通信采用波长路由技术，不同轨道间则采用了传统的 ATM 技术。星上只能给通信链路赋予4个波长，还不能够为任意的节点对建立专属的波长通道。这种处理方式并不是真正意义上的波长路由光网络。

8.3 直接探测通信技术

8.3.1 直接探测原理

直接检测光通信系统模型是通过强度调制把信息调制到光源上，并通过自由空间光链路传输到光接收系统。光接收系统用接收面截取光场。在接收机前端经处理后（聚焦和滤波），收集到的光场经过接收机透镜系统聚焦到焦平面内的光电探测表面上。在卫星光通信系统中，背景辐射光与所传输信息的光场通过透镜系统同时被收集到。光电探测器是功率检测装置，对接收面收集到的瞬时场强的计数过程产生响应。探测器的输出表现为散弹噪声过程，该过程的计数强度与收集到的瞬时功率成正比。输出的散弹噪声过程表示解调的光信号。接收机欲恢复所需信号，必须使传输的信息与光场的强度变化相联系。信号波形直接调制所传输光场的强度，或在光强度调制前先调制到副载波上。对于后一种情况，接收机在光电检测后需做进一步处理恢复信号波形。为合理地设计检波后的处理过程，需先掌握光检测输出特性。

设接收孔径面积为 A，其上的光场可表示为信号源光场 $f_s(r,t)$ 与任意背景噪声或输入噪声场 $f_b(r,t)$ 的和，即

$$f_r(r,t)=f_s(r,t)+f_b(r,t) \tag{8-1}$$

对任意强度调制的点光源场，$f_s(r,t)$ 为平面波，强度调制到发射机上可得

$$|f_s(r,t)|^2=\bar{I}[1+\beta m(t)],r\in A \tag{8-2}$$

式中：$\bar{I}$ 为平均接收强度；$m(t)$ 为调制信号；β 为比例因子。β 为表示发射机激光器功率输出特性的线性调制系数，直接决定调制波形的缩放比例。对所有的 t，$1+\beta m(t)>0$，因此

$$\beta|m(t)\leqslant 1| \tag{8-3}$$

才能保证调制。由于 $\beta\leqslant 1$，调制波形 $m(t)$ 需按一定缩放以满足式(8-3)。

一般情况下，可以把接收场分解为 D_s 个模式，则式(8-3)可写为

$$f_r(r,t)=\sum_{i=1}^{D_s}a_i(t)\exp(j\omega_0 t)\phi_i(r) \tag{8-4}$$

其中

$$a_i(t)=s_i(t)+b_i(t) \tag{8-5}$$

式中：$s_i(t)$、$b_i(t)$ 分别为信号和噪声的复包络。

接收光场的光探测计数过程可写为

$$\begin{aligned}n(t)&=\alpha\int_A|f_r(r,t)|^2\mathrm{d}r\\&=\alpha A\sum_{i=1}^{D_s}|a_i(t)|^2\end{aligned} \tag{8-6}$$

因此，直接探测接收由式(8-6)给出，式(8-6)表示的随机计数速率驱动，通过产生散粒噪声电流过程对式(8-3)表示的入射场产生响应。通过对前面光探测分析，得到对光探测实际光电流的描述。下面考虑以下几种情况。

在接收机面积 A 上，具有调制包络的点光源光场 $a(t)\mathrm{e}^{j\omega_0 t}$。收集到的光功率为

$$P_r(t)=|a(t)|^2A \tag{8-7}$$

计数速率为

$$n(t)=\alpha P_r(t) \tag{8-8}$$

在时间间隔 $(t,t+T)$ 内的泊松计数均值为

$$m_v=\int_t^{t+T}n(\rho)\mathrm{d}\rho \tag{8-9}$$

式(8-9)中的积分依赖于 t。在 $(t,t+T)$ 内，光场功率的积分是在该间隔内接收到的光场能量，它按照调制的规律变化。

8.3.1.1 单模探测

对于单模探测，接收光场仅含一种模式，此时式(8-3)中 $D_s=1$，接收机是

衍射极限，且只有单一平面波模式的接收情况。这时式(8-6)可写为

$$n(t)=\alpha A|s(t)+b(t)|^2 \tag{8-10}$$

式中：$|s(t)|$为单模信号包络；$|b(t)|$为一个单模噪声包络，对时间平均的单模功率可写为

$$\overline{|b_i(t)|^2}A=N_0B_0=P_{b0} \tag{8-11}$$

相应的探测输出电流的谱密度为

$$S_i(\omega)=|H(\omega)|^2[(\overline{g^2})\bar{n}+(\bar{g})^2S_n(\omega)) \tag{8-12}$$

式中：g 项为光检测的增益系数；$H(\omega)$为探测器的传递函数；参量 $\bar{n}$ 为 $n(t)$统计平均对时间的平均，因此

$$\begin{aligned}\bar{n}&=\alpha A\overline{|s(t)+b(t)|^2}\\&=\alpha A\left[\overline{|s(t)|^2}+\overline{|b(t)|^2}+\overline{2\mathrm{Real}\{s(t)b^*(t)\}}\right]\end{aligned} \tag{8-13}$$

由于噪声的平均值为零，式(8-13)中的最后一项的平均值为零，有

$$\overline{n(t)}=\alpha A[I_s+\overline{|b(t)|^2}]=\alpha[P_s+P_{b0}] \tag{8-14}$$

由式(8-14)可知，平均探测计数率与光场和噪声场的平均功率的和成正比。

式(8-12)中的 $S_n(\omega)$项为 $n(t)$的功率谱，展开得

$$n(t)=\alpha A[|s(t)|^2+|b(t)|^2+n_{sb}(t)] \tag{8-15}$$

其中

$$n_{sb}(t)=2\mathrm{Real}\{s(t)b^*(t)\} \tag{8-16}$$

为了确定 $n(t)$的功率谱，需计算它的相关函数

$$R_n(\tau)=\overline{n(t)n(t+\tau)} \tag{8-17}$$

还需把式(8-15)进行展开并逐项求平均，由于背景为稳定的高斯过程、均值为零并且与信号光场为非相关的复噪声场，式(8-17)化为

$$R_n(\tau)=\alpha^2[2P_sP_{b0}+A^2R_{|s|^2}(\tau)+A^2R_{|b|^2}(\tau)+A^2R_{sb}(\tau)] \tag{8-18}$$

其中

$$P_sP_{b0}=A^2\overline{|s(t)|^2|b(t)|^2} \tag{8-19}$$

其自相关函数的定义分别为

$$R_{|s|^2}(\tau)=\overline{|s(t)|^2|s(t+\tau)^2|}=I_s[1+\beta^2R_m(\tau) \tag{8-20}$$

$$R_m(\tau)=\overline{m(t)m(t+\tau)} \tag{8-21}$$

$$R_{|b|^2}(\tau)=\overline{|b(t)|^2\ |b(t+\tau)|^2} \tag{8-22}$$

$$R_{sb}(\tau)=\overline{n_{sb}(t)n_{sb}(t+\tau)} \tag{8-23}$$

分别为信号场强、背景场强及其交叉项的相关函数。对式(8-17)进行傅里叶变换可得 $n(t)$的功率谱。信号光场强度的傅里叶变换为

$$A^2\hat{F}[R_{|s|^2}(\tau)]=P_s^2[2\pi\delta(\omega)]+P_s^2\beta^2S_m(\omega) \tag{8-24}$$

其中

$$S_m(\omega)=\hat{F}[R_m(\tau)] \tag{8-25}$$

由于噪声强度和互相关函数具有相对较宽的光谱带宽 B_0，与具有较窄调制带宽（几百兆赫）相比很平坦。因此，$n(t)$的谱可以近似为

$$S_n(t)\approx\alpha^2(P_s+P_{b0})^2 2\pi\delta(\omega)+(\alpha P_s\beta)^2 S_m(\omega)+\alpha[N_0^2B_0+2P_sN_0] \tag{8-26}$$

在单模探测中，当没有信号时，$S_n(\omega)$与$\bar{n}$可以在式(8-26)中令$P_s=0$得到。

8.3.1.2　直接探测信号处理

对探测器输出电流的处理过程，探测器通过一个输出阻抗为R_L的负载，产生可以进行滤波或放大处理的电压信号。阻抗R_L可以是一个分立的负载电阻，也可以是检波电路的输入阻抗。通常电阻R_L与一个旁路电容并联出现在探测器的负载端。若线性滤波放大器的滤波函数的带宽足够宽，可以覆盖调制过程$m(t)$和任意电压增益G。对这种调制情况的检波后滤波特性可以直接通过电路分析确定。

光电流输出与探测器的暗电流相叠加，暗电流的噪声谱为

$$S_{dc}(\omega)=|H(\omega)|^2\left[\left(\frac{I_{dc}}{e}\right)^2 2\pi\delta(\omega)+\frac{I_{dc}}{e}\right] \tag{8-27}$$

由此可知，暗电流对直流分量(I_{dc})也有贡献，为随机白散粒噪声。暗电流散粒噪声电平直接与接收机散粒噪声相叠加。

探测器的输出，是阻抗R_L引起的热噪声电流与探测器电流之和。热噪声电平（单位为A^2/Hz）为

$$S_C(\omega)\approx N_{0c}=\frac{2kT_0}{R_L} \tag{8-28}$$

式中：T_0为负载电阻的温度（K）；k为玻耳兹曼常数，表示与电子线路有关的热噪声。

探测器电流、暗电流和热噪声为总输出电流$I(t)$，其谱密度为

$$S_I(\omega)=|H(\omega)|^2\left\{\left[(\alpha\bar{g})^2(P_s+P_b)^2+\left(\frac{I_{dc}}{e}\right)^2\right]2\pi\delta(\omega)+(\alpha\bar{g})^2(P_s\beta)^2S_m(\omega)+\alpha\overline{g^2}(P_s+P_b)+\frac{I_{dc}}{e}\right\}+N_{0c} \tag{8-29}$$

式(8-29)中，把探测器的每一谱分量合并在一起。如果输出的光电流经过增益为G的理想电流放大器，式(8-29)中的每一项都乘以G^2。特别地，包含光倍增因子$\bar{g}$的项与滤波增益相乘。若暗电流和热噪声可忽略，检波放大与光倍增的有效增加等价。这种等价在系统设计中非常重要，因为一般情况下，在检波后设计一个高增益放大器较设计一个高增益的光倍增器难。需指出的是，当

探测器输出端的热噪声很大时这种等价不成立。

式(8－28)意味着大的输入阻抗可以减小热噪声电平。但电阻与旁路电容一起将对电流$I(t)$产生一个等效的低通滤波作用。通常这个滤波器有一个与阻容时间常数(RC)成反比的带宽,因此它随R_L的增加而减小。总的效果是附加了一个检波后滤波,它将导致调制信号的畸变。因此,负载R_L的选择涉及减小电路噪声和检测输出端对信号滤波的权衡。

8.3.1.3 直接探测信噪比

在直接探测的过程中,也存在各种噪声干扰,下面简要分析光接收机直接探测测后的电路信噪比(SNR)。设用理想滤波器$H(\omega)$接收到光源发射的调制信号$m(t)$,滤波器在信号谱$S(\omega)$的带宽B_m内具有单位电平的传输函数。通过计算式(9－29)中的输出信号和噪声的功率谱确定滤波输出信噪比SNR,这里,认为可消除直流电流项,对信号和噪声功率没有贡献。输出信号功率为

$$P_{s0}=(e\alpha\bar{g}P_s\beta)^2P_m \tag{8-30}$$

式中:P_m为谱$S_m(\omega)$内的总功率,滤波输出噪声主要包括散弹噪声和热噪声。忽略直流项,噪声功率可表示为

$$P_{n0}=\left[e^2\overline{(g^2)}\alpha(P_s+P_b)+e^2\left(\frac{I_{dc}}{e}\right)+N_{oc}\right]2B_m \tag{8-31}$$

由此,调制带宽内的信噪比(SNR)为

$$\mathrm{SNR}=\frac{P_{s0}}{P_{n0}}=\frac{(e\alpha\bar{g}P_s)^2(\beta P_m)^2}{[\overline{(g^2)}e^2\alpha(P_s+P_b)+eI_{dc}+N_{oc}]2B_m} \tag{8-32}$$

只要滤波器无失真,信号谱在滤波器带宽内,该结果对任何调制信号都成立。考虑探测器附加噪声因子F:

$$F=\overline{g^2}/(\bar{g})^2 \tag{8-33}$$

信噪比可写为

$$\begin{aligned}\mathrm{SNR}&=\frac{(e\alpha\bar{g}P_s)^2(\beta^2P_m)^2}{[F(\bar{g}e)^2\alpha(P_s+P_b)+eI_{dc}+N_{oc}]2B_m}\\&=\frac{(\alpha P_s)(\beta^2P_m)}{\left[F\left(1+\dfrac{P_b}{P_s}\right)+\dfrac{eI_{dc}}{(e\bar{g})^2\alpha P_s}+\dfrac{N_{oc}}{(e\bar{g})^2\alpha P_s}\right]2B_m}\end{aligned} \tag{8-34}$$

可以看出,在计算信噪比时,高增益($\bar{g}$)探测器的作用可以降低探测过程中的暗电流(I_{dc})和热噪声(N_{oc})的影响。由此可以看出,高增益光电倍增管具有更低的噪声,光接收机的探测灵敏度更高。这对于卫星光通信过程中增加通信距离等具有重要意义。

当式(8－34)中的暗电流和热噪声项可忽略时,对这种探测接收为散粒噪声极限的情况。此时

$$\mathrm{SNR}=\frac{\alpha P_s(\beta^2 P_m)}{F\left(1+\frac{P_b}{P_s}\right)2B_{\mathrm{m}}}=\frac{(\alpha P_s)^2(\beta^2 P_m)}{F\alpha(P_s+P_b)^2 B_{\mathrm{m}}} \tag{8-35}$$

可以看出，散弹噪声极限信噪比仅依赖于输入的光功率。增加光电倍增管的增益 $\bar{g}$ 致散粒噪声极限点时，光电倍增管的倍增作用不能再改善 SNR。

若背景功率 P_b 较光接收机接收到的光信号的功率强（弱信号输入），式(8-35)表示为

$$\begin{aligned}\mathrm{SNR}&\approx\frac{(\alpha P_m)^2(\beta^2 P_m)}{(F\alpha P_b)2B_{\mathrm{m}}}\\&=\left[\frac{\alpha P_s(\beta^2 P_m)}{F\alpha 2B_{\mathrm{m}}}\right]\left(\frac{P_s}{P_b}\right)\end{aligned} \tag{8-36}$$

探测到的信噪比按光信号功率的平方得到改善。这说明 P_s/P_b 低的光信号并不一定意味着探测的信噪比信噪比低。

如果 $P_s \gg P_b$，并设 $\beta^2 P_m=1$，$F=1$，式(8-36)变为

$$\mathrm{SNR}_{\mathrm{QL}}\approx\frac{\alpha P_s}{2B_{\mathrm{m}}} \tag{8-37}$$

式(8-37)为接收机所能达到的量子极限信噪比，反映了光探测可能得到的最大信噪比。尤其是当背景噪声和电路噪声减小时，信噪比不能无限制地增加，仅能非常接近量子极限时的最大信噪比。这是由于散粒噪声探测过程的非相干性，由此，卫星光通信系统与微波通信系统是不相同的。把 $\alpha=\eta/hf$ 代入式(8-37)得

$$\mathrm{SNR}_{\mathrm{QL}}=\frac{\eta P_s}{(hf)2B_{\mathrm{m}}} \tag{8-38}$$

式中：ηP_s 为信号功率；其中的噪声为双边噪声电平 hf 在调制带宽 B_{m} 内的功率积累。由此，对光通信系统，即使在没有背景和电路噪声的情况下，光通信系统在探测过程中仍有附加的量子噪声。该量子噪声的谱电平与光的频率 ν 成正比，是探测器性能的最终极限。探测器的效率因子 η 与 $\mathrm{SNR}_{\mathrm{QL}}$ 成倍数关系，低效率探测器产生低的量子极限值，因此，探测器的效率是影响整个光通信系统性能的一个重要因素。

用平均功率和带宽来表示时，式(8-37)中的量子极限 $\mathrm{SNR}_{\mathrm{QL}}$ 可写为

$$\mathrm{SNR}_{\mathrm{QL}}=(\alpha P_s)\frac{1}{2B_{\mathrm{m}}} \tag{8-39}$$

括号表示探测器由平均功率 P_s 产生的光电子流速率。因此，$\mathrm{SNR}_{\mathrm{QL}}$ 等价于在时间 $1/2B_{\mathrm{m}}$ 内产生的光电子数。这表明 $\mathrm{SNR}_{\mathrm{QL}}$ 可理解为是在有效光探测信噪比或在与调制带宽成反比的时间间隔内产生的平均电子计数。

式(8-34)中的直接检测 SNR 可用量子极限 SNR 表达，代入并展开后得

$$\mathrm{SNR}=\mathrm{SNR}_{\mathrm{QL}}(\beta^2P_m)\left[F\left(1+\left(\frac{P_b}{P_s}\right)\right)+\frac{I_{\mathrm{dc}}}{(\bar{g})^2e\alpha P_sF}+\frac{N_{\mathrm{oc}}}{(\bar{g}e)^2\alpha P_sF}\right]^{-1}\tag{8-40}$$

因为$\beta^2P_m\leqslant1$，括号内的项为衰减因子，它使SNR低于最大值$\mathrm{SNR}_{\mathrm{QL}}$。当强度调制不能满足功率调制时，$\beta^2P_m$项为有效调制损失。第二括号内为接收机附加噪声源。

最后，把信噪比仅用光检测计数速率来表达，则式(8-40)可简化为

$$\mathrm{SNR}=(\beta^2P_m)\left[\frac{n_s^2}{[F(n_s+n_b)+n_{\mathrm{dc}}+n_{\mathrm{c}}]2B_{\mathrm{m}}}\right]\tag{8-41}$$

式中

$$n_{\mathrm{dc}}\approx\frac{I_{\mathrm{dc}}}{(\bar{g})^2e}=\text{单位时间内平均暗电流计数速率}\tag{8-42a}$$

$$n_{\mathrm{c}}\approx\frac{N_{\mathrm{oc}}}{(\bar{g}e)^2}=\text{单位时间内平均电路噪声计数速率}\tag{8-42b}$$

由此，探测的信噪比也可用的计数速率表达。

8.3.1.4 探测器的增益

从上面的讨论中可以看出，对于直接检测光接收机的信噪比，从增益因素来看，其性能依赖于光电倍增管的增益效应。平均增益增加检测信号功率，均方增益决定噪声因子F，它使散弹噪声电平增加。由于两者是相互联系的，并且噪声因子总随增益而增加，这样，高增益探测器对系统性能不总是有改善。可通过优化设计使信噪比达到最佳值。为确定最佳值，把式(8-41)写为

$$\mathrm{SNR}=\frac{(\beta^2P_m)n_s^2/2B_{\mathrm{m}}}{Fc_1+[c_2/(\bar{g})^2]}\tag{8-43}$$

其中

$$c_1=n_s+n_b\tag{8-44a}$$

$$c_2=(I_{\mathrm{dc}}/e)+(N_{\mathrm{oc}}/e^2)\tag{8-44b}$$

利用F依赖于平均增益，使SNR最大。

8.3.2 APD(雪崩光电二极管)探测器

对于APD探测器，由$F\approx2+\gamma\bar{g}$，其中，γ为APD材料的电离系数。此时，分母相当于$[(2+\gamma\bar{g})(c_1)+c_2/\bar{g}^2]$，其最小值点在

$$\gamma c_1-(2c_2/\bar{g}^3)=0\tag{8-45}$$

式(8-45)的解为

$$\bar{g}=\left[\frac{2(I_{\mathrm{dc}}/e)+(N_{\mathrm{oc}}/e^2)}{\alpha(P_s+P_b)\gamma}\right]^{1/3}\tag{8-46}$$

因此，光电倍增因子应确定为（或接近）该值才能使检测 SNR 最大。低增益产生弱的信号功率，而高增益产生较大的噪声，理想增益值依赖于接收功率电平，因此，应调整它到该工作状态。由此可以看出，探测器仅需要适度的增益值。

对于一般光电倍增管，$\bar{g}$ 的增长与线性 APD 相比有稍快或慢的增长，利用 $F=1+(\bar{g})^{q}$，$0<q\leqslant 2$，需要

$$(c_1 q)(\bar{g})^{q-1}-(2c_2/\bar{g}^3)=0 \tag{8-47}$$

或者

$$\bar{g}=\left\{\frac{2[(I_{dc}/e)+(N_{oc}/e^2)]}{\alpha(P_s+P_b)q}\right\}^{2+q} \tag{8-48}$$

表明修正的增益值直接依赖于参量 q。当 $q>1$ 时，增益比线性 APD 的情况小。从上面的分析结果可以看出，利用非常高增益的探测器并不能产生最佳的直接检测效应。调整光电倍增管到某一给定值时其达到最佳的能力，这在卫星光通信系统器件设计时是必须考虑的问题。

8.4 相干探测通信技术

捕获完成后，星间激光链路进入跟踪阶段。跟踪是指跟踪子系统根据跟踪探测器上的光斑信息给出误差信号驱动控制回路对入射光方向进行瞄准的过程。跟踪的目的是在卫星平台振动和星间相互运动的影响下尽量将接收光斑保持在精跟踪探测器中心。高稳定、高精度的跟踪是星间激光链路可靠通信的保障。

星间激光通信系统的跟踪精度以及跟踪稳定性是由精跟踪子系统最终决定的。对于精跟踪子系统来说，卫星平台振动和精跟踪探测器噪声是影响跟踪性能的主要因素。精跟踪子系统中通过 FSM 补偿卫星平台振动带来的干扰实现对光束的精确控制。1990 年，美国 Ball 公司研制的 FSM 伺服带宽高达 4000Hz，响应速度快，稳定性好。研究结果表明，当精跟踪探测器噪声很小时，FSM 可以达到 10nrad 的瞄准精度，能够很好地满足卫星激光通信系统的要求，此时精跟踪探测器的定位精度成为影响系统跟踪性能的主导因素。

最早开始卫星激光通信系统跟踪性能理论研究的是美国南加利福尼亚大学的 R. M. Gagliardi 和 S. Karp。他们对以 QD 为位置探测器的跟踪回路性能进行了一系列的分析，研究了 QD 的光强响应特性，给出了 QD 的光斑质心定位特性。进而对单向跟踪时 QD 探测器噪声影响下跟踪误差的统计特性进行了推导，结果表明跟踪误差角方差的大小与探测器的信噪比（SNR）有关。随后 R. M. Gagliardi 等又对双向跟踪过程进行了分析，发现两个光终端的跟踪误差是相互影响的。

QD 具有灵敏度高、动态范围大、噪声水平低、波长响应范围宽、结构简单、

体积小等诸多优点，但是其误差探测范围较窄、存在探测盲区的缺点会对系统跟踪性能造成很大影响。因此为了提高系统跟踪的精确性和稳定性，光通信终端都会另外采用一个误差探测范围较大的粗跟踪探测器如 CCD 或 CMOS（Complementary Metal Oxide Semiconductor），来协助 QD 完成跟踪功能。如日本的 LUCE 终端，粗跟踪探测器为 CCD，精跟踪探测器为 QD，跟踪精度可以达到 ±1μrad。

随着面阵探测器技术的发展，在 OCD 计划中，JPL 为了降低光通信终端的复杂度，首先提出用单个焦平面阵列探测器（FPAD）代替粗跟踪探测器和精跟踪探测器的方案。这种方案可以大大简化光学系统和控制系统，降低光通信终端的复杂度，减少对星上资源的消耗，必将成为市场化需求下小型光通信系统的主流设计方案。

初期 CCD 以其像素质量高的优势被选为 FPAD，执行光束捕获、粗跟踪和精跟踪的功能。这就要求 FPAD 在捕获和粗跟踪过程中具有较大的视域，在精跟踪过程中具有较高的带宽。然而，CCD 大面阵高帧频不可兼得的特点使系统的研制困难重重。为此，JPL 投入了大量的人力和资金研制适用于 CCD 的高速处理电路以及子窗口读取技术。JPL 在文献中指出，可以通过多通道读取技术对总像素数为 384×288 的 CCD 设定 100×100 的精跟踪子窗口，进而达到 2kHz 的高帧频。但多通道读取技术下的 CCD 具有体积大、功耗高、造价昂贵、技术难度高、子窗口不宜调整的缺点，所以此项技术并没有在卫星激光通信上得到推广。

随着 CMOS 制作工艺的进步和有源像素技术的发展，CMOS 图像传感器以读取速度快、可开子窗口的独特优势在卫星激光通信中具有广大的应用前景。大量文献对其光电探测特性进行了分析。

H. Tian 等对 CMOS 探测器像元的散弹噪声特性进行了分析。J. Li 等讨论了 CMOS 填充比对定位精度的影响。B. R. Hancock 等分析了散弹噪声、像元不均匀噪声、固定噪声、读出噪声等对 CMOS 定位精度的影响，分析结果表明，当光斑尺寸一定时，子窗口越大，则定位误差也越大。高宠等通过对像元建模，给出了散弹噪声和像元内部噪声共同影响下，CMOS 探测器对聚焦光斑质心的定位误差，讨论了大气湍流对定位精度的影响。

尽管 JPL 指出 CMOS 探测器是单 FPAD 的不二之选，然而，由于技术保密的原因，并未见到以 CMOS 为单 FPAD 的后续相关报道。对于 CMOS 探测器来说，为了保证足够高的跟踪带宽，精跟踪子窗口应越小越好。然而在实际应用中，受接收端卫星平台振动的影响，入射光方向与接收光轴间夹角存在随机变化，最终导致接收光斑在 FPAD 上的随机抖动。此时如果精跟踪子窗口过小，一旦接收光斑抖出精跟踪子窗口则会导致链路跟踪中断。因此，为了在满足星间激光链路跟踪精度的同时保证跟踪的稳定性，有必要对卫星平台振动条件下，单 CMOS 焦平面阵列探测器精跟踪子窗口的优化问题进行研究，进而为系统优化设计提供参考。

此外,由于卫星间激光链路的跟踪性能取决于精跟踪探测器的误差特性,而 CMOS 探测器误差特性与 QD 的不同,要求对基于 CMOS 探测器的卫星间激光通信双向闭环跟踪链路的跟踪精度以及跟踪的稳定性进行重新研究,进而为链路性能的评估及系统优化提供理论基础。

8.4.1 空间背景光噪声影响

8.4.1.1 杂散光传输理论

1. 杂散光传输辐射方程

杂散光从一个面传输到另一个面的理论模型如图 8-3 所示,其基本关系式为

$$d\phi_c = L_s(\theta_o,\psi_o,\lambda)\cdot\frac{\cos(\theta_s)\cdot dA_c\cdot\cos(\theta_c)}{R_{sc}^2} \tag{8-49}$$

式中:$d\phi_c$ 为辐射到单位接收面的通量;$L_s(\theta_o,\psi_o,\lambda)$ 为单位源面的双向亮度;θ_c、θ_s 分别为接收面、源面法线与两者中心线的夹角;dA_c 为单位接收面积;R_{sc} 为源面距接收面的中心距离。

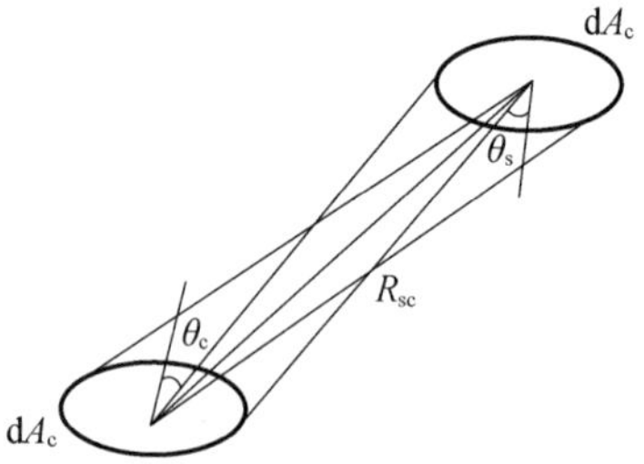

图 8-3 光能传递理论模型

式(8-49)稍加变化,可以写成三个因子的乘积,即

$$\begin{aligned} d\phi_c &= \frac{L_s(\theta_o,\psi_o,\lambda)}{E(\theta_i,\psi_i,\lambda)}\cdot E(\theta_i,\psi_i,\lambda)\cdot dA_s\cdot\frac{\cos(\theta_s)\cdot dA_c\cdot\cos(\theta_c)}{R_{sc}^2} \\ &= \mathrm{BRDF}(\theta_i,\psi_i,\theta_o,\psi_o,\lambda)\cdot d\phi_s(\theta_i,\psi_i,\lambda)\cdot d\Omega_{sc} \end{aligned} \tag{8-50}$$

式中:BRDF 为源材料的双向反射分布系数;$E(\theta_i,\psi_i,\lambda)$ 为源面的出射辐照度;$d\phi_s(\theta_i,\psi_i,\lambda)$ 为源面的出射辐射通量;$d\Omega_{sc}$ 为源面对接收面的投影立体角,也称几何构成因子 GCF。

2. 双面反射分布系数 BRDF

双向反射分布系数是只与材料表面光学特性有关的系数,它统一了材料的反射和散射特性。图 8-4 是 BRDF 的几何定义示意图。

BRDF 的数学定义为:材料表面出射光的辐亮度 $L_s(\theta_o,\psi_o,\lambda)$ 与入射光的辐

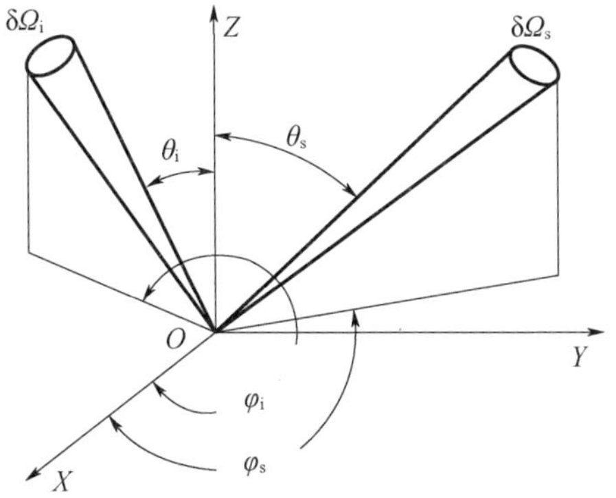

图8－4 BRDF的几何定义

照度 $E(\theta_i,\psi_i,\lambda)$ 的比值。其数学表达式为

$$\mathrm{BRDF}(\theta_i,\psi_i,\theta_o,\psi_o,\lambda)=\frac{L_s(\theta_o,\psi_o,\lambda)}{E(\theta_i,\psi_i,\lambda)} \tag{8-51}$$

双向反射分布系数 BRDF 体现了材料本身的光学特性，而与测试接收立体角等因素无关。显然，整体的 BRDF 越小，杂散光功率就越小，这需要对非通光面进行涂黑处理。特别地，对于朗伯漫反射表面，经材料散射后，各方向光线的亮度都相同，这时 BRDF 只与表面的吸收率 ρ 有关，即

$$\mathrm{BRDF}_L=\frac{\rho}{\pi} \tag{8-52}$$

本书仿真时，空间杂散光均为朗伯体，终端光学系统的非通光面均为朗伯漫反射。

8.4.1.2 杂散光抑制方法

从式(8－52)可以看出，影响光学系统杂散光能量辐射的三个要素如下：

(1) 入射杂散光源的强弱。

(2) 材料表面的散射特性——BRDF。

(3) 几何构成因子 GCF，它仅取决于终端光学系统的结构形式和尺寸等(包括中心遮拦等)，而与前两个因素无关。

若上述三要素任一为零，都会导致最后系统像面上的光噪声为零。显然，双向反射分布系数 BRDF 永远不可能为零，因此 $d\Omega_{sc}$ 为零的原因，只能是另外两个要素为零。要么几何构成因子 GCF 为零，意味着杂散光的传输途径完全被阻挡，要么入射杂散光能量为零，即前一级杂散光出射能量为零。

为了抑制杂散光能量传递到终端光学系统的探测器光敏面，可以采取以下方法：

(1) 减小入射杂散光源，实际上是减小前一级杂散源面的出射杂散光。

（2）采用特殊的物化处理，使得材料表面的几何构成因子 GCF 在空间的分布值小，比如涂覆吸收涂层，有助于杂散光的抑制。

（3）减小杂散光传递过程中的几何构成因子 GCF，在系统中设计遮光系统，用以遮挡杂散光的传输途径。

在式(8－50)中，$d\Omega_{sc}$是最有可能减为零的，因此，研究光通信终端的杂散光抑制措施时，应受到特别重视。

$$d\Omega_{sc}=\frac{\cos(\theta_s)\cdot dA_c\cdot\cos(\theta_c)}{R_{sc}^2} \tag{8-53}$$

从式(8－53)可以看出，欲降低 $d\Omega_{sc}$，需增大距离 R_{sc}以及 θ_c、θ_s，或减小接收面积 dA_c。

根据前面的理论分析，本节将介绍星地激光通信中最常用的几种抑制杂散辐射的方法。

（1）材料黑处理。由于很大一部分杂散辐射是通过多次散射进入探测器的，所以可以通过降低散射面的散射率从而减少杂散辐射。在不影响热控和光学系统透过率的前提下，通常采取对其他材料进行表面黑处理的方法以增大光谱吸收率从而减小式(8－52)中的 BRDF。

（2）添加窄带滤波片。由于星上终端的工作波段相对探测器的响应光谱段很窄，所以如果不加任何措施，进入探测器的杂散辐射的波段是探测器的响应波段，这部分杂散辐射具有较大功率。通常添加窄带滤光片对非工作波段的杂散辐射进行抑制，窄带滤光片的透过波段即为星上终端的工作波段。

（3）遮光罩设计。由上述分析可知，通过减小式(8－52)中的 BRDF，可以有效地减小杂散辐射。而减小 BRDF 的有效方法就是添加适当的遮光系统。遮光罩按级数分，可分为一级、二级或更高级数。级数越高，杂散辐射传递到探测器所要走的路径就越长。

8.4.2 相干通信技术

8.4.2.1 相干光通信的基本工作原理

在相干光通信中主要利用了相干调制和外差检测技术。相干调制就是利用要传输的信号来改变光载波的频率、相位和振幅，这就需要光信号有确定的频率和相位（而不像自然光那样没有确定的频率和相位），即应是相干光。激光就是一种相干光。所谓外差检测，就是利用一束本机振荡产生的激光与输入的信号光在光混频器中进行混频，得到与信号光的频率、位相和振幅按相同规律变化的中频信号。在发送端，采用外调制方式将信号调制到光载波上进行传输。当信号光传输到达接收端时，首先与一本振光信号进行相干耦合，然后由平衡接收机进行探测。相干光通信根据本振光频率与信号光频率不等或相等，可分为外差检测和零差检测。前者光信号经光电转换后获得的是中频信号,还需二次解调才能转换成基带信号。后者光信号经光电转换后直接转换成基带信号,不用二次解调,但它要求本振光频率与信号光频率严格匹配,并且要求本振光与信号光的相位锁定。

相干光通信系统可以把光频段划分为许多频道,从而使光频段得到充分利用,即多信道光纤通信。无线电技术中相干通信具有接收灵敏度高的优点,相干光通信技术同样具有这个特点,采用该技术的接收灵敏度可比直接检测技术高18dB。早期,研究相干光通信时要求采用保偏光纤作传输介质,因为光信号在常规光纤线路中传输时其相位和偏振面会随机变化,要保持光信号的相位、偏振面不变就需要采用保偏光纤。但是后来发现,光信号在常规光纤中传输时,其相位和偏振面的变化是慢变化,可以通过接收机内的偏振控制器来纠正,因此仍然可以用常规光纤进行相干通信,这个发现使相干光通信的前景呈现光明。

相干光纤通信系统在光接收机中增加了外差或零差接收所需的本地振荡光源,该光源输出的光波与接收到的已调光波在满足波前匹配和偏振匹配的条件下,进行光电混频。混频后输出的信号光波场强和本振光波场强之和的平方成正比,从中可选出本振光波与信号光波的差频信号。由于该差频信号的变化规律与信号光波的变化规律相同,而不像直检波通信方式那样,检测电流只反映光波的强度,因而,可以实现幅度、频率、相位和偏振等各种调制方式。根据本振光波的频率与信号光波的频率是否相等可以将相干光通信系统分为两类:当本振光频率和信号光频率之差为一非零定值时,该系统称为外差接收系统;当本振光波的频率和相位与信号光波的频率和相位相同时,称为零差接收系统。但不管采用何种接收方式,其根本点是外差检测。

8.4.2.2 相干光通信系统的优点

相干光通信充分利用了相干通信方式具有的混频增益、出色的信道选择性及可调性等特点。由以上介绍的相干光通信系统的基本原理分析且与IM/DD系统相比,得出相干光通信系统具有以下独特的优点:

(1) 灵敏度高,中继距离长。相干光通信的一个最主要的优点是能进行相干探测,从而改善接收机的灵敏度。在相干光通信系统中,经相干混合后输出光电流的大小与信号光功率和本振光功率的乘积成正比。

(2) 降低光纤色散对系统的影响。使用电子学的均衡技术来补偿光纤中光脉冲的色散效应。使外差检测相干光通信中的中频滤波器的传输函数正好与光纤的传输函数相反,即可降低光纤色散对系统的影响。

(3) 选择性好,通信容量大。相干光通信可充分利用光纤的低损耗光谱区(1.25~1.6nm),提高光纤通信系统的信息容量。如利用相干光通信可实现信道间隔小于1~10GHz的密集频分复用,充分利用了光纤的传输带宽,可实现超高容量的信息传输。

(4) 具有多种调制方式。在传统光通信系统中,只能使用强度调制方式对光进行调制。而在相干光通信中,除了可以对光进行幅度调制外,还可以使用PSK、DPSK、QAM等多种调制格式,利于灵活的工程应用,虽然这样增加了系统的复杂性,但是相对于传统光接收机只响应光功率的变化,相干探测可探测出光的振幅、频率、位相、偏振态携带的所有信息,因此相干探测是一种全息探测技术,这是传统光通信技术不具备的。

8.4.2.3 相干光通信系统中的主要关键技术

1. 光源技术

相干光纤通信系统中对信号光源和本振光源的要求比较高,它要求光谱线窄、频率稳定度高。光源本身的诺线宽度将决定系统所能达到的最低误码率,应尽量减小,同时半导体激光器的频率对工作温度与注入电流的变化非常敏感,其变化量一般在几十吉赫每摄氏度和几十吉赫每毫安左右,因此,为使频率稳定,除注入电流和温度稳定外,还应采取其他主动稳频措施,使光频保持稳定。

2. 接收技术

相干光通信的接收技术包括两部分:一部分是光的接收技术;另一部分是中频之后的各种制式的解调技术。解调技术实际上是电子的ASI、FSK和PSK等的解调技术。光的接收技术主要分以下三种:

(1) 平衡接收法。在FSK制式中,由于半导体激光器在调制过程中,难免带有额外的幅度调制噪声,利用平衡接收方法可以减少调幅噪声。平衡接收法的主要思想是当光信号从光纤进入后,本振光经偏振控制以保证与信号的偏振状态相适应,本振光和信号光同时经过方向精合器,分两路,分别输入两个相同的PIN光电检测器,使得两个光电检测器输出的是等幅度而反相的包络信号,再将这两个信号合成后,使得调频信号增加一倍,而寄生的调幅噪声相互抵消,直流成分也抵消,达到消除调幅噪声影响的要求。

(2) 相位分集接收法。除了调幅噪声外,如果本振光相位和信号光相位有相对起伏,就将产生相位噪声,严重影响接收效果。针对这种影响,可以采用相位分集法克服相位噪声。三相相位分集法主要是将信号和本振光分成三路,本振光的三路信号相位分别为0°、120°、240°,因此,尽管信号与本振光之间有相对相位的随机起伏,将三路信号合成后,仍能保持恒定,可以减免相位噪声的影响,同时这种技术可以用于零差接收系统而不采用光锁相。

(3) 偏振控制技术。前面已经指出,相干光通信系统接收端必须要求信号光和本振光的偏振同偏,才能取得良好的混频效果,提高接收质量。信号光经过单模光纤长距离传输后,偏振态是随机起伏的,为了克服这个问题,可采用保偏光纤、偏振控制器和偏振分集接收等方法。光在普通光纤中传输时,相位和偏振面会随机变化，保偏光纤就是通过工艺和材料的选择使得光相位和偏振保持不变的特种光纤，但是这种光纤损耗大，价格也非常昂贵；偏振控制器主要是使信号光和本振光同偏，这种方法响应速度比较慢，环路控制的要求也比较高；偏振分集接收主要是利用信号光和本振光混频后，由偏振分束元件将混合光分成两个相互垂直的偏振分量，本振光两个垂直偏振分量由偏振控制器控制，使两个分量功率相等，这样信号光中偏振随机起伏也许造成其中一个分支中频信号衰落，但另一个分支的中频信号仍然存在，所以该系统最后得到的解调信号几乎和信号光的偏振无关，该技术响应速度比较快，比较实用，但实现比较复杂。

8.4.3　相干接收技术

相干探测接收，就是探测接收到的光场通过接收机透镜和前端系统投射到光电探测器表面，接收机的参考光场通过接收机透镜衍射，并与光电探测器中已接收的光场一起，用反射镜进行调准。探测器产生散弹噪声对接收到的光场和参考光场的合成场进行响应，两种光场的合成光场用焦平面的衍射图样描述。

设接收场为信号光场与输入噪声场的和，即

$$f(t,\xi)=f_s(t,\xi)+f_b(t,\xi) \tag{8-54}$$

接收机透镜通过反射镜聚焦到探测器表面的场为 $f_d(t,q)$，其中 $q=(u,v)$，表示焦平面的场点矢量。参考光场通过反射镜反射并成像到探测器表面为 $f_L(t,q)$。合成焦平面场为

$$f_J(t,q)=f_d(t,q)+f_L(t,q) \tag{8-55}$$

面积为 A_d 的光电探测器收集焦平面场，并产生光探测计数过程

$$\begin{aligned} n(t) &= \alpha\int_{A_d}|f_d(t,q)+f_L(t,q)|^2\mathrm{d}q \\ &= \alpha\int_{A_d}|f_d(t,q)|^2\mathrm{d}q+\alpha\int_{A_d}|f_L(t,q)|^2\mathrm{d}q+ \\ &\quad 2\alpha\mathrm{Real}\left\{\int_{A_d}f_d(t,q)f_L*(t,q)\mathrm{d}q\right\} \end{aligned} \tag{8-56}$$

式(8-56)中前两项是各自场的场强，可以运用与前面直接检测相似的方法进行分析，第三项为接收场和参考场的交叉项，或差拍项。在相干探测中，这个差拍项对信号的恢复非常重要。考虑第一种情况，参考场为非调制平面波场聚焦成一个爱里斑

$$f_L(t,q)=a_L\{\exp[\mathrm{j}(\omega_L+\theta_L)]\}\phi_L(q) \tag{8-57}$$

式中：$\phi_L(q)$ 为参考光场的衍射斑。

当接收场$f(t,r)$聚焦到探测器表面时，其展开式为

$$f_{\mathrm{d}}(t,q)=\sum_{i=1}^{D_{\mathrm{s}}}[s_i(t)+b_i(t)]\mathrm{e}^{\mathrm{j}\omega_0 t}\phi_i(q) \tag{8-58}$$

式中：$s_i(t)$和$b_i(t)$为复信号和噪声的包络；ω_0为接收的光频；$\phi_i(q)$为D_{s}个接收机的爱里斑在焦平面的分布。考虑式(8-56)中的差拍项。利用式(8-57)和式(8-58)得

$$n_{\mathrm{RL}}(t)=2\alpha\mathrm{Real}\left\{\sum_{i=1}^{D_{\mathrm{s}}}[s_i(t)+b_i(t)]a_{\mathrm{L}}\mathrm{e}^{\mathrm{j}[(\omega_0-\omega_{\mathrm{L}})t-\theta_{\mathrm{L}}]}\times\int_{A_{\mathrm{d}}}\phi_i(q)\phi_{\mathrm{L}}(q)\mathrm{d}q\right\} \tag{8-59}$$

式(8-59)对应于随时间变化的调制指数函数的和、每项的权重与接收场和参考场有关的空间分布的积分。因此，差拍项$n_{\mathrm{RL}}(t)$为时间和空间的积分项的乘积。

当接收信号场为调制平面波垂直入射时，它将成为一个爱里斑，因此

$$s_i\begin{cases}=a_s(t)\mathrm{e}^{\mathrm{j}\theta_s(t)},i=1\\=0,i\neq 1\end{cases} \tag{8-60}$$

式中：$a_s(t)$和$\theta_s(t)$为加在信号场上的信号幅度和/或相位调制。令$b_i(t)$为带通光噪声场在光阑面积A上收集的复噪声包络，每一$|b_i(t)|A^{1/2}$功率谱为N_{o}，在带宽$(-B_0/2,B_0/2)$内。设参考场爱里斑与垂直入射的平面波相同，即

$$\phi_i(q)=\phi_{\mathrm{L}}(q) \tag{8-61}$$

就是说，$\phi(q)$与第一个爱里斑$\phi_1(q)$完全匹配，并且对所有其他$\phi_i(q)$都是空间正交的。式(8-59)变为

$$\begin{aligned}n_{\mathrm{RL}}(t)&=2\alpha\mathrm{Real}\{a_{\mathrm{L}}[a_s(t)\mathrm{e}^{\mathrm{j}\theta_s(t)}+b_1(t)]\}\times\\&\quad\mathrm{e}^{\mathrm{j}[(\omega_0-\omega_{\mathrm{L}})t-\theta_{\mathrm{L}}]}\int_{A_{\mathrm{d}}}|\phi_1(q)|^2\mathrm{d}q\\&=2\alpha a_{\mathrm{L}}a_s(t)A\cos[(\omega_0-\omega_{\mathrm{L}})t+\theta_{\mathrm{s}}(t)-\theta_{\mathrm{L}}]+\\&\quad 2\alpha a_{\mathrm{L}}A\mathrm{Real}[b_1(t)\mathrm{e}^{\mathrm{j}[(\omega_0-\omega_{\mathrm{L}})t-\theta_{\mathrm{L}}}]\end{aligned} \tag{8-62}$$

其中，利用了爱里斑的幅度积分到光阑面积A，在式(8-62)中，第一项为信号项，它对应一个具有相同幅度和相位调制的光载波的调制载波，只是后者的频率移到$\omega_0-\omega_{\mathrm{L}}$。通过仔细选择相对于激光器频率的参考频率$\omega_{\mathrm{L}}$，差频可以调整到RF载波。因此，光与参考场在光电探测器的混合通过光检测后产生包含相同幅度和相位调制的传输光载波的RF载波。精确地混频出RF载波需要使参考场的波长与接收场的波长相差很小（≈0.01%）。

当差频调整到适当的RF载波时，系统称为外差检测系统。当参考场频与接收场频相同时，$\omega_0=\omega_{\mathrm{L}}$频率差为零，这时系统称为零差检测系统。在零差检测系统中，接收场的差拍变为零频，信号项表现为基带信号波形（在这种情况

下，频谱以零频为中心）。在零差检测中任何相位调制都消失，只有幅度调制被保留。

式(8－62)中的第二项为输入噪声场被移到差频 $\omega_H=\omega_0-\omega_L$，并且与光噪声具有相同的随机噪声包络。因此，混合噪声在光谱带宽 B_0 内，具有双边谱电平 $N_0/2$。式(8－62)中的混合噪声项仅涉及这个复噪声的实部，因此，在 ω_H 附近同样的带宽 B_0 内，具有双边谱电平 $N_0/4$。尽管接收的噪声场是在接收机视场的 D_s 个模式上收集的，但只有一个模式（参考场）在式(8－62)中出现。因此，参考场的输入噪声的模0式仅为单一模式。实际上，信号光场决定于有效的接收场视场。在直接检测中，接收机的视场由探测器的尺寸确定，相干探测中聚焦的爱里斑决定视场。但两种情况的噪声项和信号项都与参考场的幅度 a_L 成比例。

差拍项 $n_{RL}(t)$ 的全部功率谱对应于载波强度谱 $S_m(\omega)$ 的比例项，后一项为调制的外差载波谱

$$m(t)=a_s(t)\cos[\omega_H t+\theta_s(t)-\theta_L] \tag{8-63}$$

光波的幅度和相位与参考光场叠加在外差载波上。

这里，式(8－62)基于参考光场光斑与复接收光场光斑在探测器相匹配 $\phi_L(q)=\phi_1(q)$。这就是说，它们的形状、相位、极化和位置必须在探测器表面完全一样。

在式(8－56)中，利用式(8－62)，把光电检测计数过程合并得

$$n(t)=\alpha A\sum_{i=1}^{D_s}|s_i(t)+b_i(t)|^2+\alpha a_L^2 A+n_{RL}(t) \tag{8-64}$$

第一项和第二项为接收场和参考场各自的强度并直接与差拍项相加。由式(8－64)可以直接计算光检测输出谱的贡献。对时间平均的计数速率为

$$\bar{n}=\alpha A[\overline{|s_1(t)|^2}+\sum_{i=1}^{D_s}\overline{|b_i(t)|^2}]+\alpha a_L^2 A \tag{8-65}$$

因为式(8－64)中的外差载波相对时间的平均为零，令

$$P_L=a_L^2 A=\text{参考场的平均功率}$$

$$P_s=\overline{|a_s(t)|^2}A=\text{接收光信号场的平均功率}$$

$$P_b=D_s N_0 B_0=D_s\ \text{噪声模式内的总的平均输入噪声功率}$$

则有

$$\bar{n}=\alpha[P_s+P_b+P_L] \tag{8-66}$$

式(8－64)中，$n(t)$ 的谱分量由强度变化的前两项加差拍项 $n_{RL}(t)$ 的谱得到。这些谱项与滤波、暗电流，与光电探测器的倍增效应相合并。

探测输出总是包含外差载波的幅度、频率或传输光载波的相位调制。在直接探测系统中，只探测载波强度调制。进一步可看到，为避免载波失真，整个调制载波谱必须在光检测带宽 $H(\omega)$ 内。另外，光检测谱包含直流项是由于接收输入的强度变化引起的。

8.4.4 相干探测的信噪比

由光电探测器产生的相干调制载波,可通过滤波来恢复调制。带通滤波器 $F(\omega)$ 用来恢复调制载波,然后解调产生信号。滤波后的输出谱为

$$S_F(\omega) = |F(\omega)|^2[S_i(\omega) + N_{oc}] \tag{8-67}$$

式中:$S_i(\omega)$ 为探测输出电流谱;N_{oc} 为输出热噪声电流的谱电平。滤波器一般调谐到所需信号谱的带通特性。假设一个宽带探测器 $[H(\omega) = e]$ 和平坦滤波函数 $[F(\omega) = 1]$ 覆盖外差信号的带宽,通过外差检测滤波后的功率为

$$P_{so} = (2e\alpha\bar{g})^2 P_L A I_m \tag{8-68}$$

式中:$I_m = \overline{|a_s(t)|^2}/2$ 为外差载波的时间平均信号强度。因为 $I_m A$ 为外差检测功率,把这一项用接收的激光器的功率表示,则式(8-68)变为

$$P_{so} = (2e\alpha\bar{g})^2 P_L P_s \tag{8-69}$$

外差信号带宽内的带通噪声可由其噪声项确定。利用输出谱的谱电平,在信号载波滤波器 $F(\omega)$ 的带宽 B_c 内,总的检测噪声功率为

$$P_{no} = [e^2\overline{g^2}\alpha P_L + (2e\alpha\bar{g})^2 P_L N_0/4 + N_{0c}]2B_c \tag{8-70}$$

括号中的项分别表示由于散粒噪声、背景噪声和电路噪声引起的双边噪声电平。在这里忽略了暗电流,则外差检测的信噪比(SNR)为

$$\begin{aligned}\mathrm{SNR} &= \frac{P_{so}}{P_{no}} = \frac{2(e\alpha\bar{g})^2 P_L P_s}{[e^2\alpha\overline{g^2}P_L + (2e\alpha\bar{g})^2 P_L(N_0/4) + N_{oc}]2B_c} \\ &= \frac{2\alpha P_s}{[F + \alpha N_0 + (N_{oc}/(\bar{g}e)^2\alpha P_L)2B_c}\end{aligned} \tag{8-71}$$

这表示外差检测接收机的频率为 $\omega_H = \omega_0 - \omega_L$ 时,在带宽 B_c 内载波输出的信噪比。可见信噪比直接依赖于接收机在光阑面积 A 内收集的激光器的功率 P_s。显然,只要信号与单一的空间模式相对应,接收面应尽量地大。这个前提在推导单模信噪比时是内在的。在以后的讨论中将发现,对一定的工作条件,接收机的收集面 A 有时不能任意大。

8.4.5 多普勒频移对相干通信的影响

不同于地面光纤通信系统,星间激光通信是在两个相对高速运动的卫星载体间进行的,因此,设计星间激光通信链路时,必须考虑卫星间相对运动产生的多普勒频移问题。

多普勒频移对强度调制/直接探测方式(IM/DD)的影响较小,但对于DPSK/自差探测方式的影响较大,主要是由于 DPSK 是利用相邻码元间的相位差来承载信息的,因此在本质上对频率偏移引起的相位误差非常敏感。为减小多普勒频移的影响,传统的方法是采用自动控制环路进行补偿,但自动控制环路

的使用势必将显著增加接收机的复杂度以及光通信系统的研制难度。

实际中,多普勒频移是可以提前预知的,一旦确定了通信卫星的轨道参数,即可得出卫星轨道运行时间内,激光信号在链路过程中的多普勒频移漂移情况。因此,考虑通过适当选取系统参数来降低多普勒频移的影响,从而维持系统通信性能在可容忍的范围之内,这种设计方式称为鲁棒自差接收方法。由于避免了使用自动控制环路,因而极大地简化了接收机结构的复杂度。

根据多普勒频移对自差通信系统的影响机理,得到存在多普勒频移时自差通信系统的低通等效模型。基于此模型,研究多普勒频移对自差系统通信性能的影响,进而讨论鲁棒自差接收方法的适用条件。当鲁棒自差接收的适用条件不能满足时,为进一步提高系统性能,分析在整个载波频率变化范围内,使接收机误码率最低的光带通滤波器最佳带宽。

以铱星(Iridium)系统为例,数值分析多普勒频移对自差系统通信性能的影响。

由摩托罗拉公司提出的铱星系统包括66颗LEO卫星和10~15个地面站。为了实现完全的全球覆盖,LEO卫星分别配置在6个轨道上,每个轨道分配11颗卫星,轨道平面倾角为84.6°,轨道平均高度约为780km。铱星系统中的卫星间链路分两种情况:同一轨道中相邻两颗卫星间的链路和不同轨道上相邻两颗卫星间的链路,相位间隔分别为32.7°和16.4°。不同轨道上相邻两颗卫星间的链路分为顺行链路和逆行链路两种,轨道平面升交点黄经的间隔分别为31.6°和22.0°。

本节假设铱星系统中的卫星间链路采用激光代替微波进行信号传输,考虑到同一轨道上相邻两颗卫星间没有相对运动,不存在多普勒频移,只有不同轨道上相邻两颗卫星间存在相对运动引起的多普勒频移,而顺行链路是铱星系统中较常用的链路方式,因此,本节以相邻轨道两颗卫星间的顺行链路为例进行仿真分析。

图8-5给出了卫星轨道运行时间内,激光信号在链路过程中的多普勒频移变化情况。由图8-5可知,多普勒频移的变化周期约等于LEO卫星轨道的运行周期,频率变化范围为[-1.478GHz,1.478GHz]。图8-5中右侧纵坐标对应的是多普勒频移引起的干涉计相位误差,对于10Gb/s光传输系统,相位误差的变化范围为[-0.296π,0.296π]。

仿真中,设定链路传输比特率为10Gb/s,无频率偏移($\Delta f=0$)时,接收机的误码率为10^{-9}。图8-6给出了在激光链路过程中接收机误码率随时间的变化曲线。对比图8-5和图8-6可知,误码率的变化周期是多普勒频移变化周期的两倍,这是由于多普勒频移对接收机的影响只取决于频偏的大小,而与频率偏移的方向无关,因此正方向和负方向频率偏移对接收机的影响是相同的。从图8-6中可以看出,随多普勒频移的增大,误码率迅速升高,最大频偏点($|\Delta f_{max}|=1.478$GHz)对应的误码率高于10^{-3}。

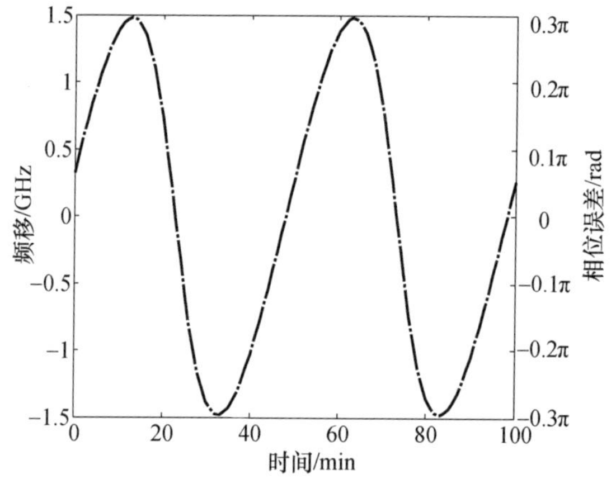

图 8－5　多普勒频移以及引起的干涉计相位误差随时间的变化曲线

在卫星激光通信过程中，有效链路的判定条件是：①两颗卫星间无遮挡，均处于对方的可视区域内。对于铱星系统中相邻轨道卫星间的顺行链路，两颗卫星始终处于对方的可视区域。②激光链路过程中误码率不高于要求值，本书要求误码率不高于 10^{-6}。图 8－6 中阴影部分表示有效链路时间，由此可知，在多普勒频移的影响下，激光链路由连续链路变为间歇式链路。

综上所述，多普勒频移将使接收机误码率升高，有效链路时间变短。

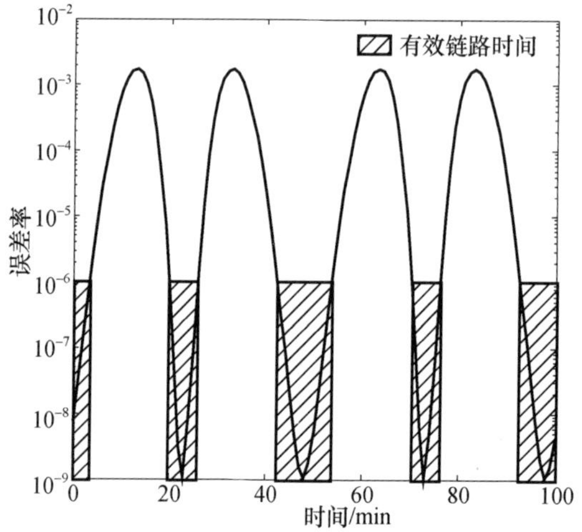

图 8－6　误码率随时间的变化曲线（阴影部分表示有效链路时间）

8.5　鲁棒自差接收方法

衡量光通信系统性能的重要指标是误码率和灵敏度。误码率的大小将直接决定光通信系统的通信质量。灵敏度是指为使系统工作在某一误码率下,所需的最小平均接收光功率。当某些因素致使误码率增加时,为维持一定误码率所需增加的光信噪比,称为功率代价,它表征了系统灵敏度的恶化程度。本节假定无频率偏移($\Delta f=0$)时,接收机的误码率为 10^{-9}。因而,这里的功率代价是指存在多普勒频移时,使误码率保持 10^{-9} 所需增加的光信噪比(以 dB 为单位)。为了保证自差光通信系统的通信质量,需要规定系统的误码率要求或可容忍的最大 10^{-9} 功率代价要求,并要求通信系统的误码率不高于 10^{-6} 或 10^{-9},功率代价不超过 1dB。

多普勒频移将显著增大自差光通信系统的误码率,使得在激光链路过程中,部分时间段的误码率超出系统最高误码率要求。为保证通信性能,通常的设计思路是在自差通信系统中采用自动控制环路精确控制 MZI 的相位,克服频移引起的相位误差,保证 MZI 输出稳定,同时调整光带通滤波器的中心频率,对频偏进行补偿,进而降低多普勒频移的影响,使得在激光链路过程中,通信误码率始终低于规定的最高误码率要求。然而,自动控制环路的使用将显著增加系统复杂度以及研制难度。为此,本节提出一种能抵抗多普勒频移影响的自差接收系统设计方法——鲁棒自差接收方法。

在进行自差光通信系统设计时,通过系统通信比特率的适当选取,保证系统的通信性能即使在多普勒频移影响达到最大时仍能满足对误码率或功率代价的上述要求。因而,尽管在卫星轨道运行时间内,激光信号在链路过程中的多普勒频移是不断变化的,也能保证在整个激光链路过程中系统的通信性能总能维持在期望的范围内,使系统对链路过程中的多普勒频移影响具有鲁棒性。该设计方法称为鲁棒自差接收方法。

8.6 光纤耦合效率

与地面光纤通信不同,卫星光通信是空间远距离传输无线光通信,无法实现在线中继放大。为建立远达数万千米的星间激光通信链路,要求激光通信终端必须具有高灵敏度探测能力。由于空间光到单模光纤的耦合效率将直接影响自差接收机灵敏度,因此在接收机的设计中,追求最大光纤耦合效率以获取最大接收光信噪比(OSNR)是至关重要的。

在实际应用中,由于卫星平台振动、跟踪系统中跟踪探测器噪声以及转台机械噪声等因素的影响,使得光通信终端接收光轴与光束入射方向间的夹角随机变化,这一现象称为随机角抖动。随机角抖动将使聚焦光斑偏离光纤端面位置,在焦平面上随机晃动,从而导致空间激光到单模光纤耦合效率随机起伏,致使光通信系统误码率升高。由此可见,随机角抖动是降低单模光纤耦合效率,进而影响光通信系统通信性能的重要因素之一,因此,有必要探究随机角抖动对空间激光到单模光纤耦合的影响，同时对终端接收光学系统进行优化设计以获取最大的单模光纤平均耦合效率。

一般可以在焦平面处求得存在随机角抖动时单模光纤平均耦合效率的表达式，但求解过程繁杂，所得表达式形式也相对复杂，并且仅适用于光纤端面相对于接收光轴无倾斜和横向偏移的严格对准情况。

本章将在入射光瞳面处建立随机角抖动对空间光到单模光纤耦合影响的理论模型。基于该模型，求解平均耦合效率的解析表达式，并分析抖动归一化标准差与耦合参数间的优化关系，从而为终端接收光学系统的优化设计提供理论参考。考虑到实际中很难保证光纤与接收光轴的严格对准，使得光纤端面相对于接收光轴存在倾斜和横向偏移，为使分析更具一般化，本章也研究了随机角抖动和光纤对准误差对单模光纤耦合效率的综合影响。最后，将进行随机角抖动对单模光纤耦合效率影响的实验研究。

8.6.1 光纤耦合的基本理论

为了本书的完整性，本节将阐述空间激光到单模光纤耦合的基本理论。入射激光束经接收光学系统会聚后，在后焦平面上形成爱里斑衍射图样，将单模光纤放置在接收光学系统后焦面爱里斑位置处进行空间光耦合。如图 8-7 所示，接收光学系统可以等效为焦距为 f 的衍射极限薄透镜。对于透射式接收光学天线，等效为半径为 R 的圆形孔径薄透镜；对于反射式接收光学天线，如卡塞格林式、牛顿式，等效为具有中心遮挡的薄透镜，中心遮挡比 $\varepsilon = R_{ob}/R$，其中 R_{ob} 为次镜半径。

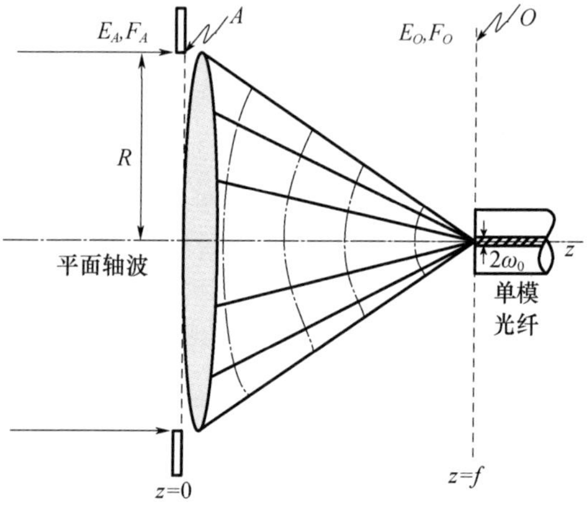

图 8-7 空间激光到单模光纤耦合示意图

图 8-7 中，E_A 表示入射光瞳面 A 上的接收光场，由于卫星间激光通信链路距离非常远，远距离传输来的激光束在接收孔径平面上（假设与入射光瞳面重

合)可认为是理想平面波(假设为单位振幅)。E_O 表示入射平面波在接收光学系统后焦平面 O 上的聚焦场,在后焦平面上距光轴中心 r_o 处的电场分布为

$$E_O(r_o) = \pi R^2 \frac{e^{jkf}}{j\lambda f} e^{jk\frac{r_o^2}{2f}} \left[2J_1\left(\frac{2\pi R r_o}{\lambda f}\right) \cdot \frac{2\pi R r_o}{\lambda f} \right] \tag{8-72}$$

式中:k 为自由空间波数 $k=2\pi/\lambda$;λ 为光波长。

在单模光纤中只允许基模传输,基模模场 $F_O(r_o)$ 可近似为高斯分布

$$F_O(r_o) = \sqrt{\frac{2}{\pi\omega_0^2}} e^{-\frac{r_o^2}{\omega_0^2}} \tag{8-73}$$

式中:ω_0 为单模光纤模场半径。

由于入射光瞳面 A 上的光场分布与焦平面 O 上的光场分布互为傅里叶变换对,将 $F_O(r_o)$ 进行逆傅里叶变换,可以得到单模光纤后向传输到入射光瞳面处的模场 $F_A(r_a)$(简称为单模光纤后向传输模场)仍为高斯分布。由于卫星光通信终端的天线口径比较大,一般为上百毫米,光学系统的焦距也比较长,一般为米的量级,因此单模光纤后向传输模场的瑞利长度非常大,在接收孔径处其波前曲率可忽略,模场半径可近似为束腰半径,因此,在光瞳面上距光轴中心 r_a 处的单模光纤后向传输模场分布可表示为

$$F_A(r_a) = \sqrt{\frac{2}{\pi\omega_a^2}} e^{-\frac{r_a^2}{\omega_a^2}} \tag{8-74}$$

式中:ω_a 为光纤后向传输模场半径,它与单模光纤模场半径之间的关系为

$$\omega_a = \frac{\lambda f}{\pi\omega_0} \tag{8-75}$$

式(8-74)满足归一化条件 $\iint_A |F_A(r_a)|^2 ds = 1$。

衡量单模光纤耦合系统设计的重要指标为耦合效率,定义为耦合入单模光纤内的光功率与入射光瞳面上的接收光功率之比,可表示为

$$\eta = \frac{\left| \iint E_O^*(r_o) F_O(r_o) ds \right|^2}{\iint |E_O(r_o)|^2 ds \cdot \iint |F_O(r_o)|^2 ds} \tag{8-76}$$

式中:$E_O^*(r_o)$ 为 $E_O(r_o)$ 的复共轭,积分在整个焦平面上进行。

可以看出,耦合效率的计算实际上是 $E_O(r_o)$ 和 $F_O(r_o)$ 的相关运算,聚焦场 $E_O(r_o)$ 与单模光纤模场 $F_O(r_o)$ 间的模式匹配程度决定了耦合效率的大小,$E_O(r_o)$ 和 $F_O(r_o)$ 之间相似度越高,则耦合效率越高。

根据 Parseval 定理,在入射光瞳面 A 和焦平面 O 之间的任意平面上计算耦合效率都是等价的,其中在入射光瞳面上计算是最为简单方便的。入射光瞳面上的耦合效率表达式为

$$\eta = \frac{\left|\iint E_A^*(r_a)F_A(r_a)\mathrm{d}s\right|^2}{\iint |E_A(r_a)|^2\mathrm{d}s \cdot \iint |F_A(r_a)|^2\mathrm{d}s} \tag{8-77}$$

受接收孔径的限制，入射光瞳面上的接收光场应表示为单位振幅平面波与孔径函数的乘积，即

$$E_A(r_a) = P(r_a) \tag{8-78}$$

式中：$P(r_a)$为孔径函数，定义为

$$P(r_a) = \begin{cases} 1, \varepsilon \leqslant \dfrac{|r_a|}{R} \leqslant 1 \\ 0, 其他 \end{cases} \tag{8-79}$$

将式(8-74)和式(8-78)代入式(8-77)，可得理想情况下空间激光到单模光纤的耦合效率为

$$\eta = 2\left[\frac{\exp(-\beta^2\varepsilon^2) - \exp(-\beta^2)}{\beta\sqrt{1-\varepsilon^2}}\right]^2 \tag{8-80}$$

式中：β为耦合参数，定义为光瞳半径与光纤后向传输模场半径之比，即

$$\beta = \frac{R}{\omega_a} = \frac{\pi R\omega_0}{\lambda f} = \frac{\pi D\omega_0}{2\lambda f} \tag{8-81}$$

式中：D为接收孔径直径。

由式(8-81)可知，耦合参数β表征了接收光学系统F数(f/D)与单模光纤模场半径ω_0间的关系。

在不同中心遮挡比ε下，耦合效率η随耦合参数β的变化曲线如图8-8所示。

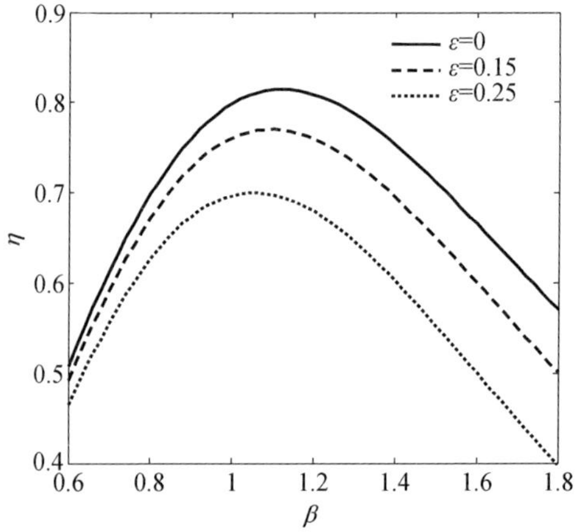

图8-8　在不同遮挡比ε下，耦合效率η随耦合参数β的变化曲线

由图8-8可知，存在使耦合效率最大的最优β值，并且β的最优值随着ε的增大略有减小。根据最优β值可以得出接收光学系统的最优F数，从而实现

对接收光学系统的优化设计。从图8-8中还可以看出，耦合损耗随着中心遮挡比ε的增大而增大，这是由于中心遮挡降低了接收光功率，同时还使聚焦场爱里斑的中心能量扩散到次级衍射环上，从而引起附加耦合损耗。当$\beta=1.12$，$\varepsilon=0$时，得到耦合效率的理论极大值为81.45%。在这里并未考虑光纤端面的菲涅耳反射损耗（约4%），实际中可以通过在光纤端面镀膜来降低菲涅耳反射损耗。

8.6.2 光纤耦合影响的理论模型

8.6.2.1 角偏差与光纤位置横向偏移的等效性

如图8-9(a)所示，若入射光束与接收光轴间存在偏差角，会使聚焦场相对于光纤端面产生横向偏移，横向偏移量r_b与偏差角θ_b之间的关系为

$$r_b=\theta_b f \tag{8-82}$$

由于聚焦场和单模光纤基模模场都是呈中心对称分布，因此，在进行$E_O(r_o)$和$F_O(r_o)$的相关运算时，聚焦场位置不变，光纤位置横向偏移r_b（图8-9(b)）与聚焦场偏移r_b、光纤位置固定（图8-9(a)）应该是等效的。因此，初步判定计算单模光纤耦合效率时，可以将角度偏差等效为光纤位置横向偏移。

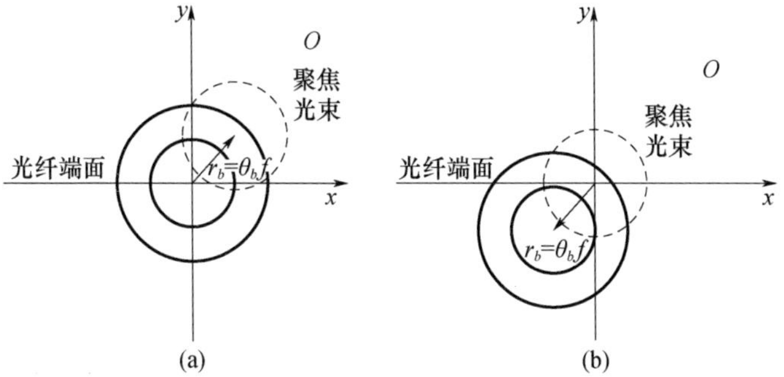

图8-9 角偏差与光纤位置横向偏移影响的等效性示意图
(a) 聚焦场偏移；(b) 光纤端面位置横向偏移。

下面将通过数值计算验证光纤位置横向偏移与角度偏差对单模光纤耦合效率影响的等效性。

首先分析存在偏差角时单模光纤的耦合效率。当接收光轴与入射光束间存在偏差角θ_b时，入射光瞳面上的光场分布可以表示为

$$E_A(r_a)=\mathrm{e}^{-\mathrm{j}kr_a\sin\theta_b}P(r_a) \tag{8-83}$$

将式(8-83)改写为笛卡儿坐标形式，即

$$E_A(x_a,y_a)=\mathrm{e}^{-\mathrm{j}k(x_a\sin\theta_{bx}+y_a\cos\theta_{by})}P(x_a,y_a) \tag{8-84}$$

式中：x_a为r_a在x_a方向上的分量；y_a为r_a在y_a方向上的分量；θ_{bx}为入射光与$x_a z$平面的夹角；θ_{by}为入射光与$y_a z$平面的夹角。

根据物理光学理论可知，焦平面上的聚焦场应是入射光瞳面上光场的菲涅耳衍射，即

$$E_o(x_o,y_o,\theta_{bx},\theta_{by}) = -\frac{\mathrm{j}}{\lambda f}\mathrm{e}^{\mathrm{j}kf}\mathrm{e}^{\mathrm{j}k\frac{x_0^2+y_0^2}{2f}}\iint E_A(x_a,y_a,\theta_{bx},\theta_{by})\mathrm{e}^{-\mathrm{j}k\frac{x_o x_a+y_o y_a}{f}}\mathrm{d}x_a\mathrm{d}y_a \tag{8-85}$$

将式(8-84)代入式(8-85)，整理可得

$$E_o(x_o,y_o,\theta_{bx},\theta_{by}) = -\frac{\mathrm{j}}{\lambda f}\mathrm{e}^{\mathrm{j}kf}\mathrm{e}^{\mathrm{j}k\frac{x_0^2+y_0^2}{2f}}\iint P(x_a,y_a)\mathrm{e}^{-\mathrm{j}k\frac{x_a(x_o+f\sin\theta_{bx})+y_a(y_o+f\cos\theta_{by})}{f}}\mathrm{d}x_a\mathrm{d}y_a \tag{8-86}$$

式中：$P(x_a,y_a)$为孔径函数的笛卡儿坐标表示形式：

$$P(x_a,y_a)=\begin{cases}1,\varepsilon\leqslant\frac{\sqrt{x_a^2+y_a^2}}{R}\leqslant 1\\0,\text{其他}\end{cases} \tag{8-87}$$

单模光纤基模模场的笛卡儿坐标表示形式为

$$F_O(x_o,y_o)=\sqrt{\frac{2}{\pi\omega_0^2}}\mathrm{e}^{-\frac{(x_o+y_o)^2}{\omega_0^2}} \tag{8-88}$$

由此可知，存在偏差角 θ_b 时单模光纤耦合效率为

$$\eta_{\theta_b}=\frac{\left|\iint E_O^*(x_o,y_o,\theta_{bx},\theta_{by})F_O(x_o,y_o)\mathrm{d}s\right|^2}{\iint|E_O(x_o,y_o,\theta_{bx},\theta_{by})|^2\mathrm{d}s\cdot\iint|F_O(x_o,y_o)|^2\mathrm{d}s} \tag{8-89}$$

接下来分析光纤位置存在横向偏移时单模光纤的耦合效率。由于入射光瞳面与焦平面上的光场分布互为傅里叶变换对，根据傅里叶变换特性可知，光纤位置横向偏移 r_b，使得光纤后向传输模场的波前曲率发生变化，增加了相位因子

$$\mathrm{e}^{\mathrm{j}2\pi\left(\frac{x_a x_b}{\lambda f}+\frac{y_a y_b}{\lambda f}\right)} \tag{8-90}$$

采用极坐标形式，令

$$\begin{cases}x_a=r_a\cos\varphi\\y_a=r_a\sin\varphi\end{cases}\qquad\begin{cases}x_b=r_b\cos\Omega\\y_b=r_b\sin\Omega\end{cases} \tag{8-91}$$

式中：φ 为 r_a 方向与 x_a 方向的夹角；Ω 为 r_b 方向与 x_o 方向的夹角。

由此可得，光纤位置存在横向偏移 r_b 时单模光纤后向传输模场的分布为

$$F_A(r_a,r_b)=\sqrt{\frac{2}{\pi\omega_a^2}}\mathrm{e}^{-\frac{r_a^2}{\omega_a^2}}\mathrm{e}^{\mathrm{j}\frac{2\pi}{\lambda f}\cos(\varphi-\Omega)r_a r_b} \tag{8-92}$$

当光纤位置存在横向偏移 r_b 时，在入射光瞳面处的单模光纤耦合效率为

$$\eta_{r_b} = \frac{\left| \iint E_A^*(r_a) F_A(r_a, r_b) \mathrm{d}s \right|^2}{\iint |E_A(r_a)|^2 \mathrm{d}s \cdot \iint |F_A(r_a, r_b)|^2 \mathrm{d}s} \tag{8-93}$$

将式(8－92)代入式(8－93),并利用贝塞尔函数积分式

$$\mathrm{J}_0(x) = \frac{1}{2\pi} \int_0^{2\pi} \mathrm{e}^{\mathrm{j}x\cos\theta} \mathrm{d}\theta \tag{8-94}$$

可得

$$\eta_{r_b} = \frac{\left| \int_{\varepsilon R}^{R} \sqrt{\frac{8\pi}{\omega_a^2}} \mathrm{e}^{-\frac{r_a^2}{\omega_a^2}} J_0\left(\frac{2\pi}{\lambda f} r_a r_b\right) r_a \mathrm{d}r \right|^2}{\pi R^2 (1 - \varepsilon^2)} \tag{8-95}$$

利用式(8－81)给出的耦合参数β的定义,并引入归一化径向位置$\rho = r_a/R$,式(8－95)可简化为

$$\eta_{r_b} = \frac{\left| \int_{\varepsilon}^{1} \sqrt{8\pi} \beta \mathrm{e}^{-\beta^2\rho^2} J_0\left(2\beta \frac{r_b}{\omega_0} \rho\right) \rho \mathrm{d}\rho \right|^2}{\pi (1 - \varepsilon^2)} \tag{8-96}$$

将式(8－82)给出的r_b与θ_b间的关系式代入式(8－96),得到将角偏差等效为光纤位置横向偏移时,单模光纤耦合效率的表达式,即

$$\eta_{\theta_b} = \frac{\left| \int_{\varepsilon}^{1} \sqrt{8\pi} \beta \mathrm{e}^{-\beta^2\rho^2} J_0(2\beta f \theta_b \rho / \omega_0) \rho \mathrm{d}\rho \right|^2}{\pi (1 - \varepsilon^2)} \tag{8-97}$$

图8－10分别给出了利用式(8－89)和式(8－97)计算得出的耦合效率随偏差角的变化曲线,可以看出两条曲线几乎完全重合。数值仿真结果充分说明,接收光轴与入射光束间存在偏差角和光纤位置存在横向偏移对耦合效率的影响是等效的,因此,可以将随机角抖动等效为光纤位置的随机横向偏移。

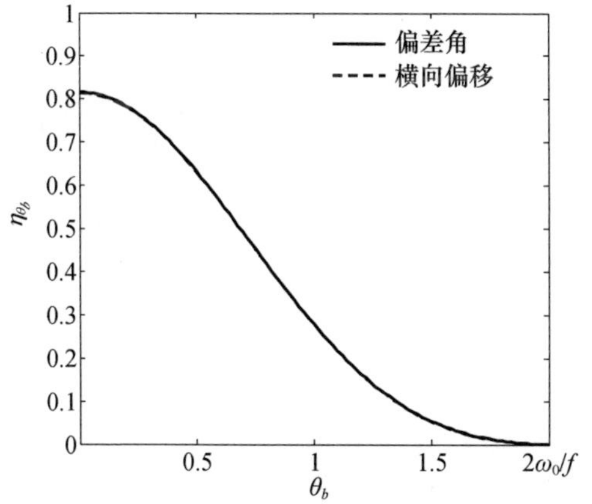

图8－10 耦合效率随偏差角θ_b的变化曲线

8.6.2.2 随机角抖动下单模光纤耦合模型

随机角抖动是指接收光轴与入射光束间偏差角的随机变化。随机偏差角 θ 在方位轴(x_a 方向)和俯仰轴(y_a 方向)上的分量分别为 θ_H 和 θ_V,三者间的关系满足

$$\theta = \sqrt{\theta_H^2 + \theta_V^2} \tag{8-98}$$

随机方位偏差角 θ_H 和随机俯仰偏差角 θ_V 的概率密度均为正态分布:

$$f_H(\theta_H) = \frac{1}{\sqrt{2\pi}\sigma_H} e^{-\frac{(\theta_H - \mu_H)^2}{2\sigma_H^2}} \tag{8-99}$$

$$f_V(\theta_V) = \frac{1}{\sqrt{2\pi}\sigma_V} e^{-\frac{(\theta_V - \mu_V)^2}{2\sigma_V^2}} \tag{8-100}$$

式中:μ_H 为随机方位偏差角 θ_H 的均值;σ_H 为随机方位偏差角 θ_H 的标准差;μ_V 为随机俯仰偏差角 θ_V 的均值;σ_V 为随机俯仰偏差角 θ_V 的标准差。

为分析简便起见,可以假定

$$\sigma_\theta = \sigma_H = \sigma_V \tag{8-101}$$

式中:σ_θ 为随机偏差角 θ 的标准差。

进一步假定随机方位偏差角和随机俯仰偏差角是零均值、独立、等分布的随机变量,那么随机偏差角 θ 满足瑞利分布,其概率密度函数为

$$f(\theta) = \frac{\theta}{\sigma_\theta{}^2} e^{-\frac{\theta^2}{2\sigma_\theta{}^2}} \tag{8-102}$$

由此可知,与随机偏差角 θ 等效的光纤位置随机横向偏移 Δr 的概率密度可以表示为

$$p(\Delta r) = \frac{\Delta r}{\sigma_r{}^2} e^{-\frac{\Delta r^2}{2\sigma_r{}^2}} \tag{8-103}$$

式中:σ_r 为等效光纤位置随机横向偏移 Δr 的标准差,它与随机偏差角 θ 的标准差间关系满足下式:

$$\sigma_r = \sigma_\theta f \tag{8-104}$$

将光纤位置随机横向偏移 Δr 在 x_o 和 y_o 方向正交分解为 Δx 和 Δy,则有

$$\Delta r = \sqrt{\Delta x^2 + \Delta y^2} \tag{8-105}$$

那么 Δx 和 Δy 是独立分布的随机变量,并且概率密度函数满足正态分布,即

$$p_x(\Delta x) = \frac{1}{\sqrt{2\pi}\sigma_r} e^{-\frac{(\Delta x - x_0)^2}{2\sigma_r{}^2}} \tag{8-106}$$

$$p_y(\Delta y) = \frac{1}{\sqrt{2\pi}\sigma_r} e^{-\frac{(\Delta y - y_0)^2}{2\sigma_r{}^2}} \tag{8-107}$$

式中:x_0 为 Δx 的均值;y_0 为 Δy 的均值。

基于前述分析,Δx 和 Δy 应为零均值随机变量,即 $x_0 = 0, y_0 = 0$。上述位置参量与角参量间的关系满足:

$$\begin{cases}\Delta x = \theta_{\mathrm{H}} f \\ \Delta y = \theta_{\mathrm{V}} f\end{cases} \tag{8-108}$$

由以上分析可知,存在随机角抖动时,偏差角 θ 是一个随机变量,与其等效的光纤位置横向偏移 Δr 也是个随机变量。由式(8-92)可知,当光纤位置存在横向偏移 Δr 时,单模光纤后向传输模场的分布为

$$F_A(r_a,\Delta r) = \sqrt{\frac{2}{\pi\omega_a^2}}\mathrm{e}^{-\frac{r_a^2}{\omega_a^2}}\mathrm{e}^{\mathrm{j}\frac{2\pi}{\lambda f}\cos(\varphi-\Omega)r_a\Delta r} \tag{8-109}$$

可见,当光纤端面位置随机变化时,单模光纤后向传输模场的分布也相应改变,因此耦合效率应为 Δr 所有可能状态的系综平均,称为平均耦合效率。根据概率理论可知,在入射光瞳面处单模光纤的平均耦合效率为

$$\begin{aligned}\langle\eta\rangle &= \frac{\left\langle\left|\iint E_A(r_a)F_A(r_a,\Delta r)\mathrm{d}s\right|^2\right\rangle}{\left\langle\iint|E_A(r_a)|^2\mathrm{d}s\right\rangle\left\langle\iint|F_A(r_a,\Delta r)|^2\mathrm{d}s\right\rangle} \\ &= \frac{\left|\iint E_A(r_a)F_A(r_a,\Delta r)p(\Delta r)r_a\mathrm{d}r_a\mathrm{d}\varphi\mathrm{d}\Delta r\right|^2}{\pi R^2(1-\varepsilon^2)}\end{aligned} \tag{8-110}$$

8.6.3 耦合效率和最优耦合参数

由于单模光纤芯径很小,随机角抖动引起的聚焦场和单模光纤模场间的位置偏差会对耦合效率产生很大影响。在单模光纤耦合系统的设计中,是以实现最大耦合效率为设计目标的。因此本节旨在分析存在随机角抖动时,如何优化耦合参数以获得最大平均耦合效率。

8.6.3.1 随机角抖动下单模光纤平均耦合效率

将式(8-103)和式(8-109)代入式(8-110),可得随机角抖动下单模光纤的平均耦合效率为

$$\langle\eta\rangle = \frac{1}{\pi R^2(1-\varepsilon^2)}\cdot\left|\sqrt{\frac{2}{\pi\omega_a^2}}\int_{\varepsilon R}^{R}\int_0^{\infty}\int_0^{2\pi}\frac{\Delta r}{\sigma_r^2}\mathrm{e}^{-\frac{r_a^2}{\omega_a^2}+\mathrm{j}\frac{2\pi}{\lambda f}r_a\Delta r\cos(\theta-\Omega)-\frac{\Delta r^2}{2\sigma_r^2}}r_a\mathrm{d}\theta\mathrm{d}\Delta r\mathrm{d}r_a\right|^2 \tag{8-111}$$

将式(8-111)对 θ 积分,并利用式(8-94)给出的贝塞尔函数积分关系式,可得

$$\langle\eta\rangle = \frac{1}{\pi R^2(1-\varepsilon^2)}\left|\sqrt{\frac{8\pi}{\omega_a^2}}\int_{\varepsilon R}^{R}\int_0^{\infty}\frac{\Delta r}{\sigma_r^2}\mathrm{e}^{-\frac{r_a^2}{\omega_a^2}-\frac{\Delta r^2}{2\sigma_r^2}}J_0\left(\frac{2\pi}{\lambda f}r_a\Delta r\right)r_a\mathrm{d}\Delta r\mathrm{d}r_a\right|^2 \tag{8-112}$$

将式(8-112)对 Δr 积分,并利用贝塞尔函数积分关系式

$$\int_0^\infty x\mathrm{e}^{-\alpha' x^2}J_v(\gamma x)\mathrm{d}x = \frac{1}{2\alpha'}\mathrm{e}^{\frac{-\gamma^2}{4\alpha'}}, \mathrm{Re}\alpha' > 0, \mathrm{Re}\nu > -1 \tag{8-113}$$

可得

$$\langle\eta\rangle = \frac{1}{\pi R^2(1-\varepsilon^2)}\left|\frac{2\sqrt{2\pi}}{\omega_a}\int_{\varepsilon R}^{R}\mathrm{e}^{\left(-\frac{2\pi^2\sigma_r^2}{\lambda^2 f^2}-\frac{1}{\omega_a^2}\right)r_a^2}r_a\mathrm{d}r_a\right|^2 \tag{8-114}$$

最后经积分运算,并利用式((8-81)中β的定义和式(8-75)给出的ω_a和ω_0之间的关系式,可得存在随机角抖动时平均耦合效率的解析表达式为

$$\langle\eta\rangle = \frac{2}{\left\{\left[2\left(\frac{\sigma_r}{\omega_0}\right)^2+1\right]^2\beta^2(1-\varepsilon^2)\right\}}\cdot\left(\mathrm{e}^{-\left[2\left(\frac{\sigma_r}{\omega_0}\right)^2+1\right]\varepsilon^2\beta^2}-\mathrm{e}^{-\left[2\left(\frac{\sigma_r}{\omega_0}\right)^2+1\right]\beta^2}\right)^2 \tag{8-115}$$

以透射式光学天线($\varepsilon=0$)为例,图8-11给出了对于不同的光纤位置随机横向偏移归一化标准差$\sigma_r/\omega_0=0,0.2,0.5,1$,平均耦合效率随耦合参数$\beta$的变化曲线。由图8-11可知,随着耦合参数$\beta$的增大,平均耦合效率先逐渐增大而后又逐渐减小,这意味着对于每一个偏移归一化标准差σ_r/ω_0,β都存在一个最优值使得平均耦合效率最大,即存在一组$\{\langle\eta\rangle_{\max},\beta_{\mathrm{opt}}\}$。

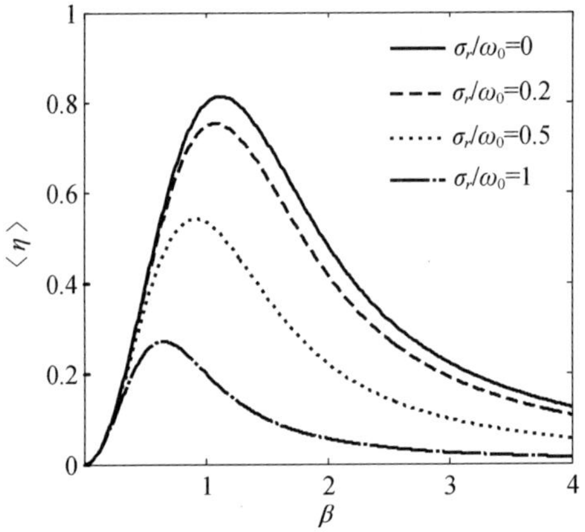

图8-11 不同随机横向偏移归一化标准差σ_r/ω_0下,平均耦合效率随耦合参数β的变化曲线

8.6.3.2 最优耦合参数和最大平均耦合效率

为了求解存在随机角抖动时,使平均耦合效率最大的最优耦合参数β_{opt},将式(8-115)给出的平均耦合效率$\langle\eta\rangle$对β求导,可得

$$\frac{\mathrm{d}\langle\eta\rangle}{\mathrm{d}\beta} = \frac{\beta}{(1-\varepsilon^2)\chi^2}\times\{-(2\varepsilon^2\chi+1)\mathrm{e}^{-2\varepsilon^2\chi}+2[(1+\varepsilon^2)\chi+1]\mathrm{e}^{-(1+\varepsilon^2)\chi}-(2\chi+1)\mathrm{e}^{-2\chi}\} \tag{8-116}$$

式中

$$\chi = [2(\sigma_r/\omega_0)^2 + 1]\beta^2 \tag{8-117}$$

为使导数 $d\langle \eta \rangle / d\beta = 0$，应有下式成立：

$$\begin{aligned}&(-2\varepsilon^2\chi - 1)e^{-2\varepsilon^2\chi} + 2[(1+\varepsilon^2)\chi + 1]\cdot \\ &e^{-(1+\varepsilon^2)\chi} - (2\chi + 1)e^{-2\chi} = 0\end{aligned} \tag{8-118}$$

在不同中心遮挡比下，求解式(8－118)的根$\chi(\varepsilon)$并代入式(8－117)，即可得到最优耦合参数与光纤位置随机横向偏移归一化标准差σ_r/ω_0间的关系式。

对于透射式天线，中心遮挡比 $\varepsilon = 0$，式(8－118)的解为$\chi(0) = 1.2564$，将其代入式(8－117)可得

$$\beta_{opt} = \sqrt{\frac{1.2564}{\frac{2\sigma_r^2}{\omega_0^2} + 1}}, \varepsilon = 0 \tag{8-119}$$

对于反射式天线，取中心遮挡比 $\varepsilon = 0.15$，式(8－118)的解为$\chi(0.15) = 1.1958$，代入式(8－117)可得

$$\beta_{opt} = \sqrt{\frac{1.1958}{\frac{2\sigma_r^2}{\omega_0^2} + 1}}, \varepsilon = 0.15 \tag{8-120}$$

取中心遮挡比 $\varepsilon = 0.25$ 时，则式(8－118)的根为$\chi(0.25) = 1.1072$，由式(8－117)可得

$$\beta_{opt} = \sqrt{\frac{1.1072}{\frac{2\sigma_r^2}{\omega_0^2} + 1}}, \varepsilon = 0.25 \tag{8-121}$$

图 8－12 给出了在不同中心遮挡比 ε 下，最优耦合参数 β_{opt}随光纤位置随机横向偏移归一化标准差 σ_r/ω_0 的变化曲线。由图 8－12 可知，随着 σ_r/ω_0 的增大，β_{opt}单调减小。这是由于当光纤模场半径一定时，减小 β 值意味着增大耦合系统的 F 数(f/D)，使得后焦面上的爱里斑尺寸变大，从而对抖动的容忍度也相应增加。比较不同中心遮挡比曲线，可以看出 β_{opt}随 ε 的增大而略有减小。

空间光到单模光纤的注入条件实际上包含两个方面：①模场匹配；②光线入射角度应满足光纤数值孔径的限制。光纤数值孔径定义为 $NA = \sin\theta'_{max}$，只有入射角小于 θ'_{max}的光线才能进入单模光纤。因此，需要判断上述最优耦合参数可否满足光纤数值孔径的限制。阶跃折射率光纤的归一化频率 ν 为

$$\nu = ka\sqrt{n_1^2 - n_2^2} = \frac{2\pi a}{\lambda}\cdot \mathrm{NA} \tag{8-122}$$

式中：a 为单模光纤纤芯半径；n_1 为纤芯折射率；n_2 为包层折射率。

由光波导理论可知，光纤模场半径 ω_0、纤芯半径 a 和归一化频率 ν 之间的

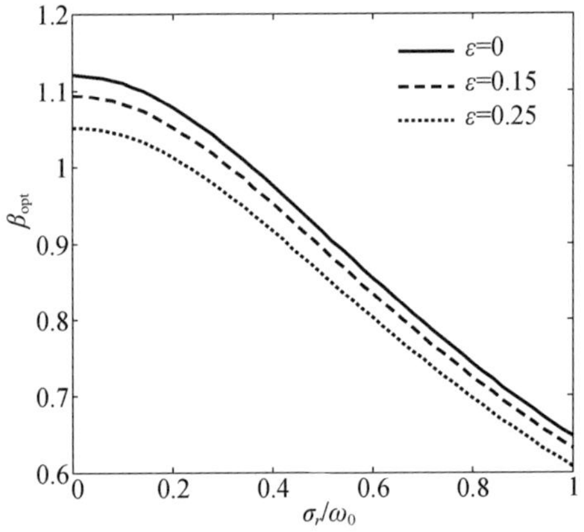

图 8-12　不同中心遮挡比 ε 下，最优耦合参数与随机横向偏移归一化标准差 σ_r/ω_0 的变化曲线

关系近似为

$$\omega_0 = a(0.65 + 1.619/\nu^{3/2} + 2.879/\nu^6) \tag{8-123}$$

存在随机角抖动时，光线入射角 α 与光纤数值孔径 NA 之比为

$$\frac{\alpha}{\mathrm{NA}} = \frac{R+\Delta r}{f} \cdot \frac{1}{\mathrm{NA}} \tag{8-124}$$

实际中 Δr 远小于接收孔径 R，因此有

$$\frac{\alpha}{\mathrm{NA}} \approx \frac{R}{f} \cdot \frac{1}{\mathrm{NA}} = \frac{2\beta_{opt}}{\nu(0.65 + 1.619/\nu^{3/2} + 2.879/\nu^6)} \tag{8-125}$$

为实现单模传输，要求归一化频率 $\nu < 2.405$，实际中单模光纤的归一化频率大多都在 1.8～2.2 之间，计算中取 $\nu = 2$。由于 β_{opt} 随着光纤位置随机横向偏移归一化标准差的增大而单调减小，因此在计算中可取最大值 1.12，代入式(8-125)得到 $\alpha_{max}/\mathrm{NA} = 0.88$。由此可知，取最优耦合参数时，光线的入射角可以满足光纤数值孔径的限制条件。

计算平均耦合效率时，将等效光纤位置横向偏移 Δr 的积分限取为 $[0, +\infty)$，并没有考虑光纤数值孔径的限制，下面讨论其正确性。

受光纤数值孔径的限制，偏差角应满足

$$\frac{\alpha_{max} + \theta}{\mathrm{NA}} \leqslant 1 \tag{8-126}$$

由此可得，允许的最大临界偏差角 θ_{max} 为

$$\theta_{max} = 0.136 \frac{R}{f} \tag{8-127}$$

对应的最大等效光纤位置横向偏移 Δr_{max} 为

$$\Delta r_{max} = f\theta_{max} = 0.136R \tag{8-128}$$

由于偏差角超出 θ_{max} 的光线不能进入单模光纤内，因此考虑光纤数值孔径的限制，Δr 的积分限应取为 $[0,\Delta r_{max}]$。由图 8－11 可知，当偏差角 $\theta \geqslant 2\omega_0/f$，即 $\Delta r \geqslant 2\omega_0$ 时，空间激光到单模光纤的耦合效率为零。由于 $\omega_0 \ll R$（ω_0 约为 $5\mu m$，而 R 通常为几十毫米至上百毫米），这说明当不满足光纤数值孔径限制时（即 $\Delta r \geqslant \Delta r_{max}$），基于模场匹配条件计算的单模光纤耦合效率是零，因此为方便计算可以将 Δr 的积分限扩展到 $[0,+\infty)$。

下面给出取最优耦合参数时，随机角抖动下的最大平均耦合效率。

对于透射式光学天线（$\varepsilon=0$），将式(8－119)给出的最优耦合参数代入式(8－115)，得到最大平均耦合效率的解析表达式，即

$$\left\langle \eta\left(\frac{\sigma_r}{\omega_0}\right)\right\rangle \Bigg|_{max} = 0.8145 \cdot \frac{1}{\dfrac{2\sigma_r^2}{\omega_0^2}+1} \tag{8-129}$$

对于反射式光学天线，将式(8－120)和式(8－121)分别代入式(8－115)，可得到 $\varepsilon=0.15$ 和 $\varepsilon=0.25$ 时，最大平均耦合效率的解析表示式，即

$$\left\langle \eta\left(\frac{\sigma_r}{\omega_0}\right)\right\rangle \Bigg|_{max} = 0.7704 \cdot \frac{1}{\dfrac{2\sigma_r^2}{\omega_0^2}+1} \tag{8-130}$$

$$\left\langle \eta\left(\frac{\sigma_r}{\omega_0}\right)\right\rangle \Bigg|_{max} = 0.6998 \cdot \frac{1}{\dfrac{2\sigma_r^2}{\omega_0^2}+1} \tag{8-131}$$

在耦合参数取最优值的条件下，最大平均耦合效率 $\langle\eta\rangle_{max}$ 随光纤位置随机横向偏移归一化标准差 σ_r/ω_0 的变化曲线如图 8－13 所示。可以看出，随着 σ_r/ω_0 的增大，最大平均耦合效率快速降低，即耦合损耗随着抖动的增强而迅速增大。考察 $\varepsilon=0$ 曲线，当光纤位置随机横向偏移的标准差 σ_r 与单模光纤模场半径 ω_0 相当时，最大平均耦合效率降至 $\langle\eta\rangle_{max}\approx 0.27$，仅为理想情况下最大耦合效率 $\eta_{max}=0.8145$ 的 1/3 左右。明显看出，中心遮挡将引入附加耦合损耗，然而随着 σ_r/ω_0 的增大，中心遮挡引起的附加损耗逐渐减小。

上述分析表明随机角抖动将对单模光纤耦合产生很大的影响，因此为实现稳定的空间激光耦合，需要在光通信终端接收光路中采用自动跟踪系统，跟踪光纤端面处聚焦光斑的位置，从而补偿随机角抖动引起的接收功率衰落。

在进行光通信终端设计时，若能确定平均耦合效率的最低要求，则可给出自动跟踪系统的跟踪精度要求。下面给出计算实例：假定采用透射式光学天线，天线口径取为 $D=124mm$（参考德国 TerraSAR－X 卫星光通信终端光学天线口径），通信激光波长为 $\lambda=1550nm$，单模光纤模场半径 $\omega_0=5\mu m$。若要求最低平均耦合效率为 $\langle\eta\rangle=0.27$，由式(8－129)可知，允许的最大等效光纤位置随机横向偏移归一化标准差为 $\sigma_r/\omega_0=1$，由式(8－129)可得接收光学系统

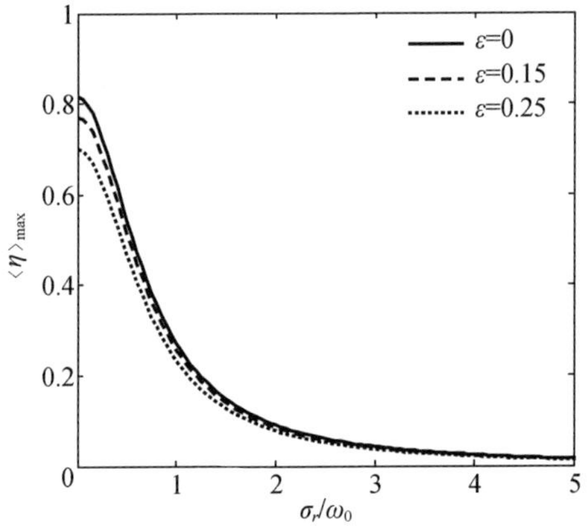

图 8－13　取最优耦合参数 β_{opt} 时，最大平均耦合效率 $\langle\eta\rangle_{max}$ 随随机横向偏移归一化标准差 σ_r/ω_0 的变化曲线

的最优耦合参数为 $\beta_{opt}=0.6471$，代入式(8－81)可得接收光学系统的等效焦距应取为 $f=0.97$m，最终由式(8－104)可确定，自动跟踪系统的跟踪精度应满足 $\sigma_\theta \leqslant 5.15\mu$rad。

参考文献

[1] Renard M, et al. Optical telecommunications – performance of the qualification model SILEX beacon[C]. SPIE Proc, 1995, 2381: 289 – 300.

[2] Sudey J, Sculman J R. In Orbit Measurements of Landsat – 4 Thematic Mapper Dynamic Disturbances[C]. 35th Congress of the International Astronautical Federation. Lausanne, Switzerland, 1984, IAF – 84 – 117.

[3] Sandusky J V, Lesh J R. Planning for a Long – Term Optical Demonstration from the International Space Station[C]. Proc. SPIE, 1998, 3266: 128 – 134.

[4] Biswas A, Wright M W, Sanii B, et al. 45 km Horizontal Path Optical Link Demonstrations[C]. Proc. of SPIE, 2001, 4727: 60 – 71.

[5] Arnon S, Kopeika N S. The Performance Limitations of Free Space Optical Communication Satellite Networks Due to Vibrations: Analog Case[J] Optical Engineering, 1997, 36(1): 175 – 182.

[6] Arnon S, Rotman S, Kopeika N S. The Performance Limitations of Free Space Optical Communication Satellite Networks Due to Vibrations: Digital Case[J]. Optical Engineering, 1997, 36(11): 3148 – 3157.

[7] Boroson D M. A Survey of Technology – Driven Capacity Limits for Free – Space Laser Communications[C]. Proc. of SPIE, 2007, 6707: 1 – 10.

[8] Barron R J, Boroson D M. Analysis of Capacity and Probability of Outage for Free – Space Optical Channels with Fading due to Pointing and Tracking Error[C]. Proc. of SPIE, 2006, 6105: (6105B – 1) – (6105B – 12).

[9] Alexander J W, Lee S, Chen C. Pointing and Tracking Concepts for Deep – Space Missions[C]. SPIE Proc, 1999, 3615: 230 – 249.

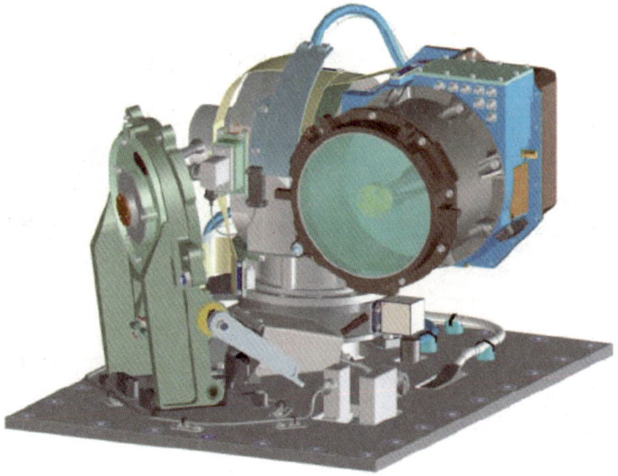

图 1－1　LLST 终端的光学模块

图 1－2　LLST 终端的调制解调模块

图 1－3　LLST 终端的控制电子学模块

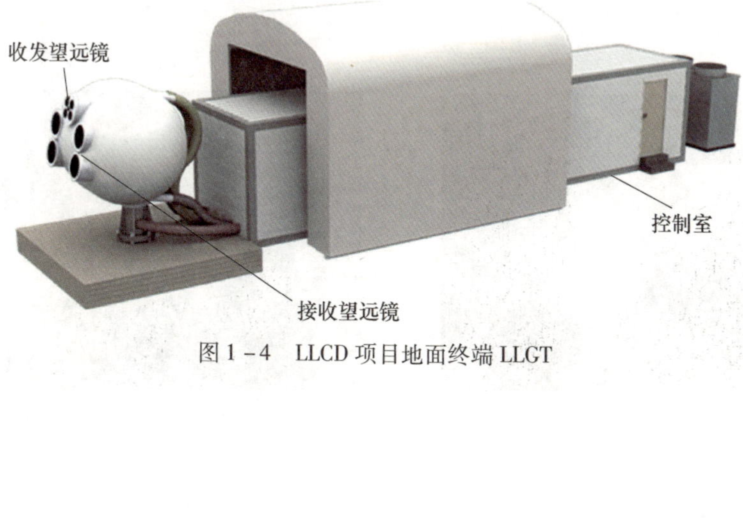

图 1－4　LLCD 项目地面终端 LLGT

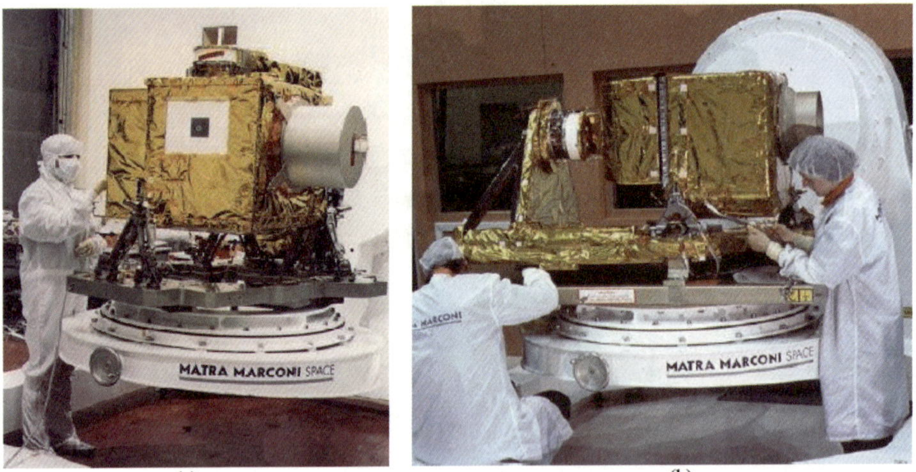

(a) (b)

图 1－5　分别将光通信终端安装到 ARTEMIS(a)和 SPOT－4 卫星(b)

图 1－6　ESASILEX 计划的 ARTEMIS 卫星和 SPOT－4 卫星的激光链路

图 1－7　SROIL 终端装配外形图

图 1－8　TerraSAR－X 激光通信终端

图 1－9　NFIRE 激光通信终端

图 1 – 10　Alphasat 卫星模拟图

图 1 – 12　OCTL 光学地面站

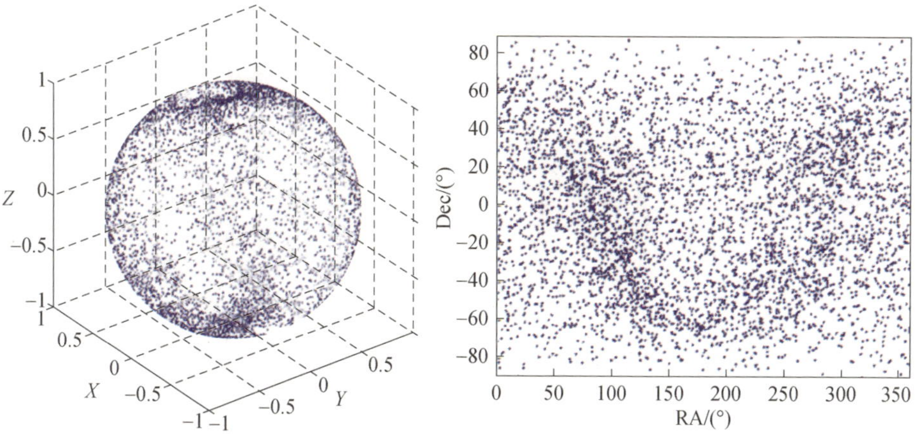

图 2 – 6　星光背景光源在天球的分布

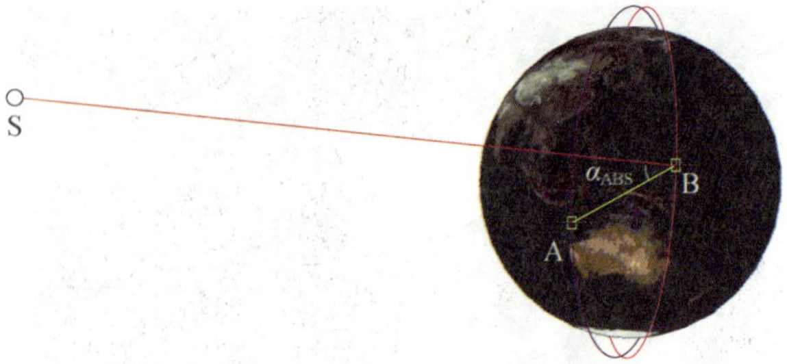

图 2-8　恒星背景示意图

图 2-37　反射镜及其固定结构的有限元模型

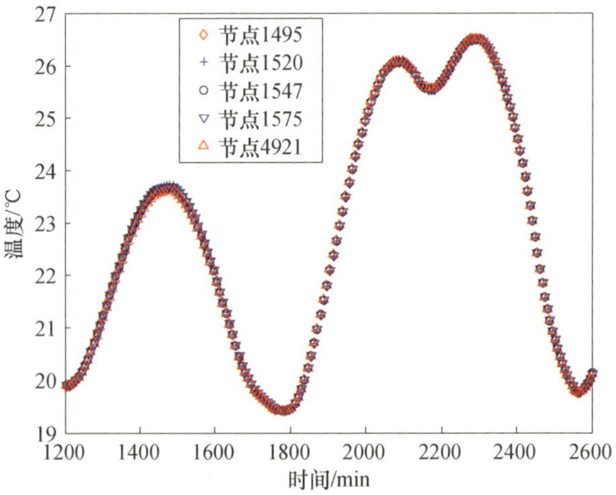

图 2-40　GEO 轨道上俯仰轴反射镜采用二级温控
措施后温度场随时间的变化

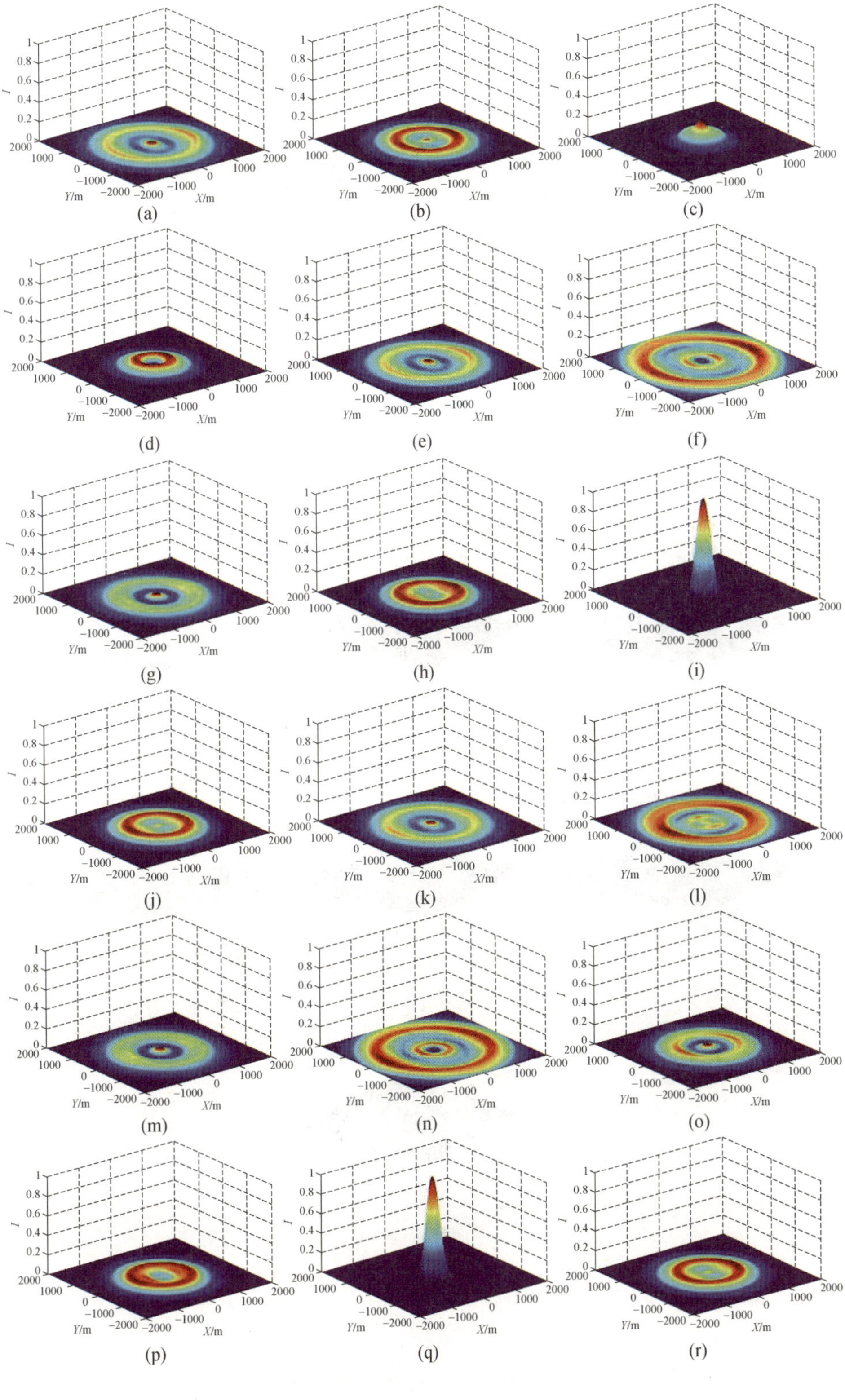

I
X/m
Y/m
0
0.2
0.4
0.6
0.8
1
−2000
−1000
1000
2000
(a)
(b)
(c)
(d)
(e)
(f)
(g)
(h)
(i)
(j)
(k)
(l)
(m)
(n)
(o)
(p)
(q)
(r)

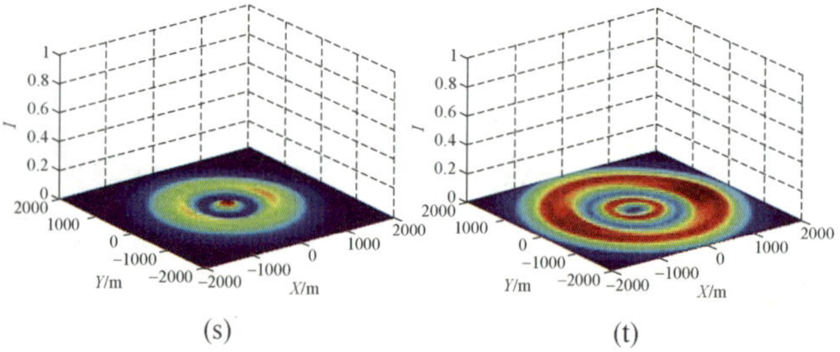

图 2-41 远场光强分布随时间的变化关系

(a) 1248min;(b) 1280min;(c) 1328min;(d) 1600min;(e) 1648min;(f) 1744min;(g) 1824min;(h) 1840min;(i)1904min;(j) 1968min;(k) 2000min;(l) 2048min;(m) 2100min;(n) 2272min;(o) 2368min;(p) 2384min;(q) 2448min;(r) 2512min;(s) 2528min;(t) 2592min。

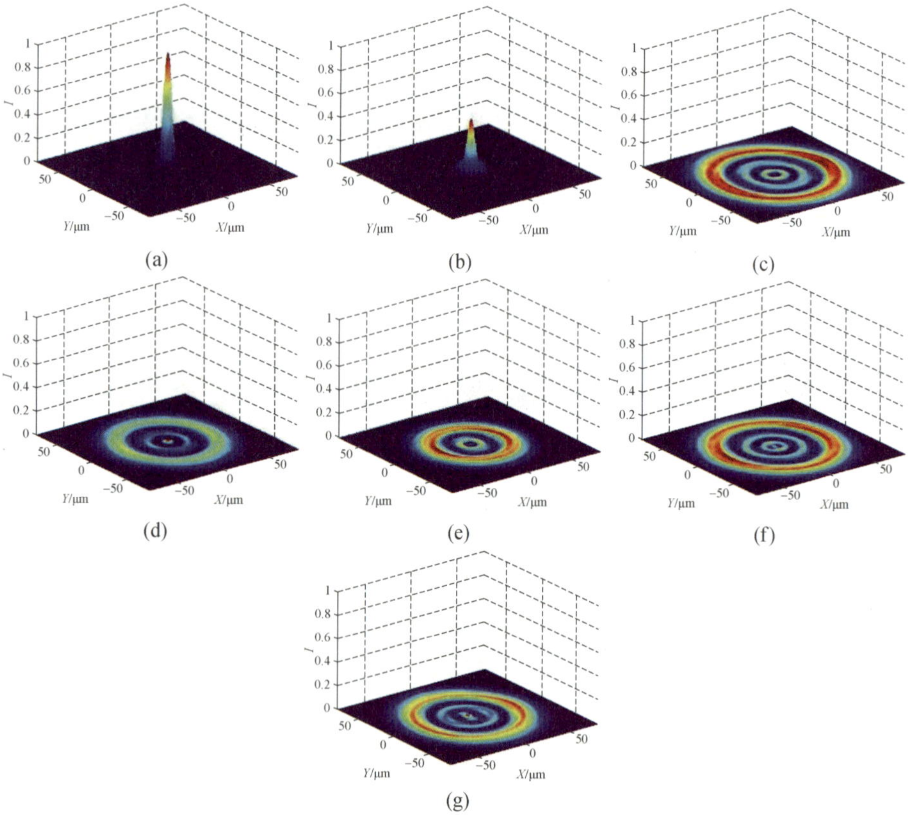

图 2-44 探测器焦平面上光强分布随时间的变化关系

(a) 1370min;(b) 1450min;(c) 1770min;(d) 2050min;(e) 2130min;(f) 2280min;(g) 2600min。

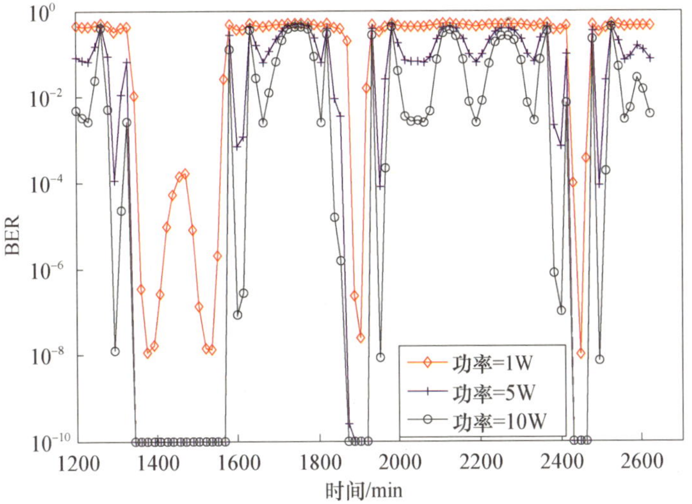

图 2-46　不同信号光功率平均通信误码率随时间的变化关系

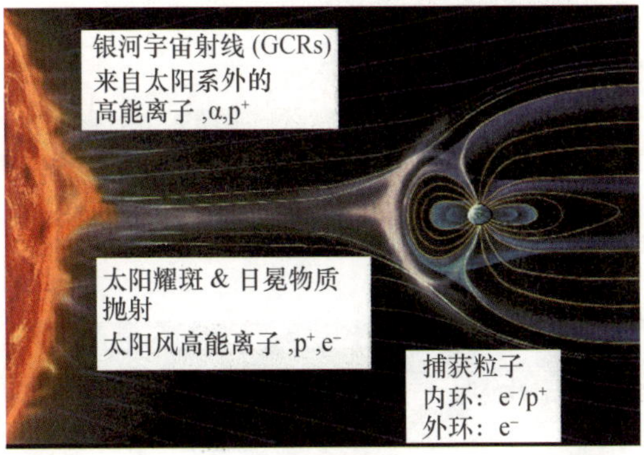

图 2-47　空间辐射环境示意图

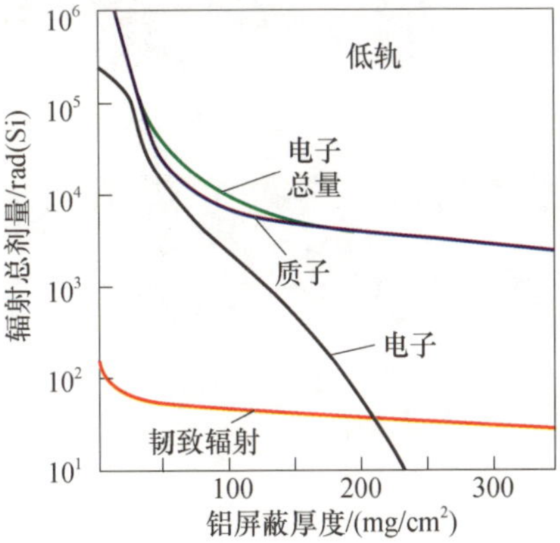

图 2-48　辐射总剂量与铝屏蔽厚度之间的关系

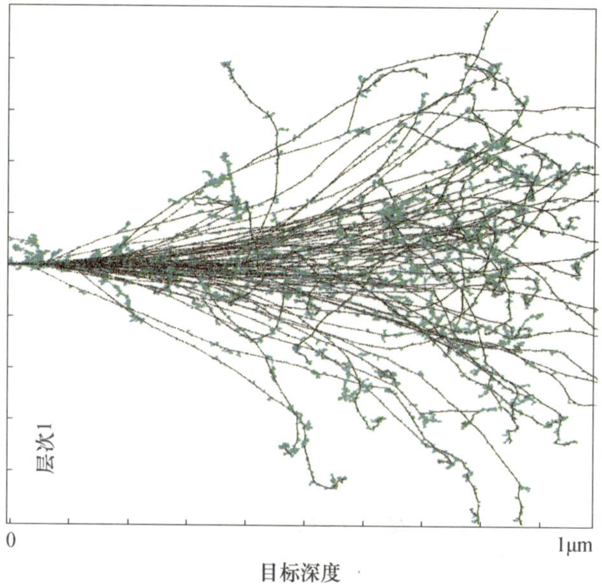

图 2－51　1MeV Si 入射 GaAs 所造成的损伤

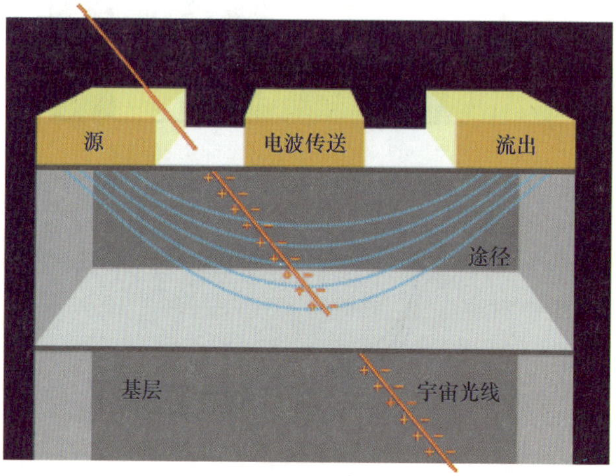

图 2－56　单粒子效应示意图

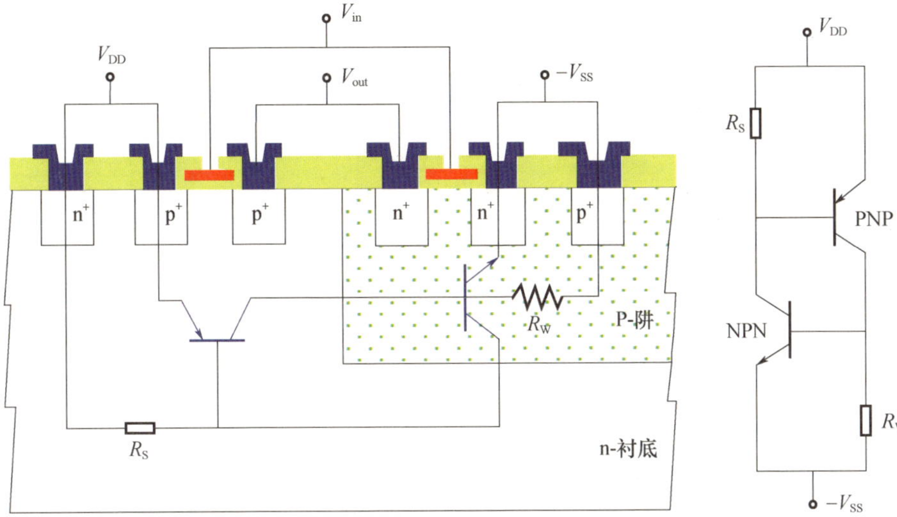

图 2－58　体硅 P 阱 CMOS 反相器剖面及
pnpn 四层结构等效电路示意图

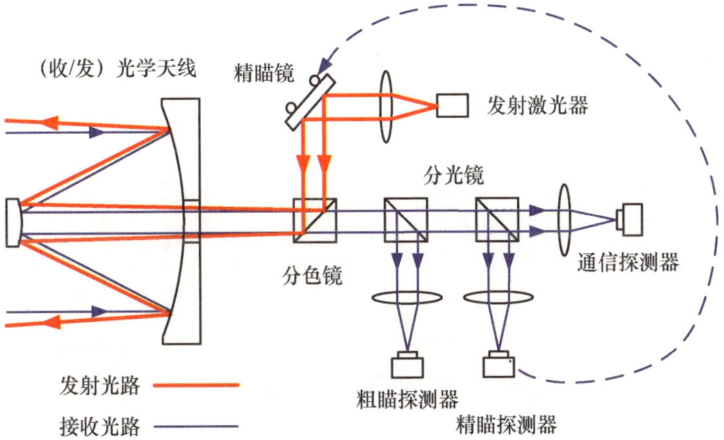

图 3－1　卫星光通信光学系统示意图

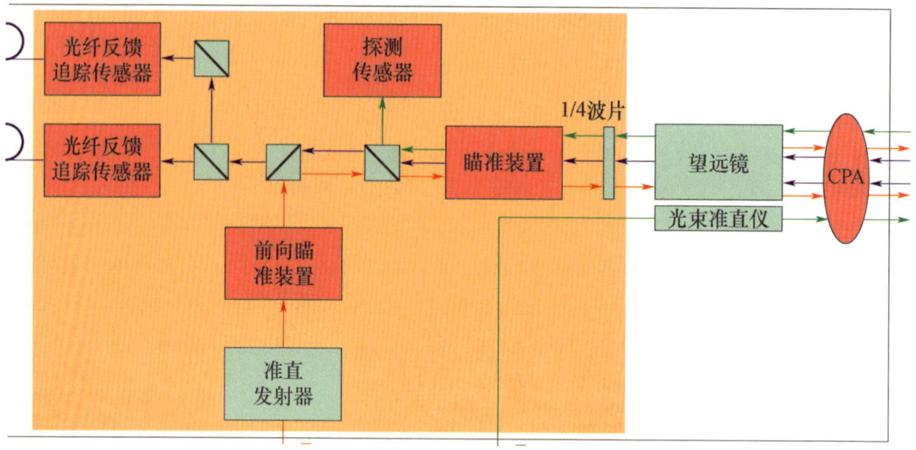

图 3－14　OPTEL－25GEO 的光学系统示意图

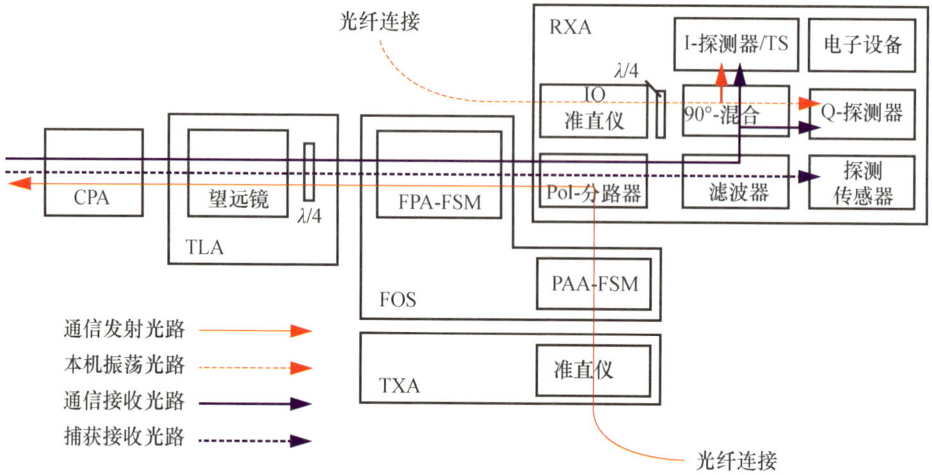

图 3－16　TerraSAR－X 激光通信
终端的光学系统示意图

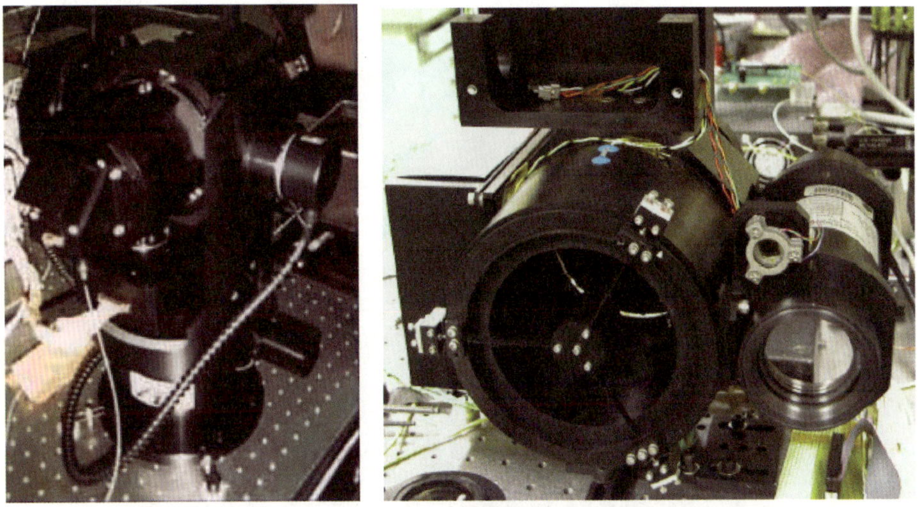

(a) (b)

图 3－23　OCD 激光通信终端照片

（a）OCD Ⅰ终端;（b）OCD Ⅱ终端。

图 3－24　SILEX 激光通信终端

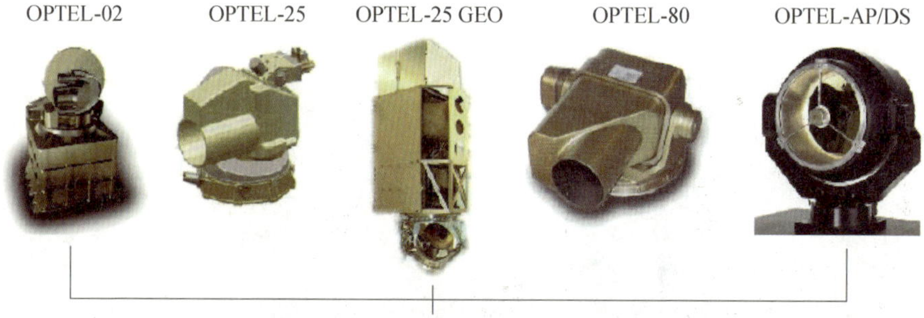

图 3-25 OPTEL 系列激光通信终端

图 3-26 TerraSAR-X 卫星上的激光通信终端

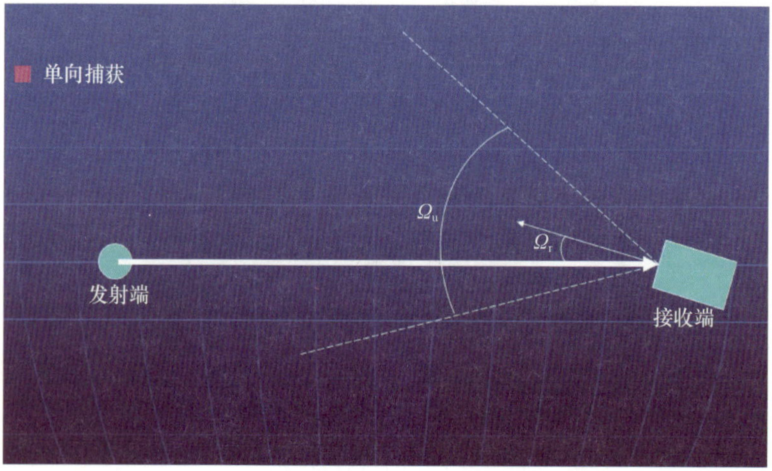

图 3-32 光发射机和光接收机的实际对准偏差

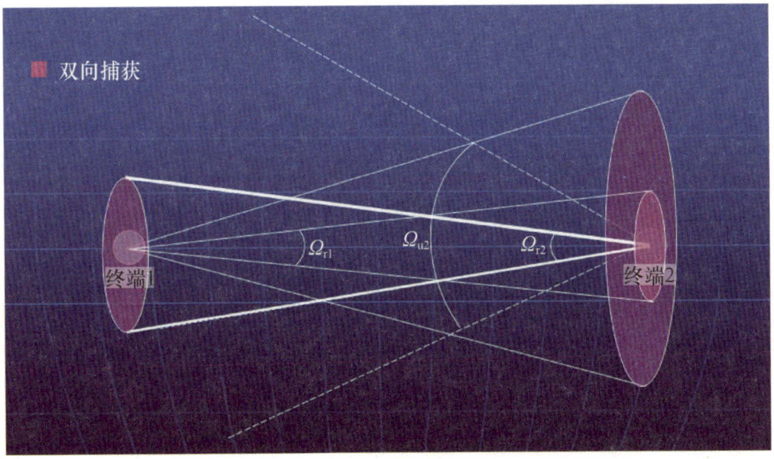

图 3－33　光发射机和光接收机的实际对准偏差

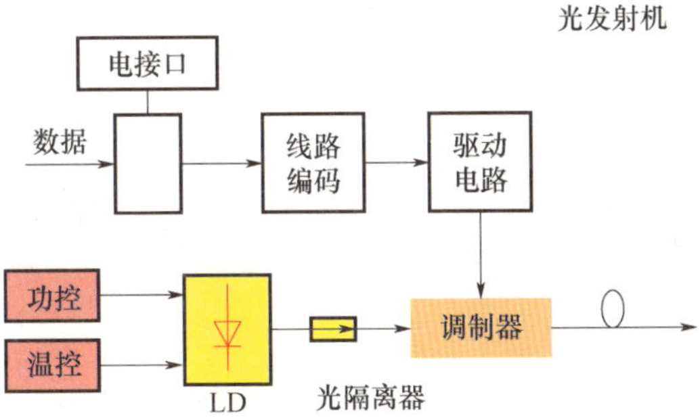

图 3－34　光发射机结构框图

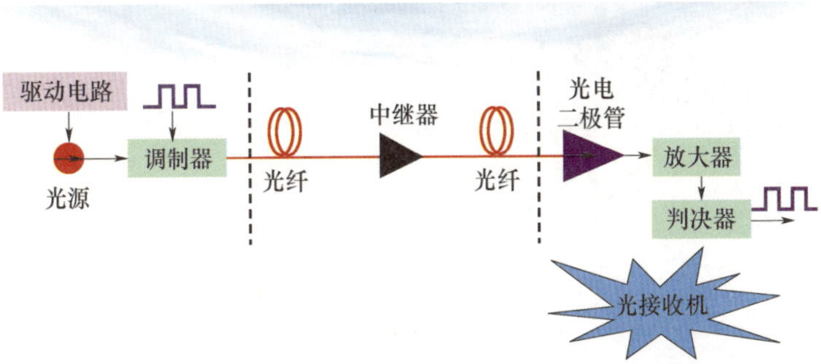

图 3－35　光接收机结构框图

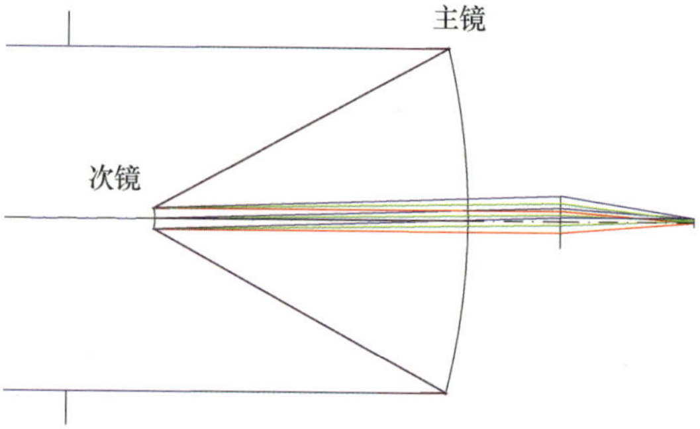

图 4-2　同轴反射式光学天线

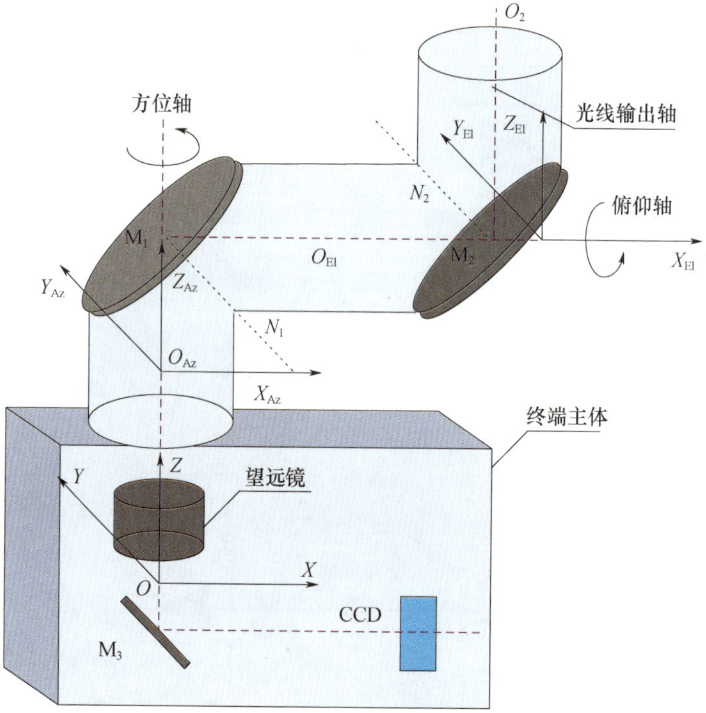

图 6-3　粗瞄准机构坐标系

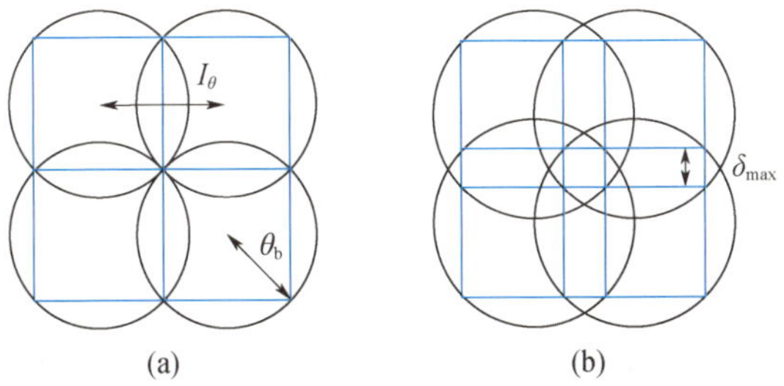

图 6－21　扫描步长示意图

(a) 无微振动时扫描步长与信标光束散角半宽之间的关系；

(b) 有微振动时扫描步长与步长重叠量之间的关系。

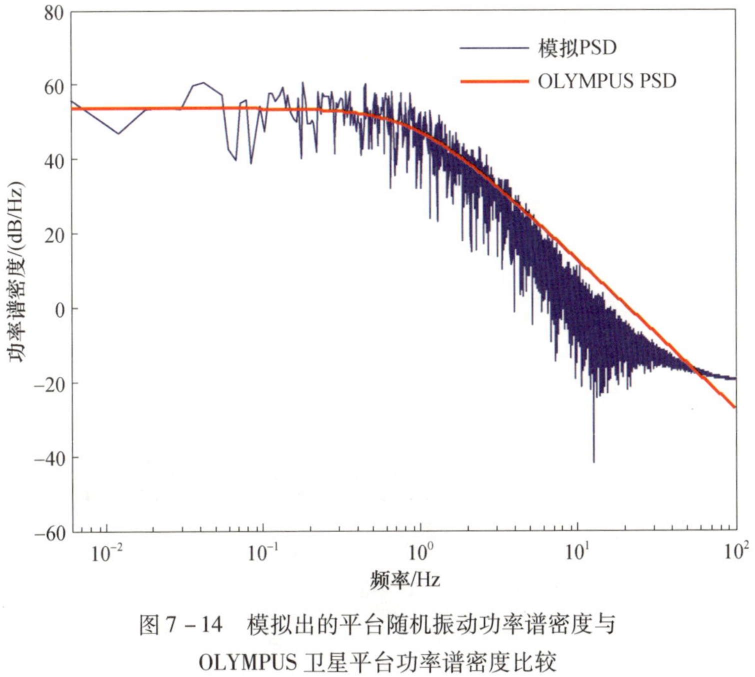

图 7－14　模拟出的平台随机振动功率谱密度与 OLYMPUS 卫星平台功率谱密度比较

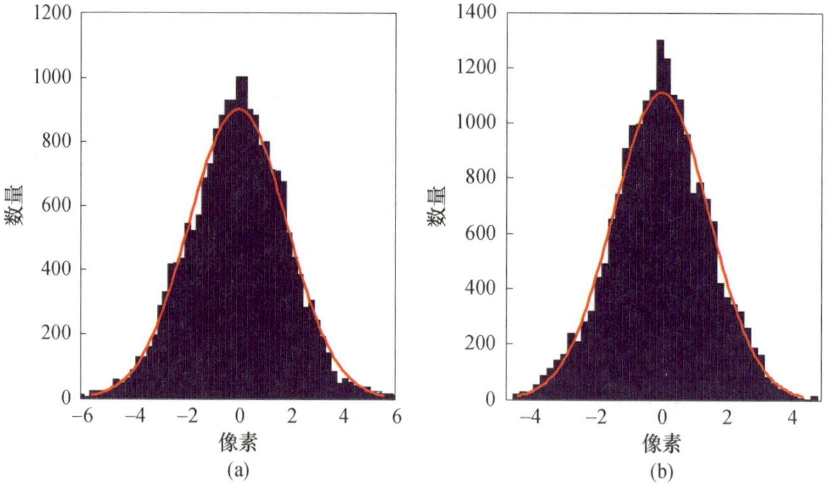

图 7－15　理想跟踪条件下，接收光斑随机抖动量直方图及其高斯拟合曲线

（a）CMOS 探测器帧频为 105Hz；（b）CMOS 探测器帧频为 190Hz。

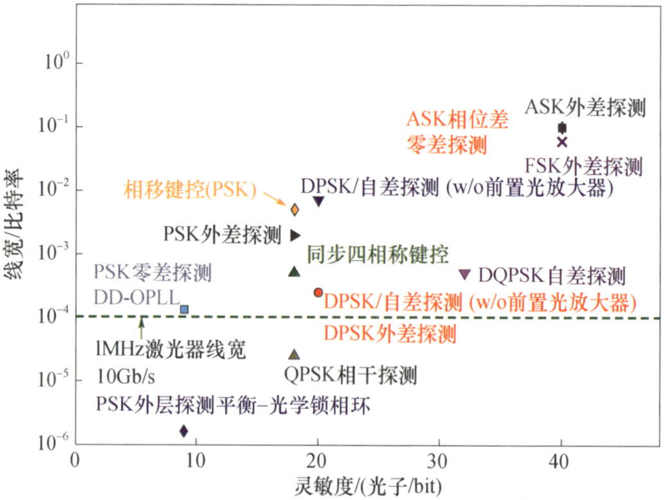

图 8－1　不同通信体制的激光器线宽要求和探测灵敏度